"十三五"国家重点图书出版物出版规划项目
上海市新闻出版专项资金资助项目

国家出版基金项目
NATIONAL PUBLICATION FOUNDATION

江浙乡村人居环境

郑　皓　潘　斌　王雨村　著

同济大学出版社·上海

图书在版编目(CIP)数据

　　江浙乡村人居环境 / 郑皓，潘斌，王雨村著. — 上
海：同济大学出版社，2021. 12
　　(中国乡村人居环境研究丛书 / 张立主编)
　　ISBN 978-7-5765-0120-9

　　Ⅰ. ①江… Ⅱ. ①郑… ②潘… ③王… Ⅲ. ①乡村—
居住环境—研究—江苏、浙江 Ⅳ. ①X21

　　中国版本图书馆 CIP 数据核字(2021)第 279590 号

"十三五"国家重点图书出版物出版规划项目
国家出版基金项目
上海市新闻出版专项资金资助项目
中国城市规划学会学术成果
2019 年度国家级一流本科专业建设点
江苏高校优势学科建设工程三期项目资助

中国乡村人居环境研究丛书
江浙乡村人居环境
郑　皓　潘　斌　王雨村　著

丛书策划　华春荣　高晓辉　翁　晗
责任编辑　华春荣　丁国生
责任校对　徐春莲
封面设计　王　翔

出版发行　同济大学出版社　www. tongjipress. com. cn
　　　　　(地址:上海市四平路 1239 号　邮编:200092　电话:021－65985622)
经　　销　全国各地新华书店、建筑书店、网络书店
排版制作　南京展望文化发展有限公司
印　　刷　上海安枫印务有限公司
开　　本　710mm×1000mm　1/16
印　　张　26. 25
字　　数　525 000
版　　次　2021 年 12 月第 1 版
印　　次　2021 年 12 月第 1 次印刷
书　　号　ISBN 978－7－5765－0120－9
定　　价　198. 00 元

地图审图号:GS(2022)2592 号

内 容 提 要

　　本书及其所属的丛书是同济大学等高校团队多年来的社会调查和分析研究成果展现，并与所承担的住房和城乡建设部课题"我国农村人口流动与安居性研究"密切相关；丛书被纳入"十三五"国家重点图书出版物出版规划项目。

　　丛书的撰写以党的十九大提出的乡村振兴战略为指引，以对我国 13 个省（自治区、直辖市）、480 个村的大量一手调查资料和城乡统计数据分析为基础。书稿借鉴了本领域国内外的相关理论和研究方法，建构了本土乡村人居环境分析的理论框架；具体的研究工作涉及乡村人口流动与安居、公共服务设施、基础设施、生态环境保护以及乡村治理和运作机理等诸多方面。这些内容均关系到对社会主义新农村建设的现实状况的认知，以及对我国城乡关系的历史性变革和转型的深刻把握。

　　本书的出版旨在为新时代江浙地区乡村人居环境建设提供基础性依据，并为本区域乡村规划研究及技术规范的制定提供实证参考。鉴于乡村人居环境研究是一个新的庞大领域，加之江浙地区乡村人居环境区域属性不同、差异显著并一直处在发展变化之中，相关的调查和研究仍需持续进行。

　　本书可供各级政府制定乡村振兴政策、措施时参考使用，可作为政府农业农村、规划、建设等部门及"三农"问题研究者的参考书，也可供高校相关专业师生延伸阅读。

中国乡村人居环境研究丛书
编委会

序　一

我欣喜地得知,"中国乡村人居环境研究丛书"即将问世,并有幸阅读了部分书稿。这是乡村研究领域的大好事、一件盛事,是对乡村振兴战略的一次重要学术响应,具有重要的现实意义。

乡村是社会结构(经济、社会、空间)的重要组成部分。在很长的历史时期,乡村一直是社会发展的主体,即使在城市已经兴起的中世纪欧洲,政治经济主体仍在乡村,商人只是地主和贵族的代言人。只是在工业革命以后,随着工业化和城市化进程的推进,乡村才逐渐失去了主体的光环,沦落为依附的地位。然而,乡村对城市的发展起到了十分重要的作用。乡村孕育了城市,以自己的资源、劳力、空间支撑了城市,为社会、为城市发展作出了重大的奉献和牺牲。

中国自古以来以农立国,是一个农业大国,有着丰富的乡土文化和独特的经济社会结构。对乡村的研究历来有之,20 世纪 30 年代费孝通的"江村经济"是这个时期的代表。中国的乡村也受到国外学者的关注,大批的外国人以各种角色(包括传教士)进入乡村开展各种调查。1949 年以来,国家的经济和城市得到迅速发展,人口、资源、生产要素向城市流动,乡村逐渐走向衰败,沦为落后、贫困、低下的代名词。但是乡村作为国家重要的社会结构具有无可替代的价值,是永远不会消失的。中央审时度势,综览全局,及时对乡村问题发出多项指令,从解决"三农"问题到乡村振兴,大大改变了乡村面貌,乡村的价值(文化、生态、景观、经济)逐步为人们所认识。城乡统筹、城乡一体,更使乡村走向健康、协调发展之路。乡村兴,国家才能兴;乡村美,国土才能美。但是,总体而言,学界、业界乃至政界对乡村的关注、了解和研究是远远不够的。今天中国进入一个新的历史时期,无论从国家的整体发展还是圆百年之梦而言,乡村必须走向现代化,乡村研究必须快步追上。中国的乡村是非常复杂的,在广袤的乡村土地上,由于自然地形、历史进程、经济水平、人口分布、民族构成等方面的不同,千万个乡村呈现出巨大的差异,要研究乡村、了解乡村还是相当困难和艰苦的。同济大学团队借承担住房和城乡建设部乡村人居环境研究课题的机会,利用在国内各地多个规划项目的积累,联合国内多所高校和研究设计机构,开展了全国性的乡村田野调查,总结撰写了一套共 10 个分册的"中国乡村人居环境研究丛书",适逢其时,为乡村的研究提供了丰富的基础性资料和研究经验,对当代的乡村研究具有借鉴意义并起到示范作用,为乡村振兴作出了有价值的贡献!

纵观本套丛书,具有以下特点和价值。

(1) 研究基础扎实,科学依据充分。由 100 多名教师和 500 多名学生组成的调查团队,在 13 个省(自治区、直辖市)、85 个县(市区)、234 个乡镇、480 个村开展了多地区、多类型、多样本的全国性的乡村田野调查,行程 10 万余公里,撰写了 100 万字的调研报告,在此基础上总结提炼,撰写成书,对我国主要区域、不同类型的乡村人居环境特点、面貌、建设状况及其差异作了系统的解析和描述,绘就了一份微缩的、跃然纸上的乡居画卷。而其深入村落,与 7 578 位村民面对面的访谈,更反映了村庄实际和村民心声,反映了乡村振兴"为人民"的初心和"为满足美好生活需要"而研究的历史使命。近几年来,全国开展村庄调查的乡村研究已渐成风气。江苏省开展全省性乡村调查,出版了《2012 江苏乡村调查》和《百年历程 百村变迁:江苏乡村的百年巨变》等科研成果,其他多地也有相当多的成果。但对全国的乡村调查——且以乡村人居环境为中心——在国内尚属首次。

(2) 构建了一个由理论支撑、方法统一、组织有机、运行有效的多团体的科研协作模式。作为团队核心的同济大学,首先构建了阐释乡村人居环境特征的理论框架,举办了培训班,统一了研究方法、调研方式、调查内容、调查对象。同时,同济大学团队成员还参与了协作高校和规划设计机构的调研队伍,以保证传导内容的一致性。同时,整个研究工作采用统分结合的方式——调研工作讲究统一要求,而书稿写作强调发挥各学校的能动性和积极性,根据各区域实际,因地制宜反映地方特色(如章节设置、乡村类型划分、历史演进叙述、问题剖析、未来思考),使丛书丰富多样,具有新鲜感。我曾在 20 世纪 90 年代组织过一次中美两国十多所高校和研究设计机构共同开展的"中国自下而上的城镇化发展研究"课题,以小城镇为中心进行了覆盖全国十多个省区、几十个小城镇的多类型调研,深知团队合作的不易。因此,从调研到出版的组织合作经验是难能可贵的。

(3) 提出了一些乡村人居环境研究领域颇具见地的观点和看法。例如,总结提出了国内外乡村人居环境研究的"乡村—乡村发展—乡村转型"三阶段,乡村人居环境特征构成的三要素（住房建设、设施供给、环卫景观）；构建了乡村人居环境、村民满意度评价指标体系；提出了宜居性的概念和评价指标，探析了乡村人居环境的运行机理等。这些对乡村研究和人居环境研究都有很大的启示和借鉴意义。

　　丛书主题突出、思路清晰、内容全面、特色鲜明，是一次系统性、综合性的对中国乡村人居环境的全面探索。丛书的出版有重要的现实意义和开创价值，对乡村研究和人居环境研究都具有基础性、启示性、引领性的作用。

崔功豪

南京大学

2021 年 12 月

序　二

这是一套旨在帮助我们进一步认识中国乡村的丛书。

我们为什么要"进一步认识乡村"？

第一，最直接的原因，是因为我们对乡村缺乏基本的了解。"我们"是谁，是"城里人"还是"乡下人"？我想主要是城里人——长期居住在城市里的居民。

我们对于乡村的认识可以说是凤毛麟角，而我们的这些少得可怜的知识，可能是一些基于亲戚朋友的感性认知、文学作品里的生动描述，或者是来自节假日休闲时浮光掠影的印象。而这些表象的、浅层的了解，难以触及乡村发展中最本质的问题，当然不足以作为决策的科学支撑。所以，我们才不得不用城市规划的方式规划村庄，以管理城市的方式管理乡村。

这样的认知水平，不是很多普通市民的"专利"，即便是一些著名的科学家，对于乡村的理解也远比不上对城市来得深刻。笔者曾参加过一个顶级的科学会议，专门讨论乡村问题，会上我求教于各位院士专家，"什么是乡村规划建设的科学问题?"并没有得到完美的解答。

基本科学问题不明确，恰恰反映了学术界对于乡村问题的把握，尚未进入"自由王国"的境界，甚至可以说，乡村问题的学术研究在一定程度上仍然处在迷茫和不清晰的境地。

第二，我们对于乡村的理解尚不全面不系统，有时甚至是片面的。比如，从事规划建设的专家，多关注农房、厕所、供水等；从事土地资源管理的专家，多关注耕地保护、用途管制；从事农学的专家，多关注育种、种植；从事环境问题的专家，多关注秸秆燃烧和化肥带来的污染；等等。

但是，乡村和城市一样，是一个生命体，虽然其功能不及城市那样复杂，规模也不像城市那么庞大，但所谓"麻雀虽小，五脏俱全"，其系统性特征非常明显。仅从部门或行业视角观察，往往容易带来机械主义的偏差，缺乏总揽全局、面向长远的能力，因而容易产生片面的甚至是功利主义的政策产出。

如果说现代主义背景的《雅典宪章》提出居住、工作、休憩、交通是城市的四大基本活动,由此奠定了现代城市规划的基础和功能分区的意识,那么,迄今为止还没有出现一个能与之媲美的系统认知乡村的科学模型。

农业、农村、农民这三个维度构成的"三农",为我们认识乡村提供了重要的政策视角,并且孕育了乡村振兴战略、连续十多年以"三农"为主题的中央一号文件,以及机构设置上的高配方案。不过,政策视角不能替代学术研究,目前不少乡村研究仍然停留在政策解读或实证研究层面,没有达到规范性研究的水平。反过来,这种基于经验性理论研究成果拟定的政策行动,难免采取"头痛医头,脚痛医脚"的策略,甚至出现政策之间彼此矛盾、相互掣肘的局面。

第三,我们对于乡村的理解缺乏必要的深度,一般认为乡村具有很强的同质性。姑且不去考虑地形地貌的因素,全国200多万个自然村中,除去那些当代"批量""任务式""运动式"的规划所"打造"的村庄,很难找到两个完全相同的。形态如此,风貌如此,人口和产业构成更表现出很大的差异。

如果把乡村作为一种文化现象考察,全国层面表现出来的丰富多彩,足以抵消一定地域内部的同质性。况且,作为人居环境体系的起源,乡村承载了更加丰富多元的中华文明,蕴含着农业文明的空间基因,它们与基于工业文明的城市具有同等重要的文化价值。

从这一点来说,研究乡村离不开城市。问题是不能拿研究城市的理论生搬硬套。事实上,我国传统的城乡关系,从来就不是对立的,而是相互依存的"国—野"关系。只是工业化的到来,导致了人们对资源的争夺,特别是近代租界的强势嵌入和西方自治市制度的引入,才使得城乡之间逐步走向某种程度的抗争和对立。

在建设生态文明的今天,重新审视新型城乡关系,乡村因为其与自然环境天然的依存关系,生产、生活和生态空间的融合,成为城市规划建设竞相仿效的范式。在国际上,联合国近年来采用的城乡连续体(rural-urban continuum)的概念,可以说也是对于乡村地位与作用的重新认知。乡村人居环境不改善,城市问题无法很好地解决;"城市病"的治理,离不开我们对乡村地位的重新认识。

显而易见,乡村从来就不只是居民点,乡村不是简单、弱势的代名词,它所承载的信息是十分丰富的,它对于中华民族伟大复兴的宏伟目标非常重要。党的十九大报告提出乡村振兴战略,以此作为决胜全面建成小康社会、全面建设社会主义现代化国家的重大历史任务。在"全面建成了小康社会,历史性地解决了绝对贫困问题"之际,"十四五"规划更提出了"全面实施乡村振兴"的战略部署,这是一个涵盖农业发展、农村治理和农民生活的系统性战略,以实现缩小城乡差别、城乡生活品质趋同的目标,成为城乡人居体系中稳住农民、吸引市民的重要环节。

实现这些目标的基础,首先必须以更宽广的视角、更系统的调查、更深入的解剖,去深刻认识乡村。"中国乡村人居环境研究丛书"试图在这方面做一些尝试。比如,借助组织优势,作者们对于全国不同地区的乡村进行了广泛覆盖,形成具有一定代表性的时代"快照";不只是对于农房和耕地等基本要素的调查,也涉及产业发展、收入水平、生态环境、历史文化等多个侧面的内容,使得这一"快照"更加丰满、立体。为了数据的准确、可靠,同济大学等团队坚持采取入户调查的方法,调查甚至涉及对于各类设施的满意度、邻里关系、进城意愿等诸多情感领域问题,使得这套丛书的内容十分丰富、信息可信度高,但仍有不少进一步挖掘的空间。

眼下我国正进入城镇化高速增长与高质量发展并行的阶段,农村地区人口减少、老龄化的趋势依然明显,随着乡村振兴战略的实施,农业生产的现代化程度和农村公共服务水平不断提高,乡村生活方式的吸引力也开始显现出来。

乡村不仅不是弱势的,不仅是有吸引力的,而且在政策、技术和学术研究的层面,是与城市有着同等重要性的人居形态,是迫切需要展开深入学术研究的领域。

作为一种空间形态,乡村空间不只存在着资源价值、生产价值、生态价值,正如哈维所说,也存在着心灵价值和情感价值,这或许会成为破解乡村科学问题的一把钥匙。乡村研究其实是一种文化空间的问题,是一种认同感的培养。

对于一个有着五千多年历史、百分之六七十的人口已经居住在城市的大国而言,城市显然是影响整个国家发展的决定性因素之一,而乡村人居环境问题,也是名副其实的重中之重。这套丛书的作者们正是胸怀乡村发展这个"国之大者",从乡村人居环境的理论与方法、乡村人居环境的评价、运行机理与治理策略等多个维度,对 13 个省(自治区、直辖市)、480 个村的田野调查数据进行了系统的梳理、分析与挖掘,其中揭示了不少值得关注的学术话题,使得本书在数据与资料价值的基础上,增添了不少理论色彩。

    "三农"问题,特别是乡村问题需要全面系统深入的学术研究,前提是科学可靠的调查与数据,是对其科学问题的界定与挖掘,而这显然不仅仅是单一学科的研究,起码应该涵盖公共管理学、城乡规划学、农学、经济学、社会学等诸多学科。正是出于对乡村人居环境问题的兴趣,笔者推动中国城市规划学会这个专注于城市和规划研究的学术团体,成立了乡村规划建设学术委员会。出于同样的原因,应中国城市规划学会小城镇规划学术委员会张立秘书长之邀为本书作序。

石　楠

中国城市规划学会常务理事长兼秘书长

2021 年 12 月

序 三

　　历时 5 年有余编写完成的"中国乡村人居环境研究丛书"近期即将出版,这是对我国乡村人居环境系统性研究的一项基础性工作,也是我国乡村研究领域的一项最新成果。

　　我国是名副其实的农业大国。根据住房和城乡建设部 2020 年村镇统计数据,我国共有 51.52 万个行政村、252.2 万个自然村。根据第七次全国人口普查,居住在乡村的人口约为 5.1 亿,占全国人口的 36.11%。协调城乡发展、建设现代化乡村对于中国这样一个有着广大乡村地区和庞大乡村人口基数的发展中国家而言,意义尤为重大。但是,我国长期以来的城乡二元政策使得乡村人居环境建设严重滞后,直到进入 21 世纪,城乡统筹、新农村建设被提到国家战略高度,系统性的乡村建设工作在全国范围内陆续展开,乡村人居环境才得以逐步改善。

　　纵观开展新农村建设以来的近 20 年,我国乡村人居环境在住房建设、农村基础设施和公共服务补短板、村容村貌提升等方面取得了巨大的成就。根据 2021 年 8 月国务院新闻发布会,目前我国已经历史性地解决了农村贫困群众的住房安全问题。全面实施脱贫攻坚农村危房改造以来,790 万户农村贫困家庭危房得到改造,惠及 2 568 万人;行政村供水普及率达 80% 以上,农村生活垃圾进行收运处理的行政村比例超过 90%,农村居民生活条件显著改善,乡村面貌发生了翻天覆地的变化。

　　虽然我国的乡村建设政策与时俱进,但乡村建设面临的问题众多,情况复杂。我国各区域发展很不平衡,东部沿海发达地区部分乡村乘着改革开放的春风走出了"乡村城镇化"的特色发展道路,农民收入、乡村建设水平都实现了质的飞跃。而在 2020 年全面建成小康社会之前,我国仍有十四片集中连片特困地区,广泛分布着量大面广的贫困乡村。发达地区的乡村建设需求与落后地区有很大不同,国家要短时间内实现乡村人居环境水平的全面提升,必然面临着诸多现实问题与困难。

　　从 2005 年党的十六届五中全会通过的《中共中央关于制定国民经济和社会

发展第十一个五年规划的建议》提出"扎实推进社会主义新农村建设",到 2015
年同济大学承担住房和城乡建设部"我国农村人口流动与安居性研究"课题并组
织开展全国乡村田野调研工作,我国的新农村建设工作已开展了十年,正值一个
很好的对乡村人居环境建设工作进行全面的阶段性观察、总结和提炼的时机。
从即将出版的"中国乡村人居环境研究丛书"成果来看,同济大学带领的研究团
队很好地抓住了这个时机并克服了既往乡村统计数据匮乏、难以开展全国性研
究、乡村地区长期得不到足够重视等难题,进而为乡村研究领域贡献了这样一套
系统性、综合性兼具,较为全面、客观反映全国乡村人居环境建设情况的研究
成果。

本套丛书共由 10 种单本组成,1 本《中国乡村人居环境总貌》为"总述",其余
9 本分别为江浙地区、江淮地区、上海地区、长江中游地区、黄河下游地区、东北地
区、内蒙古地区、四川地区和西南地区等 9 个不同地域乡村人居环境研究的"分
述",10 种单本能够汇集而面世,实属不易。我想,这首先得益于同济大学研究团
队长期以来在全国各地区开展的村镇研究工作经验积累,从而能够在明确课题
开展目的的基础上快速形成有针对性、可高效执行的调研工作计划。其次,通过
实施系统性的乡村调研培训,向各地高校/设计单位清晰传达了工作开展方法和
材料汇集方式,确保多家单位、多个地区可以在同一套行动框架中开展工作,进
而保证调研行为的统一性和成果的可汇总性。这一工作方式无疑为乡村调研提
供了方法借鉴。而最核心的支撑工作,当属各调研团队深入各地开展的村庄调
研活动,与当地干部、村长、村民面对面的访谈和对村庄物质建设第一手素材的
采集,能够向读者生动地展示当时当地某个村的真实建设水平或某类村民的真
实生活面貌。

我曾参与了课题"我国农村人口流动与安居性研究"的研究设计,也多次参
加了关于本套丛书写作的研讨,特别认同研究团队对我国乡村样本多样性的坚
持。10 所高校共 600 余名师生历时 128 天行程超过 10 万公里完成了面向全国
13 个省(自治区、直辖市)、480 个村、28 593 个农村家庭成员的乡村田野调查,一
路不畏辛劳,不畏艰险——甚至在偏远山区,还曾遭遇过汽车抛锚、山体滑坡等
危险状况。也正因有了这些艰难的经历,才能让读者看到滇西边境山区、大凉山
地区等在当时尚属集中连片特殊困难地区的乡村真实面貌,也更能体会以国家

战略推行的乡村扶贫和人居环境提升是一项多么艰巨且意义重大的世界性工程。最后，得益于研究团队的不懈坚持与有效组织，以及他们对于多年乡村田野调查工作的不舍与热情，这套丛书最终能够在课题研究丰硕成果的基础上与广大读者见面。

纵观本套丛书，其价值与意义在于能够直面我国巨大的地域差异和乡村聚落个体差异，通过量大面广的乡村调研为读者勾勒出全国层面的乡村人居环境建设画卷，较为系统地识别并描述了我国宏大的、广泛的乡村人居环境建设工程呈现出的差异性特征，对于一直缺位的我国乡村人居环境基础性研究工作具有引领、开创的意义，并为这次调研尚未涉及的地域留下了求索的想象空间。而本次全国乡村调研的方法设计、组织模式和成果展示也为乡村研究领域提供了有益借鉴。对于本套丛书各位作者的不懈努力和辛勤付出，为我国乡村人居环境研究领域留下了重要一笔，表以敬意。当然，也必须指出，时值我国城乡关系从城乡统筹走向城乡融合，乡村人居环境建设亦在持续推进，面临的形势与需求更加复杂，对乡村人居环境的研究必然需要学界秉持辩证的态度持续关注，不断更新、探索、提升。由此，也特别期待本套丛书的作者团队能够持续建立起历时性的乡村田野跟踪调查，这将对推动我国乡村人居环境研究具有不可估量的意义。

彭震伟

同济大学党委副书记

中国城市规划学会常务理事

2021 年 12 月

序　四

改革开放 40 余年来,中国的城镇化和现代化建设取得了巨大成就,但城乡发展矛盾也逐步加深,特别是进入 21 世纪以来,"三农"问题得到国家层面前所未有的重视。党的十九大报告将实施乡村振兴上升到国家战略高度,指出农业、农村、农民问题是关系国计民生的根本性问题,是全党工作重中之重。

解决好"三农"问题是中国迈向现代化的关键,这是国情背景和所处的发展阶段决定的。我国是人口大国,也是农业大国,从目前的发展状况来看,农业产值比重已经不到 8%,但农业就业比重仍然接近 27%,农村人口接近 40%,达到 5.5 亿人,同时有超过 2.3 亿进城务工人员游离在城乡之间。我国城镇化具有时空压缩的特点,并且规模大、速度快。20 世纪 90 年代的乡村尚呈现繁荣景象,但 20 多年后的今天,不少乡村已呈凋敝状。第二代进城务工的群体已经形成,农业劳动力面临代际转换。可以讲,中国现代化建设成败的关键之一将取决于能否有效化解城乡发展矛盾,特别是在当前的转折时期,能否从城乡发展失衡转向城乡融合发展。

乡村振兴离不开规划引领,城乡规划作为面向社会实践的应用性学科,在国家实施乡村振兴战略中有所作为,是新时代学科发展必须担负起的历史责任。开展乡村规划离不开对"三农"问题的理解和认识,不可否认,对乡村发展规律和"三农"问题的认识不足是城乡规划学科的薄弱环节。我国的乡村发展地域差异大,既需要对基本面有所认识,也需要对具体地区进一步认知和理解。乡村地区的调查研究,关乎社会学、农学、人类学、生态学等学科领域,这些学科的积累为其提供了认识基础,但从城乡规划学科视角出发的系统性的调查研究工作不可或缺。

"中国乡村人居环境研究丛书"依托于国家住房和城乡建设部课题,围绕乡村人居环境开展了全国性乡村田野调查。本次调研工作的价值有三个方面:

(1)这是城乡规划学科首次围绕乡村人居环境开展大规模调研,运用了田野调查方法,从一个历史断面记录了这些地区乡村发展状态,具有重要学术意义;

（2）调研工作经过周密的前期设计，调研结果有助于认识不同地区间的发展差异，对于建立我国不同地区整体的认知框架具有重要价值，有助于推动我国的乡村规划研究工作；

（3）调研团队结合各自长期的研究积累，所开展的地域性研究工作对于支撑乡村规划实践具有积极的意义。

本套丛书的出版凝聚了调研团队辛勤的努力和汗水，在此表达敬意，也希望这些成果对于各地开展更加广泛深入、长期持续的乡村调查和乡村规划研究工作起到助推的作用。

张尚武

同济大学建筑与城市规划学院副院长

中国城市规划学会乡村规划与建设学术委员会主任委员

2021 年 12 月

总　前　言

只有联系实际才能出真知,实事求是才能懂得什么是中国的特点。

——费孝通

自 21 世纪初期国家提出城乡统筹、新农村建设、美丽乡村等政策以来,乡村人居环境建设取得了很大成就。全国各地都在积极推进乡村规划工作,着力解决乡村建设的无序问题。与此同时,我国乡村人居环境的基础性研究却一直较为缺位。虽然大家都认为全国各地的乡村聚落的本底状况和发展条件各不相同,但是如何识别差异、如何描述差异以及如何应对差异化的发展诉求,则是一个难度很大而少有触及的课题。

2010 年前后,同济大学相关学科团队在承担地方规划实践项目的基础上,深入村镇地区开展田野调查,试图从乡村视角去理解城乡人口等要素流动的内在机理。多年的村镇调查使我们积累了较多的深切认识。此后的 2015 年,国家住房和城乡建设部启动了一系列乡村人居环境研究课题,同济大学团队有幸受委托承担了"我国农村人口流动与安居性研究"课题。该课题的研究目标明确,即探寻乡村人居环境改善和乡村人口流动之间的关系,以辨析乡村人居环境优化的逻辑起点。面对这一次难得的学术研究机遇,在国家和地方有关部门的支持下,同济大学课题组牵头组织开展了较大地域范围的中国乡村调查研究。考虑到我国乡村基础资料匮乏、乡村居民的文化水平不高、运作的难度较大等现实情况,课题组确定以田野调查为主要工作方法来推进本项工作;同时也扩展了既定的研究内容,即不局限于受委托课题的目标,而是着眼于对乡村人居环境实情的把握和围绕对"乡村人"的认知而展开更加全面的基础性调研工作。

本次田野调查主要由同济大学和各合作高校的师生所组成的团队完成,这项工作得到了诸多部门和同行的支持。具体工作包括下乡踏勘、访谈、发放调查问卷等环节;不仅访谈乡村居民,还访谈了城镇的进城务工人员,形成了双向同步的乡村人口流动的意愿验证。为确保调查质量,课题组对参与调研的全体成员进行了培训。2015 年 5 月,项目调研开始筹备;7 月 1 日,正式开始调研培训;

7月5日,华中科技大学团队率先启程赴乡村调查;11月5日,随着内蒙古工业大学团队返回呼和浩特,调研的主体工作顺利完成。整个调研工作历时128天,100多名教师(含西宁市规划院工作人员)和500多名学生参与其中,撰写原始调查报告100余万字。本次调查合计访谈了7 578名乡村居民,涉及13个省(自治区、直辖市)的85个县(市区)、234个乡镇、480个行政村和28 593个家庭成员。此外,还完成了524份进城务工人员问卷调查,丰富了对城乡人口等要素流动的认识。

本次调研工作可谓量大面广,为更深入地认知和研究我国乡村人居环境及乡村居民的状况提供了大量有价值的基础数据。然而,这么丰富的研究素材,如果仅是作为一项委托课题的成果提交后就结项,不免令人意犹未尽,或有所缺憾。因而经过与参与调查工作的各高校课题组商讨,团队决定以此次调查的资料为基础,以乡村居民点为主要研究对象,进一步开展我国乡村人居环境总貌及地域研究工作。这一想法得到了住房和城乡建设部村镇司的热忱支持。各课题组很快就研究的地域范畴划分达成了共识,即按照江浙地区、上海地区、江淮地区、长江中游地区、黄河下游地区、东北地区、内蒙古地区、四川地区和西南地区等为地域单元深化分析研究和撰写书稿,以期编撰一套"中国乡村人居环境研究丛书"。为提高丛书的学术质量,同济大学课题组将所有调研数据和分析数据共享给各合作单位,并要求全部书稿最终展现为学术专著。这项延伸工程具有很大的挑战性,在一定程度上乡村人居环境研究仍是一个新的领域,没有系统的理论框架和学术传承。为了创新、求实、探索,丛书的编写没有事先拟定共同的写作框架,而是让各课题组自主探索,以图形成契合本地域特征的写作框架和主体内容。

丛书的撰写自2016年年底启动,在各方的支持下,我们组织了4次集体研讨和多次个别沟通。在各课题组不懈努力和有关专家学者的悉心指导和把关下,书稿得以逐步完成和付梓,最终完整地呈现给各地的读者。丛书入选"十三五"国家重点图书出版物出版规划项目,获得国家出版基金以及上海市新闻出版专项资金资助。

中国地域辽阔,我们的调研工作客观上难以覆盖全国的乡村地域,因而丛书的内涵覆盖亦存在一定局限性。然而万事开头难,希望既有的探索性工作能够激发更多、更深入的相关研究；希望通过对各地域乡村的系统调研和分析，在不远的将来可以更为完整地勾勒出中国乡村人居环境的整体图景。在研究的地域方面，除了本丛书已经涉及的地域范畴，在东部和中西部地区都还有诸多省级政区的乡村有待系统调研。在研究范式方面，尽管"解剖麻雀"式的乡村案例调研方法是乡村人居环境研究的起点和必由之路，但乡村之外的发展协同也绝不可忽视，这也是国家倡导的"城乡融合发展"的题中之义；在相关的研究中，尤其要注意纵向的历史路径、横向的空间地域组织和系统的国家制度政策。尽管丛书在不同程度上涉及了这些内容，但如何将其纳入研究并实现对案例研究范式的超越仍待进一步探索。

本丛书的撰写和出版得到了住房和城乡建设部村镇建设司、同济大学建筑与城市规划学院、上海同济城市规划设计研究院和同济大学出版社的大力支持，在此深表谢意。还要感谢住房和城乡建设部赵晖、张学勤、白正盛、邢海峰、张雁、郭志伟、胡建坤等领导和同事们的支持。来自各方面的支持和帮助始终是激励各课题组和调研团队坚持前行的强劲动力。

最后，希冀本丛书的出版将有助于学界和业界增进对我国乡村人居环境的认知，进而引发更多、更深入的相关研究，在此基础上，逐步建立起中国乡村人居环境研究的科学体系，并为实现乡村振兴和第二个百年奋斗目标作出学界的应有贡献。

赵　民　张　立

同济大学城市规划系

2021 年 12 月

目　　录

第1章 概　述

1.1　江浙地区的基本概况

江浙地区是指江苏、浙江两省,是我国经济实力、综合实力最强的区域之一。江浙地区的区位条件优越、自然禀赋优良、科教文卫发达、经济实力雄厚,作为我国沿海经济发达地区,已经成为我国城镇化水平最高、产业最发达、人口最密集的区域之一。城市化水平高是江浙地区非常显著的一个特点。

2010 年,《长江三角洲地区区域规划》将沪苏浙 25 个城市划分为核心区和辐射区,其中核心区为 16 个城市,包括江浙地区的 15 个城市(江苏 8 个:南京、苏州、无锡、常州、镇江、扬州、泰州、南通;浙江 7 个:杭州、宁波、湖州、嘉兴、绍兴、舟山、台州)和上海。辐射区城市包括:连云港、徐州、盐城、淮安、宿迁、温州、金华、衢州、丽水(图 1-1)。经过多年高强度开发,土地、劳动力等生产要素已成为江浙的稀缺品。苏北、浙南(辐射区城市)的加入是区域资源互补、产业联动和生产要素互动等内生需求,也为统筹江浙地区城乡发展,走新型城市化道路,构建和完善的城镇体系,提升各种城市功能,提高城乡规划和建设管理水平并培育具有国际竞争力的世界级城市群带来重大机遇。

江苏省全省面积 10.26 万平方千米,占全国总面积的 1.07%,海岸线长 954 千米。境内河川交错,水网密布,长江横穿东西,长达 425 余千米,大运河纵贯南北,长达 718 千米,西南部有秦淮河,北部有苏北灌溉总渠、新沭河、通扬运河等。有大小湖泊 290 多个,全国五大淡水湖,江苏得其二,太湖和洪泽湖像两面大明镜,分别镶嵌在水乡江南和苏北平原。江苏以地形地势低平,河湖众多为特点,平原、水面占比之大,在全国居首位,成为江苏一大地理优势。浙江省全省面积 10.18 万平方千米,东西和南北的直线距离均为 450 千米左右,占全国总面积的 1.06%。浙江山地和丘陵占 70.4%,平原和盆地占

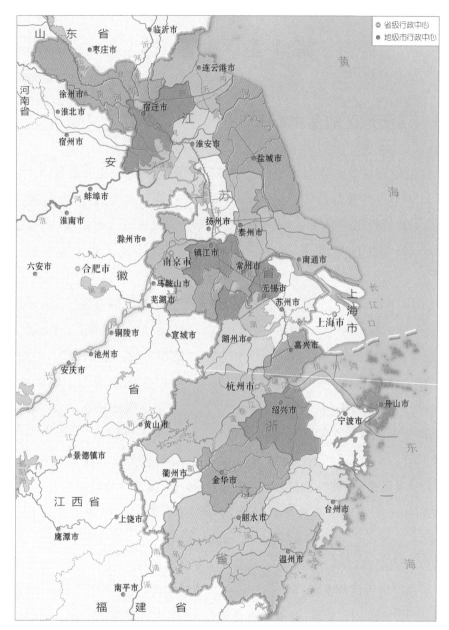

图1-1 江浙地区城市分布图

资料来源:《长江三角洲地区区域规划(2010)》

23.2%,河流和湖泊占6.4%,耕地面积仅208.17万公顷,故有"七山一水二分田"之说。地势由西南向东北倾斜,大致可分为浙北平原、浙西丘陵、浙东丘陵、中部金衢盆地、浙南山地、东南沿海平原及滨海岛屿等七个地形区。

　　2016 年,江苏省和浙江省地区生产总值分别为 77 388 亿元和 47 251 亿元,排在全国第二位和第四位(图 1 - 2);人均生产总值分别为 96 887 元和 84 916 元,排在全国第四位和第五位(图 1 - 3);城乡总人口分别约为 7 999 万人和 5 590 万人,排在全国第五和第十位(图 1 - 4),其中,两省城镇人口均呈现缓慢增长趋势,江苏省乡村人口逐年缓慢减少,浙江省乡村人口减少趋势相比江苏省则更为平缓(图 1 - 5,表 1 - 1)。

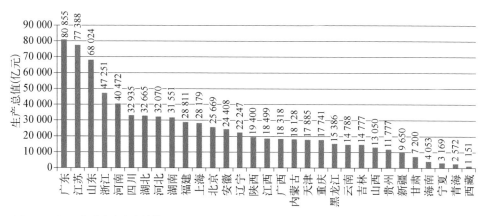

图 1 - 2　2016 年分省市生产总值
资料来源:《中国统计年鉴(2017)》,中国统计出版社。

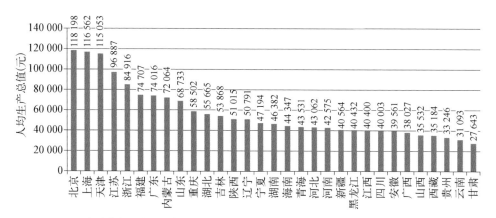

图 1 - 3　2016 年分省市人均生产总值
资料来源:《中国统计年鉴(2017)》,中国统计出版社。

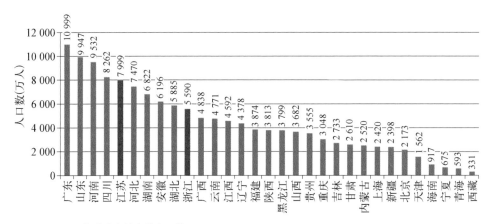

图 1-4 2016 年分省市城乡总人口数
资料来源:《中国统计年鉴(2017)》,中国统计出版社。

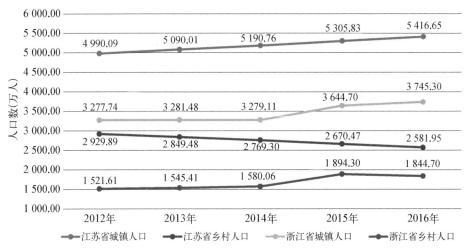

图 1-5 2012—2016 年江浙地区城乡人口变化图
资料来源:《中国统计年鉴(2017)》,中国统计出版社。

表 1-1 2016 年年末江浙地区城乡人口数及其构成

指　　标		年末数(万人)	比　　重
江苏	总人口	7 998.60	100%
	城镇人口	5 416.65	67.7%
	乡村人口	2 581.95	32.3%
浙江	总人口	5 590.00	100%
	城镇人口	3 745.30	67.0%
	乡村人口	1 844.70	33.0%

数据来源:《中国统计年鉴(2017)》,中国统计出版社。

1.2 江浙乡村研究的价值

1.2.1 对实现乡村振兴具有重要意义

十八届三中全会以来,中国城乡关系迈入城乡一体化发展新时代。在过去传统城镇化进程中,"千村一貌"现象日益严重,乡村逐渐失去吸引力。2012年,党的十八大正式提出建设美丽中国与生态文明,实施新型城镇化发展战略。新型城镇化要求城乡统筹,更加注重乡村内涵式发展,致力于打造"一村一品"示范村镇,乡村地区发展成为促进新型城镇化、实现城乡统筹、城乡一体化协调发展格局的关键;2014年3月,《国家新型城镇化规划(2014—2020年)》发布实施,同年底《国家新型城镇化综合试点方案》印发,将江浙地区的江苏省,浙江省嘉兴市、义乌市(县级市),以及浙江省苍南县龙港镇分别列为不同级别的国家新型城镇化综合试点地区。2015年的中央一号文件提出,加快提升农村基础设施水平,推进城乡基本公共服务均等化,全面推进农村人居环境整治。2016年年初,《国务院关于深入推进新型城镇化建设的若干意见》发布,要求各地区总结经验和问题,深入推进新型城镇化建设。新型城镇化是以城乡统筹、城乡一体、产城互动、节约集约、生态宜居、和谐发展为基本特征的城镇化,是大中小城市、小城镇、新型农村社区协调发展、互促共进的城镇化。它指的是一种大到都市、小到农户的产销、合作、互动、和谐的新型社会关系,涉及社会的方方面面。其重点是着眼农民、覆盖农村,实现城乡基础设施一体化和公共服务均等化,促进经济社会发展和实现共同富裕,积极探索不以牺牲农业和粮食、生态和环境为代价的发展之路。2017年的中央一号文件提出,要深入开展农村人居环境治理和美丽宜居农村建设,加强农村公共文化服务体系建设,统筹实施重点文化惠民项目,完善基层综合性文化服务设施,支持重要农业文化遗产保护。2017年10月,习近平同志在党的十九大报告中提出要实施乡村振兴战略。

快速城镇化给中国的城镇带来了巨大的变化,然而,乡村,特别是经济欠发达的乡村,其居住环境与几十年前相差无几,村内的脏乱问题依旧严重;随着乡村人口(特别是知识阶级、青壮年劳动力)向城市和城镇转移,带来了人口数量减少、结构变化等问题;由于资金不足乡村建设停滞不前;受城市化的冲击,乡村土地资源大量退缩,乡村文化失去特色,甚至走向消亡。"新型城镇化"将新农村建设作为一项重要内容加以阐述,其秉承一贯的注重民生为本的理念,强调统筹兼顾、协调城乡发展一体化,"新"在于增加可持续发展和追求质量为内涵,特别是在建设新农村的规划中,强调推行"绿色"发展,不以牺牲农业和乡村发展为代价,建设生产生活环境优越的生态新村。可见,可持续发展理念在新型城镇化规划中占据突出的重要位置,为建设新农村指明了绿色、生态、健康的发展方向。"十三五"时期的乡村发展处在现代农业转型升级、全面深化农村改革的重要时期,更加注重可持续发展。全面改善乡村人居环境,实现乡村的转型发展对"十三五"时期落实全面建成小康社会的发展目标具有深远影响,也对江浙地区实现乡村振兴具有重要意义。

1.2.2 对平衡城乡发展具有推动作用

党的十八大报告明确提出,加快推进城乡基本公共服务均等化,促进城乡要素平等交换。城乡要素的不平等交换,成为城乡居民收入差距不断扩大的重要诱因。城乡要素的不均等流动由来已久。首先是城乡土地的不均等流动,主要表现为乡村土地和农业用地向城市土地和非农用地的单向转移,而非合理的城乡之间双向流动。这种低效单一的土地流动模式和交换关系,尽管有利于推进城镇化发展进程,却抑制了土地要素在城乡之间的平等交换,使得土地要素市场难以实现城乡之间的均衡配置。其次是城乡劳动要素的不平等交换,主要表现为劳动力市场的城乡分割严重。有研究表明,迁移劳动力比城市劳动力平均报酬低 28.9%。同一行业内的报酬歧视和行业的进入障碍,在很大程度上直接影响着劳动要素在城乡之间的合理流动和平等交换。最后是城乡之间资本要素的配置不均,加之资本逐利特性,乡村地区的剩余资金通过储蓄和其他形式流入金融机构,乡村资金呈现净流出态势。乡村地区长期性投资、基本投资不足,乡村投资的收益较低,风险较高。为规避风险,乡村金融机构的信贷资金涌向城市。这不仅会制约乡村经济发展的后劲,也会加剧城乡金融资本的配置失衡。面对城乡资源要素的大规模、不均等流动,乡村的土地资源配置、空间结构布局、城乡管理体制等也相应发生重大转变,城乡居民收入差距不断扩大。而长期的区域差异化发展战略与城乡二元体制更加剧了区域发展的不平衡和城乡建设水平的巨大差异。乡村聚落的自身平衡被外界打破,人居环境一方面不断受到摧残,另一方面又缺少足够关注与治理。生态破坏、资源紧缺、建设滞后、管理匮乏等现象相较城市地区更加严重,使得村庄宜居程度大大降低、人居环境亟待改善。

　　随着工业化、城镇化的快速发展,乡村建设全面推进,城镇的建成区空间不断扩张,乡村人口大规模迁移,至"十二五"规划期末,城乡关系发生了重大改变,乡村也出现了剧烈变迁。乡村人口的大量减少,必然要求空间重整,乡村收缩不可避免,如图 1-6 所示,近十年的全国城乡人口变化趋势明显,城镇人口不断增加,乡村人口不断减少。到 2016 年年末,乡村人口仅为 58 973 万人,比重为42.65%(表 1-2)。快速城镇化进程是理解判断中国乡村发展趋势的核心,而乡村发展本身就是城镇化进程的重要组成部分。2016 年中国的城镇化率已达到57.35%,在总人口增长相对稳定的情况下,城镇化率年均 1.4% 的增长意味着每年有 1 800 万以上的乡村人口进入城镇。据中国社会科学院的预测,2050 年中国城镇化率可能超过 80%,也就是说在未来近 30 年里,中国的城镇人口仍将大规模增长,乡村人口的持续减少将成为必然趋势。

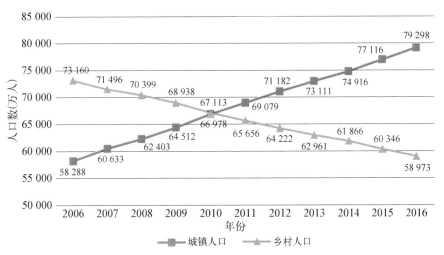

图 1-6　2006—2016 年全国城乡人口结构变化图

数据来源:《中国统计年鉴(2017)》,中国统计出版社。

表 1-2　2016 年年末全国人口数及其构成

指　　　标		年末数(万人)	比　　　重
全国总人口		138 271	100.00%
其中	城镇人口	79 298	57.35%
	乡村人口	58 973	42.65%

资料来源:《中国统计年鉴(2017)》,中国统计出版社。

1.2.3　对践行乡村建设具有引导作用

　　十八届三中全会后,中央明确提出了实现"城乡融合"的战略目标与任务,由此统筹城乡融合发展,成为"十三五"中国现代化和城市化发展的一个重要支撑。受二元经济结构的影响,传统的城乡规划是割裂的,存在极大程度的城乡矛盾与不平衡。因此在城乡融合的背景下,改变传统的乡村规划模式,实现乡村地区的转型发展是大势所趋。

　　乡村转型是指快速工业化与城镇化进程中,面对城乡人口流动和经济社会发展要素的交互作用,当地参与者做出的响应与调整,从而带来的乡村地区在社会经济、空间组织、产业发展模式等方面的重构。进入"十三五"时期,中国经济呈现出新常态,乡村在面临新的发展机遇的同时,也面临着由经济增速变化、社会结构调整和城乡管理体制转变带来的巨大挑战。

　　在现代农业转型升级、乡村改革全面深化的重要时期,江浙地区乡村的转型发展对其人居环境的发展产生了深刻的影响。近年来,在城乡融合发展的背景下,江浙地区特别是环杭州湾、温台沿海、苏南等发达地区乡村,空间格局发生了重大变迁,呈现典型的空间高密度均质化特征。主要表现为乡村制造业空间、聚落空间、农业空间以及城乡空间,从过去相互独立分布逐步演变为各种要素在全地域"你中有我、我中有你"穿插分散分布的格局。乡村转型发展受到内在因素和外援驱动力的共同作用,内在因素即江浙乡村本身所处的自然条件、资源禀赋、区位条件及其产业基础等,外援驱动力即在我国工业化、城镇化快速推进的大背景下,国际市场、国内市场、政策环境的变化,包括外来投资的地区倾向、大城市的辐射带动、江浙地区政府的发展政策等。江浙地区现已进入了高度工业化、高速转型和高速发展的城乡关系的趋稳期,地区内的乡村在经济、空间和社会的多层面发生了转型。然而在乡村转型发展的同时,也带来了一系列的人居环境问题,村庄内部脏乱问题仍存在,乡村沟渠、河道等生态景观污染严重,乡村建设滞缓,乡村人居环境日益恶化,形成了村民对人居环境改善的迫切需求与人居环境改善的长效动力不足的矛盾,重构乡村人居环境、完善重构的动力机制成为人们关注的重点。

因此,研究江浙乡村人居环境的现状和特征,可以弥补长期以来国内外人居环境科学研究中的"城市主义"倾向,通过系统性研究江浙乡村人居环境的总体特征,引起学术界对乡村人居环境研究的重视,同时也契合我国目前约 6 亿人口生活在乡村的现实情况,形成江浙城乡发展的整体性知识构架和解析理论。同时,通过田野调查和数据分析,鲜明呈现江浙乡村的整体面貌以及人居环境的总体特征,有助于提升社会各界人士对江浙乡村的整体认知和对乡村人居环境特点的了解,从而可以为政府决策和接下来一个时期编制乡村规划提供依据和思路,更好地引导新时期江浙地区的乡村建设实践。

1.3　江浙乡村人居环境研究的内涵

1.3.1　概念辨析

1) 乡村

乡村是复杂而又模糊的概念,关于"乡村"的概念定义学界难以明确界定,对其的理解基于学科和研究的视角差异也有所不同。从职业角度来看,乡村指的是以农业生产为主体的劳动人民聚居的乡村聚落。从生态角度来看,乡村用来指人口在空间上的分布状况,指的是单个聚落人口规模较小的地方,这些聚落之间则是较大的开敞地带,严格地讲是城市建成区以外的一个空间地域系统。从社会文化角度来看,乡村有着区别于城市的社会生活和社会行为,如乡村社会生活以家庭为中心,家庭观念、血缘观念要比城市更强,居民以从事农业生产活动为主要谋生手段,经济活动简单。从行政管理学视角,"乡"与"村"分别是两个特定的主体。乡(含民族乡)为县、县级市的主要行政区划类型之一,村(含民族村)为乡的非正式行政区划单位。从地理学视角,乡村是作为非城镇化区域内以农业经济活动为典型空间集聚特征的农业人口聚居地,具有很强的人文组织与活动特征。从城乡规划学(空间)视角,乡村是区别于城镇的空间区域,是除城镇规划区以外的一切地域。《中华人民共和国城乡规划法》中明确了乡村规划包括"乡规划"和"村庄规划"。其中乡规划空间区域为乡域(包括集镇),村庄规划空间区域为村域(包括村庄)。

所以,乡村是相对城镇而言的,是以农业生产为主,涉及农场、林场、园艺及蔬菜生产的,农业劳动者为主而聚居的农民聚居地。与人口稠密的城镇相比,乡村地区人口分布较为分散。相比城市地区,乡村地区的人居环境与自然充分结合、经济生产以农业为主、人口规模相对较小、设施构成和组织架构也较为单一。其中"行政村""自然村""中心村""基层村"等均是乡村不同的组织形式。如无特殊说明,本书研究时主要以行政村作为基本单元。

2) 乡村人居环境

道克西亚迪斯(C. A. Doxiadis)倡导人类聚居学(Ekistics),这门学科名称的本义就是我们所说的"人类聚居科学"(Science of Human Settlements),其一系列的道氏学说所倡导的人类聚居学,尤其是系统地研究人类居住环境的思想在世界各地影响深远。"人居环境"的定义在我国近年来的相关研究中不断完善,20世纪90年代初,吴良镛先生在《人居环境科学导论》中提出"人居环境是人类在大自然中赖以生存的基地,是人类利用自然、改造自然的主要场所",由"自然系统、社会系统、人类系统、居住系统、支持系统"五大系统所组成。这一定义与道克西亚迪斯"人居环境科学"的内涵一脉相承,获得了较为广泛的认同。

乡村人居环境是人居环境的类型之一,较为普遍、综合的理解是"乡村居民工作劳动、生活居住、休息娱乐和社会交往的空间场所"。与此同时,从不同学科视角出发所进行的研究对其理解各有偏重,研究重点也因此有所不同:建筑学倾向于住宅、建筑环境;地理学倾向聚落景观环境;生态学倾向自然生态环境;社会学倾向制度文化环境。相对于城市地区,乡村地区与自然环境有更紧密的结合与共生,乡村人居环境可以理解为是自然生态环境、地域空间环境与社会人文环境的综合体现。

因此,可以这样定义乡村人居环境:以乡村居民为主体,在乡镇、村庄、聚居点等乡村地域范围内进行日常生活(包括居住、教育、工作、文化、娱乐、耕作等),

在了解自然、转变自然的过程中,形成的人与自然、物质与非物质结构相结合的有机体,有机融合居民生存与可持续发展的需求。

本书界定乡村人居环境的构成为:物质性要素(自然生态、空间组织、公共建筑、交通网络、基础设施等)和非物质性要素(经济人口、社会生活、文化环境、政策体系等)(图 1-7)。

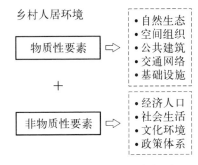

图 1-7　乡村人居环境的构成示意

1.3.2　研究方法及数据来源

1) 研究方法

本书基于大量实地调研和个案实践剖析,总结当前江浙乡村人居环境的建设现状,分析新形势下江浙城乡发展的趋势,提出对未来江浙乡村人居环境建设的构想。根据这一目的,本书主要采用了田野调查、历史性研究、质性研究、地理信息技术分析、实证研究与理论推导相结合的方法。

本书的主体部分可以分为描述性研究、案例研究、解释性研究。其中描述性研究主要通过对地域历史图集、学术著作及论文、住建部统计信息、国家及地区统计年鉴等统计数据的梳理和整理,总结概括江浙地区五种类型地域的共性特征和差异性特征;案例研究部分聚焦江苏省和浙江省的 24 个城市,选取 13 个县区、34 个乡镇、63 个行政村作为调研对象,以田野调查和访谈的一手数据为主要依据,详细描述江浙乡村人居环境的具体特征;解释性研究为江浙乡村人居环境的机制解析、发展趋势和建设思路,结合调研数据与面板数据(国家、省、市统计年鉴,住建部乡镇信息统计、乡村人居环境统计信息等),采取定量与定性相结合的方式对统计汇总数据展开分析研究。

2) 数据来源

本书的数据来源主要是田野调研所获得的第一手资料以及所得出的调研数据及报告。本次调研量大面广,所获数据为深化认识和研究我国乡村人居环境提供了大量有价值的素材。另外,通过参阅国家统计局等网站公布的普查数据,以及住建部历年来乡村人居环境调查数据库,加之一些研究类文献,在一定程度上弥补了乡村抽样调查的局限。

调研以问卷调查为主,对部分乡村进行了现场踏勘、村干部访谈、乡镇和县政府主管领导访谈以及省住建部门相关领导干部访谈,使分析更具有针对性和代表性。每个省的调查,先与省住建厅主管部门接洽,商定拟调查的乡村,并对主管领导进行专业访谈,从全省层面了解该省的乡村人居环境建设情况。调研人员在进入每个县(市、区)后,先行与县政府主管部门接洽,核实确定拟调查的乡村,并对主管领导进行专业访谈,了解全县的乡村人居环境建设情况。对于有条件的县,由县政府主管领导组织召开部门座谈会,全面探讨县域乡村人居环境建设情况和问题。调研人员由县住建局等相关部门带领入村后,首先对村支书或村主任进行访谈,以形成对乡村情况的整体认知,并拍摄 10 张以上乡村的实景照片。访谈过程进行录音和笔记,之后按照统一的模板和框架整理访谈内容,形成乡村调研报告,并插入实景照片,构成一份完整的乡村调查资料。除对村干部进行访谈之外,调研人员还对村民进行入户调查(访谈 + 问卷)。原则上每个乡或村发放不少于 20 份村民问卷(个别偏远地区和其他特殊情况,有所减少),所有问卷保证"一对一"由工作人员现场提问、解释并填写。此外,在部分有条件的地区挑选了一些有代表性的当地企业,调研人员进入工厂或企业,对经营者、人事经理及员工进行了访谈和问卷调查,提供了审视乡村人居环境的不同视角,是对乡村调研的重要补充。

1.3.3 研究内容和体系

本书从江浙地区的特殊环境、城乡一体化发展动向出发,探讨了江浙乡村人居环境的总体特征;根据江浙地区不同的自然环境和地形特征,将江浙乡村分成五种类型地域,从物质与非物质两个层面出发对各个类型地域的乡村人居环境进行了详细描述,并明确了其具体特征及主要问题;从外部因素和内部因素两个层面探讨了江浙乡村人居环境的影响因素及其形成机制;在此基础之上,分析了当前江浙乡村人居环境建设的新趋势,并结合江浙乡村人居环境建设的新动态,提出对未来江浙乡村人居环境建设的新目标和新构想(图 1-8)。

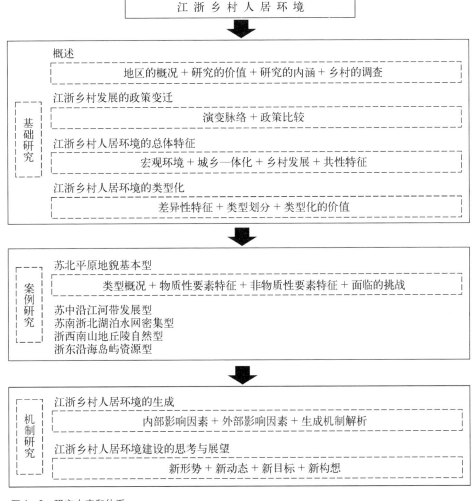

图 1-8　研究内容和体系

1.4　江浙乡村人居环境的调查

1.4.1　案例乡村的选择

　　江浙地区总体经济实力雄厚,城镇化水平高,但是较大范围的乡村仍然是弱势区域,尤其是在苏北和浙南经济发展和基础设施建设水平相对落后的地区。地域辽阔,经济社会因素、地形地貌特征、乡风民俗特点等的差异导致江浙地区各地乡村的形成基础、发展脉络、空间形态等存在较大不同,导致乡村人居环境发展现状各异。

样本的选择除了覆盖面广及具有典型性之外,还应具有时效性。本书选取的调研案例涉及江浙地区的 5 个区域,共计选取 13 个县区、34 个乡镇、63 个行政村(图 1-9,表 1-3)。案例研究主要采取田野调查的方法,对典型乡村进行实地走访,对调研结果进行统计与分析,结合各统计网站公布的普查数据,以及住

图 1-9　江浙地区的乡村调研样本分布

资料来源:根据《长江三角洲地区区域规划(2010)》绘制。

建部历年来乡村人居环境调查数据库及文献研究,从物质性要素、非物质性要素两方面对江浙乡村人居环境进行分析与评述。

表 1-3 江浙地区的乡村调研样本

地域	市	县(区)	乡 镇	行政村	乡村类型地域
苏北	盐城市	大丰区	大中镇	恒北村	平原地貌基本型
				双喜村	
				新团村	
			南阳镇	诚心村	
				广丰村	
				南阳村	
			西团镇	龙窑村	
				众心村	
				马港村	
	宿迁市	泗洪县	龙集镇	东咀村	
				姚兴村	
			上塘镇	陈吴村	
				垫湖村	
			双沟镇	罗岗村	
			魏营镇	刘营村	
			瑶沟乡	官塘村	
				秦桥村	
苏中	扬州市	仪征市	新集镇	庙山村	沿江河带发展型
				八桥村	
			陈集镇	红星村	
			大仪镇	大巷村	
			刘集镇	百寿村	
			马集镇	岔镇村	
			月塘镇	尹山村	
苏南浙北	苏州市	吴江区	平望镇	溪港村	湖泊水网密集型
			震泽镇	齐心村	
				龙降桥村	
			黎里镇	杨文头村	
			盛泽镇	人福村	

(续表)

地域	市	县（区）	乡　镇	行政村	乡村类型地域
苏南浙北	苏州市	吴江区	松陵镇	四都村	湖泊水网密集型
				农创村	
			同里镇	北联村	
	嘉兴市	海宁市	丁桥镇	万新村	
				保胜村	
			长安镇	兴城村	
				新民村	
		海盐县	武原镇	首荡村	
				富亭村	
			西塘桥镇	兴隆村	
浙西南	金华市	金东区	源东乡	新梅村	山地丘陵自然型
				王安村	
				雅高村	
				沈店村	
				山下施村	
		浦江县	虞宅乡	虞宅村	
				先锋村	
				深渡村	
				智丰村	
				新光村	
浙东沿海	舟山市	定海区	盐仓乡	海富村	岛屿资源型
			马岙镇	马岙村	
				三江村	
			长峙乡	马鞍村	
				长峙村	
		普陀区	朱家尖镇	月岙村	
				樟州村	
		岱山县	高亭镇	小蒲门村	
	宁波市	奉化区	莼湖镇	桐照村	
				栖凤村	
				塘头村	
				洪溪村	
		宁海县	西店镇	崔家村	
				樟树村	

1.4.2　调研样本的总貌

　　本书的调研样本从江苏省、浙江省范围内挑选,根据区位、地形地貌、经济发展方式等特点选择具有典型特征的地域。其中乡村经济发展水平相对较低、地形地貌以平原为主的乡村选取了苏北的宿迁、盐城作为调研的样本;乡村经济发展水平相对较高、地形地貌以水网湖泊为主的乡村选取了苏南的苏州、无锡,浙北的嘉兴、湖州作为调研的样本;地形地貌以山地丘陵为主的乡村选取了浙西南的金华为调研样本;以特殊的海岛型地貌为主的乡村选取了浙东的舟山、宁波作为样本。调研样本总体上涵盖了江浙各种地形地貌特征和不同经济发展水平的乡村类型,基本覆盖了江浙地区的绝大多数地域。

第2章 江浙乡村发展的政策变迁

2.1 我国乡村政策演变脉络

新中国成立到改革开放前,农业发展缓慢。在此过程中,政府在借鉴苏联做法、调整和适应等基础上,实施了一系列的农业支持政策,财政支农资金数额上升,总额从1950年的2.74亿元增加到1978年的150.66亿元。我国改革开放之前的农业支持政策,主要具有计划性、被动性的特点。首先,这一阶段我国农业支持政策主要是为乡村公有制经济的建立和发展服务,农业部门成为社会主义公有经济建设的一部分,打上了计划烙印。其次,服从于社会主义改造、社会主义建设、工业化积累和赶超战略的大局,这一阶段的农业支持政策是被动式的。

1978—1984年年底,党的乡村政策以农民获得自主和实惠为取向。在改革初始的六年间,围绕恢复发展乡村经济这一主要精神展开中央乡村政策的制定,以变革现有乡村经济体制为这一时期乡村政策的基本目标,调动农民积极性和创造性,提高农民生活水平。中央出台了以土地政策、农户经营政策为核心的多项具体政策,这些行之有效的政策,对当时农业的恢复发展起到了积极的作用,为乡村改革开了一个好头。

1985—1992年年初,乡村政策的主要取向为市场化。随着改革进程的深入以及农业生产效率的提高,1985年起农产品供求逐步趋于平衡,而农业生产带给农民的利益空间开始相对减少,新的矛盾日益凸现。鉴于此,中央从实际出发,提出了在保证农业基础地位的同时,发展乡村第二、三产业,调整乡村产业结构的指导思想。这一时期的乡村政策很大程度上清除了乡村生产力发展的制约因素,为乡村经济的多元化、商品化、市场化发展找到了新出路,对当时乃至后来整个乡村发展和农民增收都产生了积极而深远的影响。

1992—2005年年初,乡村政策主要以建立乡村社会主义市场经济体系为取向。1992年党的十四大确立了在中国建立社会主义市场经济体制的改革目标。乡村作为改革的排头兵也积极顺应这一历史潮流,进入了体制转型的新阶段。

该时期以推进农业和乡村现代化进程为乡村政策总目标,实现乡村经济由计划向市场的转变。乡村改革十余年胜利成果的取得已客观地反映了中央已有政策体系的科学性与实践性,然而,在新的历史条件下,如何结合政策本身阶段性的特点把握乡村政策走向成为了摆在党中央面前的首要问题。

2005—2018 年年初,我国乡村政策取向是统筹城乡发展,进行社会主义新农村建设,让农民共享改革发展成果。这一时期政策以乡村税费改革和建设社会主义新农村为中心,推动城乡经济社会统筹,着力增加农民收入,发展现代农业,构建社会主义农村和谐社会。进入 21 世纪以来,中国经济持续快速增长,然而,乡村的改革和发展不断面临新的难题。面对"三农"严峻形势,党中央从国民经济全局出发,对城乡发展战略和政策导向作出重大调整。党中央、国务院坚持以邓小平理论和"三个代表"重要思想为指导,深入贯彻落实科学发展观,与时俱进地制定了加强"三农"工作的大政方针,2004—2010 年连续出台七个指导农业和乡村工作的中央一号文件,分别以促进农民增收、提高农业综合生产能力、推进社会主义新农村建设、发展现代农业、切实加强农业基础建设、加大统筹城乡力度、进一步夯实农业农村基础为主题,共同形成了新时期加强"三农"工作的基本思路和政策体系,构建了以工促农、以城带乡的制度框架,掀开了建设社会主义新农村的历史篇章。

2018 年以来,我国乡村政策取向是实施乡村振兴战略。基于我国城乡关系变化特征,为完成决胜全面建成小康社会、建设社会主义现代化国家的重大历史任务,习近平同志 2017 年在党的十九大上提出实施乡村振兴战略,要求坚持农业农村优先发展,让农业成为有奔头的产业,让农民成为有吸引力的职业,让农村成为安居乐业的美丽家园。2018 年中央一号文件以乡村振兴战略为主题,明确了乡村振兴的重大意义和总体要求。2018 年 9 月,中共中央、国务院印发《乡村振兴战略规划(2018—2022 年)》,从构建乡村振兴新格局、加快农业现代化步伐、发展壮大乡村产业、建设生态宜居的美丽乡村、繁荣发展乡村文化、健全现代乡村治理体系、保障和改善农村民生、完善城乡融合发展政策体系等方面,对新时代乡村振兴提出全方位的要求和引导。2019 年一号文件再次强调要坚持农业农村优先发展,以实施乡村振兴战略为总抓手加快推动各项"三农"工作。

2.2 江浙地区的乡村政策演变

2.2.1 改革探索：1949—1978 年

新中国成立后,百废待兴,农民问题及土地问题的解决则是当时乡村政策的工作重点,此阶段江浙地区乃至全国的乡村政策主要体现在土地政策这一方面。江浙地区彼时的乡村建设与发展也可从费孝通所著的《江村经济》一书中窥见一二。结合政策特点,中国改革开放前 29 年江浙地区土地政策可分为新中国成立初期(1949—1953 年)和过渡时期(1953—1978 年)两个时期。

新中国成立初期(1949—1953 年)：这一阶段党对土地包括对土地确权登记发证工作更加重视,采取了一系列强化地权的重要措施。该阶段农村土地政策旨在推动和实现土地为农民个体所有,家庭自主经营,江浙地区也不外如是(表 2-1)。

表 2-1 江浙地区相关乡村政策资源(1949—1953 年)

时　间	相关工作或政策	主　要　内　容
1950 年 6 月	《中华人民共和国土地改革法》	① 废除地主阶级封建剥削的土地所有制,实行农民的土地所有制,借以解放农村生产力,发展农业生产,为新中国工业化开辟道路。 ② 土地改革完成后,由人民政府发给土地所有证。土地改革以前的土地契约,一律作废
1950 年 11 月	《城市郊区土地改革条例》	城市郊区土地改革完成后,对分得国有土地的农民,由市人民政府发给国有土地使用证,保证农民对该项土地的使用权。对私有农业土地者发给土地所有证,保证其土地所有权
	《关于填发土地房产所有证的指示》《土地登记发证办法》《房地产权登记暂行规则》	① 指示共计 11 项规定,并附有土地证式样。 ② 为切实保障土地改革后各阶层人民的土地房产所有权,均应一律颁发土地房产所有证,强调土地制度改革以前的土地契约一律作废。 ③ 在颁发土地证时,必须注意发动群众,运用人民代表会议或人民代表大会讨论;在发证前,必须注意解决遗留问题及群众间土地房产纠纷问题;填发土地证应与清理土地工作密切结合,以求得土地亩数大致准确;土地证以户为单位填发,样式参照内务部所定样式;发证时,乡或行政村政府应备置土地清册,以便备考

过渡时期(1953—1978 年):从 1953 年党确立过渡时期的总路线到党的十一届三中全会召开,是中国共产党领导中国农民确立"劳动群众集体所有,集体统一经营"农村土地政策的时期。在这期间,农村土地政策从"农民个体所有,家庭自主经营"向"农民个体所有,劳动互助""农民个体所有,统一经营"发展,再向"劳动群众集体所有,集体统一经营"演变,最终发展演变成为"劳动群众集体所有,集体统一经营"的"一大二公""一平二调"的人民公社农村土地政策。江浙地区紧跟党的领导,深入落实土地政策(表 2 - 2)。

表 2 - 2　江浙地区相关乡村政策资源(1953—1978 年)

时间	相关工作或政策	主要内容
1953 年 12 月	《关于发展农业生产合作社的决议》	初级农业生产合作社正日益变成领导互助合作运动继续前进的重要环节。此后,农业生产合作社开始进入发展时期
1955 年 10 月	《关于农业合作化问题的决议》	① 根据土地质量评定入社土地的产量。 ② 规定固定的土地报酬数量,土地和劳动按一定比例分配报酬,土地报酬一般应低于劳动报酬。各地区人多地少或人少地多情况不一,种植条件也不相同,不强求划一。土地报酬数量应稳定一个时期,为照顾农民土地私有观念,不应过早地取消土地报酬。 ③ 社员应有少量的自留地,一般相当于全村每人平均土地的 2%～5%。林业、鱼塘等属于个人分散经营有利的副业生产资料不宜入社,更不宜归社公有
1958 年 8 月	《关于在农村建立人民公社的决议》	决定在全国农村普遍建立政社合一的人民公社,并提出扩大公社规模,在并社过程中自留地、零星果树等都将逐步"自然地变为公有",个体农民土地私有制宣告结束
1960 年 11 月	《关于农村人民公社当前政策问题的紧急指示信》	要求各地彻底纠正"一平二调"的共产风以及浮夸风、命令风、干部特殊化风和瞎指挥风,允许社员经营少量自留地和小规模的家庭副业,恢复农村集市贸易
1963 年 3 月	《关于社员宅基地问题》	① 社员宅基地(包括有建筑物和没有建筑物的空白宅基地)都归生产队集体所有,一律不准出租和买卖。 ② 宅基地上的附着物,如房屋、树木、厂棚、猪圈、厕所等永远归社员所有,社员有买卖或租赁房屋的权利。 ③ 社员需建新房又没有宅基地时,由本户申请,经社员大会讨论同意,由生产队统一规划,帮助解决。 ④ 社员不能借口修建房屋,以随便扩大墙院、扩大宅基地来侵占集体耕地,已经扩大侵占的必须退出

2.2.2　综合发展:1978—2005 年

1978—2005 年是我国改革开放后至社会主义新农村建设前的重要时段,是

以家庭联产承包责任制为核心的乡村建设时期。这一时期的乡村政策既重视各
项土地政策的落实,也更重视乡村的经济发展、政治架构、农田保护等之间的协
调,也即农业、农村、农民的共同发展。江浙地区以其优越的地理位置为依托,结
合党的政策指导因地制宜提出了各项乡村政策,推动乡村建设。"社会主义新农
村"的概念早在 20 世纪 50 年代就提出过。20 世纪 80 年代初,我国提出了"小康
社会"的概念,其中一个重要组成部分即建设社会主义新农村就是小康社会。党
的十六届五中全会提出的建设"社会主义新农村",则是在全新理念指导下的一
次农村综合变革的新起点,这极大地促进了乡村的发展和建设。胡锦涛同志在
党的十六届五中全会上指出,纵观一些工业化国家发展的历程,社会主义新农村
是指在工业化初始阶段,农业支持工业、为工业提供积累是带有普遍性的趋向;
但在工业化达到相当程度以后,工业反哺农业、城市支持乡村,实现工业与农业、
城市与乡村协调发展,也是带有普遍性的趋向(表 2 - 3)。

表 2 - 3   江浙地区相关乡村政策资源(1978—2005 年)

层面	时　间	相关工作或政策	主　要　内　容
国家	1978 年 12 月	《农村人民公社工作条例》	① 保护人民公社各级所有权。 ② 国家和集体建设占用土地,必须严格按照法律规定办理,并尽量不占耕地。 ③ 农村土地包括宅基地一律不准出租和买卖。 ④ 有宜农荒地的社队,在不破坏水土保持,不破坏森林草原条件下,经县批准,可以有计划地开荒。 ⑤ 一切宜林荒山、荒地、沙区和四旁,都要有计划造林种草,封山育林,扩大覆盖面积。 ⑥ 严禁毁林开荒,严防山林火灾。 ⑦ 农田基本建设以改土治水为中心,遵循山、水、田、林、路综合治理原则,认真搞好规划,有步骤地进行统一治理,建设高产稳产农田。 ⑧ 大力改良土壤,定期进行土壤普查,建立土壤档案,根据土壤状况采取改良措施。 ⑨ 不断改善水利条件,搞好水土保持,建立科学的灌排系统,规定合理的灌排制度。 ⑩ 耕种由集体分配的自留地
	1982 年 12 月	《中华人民共和国宪法》	乡、民族乡、镇是我国最基层的行政区域,设立人民代表大会和人民政府,农村按居住地设立的村民委员会是基层群众性自治组织,由此确立了"乡政村治"二元治理体制新模式
	1983 年 10 月	《关于实行政社分开建立乡政府的通知》	要求各地废除"政社合一"的人民公社体制,建立乡党委、乡政府和乡经济合作组织,"尽快改变党不管党、政不管政和政企不分的状况"

（续表）

层面	时　间	相关工作或政策	主　要　内　容
国家	1990 年 12 月	《关于 1991 年农业和农村工作的通知》	各级党委和政府继续把做好农业和农村工作摆在首位,认真抓好、稳定完善以家庭联产承包为主的责任制,建立健全农业社会化服务体系等六项工作
	1992 年	邓小平同志发表"南方谈话"	农村改革重新摆上了重要的位置。这一时期,党中央、国务院重点围绕如何搞活农村经济、实施科教兴农战略,加强农业社会化服务体系建设、发展农业产业化、增加农民收入、减轻农民负担等问题制定了一系列的具体政策措施
	1998 年	《中共中央关于农业和农村工作若干重大问题的决定》	首次提出了"农业、农村和农民问题是关系我国改革开放和现代化建设全局的重大问题",不仅意味着全党对"三农"问题的重视程度大大提高了,而且标志着农村改革进入一个新的发展阶段
	2001 年 3 月	《中华人民共和国国民经济和社会发展第十个五年计划纲要》	加快农村土地制度法制化建设,长期稳定以家庭联产承包经营为基础、统分结合的双层经营体制。在长期稳定土地承包关系的基础上,鼓励有条件的地区积极探索土地经营权流转制度改革
	2002 年 8 月	《中华人民共和国农村土地承包法》	① 国家实行农村土地承包经营制度。 ② 依法保护土地承包经营权。 ③ 妇女与男子享有平等的权利。 ④ 土地承包经营权的流转必须遵循自愿原则。 ⑤ 承包期内发包方不得收回承包地
江苏	1978 年	在改革开放的指引下大力兴办乡镇企业	利用"双轨制"中的市场调节机制,一方面采取与内地进行物资协作的方式解决了社队工业原料不足的问题。另一方面,又将上海和本地大中城市的技术和人才吸收到乡镇企业。"苏南模式"的雏形开始展现
	1983 年	江苏在全国率先进行省辖市代管县的行政区划改革试点	这是江苏行政制度文化上的一次创新性改革,它改变了此前城、乡人为分离和市、县分治的传统体制,初步形成以大城市为引领,县城为中心,集镇为纽带,乡村为腹地,城乡互动、以城带乡的发展新格局,为"苏南模式"这一新经济制度的成长提供了行政体制上的保障
	1995 年	"苏南模式"向"新苏南模式"转型	随着上海浦东开发开放形势,并受邓小平南方谈话精神的推动,各类企业实行改制,外向型经济在江苏迅速发展,江苏经济发展模式又一次转型,外向型经济和内生型经济同步进行,从农村经济发展模式为主的"苏南模式"向经济、社会、政治、文化四位一体,城市和农村统筹安排的"新苏南模式"转变
	1999 年	小城镇、大战略	立足于区域,统筹中心城市、小城镇、农村之间的发展建设,以小城镇、大战略引领农村发展和建设
	2003 年	"五件实事"	建立以大病统筹为主的新型农村合作医疗制度;全面完成农村改水任务;基本完成农村草危房改造;大力推进农村公路建设;调整、完善农村税费改革政策,减轻农民负担

（续表）

层面	时　间	相关工作或政策	主　要　内　容
浙江	1980—1990 年	—	农村市场化改革的起步和发展阶段
	1990—2000 年	—	发展探索社会主义市场经济阶段
	2003 年	"千万工程"	2002 年党的十六大提出统筹城乡经济社会协调发展战略,将"三农"问题作为全党工作的重中之重。为更好地推进新时期的新农村建设工作,探究符合浙江特色的乡村建设模式,在时任浙江省委书记习近平同志的领导下,2003 年浙江省委、省政府开始实施"千村示范,万村整治"的乡村建设工程(即"千万工程"),并持续性深入推进
	2003 年	"八八战略"	① 进一步发挥浙江的体制机制优势,大力推动以公有制为主体的多种所有制经济共同发展,不断完善社会主义市场经济体制。 ② 进一步发挥浙江的区位优势,主动接轨上海、积极参与长江三角洲地区交流与合作,不断提高对内对外开放水平。 ③ 进一步发挥浙江的块状特色产业优势,加快先进制造业基地建设,走新型工业化道路。 ④ 进一步发挥浙江的城乡协调发展优势,统筹城乡经济社会发展,加快推进城乡一体化。 ⑤ 进一步发挥浙江的生态优势,创建生态省,打造"绿色浙江"。 ⑥ 进一步发挥浙江的山海资源优势,大力发展海洋经济,推动欠发达地区跨越式发展,努力使海洋经济和欠发达地区的发展成为浙江省经济新的增长点。 ⑦ 进一步发挥浙江的环境优势,积极推进基础设施建设,切实加强法治建设、信用建设和机关效能建设。 ⑧ 进一步发挥浙江的人文优势,积极推进科教兴省、人才强省,加快建设文化大省
	2004 年	《浙江省统筹城乡发展、推进城乡一体化纲要》	① 明确了统筹城乡产业发展、统筹城乡社会事业发展、统筹城乡基础设施建设、统筹城乡劳动就业和社会保障、统筹城乡生态环境建设和统筹区域经济社会发展等六大任务。 ② 提出了建立健全城乡一体化规划体系、深化城乡配套改革、加快推进产业升级、大力推进城市化、加快转移农村劳动力、加快农村新社区建设、加大统筹城乡发展的投入等七大战略举措
	2005 年	《浙江省年度城乡统筹发展水平综合评价报告》	2005 年开始每年发布《浙江省年度城乡统筹发展水平综合评价报告》,为城乡一体化发展提供决策依据。与此同时,全面夯实农村基础的各项工作

2.2.3　多元推进:2005 年以来

2005 年我国乡村迎来了新的发展期,新农村建设运动在各地如火如荼地开展起来。江浙地区作为全国经济实力雄厚、城镇化进程良性推进的地区,不断进行多元的乡村建设探索,提出和完善了一系列美丽乡村建设和乡村振兴等方面的内容,不断推动着全面小康的中国梦的实现(表 2 - 4)。

表 2 - 4　江浙地区相关乡村政策资源(2005 年以来)

层面	时间	相关工作或政策	主要内容
国家	2006 年	《"十一五"规划纲要》	① 正式提出建设社会主义新农村。 ② 发展现代农业,增加农民收入,改善农村面貌,培养新型农民,增加农业和农村投入,深化农村改革
	2013 年	中央一号文件	第一次提出了要建设"美丽乡村"的奋斗目标,进一步加强农村生态建设、环境保护和综合整治工作
	2014 年 5 月	《关于改善农村人居环境的指导意见》	规划先行,突出重点,完善机制,循序渐进推进农村人居环境改善
	2015 年 11 月	第二次全国改善农村人居环境工作会议	开展农村人居环境整治,加快改善农村生产生活条件,建设美丽宜居农村
	2016 年 1 月	《关于落实发展新理念加快农业现代化实现全面小康目标的若干意见》	遵循乡村自身发展规律,体现农村特点,注重乡土味道,保留乡村风貌,加强生活污水的治理和生态文明示范村镇建设
	2016 年 7 月	《住房城乡建设事业"十三五"规划纲要》	强化城乡规划工作,进一步强化乡村人居环境的规划建设工作
	2017 年 2 月	《中共中央、国务院关于深入推进农业供给侧结构性改革加快培育农业农村发展新动能的若干意见》	推进垃圾和安全饮水的治理,加强农村公共文化服务体系建设,完善基层综合性文化服务设施
	2017 年 10 月	十九大会议报告中提出了乡村振兴的战略内容	坚持农业农村的有限发展,遵循产业兴旺与乡村文明的原则,满足当前乡村富裕生活的总体规划要求,在一定程度上,需要创建城乡的融合发展体制,充分落实政策要求与内容,加快乡村的发展速度
	2018 年 1 月	《中共中央、国务院关于实施乡村振兴战略的意见》	实施乡村振兴战略,是解决人民日益增长的美好生活需要和不平衡不充分的发展之间的矛盾的必然要求,是实现"两个一百年"奋斗目标的必然要求,实现全体人民共同富裕的必然要求
江苏	2006 年	"新五件实事工程"	实施道路通达工程、教育培训工程、农民健康工程、环境整治工程、文化建设工程等,以推进农村基础设施和社会公共事业建设,从而提升乡村生活水平。江苏"新五件实事工程"不仅包含农村生产力、生产关系的革新,还涵盖了农村诸多方面(经济、政治、社会、文化等)的发展建设,以此夯实江苏省新农村建设的基础
	2008 年	《江苏省村庄规划导则》	在乡镇总体规划、镇村布局规划的指导下,为村庄居民提供切合当地特点,并与当地经济社会发展水平相适应的人居环境

(续表)

层面	时　间	相关工作或政策	主　要　内　容
江苏	2011 年 9 月	《关于以城乡发展一体化为引领全面提升城乡建设水平的意见》	突出抓好"六整治""六提升",实施村庄环境整治行动计划,以显著改善村容村貌
	2014 年 6 月	《江苏省美丽乡村建设示范指导标准》	以提升乡村人居环境质量为核心,以加快规划发展村庄基本公共服务均等化为切入点,以农村综合配套改革为保障,因地制宜建设美丽乡村建设示范村
	2015 年 2 月	《关于加大农村改革创新力度推动现代农业建设迈上新台阶的意见》	更加注重改善农村民生,深入推进新农村建设,加大农村基础设施建设力度,提高农村社会保障水平
	2016 年 3 月	《关于落实发展新理念深入实施农业现代化工程建设"强富美高"新农村的意见》	加强农村资源保护和环境建设,大力修复农业生态,改善农村人居环境,加快形成农村发展新格局
	2017 年 6 月	《江苏省特色田园乡村建设行动计划》	进一步优化山水、田园、村落等空间要素,统筹推进乡村经济建设、政治建设、文化建设、社会建设和生态文明建设
	2018 年 5 月	《中共江苏省委 江苏省人民政府关于贯彻落实乡村振兴战略的实施意见》	① 要坚持质量兴农、效益优先,深入推进农业供给侧结构性改革,高质量构建现代农业产业体系、生产体系、经营体系,提高农业创新力、竞争力和全要素生产率,加快建设农业强省。② 要坚持尊重自然、顺应自然、保护自然,坚守生态保护红线,转变农村生产生活方式,建设人与自然和谐共生的美丽宜居乡村。③ 要以社会主义核心价值观为引领,积极开展乡村精神文明建设,凝聚实施乡村振兴的强大精神力量。④ 要建立健全党委领导、政府负责、社会协同、公众参与、法治保障的现代乡村治理体系,打造共建共治共享的治理新格局。⑤ 要在发展中保障和改善民生,围绕农民群众最关心、最直接、最现实的利益问题,着力抓重点、补短板、强弱项,扎实兴办农村民生实事,让农民群众有更多的获得感、幸福感。⑥ 推动城乡融合发展,培育乡村振兴新动能。⑦ 以完善农村产权制度和推进要素市场化配置为重点,统筹推进城乡配套改革,构建农业农村发展新机制,激活市场,激活主体,激活要素,为乡村振兴提供强有力的制度性供给。⑧ 全省各级党委、政府要真正把乡村振兴摆上优先位置,把党管农村工作的各项要求落到实处

(续表)

层面	时　间	相关工作或政策	主　要　内　容
浙江	2006 年	从制度层面上作出安排，建立并健全以工促农、以城带乡的长效机制	十大长效机制分别是现代农业建设机制、县域经济发展壮大机制、农民转化机制、农村现代社区建设机制、农村公共事业发展机制、农村社会风尚优化机制、欠发达地区加快发展机制、农村生态文明建设机制、农村社会管理机制和农民权益保障机制。每一个机制都将由省里出台的多项政策、措施作为主干
	2008 年	《安吉县建设"中国美丽乡村"行动纲要》	① 实施"环境提升工程"，开展自然环境的生态化保护和人居环境的功能化改造，实现村村优美。 ② 实施"产业提升工程"，坚持农村产业的特色化发展和农民就业的多元化拓展，实现家家创业。 ③ 实施"服务提升工程"，开展农村新社区的规范化建设和社会保障的无缝化整合，实现处处和谐。 ④ 实施"素质提升工程"，开展农村乡土文化的个性化展示和农民素质的现代化培育，实现人人幸福
	2010 年	《浙江省美丽乡村建设行动计划(2011—2015 年)》	① 明确了统筹城乡产业发展、统筹城乡社会事业发展、统筹城乡基础设施建设、统筹城乡劳动就业和社会保障、统筹城乡生态环境建设和统筹区域经济社会发展等六大任务。 ② 提出了建立健全城乡一体化规划体系、深化城乡配套改革、加快推进产业升级、大力推进城市化、加快转移农村劳动力、加快农村新社区建设、加大统筹城乡发展的投入等七大战略举措
	2012 年	《关于加强历史文化村落保护利用的若干意见》	① 综合保护古建筑与存有环境。 ② 深入发掘和传承优秀传统文化。 ③ 科学整治村落人居环境。 ④ 有序发展乡村文化休闲旅游业。 ⑤ 继续做好历史文化名村的保护工作
	2016 年	《浙江省深化美丽乡村建设行动计划(2016—2020 年)》	① 在保护生态资源的同时，把"绿水青山"资源转化为"金山银山"资源，保护与发展交融并行，"三生融合"发展并行。 ② "法治—德治—自治"的协同，创新治理模式。 ③ 充分发挥传统乡村文化的优势，由乡土情结和乡土意识所呈现的乡村文化吸引外部资源、协调关系，形成发展合力
	2018 年	《全面实施乡村振兴战略高水平推进农业农村现代化行动计划（2018—2022 年)》	① 到 2020 年，乡村振兴取得实质性进展，广大农村与全省同步高水平全面建成小康社会。 ② 到 2022 年，乡村振兴取得重大进展，以人为核心的现代化高水平推进。 ③ 到 2035 年，乡村振兴目标基本实现，全体农民共同富裕走在全国前列，农业农村现代化率先实现。 ④ 到 2050 年，乡村全面振兴，全体农民共同富裕高标准实现，农业农村现代化高水平实现

2.3 江浙两省乡村政策比较

2.3.1 共同点

江浙两省乡村政策有其共同点：一是政府推动，政府的政策导向、支持和推动起到了积极乃至关键的作用；二是政策起点较高，江浙两省同属经济发达省份，具有较强的经济实力和基础，有条件、有能力为较高水准的乡村建设提供支持；三是政策效果明显，江苏乡村较高的城镇化建设水平、较强的集体经济实力，浙江乡村居民较高的经济收入、较好的乡村公共服务设施，充分反映了江浙两省乡村人居环境建设的成效；四是政策纵深面广，江浙两省乡村政策点面结合，使乡村建设的受益面、覆盖面日益扩大。

1）新农村建设阶段

江苏省 2003—2005 年制定了一系列的政策。全省大力推进建立以大病统筹为主的新型农村合作医疗制度，全面完成农村改水任务，基本完成农村草危房改造，大力推进农村公路建设，调整、完善农村税费改革政策"五件实事"，成效显著。2006 年，江苏省进一步加大投入力度，实施道路建设工程、教育培训工程、农民健康工程、环境整治工程、文化建设工程。包含了农村的经济、政治、文化、社会建设，江苏新农村建设"实事"和"工程"协调了农村生产力、生产关系的改革与发展，为江苏新农村建设奠定了坚实基础。

江苏省新农村建设的总体政策导向是：按照政府主导、市场推动的方针，统筹规划国民经济和社会事业的发展，以解决"三农"问题为突破口，以加快苏北经济社会发展为重点，改变城乡二元结构状况，缩小城乡差别和地区差别，处理好城市与乡村、市民与农民、工业与农业的关系，建设城市与农村相结合和可持续发展的基础设施、生态环境和社会文明，积极实现城乡一体化目标。在乡村发展和建设方面的政策目标是：发展乡镇企业，建设小城镇，转移农村富余劳动力并推进农业产业化。以上概括了江苏积极探索城乡统筹、发展第二产业以带动第一产业、进行城市建设以带动乡村发展、探求社会主义新农村的建设路径并进行模式归纳总结的一些探索。现阶段我国新一轮的乡村建设动力以国家、政府、城市为主要引导,通过战略指引、政策规定、经济扶持等提供强力支持与坚实保障,作为乡村发展的内部动力与外部助力,进行双重把控。在社会资源分配方面,改变以往重城市发展轻乡村建设的方式,统筹城乡资源合理配置,政策在一定时期内倾向农村建设。

坚持走农村城镇化道路是江苏省推进社会主义新农村建设的政策特征。江苏在统筹城乡发展、统筹工农发展、以工业化致富农民、以城市化带动农村、以产业化提升农业等方面取得了巨大的成绩,积累了很好的经验。自改革开放以来,江苏省在全国率先推进农村城镇化建设。苏南地区的乡镇企业和农村小城镇建设曾以"苏南模式"闻名遐迩。费孝通先生早在 20 世纪 80 年代就以"小城镇、大战略"的话语夸奖江苏的农村城镇化建设。农村城镇化是江苏农民建设社会主义新农村的伟大创举。

浙江省也制定出台了统筹城乡发展、推进城乡一体化纲要,组织实施了一系列统筹城乡发展的工程,城乡一体化进程明显加速。浙江省的新农村建设重点打造"六大建设":农村现代产业体系建设,农村新社区建设,农村公共服务体系建设,现代农民素质建设,农村民主政治建设,城乡协调发展的体制建设。针对不同改造提升项目提出了不同解决措施与工程建设方案,针对农村村庄环境改造,实施了"千村示范、万村整治"工程;针对农民就业致富能力的普及与提升,启动了"千万农村劳动力素质培训"工程;针对欠发达乡镇面貌改善,实施了"欠发达乡镇奔小康"工程;针对新农村交通建设,实施了"乡村康庄工程",并成为全省交通建设的最大亮点。"四大工程"成为浙江省建设新农村最直接的载体、最有效的抓手。

2004 年年底,浙江省推出了全国第一个省级"城乡一体化行动纲要"。"十五"以来,浙江省在全国率先推进城乡一体化战略,走出了一条富有特色的城市化带动新农村建设的发展道路,取得了显著成效:多元化的增收机制初步建立,农民收入由缓慢提高转变为平稳较快增长,并连续多年居全国首位;网络化的城乡基础设施基本建成,农村生产生活条件显著改善;均衡化的公共服务全面推进,农村社会事业加快发展;城乡一体化的政策体制逐步完善,农村社会保障水平不断提高;生态化的建设理念渐入人心,农村环境面貌发生深刻变化;制度化的基层民主日益健全,农民民主权益得到切实维护。

2006年,为建立健全以城带乡、以工促农的长效机制,健康有序地推进新农村建设,浙江省开始考虑从制度层面上作出安排,并根据形势要求,提出了建立健全新农村建设的十大长效机制。这十大机制分别是现代农业建设机制、县域经济发展壮大机制、农民转化机制、农村现代社区建设机制、农村公共事业发展机制、农村社会风尚优化机制、欠发达地区加快发展机制、农村生态文明建设机制、农村社会管理机制和农民权益保障机制。省里将出台多项政策、措施作为每一个机制的主干。为此,浙江酝酿出台了一批涉及户籍、劳动就业、金融改革、土地管理、农村综合改革等诸多方面的新政策措施,并对财政收入新增部分用于农村的比例作出明确的规定。2003—2005年,浙江在新农村建设中投入资金413亿元,其中各级财政投入约占三分之一。

2) 美丽乡村建设阶段

党的第十六届五中全会提出建设社会主义新农村的重大历史任务,要按照"生产发展、生活宽裕、乡风文明、村容整洁、管理民主"的要求,扎实推进社会主义新农村建设,建设好"美丽乡村"。江浙乡村在美丽乡村建设过程中,根据两省自身实际,提出了一系列别具特色的政策措施。

(1)从整体上看,江浙地区的美丽乡村建设有序而不失特色,基本都是在原有基础上因地制宜,不主张大拆大建;尊重自然、顺应自然,以山水脉络等独特风光为依托,引导乡村融入自然;将现代元素融入传统文化,延续乡村历史文脉;让居民望得见山、看得见水、记得住乡愁;并打造了集中宜居型、生态田园型、古村保护型等一批特色村落。例如浙江安吉,坚持"尊重自然美、侧重现代美、注重个性美、构建整体美"的理念,2015年,美丽乡村建设覆盖面达89.8%,实现了12个乡镇全覆盖,已建成150个精品村、14个重点村、4个特色村,"优雅竹城、风情小镇、美丽乡村"三个层次的美丽乡村大格局初步形成,一个全域景区化打造、立体式经营的"可憩可游、宜商宜居、且安且吉"的现代型美丽乡村已经成型。

(2)产业发展支撑了乡村建设,乡村集体经济实力较强,村民人均纯收入较高,基本实现村内生活设施城市化。美丽乡村建设以人为本,从基础设施改善与人居环境提升入手。江苏、浙江两省相关政策对达到一定规模的乡村提出建立设施齐全的综合服务中心的要求,包含休闲长廊、村民广场、多功能教育室、老年活动室、图书阅览室、灯光网球场、医疗服务室等功能;要求每个乡村的抽水马桶安装率、化粪池覆盖率、垃圾处理率与自来水覆盖率均达到 100%。这些设施的建设主要来源于财政支持与产业支撑下集体经济的收入。无锡市桃源村是全国十大"中国最有魅力休闲乡村"之一,其乡村建设围绕生态宜居、特色产业、休闲度假、文化养生展开,以生态治理为重点,以"桃"为特色,打造产业与文化旅游结合的"桃"产业链,提升产品附加值。2019 年桃源村集体经济收入超过 448 万元,村民人均纯收入达 4.6 万元,为美丽乡村建设提供坚实支撑。

(3) 从试点示范、先行先试向建成有规划、有标准、有考核的美丽乡村示范线、示范片、示范区推进。江浙两省实施"省级创建美丽乡村示范县,市级创建美丽乡村示范镇,县级创建美丽乡村示范村,镇级创建美丽家庭"的四级联创工程,根据生态文明建设要求,创造性地开展美丽乡村创建活动。抓点示范、以点连线、连线成片、汇片成区,逐层推进,最终绘就中国美丽乡村示范区。绍兴市以建设美丽乡村示范线为突破口,打造了一条沿途 15 个村,长 20 千米的美丽乡村休闲观光线。安吉县全县形成美丽乡村示范区,年旅游人次达 100 万以上,成为生态文明建设的全国示范与城乡统筹的全国样板。

江浙地区的美丽乡村建设在政策方面有许多值得借鉴的地方。

(1) 站位高远与高标准定位。两省依托自身独特的优势,科学规划、精细规划,着眼全国示范试验,出理论出经验,打造了一批典型样板。以安吉县为例,该县立足"全国第一、全国唯一"的发展定位,探索新路径,形成新经验,高标准制定《建设"中国美丽乡村"考核指标与验收办法》,设定科学合理、操作简便、有所创新的"中国美丽乡村"建设内容及考核标准,细化诚信彩虹工程、长效管理机制及效果等 45 项具体指标,作为全国、全省的标准。以这样的标准和定位,从县乡村三个层面入手,把全县当作一个大景区来规划,把乡村当作一个景点来设计,把农宅当作一个小品来改造,分别编制了总体规划、村庄规划等 10 多项规划,涌现出一批鲜活的成功实践范例,为全国乡村发展提供了理论支撑和建设思路。

(2) 高强度投入与联动推进。政府财政的引导,金融资本的支持,部门统筹的联动,群众多方的参与等不同主体维系的多元化建设体系为美丽乡村建设提供了强大的动力驱动与支持保障。政府资金投入方面,市级、县级、乡级、村级政

府逐层配套投入,各级财政投入资金户均达到 10 万元以上。南京市江宁区 2013
年相关财政投入达 29 亿元,无锡市美丽乡村建设最低标准为 15 万元每村每户,
安吉县每年财政专设 3 000 万元生态建设专项资金与 1 亿元"中国美丽乡村"创
建资金。财政资金投入是乡村建设的一大支撑,部门协作与主体自发性的充分
利用也不可缺少。国土、环保、建设、民政、水利、农业、林业、广电、卫生、妇联等
部分的相互配合与村民主体积极性的调动可以更有效地从"自上而下"与"自下
而上"两种路径推动。在已经建成的美丽乡村新社区,最显眼的是广电部门研发
的综合信息平台、人社部门的招工显示屏、农信社支付小额款项的柜员机、各类
服务指南及设施等,深受农民群众的欢迎和拥护。

(3) 高质量经营与品牌支撑。江浙美丽乡村的实践经历了从规划到建设,从
管理到经营的历史性蝶变,其中对于乡村及其产业、品牌、文化的经营是发展的
主要方向之一,其成果达到了村村优美、家家创业、处处和谐、人人幸福的美丽乡
村最高目标。南京市江宁区的美丽乡村建设借用了市场力量,积极引导国企参
与美丽乡村建设,吸引社会资本以开发乡村生态旅游资源,创建了都市休闲型美
丽乡村。对于重大基础设施建设或其他单体投资较大的项目建设,采取"国企主
导、街道配合"的建设路径,探索出了"集团 + 街道"发展的新模式。湖州市安吉
县的美丽乡村建设则依托经营乡村的理念,利用自身 108 万亩竹林和 10 多万亩
白茶资源,引导群众大力发展竹制品加工业和现代农业,形成一村一品、一乡一
业、块状集结的乡村产业集群,建成 500 多家集吃、住、游、购、体验为一体的新型
"农家乐",成为"中国椅业之乡"和"中国竹地板之都"。

(4) 高水平管控与制度保障。完善的制度约束、精细化管控与后续的实施监
督反馈机制是各项规划实施长效保障,也是美丽乡村持续长久维系的要义。对
此无锡市制定了长效管理乡村环境建设的实施意见与考核办法,推动村镇街道
建立了一系列包括日常保洁、绿化养护等项目的动态督查与违规问责的机制方
法,做到建设一个就巩固一个。同时,无锡市构建了从县到乡,再到村的三级监
督考核体系,实施以奖代补的激励政策,每年投入近 30 亿元的专项资金针对
"中国美丽乡村"创建考核评定机制,对精品村、重点村、特色村及乡镇分别进
行奖励。湖州市安吉县推行联动考核办法,坚持"一个标准、三个档次、捆绑考
核、动态管理"的要求,对于涉及四大方面的 36 项指标,以每月督查通报、半年

会议推进、年终总结考核的考查形式,针对精品村、重点村、特色村分别提供 300 万元、200 万元、150 万元不等的奖励。此外,尤为突出的是安吉县将美丽乡村建设延伸到了美丽家庭建设,按照院有"花"香、室有"书"香、人有"酿"香、户有"溢"香的标准,评选出了 11 000 余户星级美丽家庭,美丽家庭建成率达到全县乡村家庭的 60% 以上。

3) 乡村振兴阶段

乡村振兴战略是习近平同志 2017 年 10 月 18 日在党的十九大报告中提出的战略。农业、农村、农民问题是关系国计民生的根本性问题,必须始终把解决好"三农"问题作为全党工作的重中之重,实施乡村振兴战略。

江苏省委、省政府高度重视,紧扣中央要求,紧密结合实际,制定了《中共江苏省委江苏省人民政府关于贯彻落实乡村振兴战略的实施意见》。在乡村人居环境的相关政策方面,江苏省按照"四化同步"理念,加快推进乡村现代化进程。

（1）突出了规划引领。一是系统规划,乡村规划对上需顺应国家的战略规划,对下需顺应人民对美好生活的向往、遵从乡村发展的规律,推动省、市、县、乡四个层级联动,形成"城乡融合、一体设计、多规合一、全面覆盖"的规划体系。二是分类推进,针对不同地域情况、不同政策导向、采取顺应地区特点的方法引导村民自愿有偿退出承包地与宅基地,同时放宽城市进入门槛、落实市民待遇,促进村民更容易地融入城市生产生活。三是有序实施,对于沿江一带自身基础条件较好、农村住房基础较好的地区,重点落在提升规划建设水平,促进基础设施与公共服务向乡村延伸;对于苏北等自身发展基础较差的地区,借鉴学习国内扶贫搬迁与灾后重建等有益经验,统一规划建设一批新型乡村社区,进而优化乡村布局。

（2）突出了品位质量。一是建设的高标准制定,依据"百年大计,永续传承"的要求,建设和管理规划中确定的"重点村"与"特色村",引导规划师、建筑师及艺术设计、文化策划、园林景观等多方面的工匠大师与优秀团队下乡,以精品的标准打造每个乡村。二是环境条件的优化,在乡村建设的同时,将教育、医疗、文化、交通、信息、环保、生态配套同步跟上。三是文化含量的提升,挖掘区域固有文化要素,把传统乡土文化、地区村居风貌与现代元素结合,强化对传统村落、历史文化建筑、文物古迹、农业遗迹及其保护范围的保护,打造一批乡土文化地标。

(3)突出了机制创新。乡村建设的推进应重视思想的解放和机制的创新,借用政府与市场的双重力量,形成务实高效的资金投入和建设运营机制。根据政策内容对不同现状基础的乡村采取不同的开发对策,对于集体经济基础较好的乡村采取自主开发、滚动建设的模式;对于集体经济基础较弱的乡村,引入市场机制,调动各方力量,盘活资源,推动村子建设发展;对于有一定特色且形态较好的乡村,引入专业文化旅游策划开发企业,选定景点开发并制定旅游路线串联景点,进行一定区域范围的旅游项目打造。但以上开发建设均应以严守底线为前提,既要严格按照规划进行土地用途管制,也要严控地方政府与村集体的违法违规变相举债行为,还要严禁资本下乡利用宅基地建设别墅大院和私人会馆,并要坚守农村集体所有制,维护农民利益。

实施乡村振兴战略,浙江走在了全国的前列。在产业兴旺、生态宜居、乡风文明、治理有效、生活富裕和城乡融合发展体制机制和政策体系的建构等方面,均有了明显的改善。浙江从"新村美""协调美"到"全域美",从美丽乡村到乡村振兴,是完全可以期待的。

浙江省在乡村振兴方面取得建树的政策原因有以下几点。

(1)发展理念的引领。指导浙江乡村发展的核心理念是习近平总书记的"绿水青山就是金山银山"的绿色发展与生态文明理念。作为较早推进新农村建设与城乡统筹工作的区域,浙江省已经在城乡之间的空间、产业、公共服务统筹与城乡一体化建设上取得了一定的成果,为生态统筹与融合奠定了一定的基础,其绿色发展理念与生态文明理念的一大成果是提出了"生产、生活、生态"三生融合的发展架构,既保护生态资源,也将自然生态向生态资源转化,推动保护与发展交融并行,从而推动城乡在产业、景观、生态等各方面的融合与共享。

(2)治理模式的创新。浙江对于治理模式的创新是我国的城乡发展实践中的一大特色,该特色主要表现为政府主体、市场主体与民众主体三者在其经济发展实践之间的良性互动及其展示出的"法治—德治—自治"的协同图景。从政府主体发挥的作用来看,生态、环境等问题的治理与基础设施建设等项目的组织落实构成了浙江乡村发展的硬件环境保障基础;片区的布局规划与更新改造、对各类业务项目的指导协助、对不同发展建设活动的财政支持等在乡村的发展理念与发展方向上做出了具体的引导;在审批制度方面的简化更新等改革尝试推动了乡村治理制度保障基础的完善。从市场主体发挥的作用来看,浙江相对成熟高效的市场体系有利于激发市场活力,发挥民营企业主力军作用,挖掘利用浙商群体的主动性与活力创造性,为乡村领域的建设项目、服务提升等全方位发展活动提供了充足的高品质市场资源。在发挥民众主体作用方面,浙江乡村治理方式创新中村级自治、协商民主等自治模式,充分发挥了村民主体自身在基层动员、农民引导、矛盾化解等方面的重要作用;同时,基于乡村关系下特有的宗族亲缘关系也使得乡村社区在各方面治理上更具优势,乡村集体的一致性行动得以实现。

(3) 传统乡村文化的优势。浙江农民和社会精英既有较强的市场意识,同时也有比较浓重的乡土情结和乡土意识。这种由乡土情结和乡土意识所呈现的乡村文化在吸引外部资源、协调关系和形成发展合力等方面起到了重要的作用。在浙江,企业家、成功人士等到村里担任村干部和顾问,参与乡村经济发展,或者返乡创业,是较为普遍的现象。他们不仅把新理念、新思路、新资源带入乡村,而且还把许多社会资本、人力资源导入乡村,形成了乡村振兴中不可或缺的中坚力量,为浙江乡村的发展做出了重要贡献。

2.3.2　差异性

目前,江浙两省的乡村人居环境建设都在向纵深方向发展,势头良好,前景开阔,其乡村政策也存在着差异。

1) 江苏省的乡村政策特征

从主流角度看,江苏省的乡村政策特点可以概括为"农村城镇化建设模式",即以乡镇企业为发展的主攻方向,建设小城镇和乡村,推进新农村建设。江苏省率先在全国推进的农村城镇化建设,开辟新型"三农"发展道路,是江苏省新农村建设不可或缺的一部分,是新农村建设的示范点,对我国社会主义新农村建设有普及及借鉴意义。农村城镇化是以城镇的发展作为基础的,以农业劳动力向非农领域转移和农村人口向城镇人口转移为特征的社会发展的综合趋势导向。作为中国特色社会主义新农村的重要实践内容,乡村的小城镇建设是农业文明向工业文明飞跃的重要媒介。

江苏省的农村城镇化进程从乡镇企业的发展与小城镇的建设开始,其中乡镇企业的迅速提升带动了小城镇的快速发展,反哺了农业及其相关产业。在江苏的新农村建设中,产业的扩大改变了产业片区及其周边用地布局及功能,促进了城镇布局的合理调整;生产性用地的扩大带动了相关功能用地及小城镇规模的整体性扩大;基础设施的完善与公共事业的发展为小城镇的发展提供了一定的支撑;环境质量的提升为地区生产生活带来了良好的外部环境与人居品质;村镇发展程度的提升也带动人口数量的提升,为地区创造更多发展机会,小城镇功能由单一的行政中心向区域范围内的政治、经济、文化、社会生活的综合功能中心转变。江苏的实践表明,走农村城镇化道路,符合中国国情,能够有效改变城乡二元对立结构,促进新农村建设。

江苏的农村城镇化建设虽然取得了很大的成绩,极大地促进了江苏的新农村建设,但还存在着一系列深层次的矛盾和新问题。比如:苏南和苏北地区发展不平衡,小城镇与大城市功能定位需进一步明晰,小城镇之间工业产业结构雷同,整体技术水平较低及环境污染等问题都有待进一步解决。

以科学发展观统领的江苏农村城镇化建设,还需要处理好小城镇发展的数量和质量的关系,产业集聚和城镇化互动的关系,农村城镇化和产业合理配置的关系,城镇化发展与生态环境保护的关系,农村城镇化快速推进与制度创新匹配的关系,以及城镇化过程中的政府推动与市场化运作、各地发展与总体规划的关系等。这些问题的解决有助于江苏省新农村建设的进一步深入。

进入到美丽乡村建设阶段,江苏深入贯彻以人为本的发展理念,走出了一条独具特色的发展之路。由于江苏本身经济发达、生活富裕,且在先前"新苏南模式"的发展思路之下,乡村的产业经济、公共设施、基础社会以及基本面貌已经得到一定程度的改善和提升。因此,江苏的美丽乡村建设注重的是"品质"的提升。到了乡村振兴阶段,江苏则不再局限于乡村外表之"美"的塑造与改善,而是希望由表及里地大力发展乡村,进一步缩小乡村与城市之间的差距。通过充分利用好乡村现有的发展基础,通过城市的优质资源反哺乡村发展,最终能够实现乡村地区欣欣向荣的繁盛景象。

2) 浙江省的乡村政策特征

纵观浙江省新农村建设历程,从政策上来分析,浙江新农村建设模式可以概括为"城乡一体化建设模式",即将新农村建设作为城乡一体化战略的重要组成部分。国家统计局浙江调查总队的报告认为,回顾近年来浙江省各地新农村建设的成功经验,主要是城乡一体化建设走在全国前列。

浙江省制定的《浙江省统筹城乡发展推进城乡一体化纲要》,明确了今后一个时期统筹城乡发展、推进城乡一体化的主要目标,提出了统筹城乡产业发展、统筹城乡社会事业发展、统筹城乡基础设施建设、统筹城乡劳动就业和社会保障、统筹城乡生态环境建设、统筹区域经济社会发展等六个方面的任务,对全省新农村建设起到了极大的促进作用。

以浙江嘉兴市为例,其城乡差距的日益缩小得益于城乡一体化战略的实施。嘉兴市 2003 年在全省、全国率先制定《嘉兴市城乡一体化发展规划纲要》,确立了分三步走的城乡一体化战略工作目标:第一步,到 2005 年,城乡一体化工作步入轨道,基本建立起城乡一体化的推进机制和推进体系;第二步,到 2010 年,初步消除城乡二元结构,城乡差距明显缩小,城乡大部分指标实现接轨,基本形成城乡一体化发展格局;第三步,到 2020 年,基本实现城乡一体化的奋斗目标。

由于旧体制下长期累积起来的矛盾还没有得到根本解决,浙江城乡之间的经济社会发展仍不平衡。针对城乡之间依然存在的现实差距,浙江省在今后的新农村建设中,要继续把统筹城乡发展作为工作的重点,加快城乡协调发展步伐,构建新型城乡关系,最终达到城市经济与农村经济连为一体,使城市文明与乡村文明相映生辉。

由于拥有丰富的自然资源以及深厚的文化底蕴,以及其较强的经济实力和基础,在进入到美丽乡村建设阶段前,浙江乡村已经有非常好的服务设施条件水平,同时城镇化建设水平也比较高,因此,浙江的美丽乡村建设注重的是历史文化的挖掘与传承,尤其是对历史文化村落的保护和利用,以及保护生态环境方面。到了乡村振兴阶段,浙江提出要在全省实现共同富裕,实现财富均等化,这意味着在全面小康的基础上,人民的生活质量向着更好层次水平迈进。希望在浙江省共同富裕示范先行区内实现乡村全体人民的共同富裕,到 2022 年,乡村振兴取得重大进展,以人为核心的现代化高水平推进;到 2035 年,乡村振兴目标基本实现,全体农民共同富裕走在全国前列,农业农村现代化率先实现;到2050 年,乡村全面振兴,全体农民共同富裕高标准实现农业农村现代化高水平实现。

2.3.3　最新政策对比

1)《江苏省农村人居环境整治三年行动实施方案》

2018 年 7 月,江苏省根据《中共中央办公厅　国务院办公厅关于印发〈农村人居环境整治三年行动方案〉的通知》(中办发〔2018〕5 号)和《中共江苏省委　江苏省人民政府关于贯彻落实乡村振兴战略的实施意见》(苏发〔2018〕1 号)精神,制定了《江苏省农村人居环境整治三年行动实施方案》。方案以习近平新时代中国特色社会主义思想为指导,全面贯彻党的十九大精神,牢固树立新发展理念,坚持农业农村优先发展,坚持绿水青山就是金山银山,顺应广大农民过上美好生活的期待,在巩固"十二五"以来江苏省村庄环境整治成果基础上,把农村人居环境整治作为打好实施乡村振兴战略的第一仗,以美丽宜居村庄建设为导向,围绕农村垃圾、污水治理和村容村貌提升等重点任务,汇聚资源,整合政策,强化措施,持续改善和提升农村人居环境,为高水平全面建成小康社会、建设"强富美高"新江苏奠定基础。

行动目标:到 2020 年,实现农村人居环境明显改善,村庄环境干净整洁有序,农民群众获得感、幸福感显著增强。对于苏南地区和其他有条件的地方,农村人居环境质量全面提升,实现农村生活垃圾收运处理体系、户用厕所无害化改造和厕所粪污治理、行政村生活污水处理设施三个全覆盖,农村生活垃圾减量分类工作有序开展,管护长效机制健全有效,村庄整体美丽宜居;苏中、苏北地区农村人居环境质量持续改善,基本实现农村生活垃圾收运处理体系全覆盖,每个涉农县(市、区)至少有 1 个乡镇开展全域农村生活垃圾分类试点示范,基本完成农村户用厕所无害化改造,厕所粪污基本得到处理或资源化利用,60％的行政村建有生活污水处理设施,管护长效机制有效运行,村容村貌显著提升。同时,依据镇村布局规划,引导规划发展村庄拓展人居环境改善的内涵,建设"美丽宜居村庄",其中有条件的"特色村"和"重点村"建成"特色田园乡村"。到 2020 年,全省建成 6 000 个"美丽宜居村庄"、300 个省级"特色田园乡村"。

重点任务：① 治理农村生活垃圾。遵循"减量优先、鼓励分类、城乡统筹、综合治理"的原则，全面建立户投放、组保洁、村收集、镇转运、县处理的垃圾处置体系。全面落实《江苏省城乡生活垃圾分类和治理专项行动实施方案》，促进农村生活垃圾的分类回收处理与资源化再利用，鼓励各地针对农村有机垃圾的就地生态处理问题进行积极探索。严格非正规垃圾堆放点的排查整治，严禁城市污染、工业污染向农村转移。到 2020 年，全省农村生活垃圾得到有效治理，实现有齐全的设施设备、有成熟的治理技术、有稳定的保洁队伍、有长效的资金保障、有完善的监管制度。② 治理农村厕所粪污。加快农村厕所革命，同步实施农村户用厕所无害化建设和改造，同步实施粪污治理。从 2018 年起，每年建设农村无害化卫生户厕 20 万座，到 2020 年基本完成农村户厕无害化建设改造，厕所粪污得到处理或资源化利用。鼓励向社会开放农村中小学校、乡镇党政机关、乡镇卫生院、社区综合服务中心、集贸市场等公共场所的无害化公共厕所。在行政村村部、有乡村旅游等实际发展需求的村庄配建公共厕所，并有效衔接农村改厕与生活污水治理。③ 治理农村生活污水。深入实施《江苏省村庄生活污水治理工作推进方案》，总结推广农村生活污水治理试点县(市、区)好经验、好做法。根据农村不同区位条件、村庄人口聚集程度、污水产生规模，因地制宜采用污染治理与资源利用相结合、工程措施与生态措施相结合、集中与分散相结合的建设模式和处理工艺。推动城镇污水管网向周边村庄延伸覆盖。优先整治重要饮用水水源地周边和水质需改善控制单元内的村庄生活污水。积极推广低成本、低能耗、易维护、高效率的污水处理技术，鼓励采用生态处理工艺。提高农村污水处理设施管网入户率，加强生活污水源头减量和尾水回收利用。鼓励各地探索工程总承包等形式，优选专业企业推进村庄生活污水处理设施建设与运行维护，强化县域内农村生活污水治理规模化建设、专业化管护、一体化推进。继续开展农村河道轮浚工程，每年疏浚农村河道土方 2 亿到 5 亿立方米。采取综合措施恢复水生态，逐步消除农村黑臭水体。将农村水环境治理纳入河长制、湖长制管理。④ 治理农业废弃物。巩固秸秆露天焚烧整治成果，深入推进秸秆的综合利用能力建设，推动秸秆能源化、肥料化、基料化、原料化、饲料化。制定并执行新的地膜生产标准，推广可降解膜，探索废旧农膜回收新模式。加强农药生产经营管理，落实农药生产者、农药经营者的农药包装废弃物回收主体责任。落实《江苏省畜禽养殖污染及农业面源污染治理专项行动实施方案》，治理改造畜禽规模养殖场，建设小散养殖场（户）畜禽粪污社会化处理体系，至 2020 年，基本实现畜禽规模养殖场治理全覆盖。⑤ 提升村容村貌。持续推进"四好农村路"建设，加快进行村级道路与入户道路的建设，解决村民恶劣天气出行难的问题。对道路环境进行综合整治，使道路与林田湖草地分离、与宅基地分离；利用好房屋周边零散闲置土地利用，鼓励村民进行庭院美化与实用化改造；因地制宜实施乡村的绿化美化工程，优先从生态环境基础较好、村民村集体改造意愿强、自身发展具有一定规模的自然村开展绿化美化工程；对村庄公共照明设施等便民生活设施进行完善，对村庄卫生服务设施进行完善，深入开展乡村生态文明创建活动。⑥ 提升村庄规划设计水平。全面完成县域乡村建设规划编制或修编，与县乡土地利用总体规划、土地整治规划、村土地利用规划、农村社区建设规划、生态文明建设规划等充分衔接，鼓励推行多规合一。结合镇村布局规划实施优化，强化公共资源的合理配置，吸引村民主动适度地小规模聚居。推行实用性村庄规划设计，对于单体农村住宅与整体的行政村进行整治安排，优化村庄功能布局，实现规划管理全村覆盖。对村庄的新建建筑进行尺度、用材、风格、色彩等方面的建筑控制引导，促进新老建筑在平面肌理、立面效果上相符合一致。鼓励优秀设计单位和设计师下乡。分区域编制农房设计方案图集，引导建设地域特色鲜明、乡土气息浓厚、具有时代特征的当代宜居农房。推行政府组织领导、村委会发挥主体作用、技术单位指导的村庄规划设计编制机制。村庄规划设计的主要内容应纳入村规民约。⑦ 提升传统村落保护水平。认真落实《江苏省传统村落保护办法》，按照"保护优先、兼顾发展、合理利用、活态传承"的原则，组织开展省级传统村落的调查和申报工作，对于具有一定历史沿革、传统空间格局保存良好、公共空间保留乡土记忆的村落及其民居纳入省级传统村保护名录，分批分期审查公布，加强对传统村落的保护力度。优先将省级传统村落纳入特色田园乡村建设试点范围，到 2020 年，有效保护 600 个省级传统村落和传统建筑组群。注重将保护和发展有机结合，鼓励联动推进传统村落与特色农业、手工业、乡村旅游业等适宜产业发展。加大非物质文化遗产保护传承和传播的力度，推进传统技艺与现实生活的整体融合，实现乡村优秀传统文化的创造性转化和创新性发展。⑧ 提高建设、管理与保护水平。在地方党委、政府、部门、单位建立管护长效机制,涵盖制度、标准、队伍、经费、监督等层面,明确责任并落实到各级对应环节。鼓励专业的统一的面向市场的建设、运营和管理,尤其是城镇乡村垃圾分类回收即污水处理。根据环境治理进行明确分类,并根据等级进行付费,同时建立相应制度,完善服务绩效评价和考核机制。对于有一定条件基础的地区,尝试进行垃圾污水处理农户付费制度的建立,建立农户付费合理分担机制,并对相关项目进行财政补贴。对于部分小型涉农工程项目如村内道路、环境政治、苗木种植等,支持鼓励村级组织和村内外"工匠"带头人组织承接。对当地村民进行专业化培训,组织培养一批能运行维护村内公益性基础设施的人群,减少相关岗位外聘。对于农村人居环境整治建设项目的审批与招投标程序步骤进行佳化,降低建设成本,保证工程质量。

2)《浙江省高水平推进农村人居环境提升三年行动方案(2018—2020 年)》

2018 年 4 月,浙江省为贯彻落实《中共中央办公厅 国务院办公厅关于印发〈农村人居环境整治三年行动方案〉的通知》精神,高水平推进浙江省农村人居环境建设,制定了《浙江省高水平推进农村人居环境提升三年行动方案(2018—2020 年)》。

主要目标:全面实施以"五提升"(即系统提升生态环境保护、全域提升基础设施建设、深化提升美丽乡村创建、整体提升村落保护利用、统筹提升城乡环境融合发展)为主要内容的农村人居环境提升行动,到 2020 年,率先在全国实现生态保护系统化、环境治理全域化、村容村貌品质化、城乡区域一体化,率先在全国构建生产生活生态融合、人与自然和谐共生、自然人文特色彰显的美丽宜居乡村建设新格局,率先在全国建立农村人居环境建设治理体系,实现治理能力现代化,为全国治理提升农村人居环境、建设美丽中国提供浙江样板。

重点任务:① 系统提升生态环境保护。一是严格生态环境保护。全面实施生态文明示范创建行动计划,统筹山水林田湖草系统治理。落实城镇、农业、生态空间和生态保护红线、永久基本农田、城镇开发边界,加强耕地资源保护和绿色空间守护。加强生物多样性保护,推进自然保护区、森林公园和湿地公园建设。落实最严格的水资源管理制度,加强山区小流域治理和水土保持生态建设。

开展海洋生态建设示范区创建,推进海岸线整治修复,严守海洋生态红线。二是加大生态环境治理。深化畜禽养殖场污染治理和病死动物无害化处理,全力推进农业面源污染防治,开展水产养殖污染治理,强化土壤环境综合治理。加大"低小散"企业整治力度,实现行业结构合理化、区域集聚化、企业生产清洁化、环保管理规范化。加强农村环境监管能力建设,严禁工业和城镇污染向农业农村转移,全面实行主要污染物排放财政收费制度、与出境水质和森林质量挂钩的财政奖惩制度。三是推动村庄绿化建设。开展"一村万树"行动和绿色生态村庄建设,大力发展珍贵树种、乡土树种,充分利用闲置土地组织开展植树造林、湿地恢复,重点加强房前屋后、进村道路、村庄四周等薄弱环节的绿化,构建多树种、多层次、多功能的村庄森林生态系统。健全村庄绿化长效管养制度,注重古树名木保护,预防和制止各类侵绿、占绿和毁绿行为。四是打造生态田园环境。深入推进整洁田园、美丽农业建设,完善田间农业废弃物回收处置体系,加强农作物秸秆综合利用,推进农业投入品合理有效利用。深入推进农村"三改一拆"、平原绿化、"清三河"、地质灾害防治等工作,按照宜耕则耕、宜建则建、宜绿则绿、宜通则通的原则,积极开展村庄生态化有机更新和改造提升,深化"无违建县(市、区)"创建。② 全域提升基础设施建设。一是深入推进厕所革命。深化农村用户厕所无害化改造,普及卫生厕所。强化规划引导,推进农村公厕合理布局。按照卫生实用、环保美观、管理规范的要求,大力推进农村公厕和旅游厕所改造建设管理,积极建设生态公厕。全面实施厕所粪污同步治理、达标排放或资源化利用。做好改厕与城乡生活污水治理的有效衔接。二是统筹治理生活污水。加强农家乐、民宿等经营主体的污水治理,规范隔油池建设,提升农村污水处理设施治理标准并按标准进行改造。着力打造全国农村生活污水治理示范县,推动城乡生活污水治理统一规划、统一建设、统一运行、统一管理。强化县级政府的监管主体责任,设置农村污水处理设施运维标准化试点,统筹推进生活污水系统治理。完善落实河长制、湖长制、滩长制、湾长制,深入实施河湖库塘清淤工程,建立健全轮疏机制,加强水系连通,巩固提升农村剿灭劣 V 类水成果。三是普及垃圾分类处理。实施农村生活垃圾农户分类、回收利用、设施提升、制度建设、长效管理五大行动。完善农村生活垃圾户分类、村收集、转运处理和就地处理模式。健全分类投放、分类收集、分类运输、分类处理机制。继续推进生活垃圾减量化资源化无害化处理试点,加强农村生活垃圾分类处理资源化站点建设。抓好非正规垃圾堆放点排查整治,推进村庄及庭院垃圾治理,重点整治垃圾山、垃圾围村、工业污染"上山下乡"。四是提档升级基础设施。高水平推进"四好农村路"建设,完善农村公共交通服务体系,提升农村公路建、管、养、运一体化水平。加快实施百项千亿防洪排涝工程和"百河综治"工程,打造美丽河湖,巩固提升农村饮水安全。全面实施数字乡村战略,推进信息进村入户。加强乡村通信和广电网络建设,提升农村宽带接入和视(音)频服务能力,扩大光纤和移动网络覆盖范围。推进邮政网点的建设改造,促进邮政快递合作,实现邮政业服务农村电子商务发展。完善村庄公共照明设施,推进新一轮农村电网改造升级工程。③ 深化提升美丽乡村创建。一是全面加强规划设计。推进县(市)域乡村建设规划全覆盖,推动县(市)域乡村建设规划与土地利用规划、美丽乡村建设规划的多规合一。积极开展村庄设计,提高村庄设计覆盖率。推进图集修编,提高农房设计通用图集适用性。制定乡村地域风貌特色营造技术指南和乡村建设色彩控制导则,加强村容村貌整治。结合建设"坡地村镇"、打造田园综合体等,加快浙派民居建设。二是开展全域土地整治。实施百乡全域土地综合整治试点,对农村生态、农业、建设空间进行全域优化布局,对田、水、路、林、村等进行全要素综合整治,对高标准农田进行连片提质建设,对存量建设用地进行集中盘活,对美丽乡村和产业融合发展用地进行集约精准保障,对农村人居环境进行统一治理修复,实现农田集中连片、建设用地集中集聚、空间形态高效节约的土地利用格局。三是规范农房改造建设。深化地质灾害隐患综合治理"除险安居"三年行动,健全完善农村危旧房风险防范机制和处置措施,及时发现和排除各类安全隐患。全面推进农村危房治理改造,严守质量安全底线。以安全实用、节能减排、经济美观、健康舒适为导向,开展绿色农房建设。抓好农村住房建设管理,开展村庄墙院和"赤膊墙"整治,形成县、乡、村农房管理机制,切实解决乱搭乱建问题。四是强化景观风貌管控。按照先规划、后许可、再建设的原则和有项目必设计、无设计不施工的要求,严格规范乡村建设规划许可管理,认真落实农房建设管理规定。强化乡镇属地综合管理职责,实现基层规划、国土资源、综合行政执法等部门联合监管。村庄规划的主要内容应纳入村规民约。鼓励乡镇统一组织实施村庄环境整治、风貌提升等涉农工程项目。五是深入开展示范建设。坚持以点带面、整乡整镇和点线面片相结合,全域提升美丽乡村建设水平。推进示范村串点成线、连线成片,促进乡村资源配置更为合理、服务功能更为完善、景观风貌更为协调、地域文化韵味更为彰显。深入开展卫生乡镇(街道)、卫生村创建活动,扎实推进美丽宜居村庄示范工作,积极创建美丽乡村示范县,培育美丽乡村示范乡镇和乡村振兴精品村,建设 A 级景区村,打造美丽乡村升级版。④ 整体提升村落保护利用。一是推进全面系统保护。建立浙江省历史文化(传统)村落保护信息管理平台,加强对各类保护对象的挂牌保护,完善国家、省、市、县分级保护体系。探索建立传统建筑认领保护制度,传统民居产权制度改革,引导社会力量通过多种途径参与保护。在保护过程中要重视完整性、真实性、延续性原则的落实,展现植根于地域环境的村落景观风貌。基础设施项目建设方面,应健全保护管理机制与监督检查机制,改善乡村生产生活环境与品质,增强村落保护与发展的综合能力。二是加强保护利用监管。编制省域历史文化(传统)村落保护利用规划,统筹推进村落保护与治理方式,强调整体性利用。严格执行村落保护规划,加强技术指导,加快对历史性建筑与传统民居的抢救性保护,协调民居、周边环境与村落整体之间的景观风貌协调,彰显村落整体风貌。在民居、村落、古木古井、生态要素的保护方面,健全预警与退出机制,避免人为或自然因素对文化遗产保护的损害。加强科学利用,有序培育发展休闲旅游、民间工艺作坊、民俗文化村、乡土文化体验、传统农家农事参与,以及民宿、文化创意等特色产业。三是传承弘扬优秀传统文化。实施农村优秀传统文化保护振兴工程,加强非物质文化遗产传承发展,挖掘农耕文明,复兴民俗活动,提升民间技艺。在物质与非物质文化遗产传承方面,深入挖掘地区传统手工艺技术、民风民俗传统、传统戏剧与曲艺形式等地方文化要素,充分发挥优秀传统文化在民心凝聚、群众教化、民风淳化、产业培育等方面的重要作用。对于文化礼堂、宗族祠堂等公共集聚性强的文化场所,增强其公共文化设施属性,发挥其作为传统文化传承方面场所的重要作用。通过走访收集"千村故事"和整理归纳"千村档案"等活动,汇集编纂乡村自身历史沿革与特色建设活动,推动文明村创建活动,加强地域认同感与归属感。⑤ 统筹提升城乡环境融合发展。一是提升小城镇基础服务功能和治理水平。环境提升方面,增强小城镇环境综合整治行动攻坚力度,协调推进六个专项行动,以改善小城镇环境面貌、优化空间布局、完善基础设施,彰显地方特色并完善提升其小城镇基础服务功能。城镇更新方面,加强对原有建构筑物的再次利用,推动老旧工业区的改造升级与功能置换,推进产镇融合,创新场所使用方式,打造一批有文化、有特色、有产业的示范型先导型乡镇。在各项任务推进的同时,不断评估建设成效、巩固整治成果、修整建设过程中出现的问题,健全全周期长效管理机制,推进城镇乡村的数字化建设管理,增加智慧技术手段,提升治理水平。二是加快特色小城镇培育建设发展。特色小城镇的建设发展,要以惠及群众、特色鲜明、产城融合、市场主体为要求,突出重点与特色。高标准制定特色小城镇规划设计编制标准,提高规划设计编制和项目实施水平。打造和谐宜居的美丽环境,展现特色彰显的传统文化,完善便捷高效的设施服务,构建特色鲜明的产业形态,建立充满活力的体制机制。三是促进城乡基础设施一体化建设。推动城镇基础设施向乡村延伸,提升乡村地区基础设施建设水平和效益,促进城乡道路互联互通,公交一体化经营、供水管网无缝对接、污水管网向农村延伸、垃圾统一收运处理。推动城乡基本公共服务均等化,促进城镇医疗、教育、体育、文化、社会保障等向乡村地区覆盖延伸。

第 3 章 江浙乡村人居环境的总体特征

3.1 江浙乡村的宏观环境

3.1.1 资源与环境

1) 资源

江浙地区位于我国东部沿海,是长江入海口处的冲积平原,整体地形以平原为主,水网交错,间有丘陵,东部沿海地区群岛散布。其中由北及南地势渐高,江苏的苏北、苏中地区地势平坦,水网交错,水资源丰富,为乡村农业的发展及景观建设创造了优越条件;太湖地处江苏与浙江的交界处,景色秀美,物产丰富,村庄大多水网密布,作为重要的农作物及水产品输出地,"苏湖熟、天下足"正是如此。而浙江地区地形更为多样,浙西南丘陵散布,民居散落其间,群山环绕,风景美不胜收。而东部沿海地区则为群岛地带,尤其舟山地区岛礁散落,高低起伏,变化多端,民居大多面海背山。此外,江浙地区优越的地势条件尤其是平原地区为乡村的农业发展创造了极为优良的耕作条件,农业输出自古便在全国占有重要地位,更为城市的社会经济发展做出了巨大贡献。

江浙地区是典型的平原河网地区,水网密集,无论广袤的平原还是起伏的山丘,都能让人感受到浓厚的水乡氛围,水系十分发达。除了众所周知的长江跨境而过,京杭大运河横贯其中,还拥有我国四大淡水湖之中的太湖、洪泽湖,闻名中外的西湖更是浙江省内的一颗明珠。更不要说那数不尽的芦荡密布、纵横交织的江滩湿地,还有数万条大小不一的河流在其中交织并行,共同孕育了江南特有的水乡文化。富饶的水资源滋养了这片土地,既使城市和乡村展现出独特的水乡情调,也是乡村产业兴旺发达至关重要的条件。

2) 环境

江浙地区纵使水系发达,但秀美的风景终究掩盖不住水质的恶化。当前两省的水质均有下降,太湖作为周围地区的主要饮用水源,总体水质为Ⅲ类水,也仅占七成,Ⅱ类水占 15％;其他小河道、小湖泊均为Ⅳ类和Ⅴ类水。驰名中外的钱塘江水系以Ⅱ类、Ⅲ类水为主,但京杭运河水系已下降为Ⅴ类、劣Ⅴ类水。改革开放后的城市和乡镇工业迅速发展,为追逐经济利益而牺牲了环境的做法是造成水质恶化的重要原因。城市的水质破败必然会影响到乡村,诸多乡村水系仍然发达但水质不再清澈见底。除了城市快速发展的影响,乡村自身的发展也存在一系列的问题。江浙地区是重要的农业产出区及农作物重要产出基地,使用大量的农药化肥,乡村基础设施总体落后,污水处理设施及技术手段落后,大量生产生活污水被排入自然水体,导致水质的进一步下降。

　　与中西部较多的生态脆弱地区相比,江浙地区东部从土地资源、水资源等的空间分布来说,其生态环境可支撑能力较强,这不能不说是几千年来我们祖先对自然环境改造的结果。例如,江浙地区历史上是一片水乡泽国,时有水灾害,但随着对水环境的改造,逐渐成为了一个水网密布、交通便利的地区。生态可持续能力的提高促进了农业和地方工商业经济的发展。但随着对自然环境的改造,耕地面积锐减,农用化学物品用量不断增加,出现水质污染、气象灾害等对农业生态环境造成越来越多不利影响。乡村生态环境是农业生产的基础,虽然近年来,各级政府在植树造林、土壤改良等方面做了大量工作,由于农业自身的飞速发展缺乏对生态保护的重视,加上城镇工业对乡村土地的侵蚀,导致一系列生态环境问题由此而来。虽然当下江浙地区生态环境的可支撑性和弹性比较强,但由于农业及工业的发达加重了对生态环境的压力,生态系统可能存在逐步恶化的局面。

3.1.2　经济与产业

1) 区域经济发展概况

　　江浙地区属于中国最大的经济圈——长三角经济圈,综合实力第一,以仅占 2.1％的国土面积,集中了近 1/4 的经济总量和 1/4 以上的工业增加值,且年增长率远高于中国平均水平,被视为中国经济发展的重要引擎。以上海为龙头的江苏、浙江经济带是传统的工业及商业中心地带之一,且目前城市化、市场化、国际化进程明显加快,迸发出了强劲的经济增长动力,成为我国乃至亚洲和全球经济最活跃、最具竞争力的区域之一。

2016 年前后的长三角地区江浙城市,呈阶梯式发展,形成四大方阵。第一方阵是上海,全国首个生产总值突破万亿元的城市,2016 年生产总值超过 2 万亿元,是长三角地区的龙头城市;第二方阵包含苏州、杭州、无锡、宁波和南京 5 个城市,2016 年生产总值在 1 万亿元左右;第三方阵由南通、绍兴、常州、台州、嘉兴、扬州、镇江和泰州 8 个城市,2016 年生产总值在 4 000 亿元左右;第四方阵为湖州和舟山,2016 年生产总值低于 3 000 亿元。长三角核心区 16 个城市土地面积约占全国的 1%,人口占全国的 5.8%,创造了国内生产总值的 18.7%,贡献了全国财政收入的 22% 和全国出口总额的 28.4%。无论在经济总量还是发展速度上,长三角地区已成为中国经济快速发展的典范,被认为是未来世界经济增长的发动机之一。

表 3-1 2016 年长三角核心区 16 个城市的生产总值情况

省份	城市	2016 年生产总值 (亿元)	城市	2016 年生产总值 (亿元)
—	上海	27 466	—	—
江苏	南京	10 503	扬州	4 449
	无锡	9 210	镇江	3 833
	常州	5 773	泰州	4 101
	苏州	15 475		
	南通	6 768		
浙江	杭州	11 050	嘉兴	3 760
	宁波	8 541	舟山	1 229
	绍兴	4 710	台州	3 842
	湖州	2 243	—	—

资料来源:《中国统计年鉴(2017)》,中国统计出版社。
注:根据 2010 年《长江三角洲地区区域规划》,上述 16 个城市组成的区域是长三角核心区。

长三角地区是我国对外贸易最发达的地区之一,因此出口导向模式已成为经济发展的路径依赖。2011 年长三角地区两省一市外贸依存度为 82.58%,其中出口依存度高达 47.42%,进口依存度则为 35.16%。由此可见,长三角地区外贸进出口结构表现为出口规模远大于进口规模,地区经济增长对国际市场的需求依赖非常明显,容易受到外部经济环境发展变化的影响。如受 2008 年金融危机影响,外部需求迅速萎缩,外贸出口持续下降,2009 年长三角两省一市进出口总额比上年减少了 13.1%,长三角地区很多外向型企业和上下游相关企业由于国外需求的波动而倒闭。

2) 区域产业发展方向

　　长三角地区是我国城市化水平最高的地区之一,但是,作为全球价值链中的一环,长三角与国际主导企业之间实现的是纵向分工,与国内其他产业则形成横向分工,导致国内企业之间形成的竞争关系强于合作关系。就主导产业来看,在两省一市的 16 个地级城市中,有 11 个城市选择汽车零配件制造,有 8 个城市选择石化,12 个城市选择通信作为产业发展的主要方向。这些城市不仅制造业严重雷同,诸如创意产业园、物流园区、港口码头、商品市场、中央商务区等现代服务业项目也在各地纷纷上马。这种产业分工协作关系的缺失,使各城市之间的竞争多于合作,矛盾多于协调,各地难以发挥比较优势,由此造成区域资源配置不合理,投资和生产分散,降低了地区整体经济效益。

　　产业方向的趋同进一步导致城市性质与特色的雷同,在长三角地区各城市新的城市总体规划中,共有 12 个城市将自身定位为"文化名城",9 个城市将自身定位为"旅游城市",6 个城市定位为创新、科教、创业等新型城市,5 座城市定位为"宜居城市"(表 3-2)。在 16 个城市中,对自己的城市性质定位完全能够区别于其他城市的只有三个城市:南京——著名古都、泰州——医药名城、舟山——海洋渔业基地和海洋开发基地。

表 3-2　长三角地区部分城市的发展定位一览表

上海		中国的经济、交通、科技、工业、金融、贸易、会展和航运中心,以商贸流通业、金融业、信息产业、房地产业、成套设备制造业、汽车制造业为支柱
江苏	苏州	以高技术产业为主的外向型、现代化工业基地,是历史文化名城和洁净、舒适、宜人的绿色城市
	昆山	国际知名先进产业基地、毗邻上海的新兴大城市、现代化江南水乡城市
	常熟	国家历史文化名城、山水生态城市与文化旅游城市、长江三角洲地区先进制造业基地和商贸中心

江苏	无锡	国际先进制造业基地、服务外包与创意设计基地和区域性商贸物流中心、职业教育中心、旅游度假中心
	镇江	以装备制造、精细化工、新材料、新能源、电子信息为主的先进制造业基地、区域物流中心和旅游文化名城
	常州	长三角核心区重要的核心城市、交通结点城市、旅游城市和重要的先进制造业基地
	南通	东部沿海江海交汇的现代化国际港口城市,上海北翼的经济中心和门户城市,国内一流的宜居创业城市,历史与现代交相辉映的文化名城
	启东	长三角北翼重要的现代制造业基地,具有江海特色的生态宜居城市
浙江	长三角的中心城市	生活品质和文化创意之城,省域文化中心;发展高新技术产业和先进制造业,萧山机场将与上海浦东、虹桥机场共同成为洲际客货运枢纽空港
	嘉兴	长江三角洲吸引国内外制造业资本的新高地,上海的港口辅城和对外交通节点,江南水乡的历史文化名城
	宁波	发挥港口和外贸口岸优势,发展先进制造业、海洋高新技术产业和重化产业
	温州	重点发展先进制造业,强化国际贸易博览、文化娱乐、高等职业教育、海洋经济服务等职能
	金华	重点发展先进制造业,强化商贸博览、高等职业教育、文化娱乐等职能

3.1.3　人口与社会

1) 城乡人口变化

　　城镇化水平高是长三角地区的一个非常显著的特点,但是城镇化水平的差异化在长三角地区也是非常普遍的,截至 2016 年,我国整体的户籍人口城镇化率约为 57.35％,长三角地区户籍人口城镇化率已经达到 70.52％,明显高于全国水平。江苏和浙江的户籍人口城镇化率约为 67％,虽然与全国的平均城镇化水平相比较高,但远低于上海。这表明长三角地区存在着明显的区域内的城镇化水平差异,而这一特点将会影响长三角地区整体的、长远的发展。

　　在城镇化过程中,长三角地区产业间的无序竞争、耕地资源过度占用、大量的人口流动等问题成为城镇化发展中存在的突出问题。长三角地区城市分布密集,城镇分布密度是全国平均密度的 5 倍多,虽城镇化水平居于国内前列,但发展水平参差,内部差异显著,要实现城乡一体化仍面临着包括改革创新在内的诸多难题(图 3-1)。

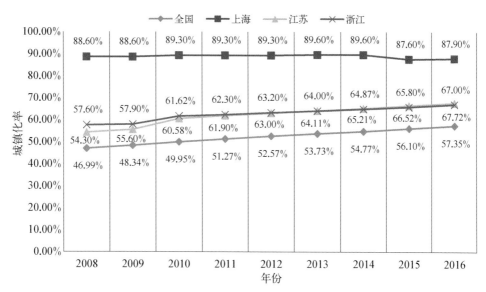

图 3-1　2008—2016 年长三角地区户籍人口城镇化水平变化图

资料来源:《中国统计年鉴(2017)》,中国统计出版社。

2) 老龄化问题

　　长三角地区也是中国人口老龄化程度最严重的地区之一,具有中国老龄化的典型性和率先性。长三角地区人口老龄化具有如下特点:区域内差异化较大、综合生育率极低、人口自然增长较慢和老龄化程度严重(表 3-3)。长三角地区的人口发展在全国处于领先地位,具体表现在人口转变和人口结构变化具率先性两个方面。长三角地区的人口增长模式由传统的高出生、低死亡和高增长模式转变为现代的低出生、低死亡、低增长模式。养老问题尤其是乡村养老问题日益突出。

表 3-3　2016 年长三角地区出生率、死亡率和人口自然增长率情况

地区	总人口(年末)(万人)	出生率	死亡率	自然增长率
全国	138 271	12.95%	7.09%	5.86%
上海	2 420	9.00%	5.00%	4.00%
江苏	7 999	9.76%	7.03%	2.73%
浙江	5 590	11.22%	5.52%	5.70%

资料来源:《中国统计年鉴(2017)》,中国统计出版社。

　　将长三角地区作为一个整体,计算长三角地区的总人口、65 岁以上人口比重

及抚养比。结果表明,长三角地区在 1990 年就已经进入老龄化社会,而就全国来说,则是迟至 2000 年才进入老龄化社会,因此长三角地区老龄化是领先全国的。从省际层面来看,2003 年以前老龄化程度江苏最高,上海次之,浙江最低。由此可以看出,近年来上海、江苏、浙江老龄化状态有所不同。目前长三角地区老龄化特征为:① 总和生育率最低的地区之一;② 人口自然增长率最慢的地区之一;③ 老龄化严重,且区域内差异较大。

长三角地区虽然人口老龄化严重,但是其总抚养比仍然较低,劳动年龄人口比重较高,还处于人口红利时期。人口老龄化对经济社会的影响是多方面的。有利的一面是人口老龄化能够影响人口结构,抑制人口的快速增长,缓解资源环境的压力,而且能够降低少儿抚养比,少儿能够获得更多资源,有利于提高人口素质。

3) 公共事业

长三角地区的经济发展水平较高,政府的财政能力较强,教育、卫生和社会保障等社会事业发展和公共服务投资水平相对较高。长三角地区公共服务事业的供给能力和供给水平也相对高于全国其他地区。

(1) 长三角地区的社会卫生水平较高,有利于人口身体素质水平的提高。作为反映人口身体素质的重要指标,2017 年长三角地区的人口预期寿命基本达到78 岁左右,领先于全国的 76.7 岁。在出生缺陷发生率、孕产妇死亡率、疾病预防和控制、乡村卫生保健等方面,长三角地区的指标都居全国领先。

(2) 长三角地区教育事业的发展促进了区域人口素质的提升。从人才数量上来看,如果以大专及以上受教育程度人口作为地区发展的高素质人才,2005 年小普查数据中全国范围内大专及以上人口占 6 岁及以上人口的 5.6%,而长三角地区作为全国范围内人力资本较高的地区,江苏中南部地区拥有大专及以上人口资源为全国范围内的 40.2%,上海占比 36.9%,浙江东北部地区占比 22.9%。从人才分布来看,上海和两个省会城市南京、杭州对人才的吸纳占据了长三角人才资源的 61.3%,其中吸纳了研究生及以上高素质人才资源的 92%。近年来,长三角地区各省市不断创新区域教育合作机制,区域教育协作发展取得了显著成效,为全国其他区域教育合作提供了经验和示范。

（3）长三角地区的社会保障水平也高于全国平均水平。长三角地区的乡村地区相比城市地区社会保障水平仍然较低,但从全国看,乡村保障的养老保险覆盖率较高,新农村合作医疗推行情况相对较好,基本在乡村地区也都实施了最低生活保障制度。

3.2　城乡一体化

3.2.1　城镇化的路径

2008 年《国务院关于进一步推进长江三角洲地区改革开放和经济社会发展的指导意见》第一次从国家层面明确了"长三角一体化"的概念,表明这一概念从学术研究层面上升至国家战略层面,这为长三角今后的发展提供了有力的制度保证。

随着长三角地区全球化和工业化进程不断加快,开发区、新区和世界工厂的建设兴起,乡村空间日益减少,大量的乡村人口涌入城市成为农民工。这一进程在带来城镇化快速发展的同时,也产生诸多伴生问题。城市用地的扩张,伴随着能源水土资源紧张、环境污染、生态退化等问题频发,不可持续性成为制约城镇化的重要方面。当前,面临外部全球化标杆力量和内部矛盾交织的长三角进入一体化的转型发展期,也使其城镇化特征和格局发生了新的变化。

为了促进城乡一体化发展,消除城乡二元结构的阻碍,十八届三中全会的公报指出,要不断完善新型农业的经营体系,将更多的财产权利赋予农民,完善城镇公共资源的配置,推进城乡间要素的平等交换,从而健全完善城乡一体化的发展机制,形成"工业反哺农业""以工促农,以城带乡"的一体化发展格局。在新型城镇化发展进程中,长三角地区城镇数量和规模不断扩大,城镇人口逐年增长,形成了以上海、南京、杭州等核心城市为支架的现代化大城市群。城市间互联互通日益紧密,城市群的功能逐渐完善,产业结构不断优化,综合服务能力日趋提高,在总体上呈现良好的发展态势。

1) 人口流动

人口流动是工业化和经济增长的必然结果,随着资本积累不断增多,城镇工业进一步扩张,导致乡村剩余劳动力逐渐向工资更高的城镇迁移,由此促进区域城镇化的发展。可以说,人口流动既是区域经济发展状况的风向标,同时也对城镇化进程产生了显著影响。第六次全国人口普查数据显示,2010 年全国城镇常住人口为 6.66 亿,常住人口城镇化率达 49.68%,比 2000 年上升了 13.46 个百分点。2011 年,长三角城镇常住人口为 7 673 万人,常住人口城镇化率达到71%,较珠三角城市群低 12 个百分点,高出京津冀都市圈近 13 个百分点。2001—2015 年间长三角地区常住人口以每年近 2 个百分点的速度上升(图 3 - 2)。其中外来人口占了很大比例,对城镇化率有最直接的贡献。城镇常住人口中约20% 的人口没有本地户籍,真正拥有户籍的人口城镇化率不到 50%。外来人口比较集中的城市是上海、苏州、无锡、宁波、嘉兴等。

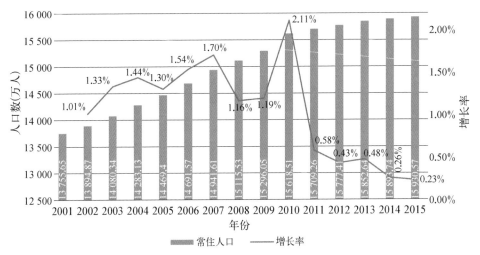

图 3 - 2　2001—2015 年长三角地区常住人口总量及增速变化图
资料来源:《上海统计年鉴(2016)》《浙江统计年鉴(2016)》《江苏统计年鉴(2016)》,中国统计出版社。

1978 年至 20 世纪 90 年代中期,人口流动格局是以短距离迁移为主,小城镇为主导的农村城镇化。1978 年十一届三中全会决定将党和国家的工作中心转移到经济建设上来,并将市场机制引入传统计划经济,实行对外开放政策,国民经济从此步入快速发展期,城镇化进程显著加快。同时,国家通过政治、人口和地理优势获得了国外投资,采取了一系列改革的政策措施,以前的社队企业改为乡镇企业,综合运用乡办、村办、联户办、户办等方式,促成乡镇企业崛起。由于政策鼓励,乡镇企业发展迅速,充分利用农村劳动力优势,利用民间资本和外资,截至 1991 年年末,中国有超过 2 000 万家乡镇企业,并产生了诸多具有代表性的乡村工业化模式,如:苏南模式(以集体经济为主)、珠江模式(以外向型经济为主)、温州模式(以家庭工业和专业市场为主)。乡镇企业和乡村工业化的蓬勃发展导致乡村人口流动以短距离迁移为主,并形成了改革开放初期以小城镇为主导的"自下而上"的农村城镇化模式。

20 世纪 90 年代中期至今的人口流动格局是以长距离迁移为主,大城市为主导的快速城镇化。伴随着国家全方位开发开放格局的形成,长三角地区不断融入全球化进程,依靠自身区位优势及经济基础,获得了快速发展。而推动经济快速发展的正是外来人口的涌入。这一时期,人口迁移在空间上表现为跨省、跨区域的长距离迁移,外来人口向大城市的迁移模式逐渐主导了长三角地区的城镇化进程,也促进了长三角沿海地区的经济繁荣。

改革开放后,长三角地区发展的巨大势能带来大量外来人口涌入,成为我国流动人口最为集中的地区之一,其中外来务工人员占较大比重。第六次人口普查数据显示,在长三角地区的特大城市和大城市中,外来务工人员占第二、第三产业从业人员的比重高达 40%以上,其中第二产业超过 60%,建筑行业甚至高达 80%。这种状况导致了流动人口中大部分从业人员长期处于流动状态,给城市社会管理带来了巨大压力。

2) 建设用地扩张

长三角地区作为城镇化快速发展地区,不仅是人口迅速集聚的地区,也是城市土地剧烈变动的区域。1985—1995 年建设用地年均增长 200 平方千米左右,增长主要集中在沪宁、沿江以及杭甬市区。1995—2005 年年均增长规模达到 1 023 平方千米,集中在苏中沿江、苏锡常以及宁杭甬市区等。2005—2010 年随着土地政策宏观调控,建设用地年均增长约 800 平方千米,略有放缓,集中在各省辖市市区。20 世纪 90 年代以来,长三角地区城市用地和人口增长迅速,至 2012 年城市建成区面积为 4 269.75 公顷,城市人口为 4 499.80 万人,建成区和城市人口增长率分别为 7.85% 和 3.7%,由此可见,长三角地区的建设用地扩张速度远快于人口增长速度(图 3 - 3,图 3 - 4)。

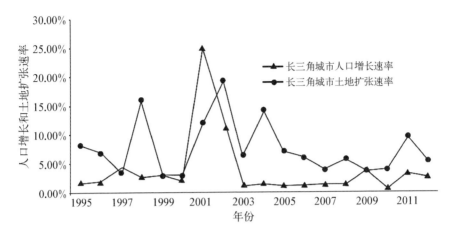

图 3-3 1994—2012 年长三角地区城市土地扩张与人口增长速率
资料来源：周艳等，长三角城市土地扩张与人口增长耦合态势及其驱动机制，地理研究，2016

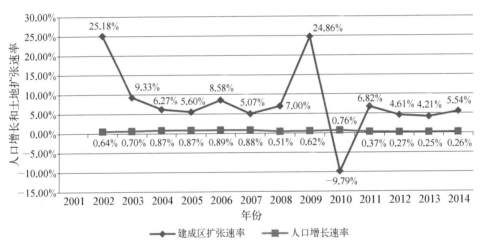

图 3-4 2001—2014 年江苏省城市土地扩张与人口增长速率
资料来源：《江苏统计年鉴(2015)》，中国统计出版社。

长三角地区建设用地扩张在时序和空间格局上存在不同程度的差异。在时序上，1994—2012 年，长三角城市土地扩张呈现出先增后减的趋势，大致可分为波动增长、快速增长和趋向平稳增长三个阶段。总体来讲，长三角地区城市用地规模不断扩大，城市仍处于快速成长阶段(图 3-5)。长三角地区在空间格局上的土地扩张存在较为明显的差异，以杭州、宁波为代表的杭州湾以南区域及南京、无锡、苏州为代表的苏南地区，经济实力较强，较大的城市发展需求促进大量土地的城镇化转变，城市规模急剧扩张；上海由于城市发展较为成熟，其用地需求增长较为平稳,土地扩张率相对较低但开发利用率较高,促使城市集约化发展,对外土地扩张减速;杭州湾以北区域、江苏中部地区承接上海、杭州等地产业转移,工业化进程较快,产业用地需求量大,土地呈快速扩张趋势。

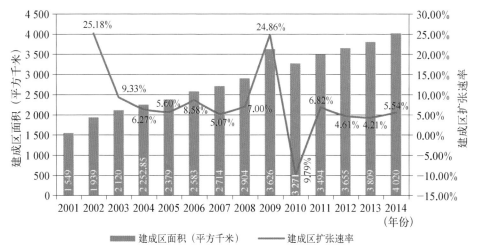

图 3-5　2001—2014 年江苏省城市土地面积与扩张速率
资料来源:《江苏统计年鉴(2015)》,中国统计出版社。

3) 产业结构转型

　　长三角地区作为辐射全国并具有一定国际影响力的城市群,不仅是我国城市密集度最高的区域,也是知识外溢和技术创新的中心。在城市化的推进过程中,遵循城市产业结构高度化的规律,表现为第一产业向第二、三产业升级演进,由劳动密集型产业占优势的阶段向资本和技术密集型占优势的阶段演进(图 3-6)。

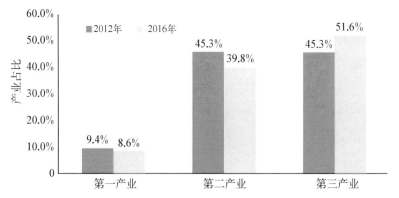

图 3-6　2012 年和 2016 年长三角地区三次产业比较
资料来源:《全国统计年鉴(2017)》,中国统计出版社。

城镇化对地区产业转型升级具有促进作用。城市的发展带来就业的增加和人口的聚集,而人口的聚集会促进消费品工业以及服务业的发展,新工业带动了与自身相关的其他配套产业的发展。同时,产业集聚有利于创新,促进产业转型升级。产业发展与市场扩大还会带来地方财富增加,为政府建设良好的基础设施奠定了基础,进一步推动城镇化,而城市良好的基础设施又会吸引更多的产业到此布局。

长三角地区城镇化过程主要是通过各种优质要素的空间集聚,提高了要素空间流动和集聚的外部经济性和研发创新的效率,进而推动了地区产业结构转型升级。现阶段长三角核心区16个城市的未来发展重点集中于电子信息、生物医药、航空航天、高端装备、新材料、节能环保、汽车、绿色化工、纺织服装、智能家电十大领域。战略性新兴产业方面重点发展集成电路、新型显示、物联网、大数据、人工智能、新能源汽车、生命健康、大飞机、智能制造、前沿新材料十大领域。产业发展大致可以分为四个基本类型:以上海为代表城市的电子+汽车类;以南京和苏州为代表城市的电子+重化工类;以南通、绍兴、嘉兴和湖州为代表城市的轻纺类;以杭州、无锡、宁波、常州、台州、镇江、扬州和泰州为代表城市的均衡发展类。由此可见,长三角地区内出现了较为明显的区域产业专业化格局与产业水平分工,推动了资金、技术、人才等产业要素在区域分内的地域流动与产业流动,形成了合理配套的产业分工与协作网络,进而实现了良好的产业空间布局以及产业结构间和产业结构内部的协调升级。

4) 人的城镇化

新型城镇化极其注重以"人"为核心、以"人"为主体的城镇化,这一点是其与传统城镇化最大的区别所在。仅仅是单纯地提高城市人口的比重、扩大城市规模不是新型城镇化,只有在人居环境、生活方式、产业支撑、社会保障等层面实现由"乡村"向"城镇"的转变,只有实现城乡统筹和可持续发展,只有以"人"为主体在城镇化过程中实现转变(转变包括生产方式、生活方式、群体角色等方面),才是真真正正的新型城镇化。

当前长三角地区的城镇化进程在全国位居前列,江苏省和浙江省的城镇化率均已突破65%,超过全国平均水平10个百分点,尤其苏州的城乡一体化工作已经做出了品牌效应,形成了时代特色。但是长三角地区城镇化过程还存在着一些问题:一是城镇化发展不均衡。苏南浙北环太湖水网地区较为发达,因此城镇化进程也较为领先,浙江西南地区、沿海岛屿地区及江苏中部、北部地区则相对落后,尤其苏北地区,各项指标几乎均低于长三角地区平均水平。二是长期的物本主义城镇化发展观。传统的社会发展理论把国民生产总值和人均国民收入的增长幅度作为评价社会发展的首要标准,把增加投资、扩大生产以及科技进步、知识增长等视为社会发展的动力,存在着物本主义的倾向,经济增长方式粗放,环境资源压力巨大。三是城乡体制的"二元性"制约发展。以户籍管理为核心的中国城乡分治制度人为地把城乡人口划分为农民和市民两大社会群体,其不仅在空间上把农民禁锢于乡土之中,而且在社会基本权益等方面存在着明显的不平等待遇。

总之,长三角地区城镇化进程领先于全国,但仍存在一些物本主义倾向,"人的城镇化"落后于"物的城镇化",乡村地区城镇化发展不均衡,生产生活方式并未完全转变,城乡二元体制也使村民受限于农民身份无法真正融入现代城市社会。当前长三角地区已经启动了一些项目,并且严格以"人的城镇化"为纲领,在就业、教育、医疗等方面加快乡村地区的城镇化建设,真正使城镇化落到实处,实现"人"和"物"的同步城镇化。

3.2.2 城乡公共服务

1) 农民收入和基础设施建设

在城乡一体化的发展过程中,从两个方面加强城乡统筹:一方面,加强城市对乡村地区的支持,贯彻工业反哺农业。通过企事业单位在项目、资金方面一对一帮扶,发展现代农业,加强乡村经济,增加农民收入;另一方面,有力推进城乡一体化建设。按照平等机会和平等权利的原则,在长三角地区打破割裂城市和乡村的体制机制,实现公共服务的平等化。如图 3-7 所示,2013—2016 年,由于强农惠农政策不断完善,乡村居民收入增长明显快于城镇居民,城乡收入倍差缩小。全国乡村居民人均可支配收入年均实际增长 8.0%,快于城镇居民人均可支配收入增速 1.5 个百分点。城乡居民可支配收入倍差从 2013 年的 2.81 降至

2016 年的 2.72。作为全国范围内城乡一体化实践的先行区,长三角地区城乡收入及倍差也在逐步缩小(图 3-8)。

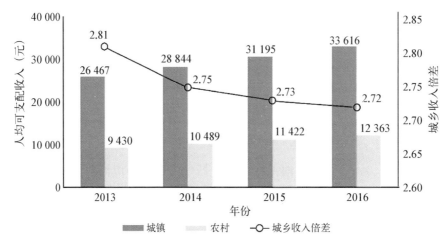

图 3-7 2013—2016 年全国城乡居民人均可支配收入及倍差
资料来源:《中国统计年鉴(2017)》,中国统计出版社。

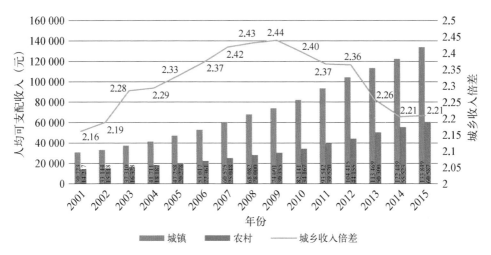

图 3-8 2001—2015 年长三角地区城乡居民人均可支配收入及倍差
资料来源:《上海统计年鉴(2016)》《浙江统计年鉴(2016)》《江苏统计年鉴(2016)》,中国统计出版社。

　　长三角地区公共基础设施的完善过程与区域一体化发展历程。就交通基础设施而言,区域内公路、铁路、水运、航空等多种运输方式并存,交通网络较为发达,客货运量及周转量均在全国同类区域内名列前茅。但在区域内部基础设施建设方面仍存在地域间的明显差异。因此长三角地区的发达城市,要立足国家战略,站在全局高度,充分发挥中心城市综合服务和经济辐射功能,有效地服务长三角全地区,尤其是弱势地区。

目前,长三角地区联动和城乡统筹发展已经具有良好的基础。长三角地区已经形成了多层次的区域合作机制。例如,苏浙沪皖三省一市联合组建了长三角区域合作办公室,主要职责是负责研究拟订长三角协同发展的战略规划,以及体制机制和重大政策建议,协调推进区域合作中的重要事项和重大项目,统筹管理合作基金、长三角网站和有关宣传工作;长三角地区还经常召开主要领导座谈会,上海、江苏、浙江、安徽三省一市的市(省)委书记、市(省)长出席会议,就建设长三角城市群、深化区域合作机制等议题进行深入讨论。

同时,长三角地区城乡一体化充分发挥经济、社会、文化等各方面上城市对乡村的带动作用。依据大城市的发展需求,拉开城市框架,推进城乡融合与统筹发展。强化区域交通以缩小城乡时空距离,促进城市的先进产业与优质公共资源向乡村转移,提升乡村的产业发展水平与人居环境质量,加快城乡基础设施一体化进程,提升乡村的文化教育与医疗卫生事业。同时顺应城镇化趋势,增强城市区域对乡村人口的承载能力。努力促进城乡全面繁荣,居民共同富裕。

2) 养老保险及社会医疗制度

2009 年《关于长三角地区职工基本医疗保险关系转移接续的意见》提出,长三角地区内互认养老金领取资格、长三角地区内异地就医费用代报销和长三角地区内职工医保可互转等政策,实现长三角地区内部基本医保互认制度。同年,新型农村社会养老保险试点已经开展,旨在建立覆盖城乡居民的社会保障体系。在新农保的基础上,2011 年又将新农保和城镇基本养老保险制度覆盖范围之外的城镇无保障居民纳入制度范围,进一步推动乡村居民老有所养问题的解决。

作为全国首个"统筹城乡社会保障发展典型示范区",苏州探索破除城乡保障二元结构新举措,将城乡社保并轨列为民心工程。2012 年人社部门公布的最新数据显示,苏州城镇职工养老保险、医疗保险、失业保险、工伤保险、生育保险覆盖率均达到 99% 以上,社会保险基金征缴率巩固在 99% 以上;居民养老保险、居民医疗保险覆盖率为 99% 以上,按月享受养老待遇覆盖率为 100%,城乡养老保险和居民医疗保险实现"双并轨"。

3.2.3　城乡制度改革

城乡一体化发展涉及经济社会的方方面面,包括经济发展、社会建设、产业布局、城乡规划等,但最主要任务是要破除城乡二元结构。在当前新型城镇化的要求下,长三角地区正着力城乡二元体制的改革,包括城乡户籍制度改革、农村土地制度改革、房地产制度改革、农村新型合作制改革以及社会保障制度改革。

1) 城乡户籍制度改革

城乡分割的户籍管理制度是城乡二元结构的根本制度原因。这项不合理的制度,严格限制农民户口的"农转非",把农民束缚在农村有限的土地上。改革开放以来,长三角地区的城市化快速推进,小城镇建设快速发展,相当数量的农民流向城市和小城镇成为城镇常住居民。但是由于原有的户籍和农民的身份没有变化,在社会福利、医疗保险、基础教育等方面的差别依然存在,进城农民仍然难以真正融入城市。

长三角地区稳定的经济基础有利于当前我国城乡户籍管理制度的改革。一方面,区域内大多数农民自发进入城镇从事生产生活活动,有较为稳定的工作收入与居住处所;另一方面,区域良好的经济基础下统筹水平较高,对于城乡户籍制度改革历程中带来的一系列变动有一定的负担能力与解决能力。如 2015 年底,浙江省政府出台《关于进一步推进户籍制度改革的实施意见》,提出全面放开县(市)落户限制,有序放开大中城市落户限制,取消农业户口与非农业户口性质区分,把计划生育等政策与户口登记脱钩等,标志着全省户籍制度改革进入全面实施阶段。

2) 农村土地制度改革

新中国成立后,我国在社会主义合作化运动中,建立了农村土地集体所有制的土地制度。改革开放以后,在农村改革中,建立了集体所有、家庭经营、统分结合的土地制度。这种土地制度极大地调动了农民的生产积极性,在城市化过程中也发挥了很大作用,如果没有中国独特的土地制度,城市化就很难开展,工业化和城市化正是依靠这套独特的土地制度发展起来。

　　但是,在我国走向市场化、国际化、城市化和现代化的新阶段,长三角地区农业分散的家庭经营与现代农业的发展和农业综合效益的提升之间的矛盾日益凸显。按照党的十七届三中全会精神的要求,加快建立农村土地经营权流转市场相适应的平台和机制,使得新的土地经营权制度既能维护好农民的利益,保障农民在土地上的权益,又能使其有利于农业规模化和现代农业的发展。在这个方面,长三角地区各个城市大胆探索新路子,打造了一批走在全国前列的土改试点区。从规划的角度出发,长三角地区陆续推行"多规融合"改革试点,在城乡一体化中将"多规合一"的重心放在土地规划,核心是解决建设用地的供给来源与乡村同步发展和农民顺利进城就业这对矛盾。

3) 房地产制度改革

　　农民的宅基地虽然是农村集体土地,但是也国家法律规定的农民权益,从这个意义上说,是农民的地产;而在宅基地上建的房屋是农民的房产。农民的房产和地产与城市的房地产有不同的土地性质,且不能进入市场买卖。受这种二元的制度安排的制约,市场不能承认和实现农民在地产和房产上的权益。在长三角地区,浙江嘉兴和江苏苏州最近先后迈出探索农民地产和房产制度改革的步伐,出台了农民的宅基地和房产置换城镇房产,或者现金补偿,或者置换经营性房产的办法。在国家的政策和制度没有调整的情况下,这种制度改革的初步尝试在经济发达和城镇化水平比较高的地区具有可行性。长三角地区有较好的农民房地产制度改革创新基础,需要把现有的改革试点再推进一步,在制度层面上改革到位,率先实现农民房地产制度的突破。

4) 农村新型合作制改革

　　发展城乡一体化必须建立相应的经济基础,发展乡村经济,始终是实现城乡一体化的必要条件。在市场经济条件下,提高农民生产经营的市场竞争力,必须加强农民的组织化程度,而农村新型合作制改革,是提高农民组织化程度的一个有效形式和有效途径。在长三角地区,农村的社区股份合作制、土地股份合作制以及农民富民合作社等新的合作经济,在最近几年发展较快,这对乡村经济的发展起到了积极作用,也成了农民持续增收的新的重要途径,因而受到了广大农民的欢迎。

5) 社会保障制度改革

在最近的十多年中,长三角地区的许多城市由于经济基础比较好,地方可支配财力相对较强,各级党政组织统筹发展的经济支撑能力也相对较强,先后建立了农村社会保障制度。受发展水平的影响,各个城市的做法不一,保障标准也有差别。但有一点是相同的,即社会保障的二元结构。农村的社会保障制度同城市是不统一的,而且保障水平远低于城市。尽管农村社会保障制度的建立是从无到有的历史进步,但遗憾的是,农村与城市的社会保障二元结构,影响了城乡一体化的进程,长三角地区应在农保和城保的衔接上率先寻求突破。

3.3 江浙地区的乡村发展

3.3.1 乡村经济

1) 乡村经济发展水平

中国乡村经济发展水平区域性差异化显著,主要表现在以下几个方面:城乡差距,东部、中部、西部差距,省际差距,省内差距,城市之间的差距及不同地区乡村发展差距等。特别是随着乡村城镇化和乡村工业化的深入,乡村地区的发展差距越拉越大。

江浙地区的乡村经济发展一直处于全国领先水平。尤其是近几年随着东南沿海地区城乡一体化进程推进,该地区的乡村发展已经产生了质的变化,脱离了传统乡村的增长模式。2016 年浙江省城乡居民人均可支配收入为 38 529.0 元、江苏省为 32 070.1 元,分别排在全国第三位和第五位(图 3-9)。而在乡村居民人均可支配收入方面,2016 年按东、中、西部及东北地区分组,东部地区乡村居民人均可支配收入为 15 498.3 元,高于其他各个地区(图 3-10),按分地区乡村人均可支配对比来看,浙江省为 22 866.1 元,排在第二位;江苏省为 17 605.6 元,排在第五位,均处于全国领先水平(图 3-11)。

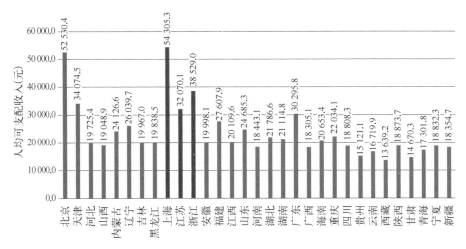

图 3 - 9　2016 年中国分地区城乡居民人均可支配收入
资料来源:《中国统计年鉴(2017)》,中国统计出版社。

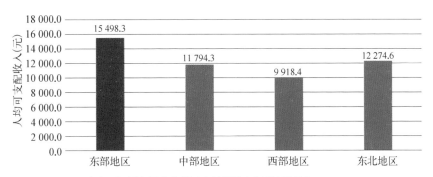

图 3 - 10　2016 年东、中、西部及东北地区乡村居民人均可支配收入
资料来源:《中国统计年鉴(2017)》,中国统计出版社。

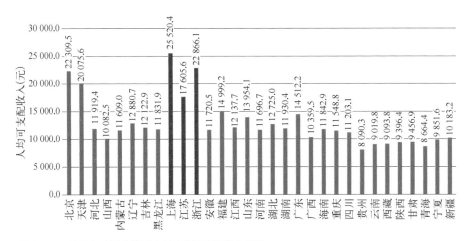

图 3 - 11　2016 年中国分地区乡村人均可支配收入情况
资料来源:《中国统计年鉴(2017)》,中国统计出版社。

2）乡村产业发展特点

2015 年浙江省三次产业占生产总值的比重为 4％、46％、50％，江苏省为 3％、69％、28％。由此数据可以看出，江浙地区的产业发展已从传统"一二三"转型为"二三一""三二一"，且第一产业占比都低于 5％，第二、三产业的迅速发展使农业在生产总值中的比重快速下降（图 3－12，图 3－13）。在农业结构方面，江浙地区内部，渔业比重较大，而牧业占农业总体比重偏小，其原因是：首先，江浙地区经济发展水平较高，劳动力成本较高和非农业较为发达，纯农业总体已经缺乏比较优势、比重较小；其次，林业、牧业和渔业占大农业的比重则和地区的区位优势和自然资源禀赋有关，浙江省和江苏省由于地处沿海，因此渔业就较为发达，其比重远远高于全国平均值。

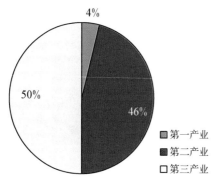

图 3－12　浙江省三次产业的比重
资料来源：《浙江统计年鉴（2016）》，中国统计出版社。

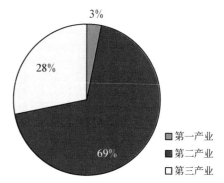

图 3－13　江苏省三次产业的比重
资料来源：《江苏统计年鉴（2016）》，中国统计出版社。

从江浙地区整体来看，虽然其农业的生产总值占比不高，但是农业的产业层次相比全国其他地区更高，农业的现代化水平也更高。江浙地区农业发展历史悠久、特色鲜明、成效明显。以杭州为例，杭州特色农业生产格局基本形成，因地制宜规划了"城市、平原、山区"三大农业生态圈层，重点发展花卉、水产、节粮型畜禽、蔬菜、竹业、茶叶六大优势产业，大力培育水果、干果、蚕桑、中药材、蜂业五大特色产业，积极发展生态农业、休闲农业等新兴产业。此外，杭州市农业的专业化市场发展成效明显，农业品牌建设效应也日益突出。

江浙地区的乡村产业发展中除了农业发展特色鲜明外，苏南乡村的乡镇产业和浙江乡村的手工业也是该地区具乡村集聚特色的产业。华西村、永联村、蒋巷村、长江村、梦兰村、山泉村等这些村富民强的典型,无不佐证了苏南乡村集体经济的发展和飞跃。过去,苏南乡村办的集体企业通常呈现"政企不分"的状况,集体资产权属关系紊乱或指代不清,"人人有份"等于"人人没份"。近些年,随着股份合作制改革的落实深化,乡村集体资产权属关系通过清产核资、股权界定、股份量化,将集体经营性净资产量化到集体经济组织成员的方式明确下来。截至 2016 年,苏州市 1498 个行政村已成立社区股份合作社 1288 家,富民合作社 374 家。江阴市 241 个行政村中,组建了村级集体经济股份合作社 159 家,净资产从组建时的 55.8 亿元增加到 2013 年的 88.8 亿元。

手工业作为江南地区(尤其是浙江)的家庭副业,对补充农业收入不足和促进区域经济发展发挥着重要作用。但手工业在发展过程中,由于依托小农经济的分散经营,生产力普遍低下,而且产品品质参差不齐,无法满足社会经济发展需要。浙江省作为中国经济相对发达的地区,随着商品经济迅猛发展,城市化进程不断加快,新兴工业正冲击着当地传统的乡村手工业。为了解决手工业生产中存在的问题以及满足农业合作化和国家工业化建设需要,浙江省根据国家对手工业改造的要求,在组织手工业者进行生产的同时,也逐步通过提高生产技术、改善经营管理等方式,制造了大量物美价廉的手工业产品,满足了城乡居民对手工业产品的需求外,也使乡村手工业成为乡村产业的重要组成部分。

3.3.2　乡村社会

1) 乡村公共事业

江浙地区整体的经济发展水平处于全国领先,其乡村卫生保健和乡村社会保障等社会事业发展和公共服务投入水平相对高于全国其他地区。在我国乡村,农民看病的费用一直以来都是自己承担的。一旦得了大病,高额医疗费用会成为农民沉重的负担。为解决"无钱看病、因病致贫"这一最令农民头疼的问题,新型农村合作医疗制度从 2003 年起在全国部分县(市)试点,到 2010 年逐步实现基本覆盖全国乡村居民。

目前,我国新型农村合作医疗制度开始在全国各地试点实施以来,推行的速度较快。据国家卫生部统计,全国已有 30 个省、自治区、直辖市在 310 个县

（市）开展了新型农村合作医疗试点,覆盖农业人口 9 504 万人,实际参合乡村居民 6 899 万人,参合率为 72.60％。浙江省从 2003 年起,开始建立新型农村合作医疗制度,每个农民每年只需交 30 元钱就能报销不同比例的医药费,近年来,浙江省乡村人口参合率保持在 98％以上;江苏省自 2003 年开始启动新型农村合作医疗试点,2005 年基本实现全省乡村地区全覆盖,近年来的参合率同样保持在 98％以上,人均筹资水平不断提高。总体而言,江浙地区作为我国经济发达地区,其乡村卫生保健和社会保障体系在全国范围内都处于领头羊的地位。

2) 乡村文化活动

乡村习俗文化内涵丰富,且带有独特的地域性特征,江浙乡村地区,经过长期的历史发展与演变,形成了独具特色、适应当地民众生活方式的民俗文化活动。例如苏中北面和受齐鲁文化影响较多的苏北接壤,南面和代表吴越文化的苏南一江之隔,其文化特征兼具北方的雄浑和南方的秀美,呈现独具特色的江淮文化;江苏省南部和浙江省整体上以吴越文化为主,苏南和浙北地区往往代表着繁荣发达的文化教育和美丽富庶的江南水乡景象,江南农耕地区称为鱼米之乡。而在浙西南地区的山地丘陵区域,除了丽水市有部分畲族村落,大部分村落以汉族聚居为主,文化环境由吴越文化分支——越文化主导;另外,舟山群岛等海岛地区则又有其独特的海洋宗教文化、海岛历史文化、海洋商帮文化、海洋渔船文化、海洋民俗文化等。

3.3.3　乡村人口

1) 乡村人口流失、整体性收缩

城乡要素的不均等流动由来已久,面对城乡资源要素的大规模、不均等流动,乡村的土地资源配置、空间结构布局、城乡管理体制等也相应发生重大转变,城镇的建成区空间不断扩张,乡村人口大规模迁移,乡村也出现了剧烈变迁,乡村的人口流失十分严重,乡村收缩不可避免。2004—2016 年,浙江省和江苏省的乡村人口数量都在逐步减少(图 3 - 14,图 3 - 15)。

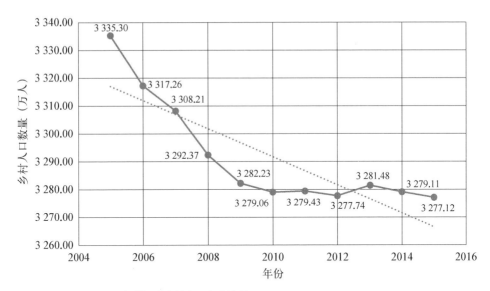

图 3-14　2004—2016 年浙江省乡村人口变化情况

资料来源：《浙江统计年鉴(2017)》,中国统计出版社。

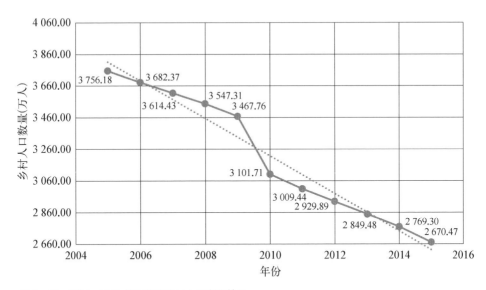

图 3-15　2004—2016 年江苏省乡村人口变化情况

资料来源：《江苏统计年鉴(2017)》,中国统计出版社。

2) 乡村人口呈现出老龄化的趋势

　　根据江苏省统计年鉴抽样调查数据显示,江苏省的人口结构呈现出老龄化的趋势(图 3-16),60 岁以上人口占总人口的 24.45％,远高于全国平均水平。

江浙地区的经济发展水平较高,医疗条件等都处于全国领先地位,江苏省乡村地区的老龄化现象尤为严重。

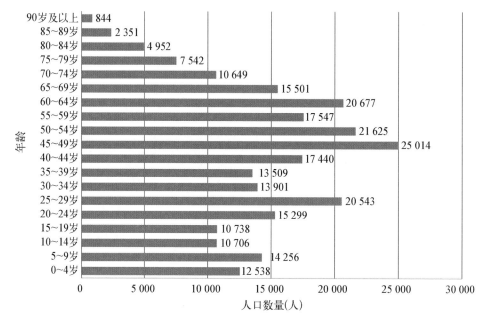

图3-16　2016年江苏省人口年龄构成情况(抽样调查)
资料来源:《江苏统计年鉴(2017)》,中国统计出版社。

3.3.4　乡村环境

乡村环境是目前乡村人居环境关注的重点问题。但是在乡村转型发展的同时,也带来了一系列的环境问题,村内脏乱问题仍存在,乡村沟河生态景观污染严重,乡村建设滞缓。2007年,江苏太湖蓝藻事件的爆发,再次拉响了警报。除了异常的全球气候之外,乡村地区化学肥料的大规模利用和生活污水的直接排放,增加了水中的磷含量,这也是蓝藻大规模爆发的主要原因之一。乡村人居环境日益恶化,形成了村民对人居环境改善的迫切需求与人居环境改善的长效动力不足的矛盾,重构乡村人居环境、完善重构的动力机制成为人们关注的重点。因此研究乡村生态环境状况对研究人居环境问题具有十分重要的意义。

对乡村自然生态环境的研究,主要集中在环境污染方面。乡村生态环境污染问题,已经逐渐成为乡村人居环境改善的重点对象。在城市配套设施不断提高,环保意识逐渐增强的情况下,对乡村环境问题的改善,确保乡村延续其人口承载功能、生态保育功能以及水土保护功能迫在眉睫。近年来,各级党委、政府在各个乡村积极开展环境整治工作,将其作为一项重要惠民实事来做,取得显著成效,农民满意度不断提升。一系列举措有效推进新农村建设、切实提高农业生产水平、增加农民的实际利益,改善乡村地区"脏乱、无秩序、贫穷"的生活状况。近年来,江浙乡村对生活垃圾、生活污水、畜禽养殖和农业废弃物任意排放等问题的治理效果明显,整体的乡村环境治理情况都处于全国领先地位。

3.4　江浙乡村人居环境的共性特征

3.4.1　各类设施不断完善,村落空间组织不断变化

1) 独具特色的住宅和公共建筑

江浙地区具有独特的自然景观与人文景观,其乡村住宅也独具特色,但随着现代社会的发展,江南乡村地区的住宅已不仅仅是印象中的"小桥流水人家"了。现代乡村住宅形式因地域不同而有所区别,但相同的是随着时间的更替,物质条件的改善,乡村住宅建筑已几经更替。

1978 年前后,江浙地区各乡村住宅的建筑材料以本土材料为主,即使在江浙地区各乡村建材的差异也很明显。江浙地区北部为平原,长江以南由北向南山地与丘陵渐多,因此北部乡村建材以夯土为墙体材料,晒干的秸秆为屋面材料的居多,而在南部,山石和木材资源丰富,外墙体材料以砖、石为主,而内墙材料以木料为结构材料,以砖为填充材料,屋面覆以青瓦。改革开放以来的40 多年中,生活日新月异,建材的更替也不例外。本土建筑所常用的非工业材料普遍地被工业材料所代替。以工业材料所建的房屋以其安全、经济、舒适、美观、使用寿命更长久成为农民的选择。但当下的江浙地区的乡村住宅无论建筑形式还是空间结构已趋同(图 3 - 17)。

图 3-17 江浙地区乡村多样的建筑风格

2）村落空间组织不断变迁趋于多样化

　　江浙地区历史悠久，地形多样，因而乡村的空间组织各个地域也不尽相同。在众多影响到村落布局及公共空间组织的因素中，最主要的是地形、河流及交通。道路及河流是江南乡村地区进行交通运输的传统途径，也是城镇和乡村进行贸易往来的主要通道，因此通常河流及道路成了乡村、城镇乃至城市及区域的发展轴，对聚落的布局和整体的形态起到了决定性作用，而水体的具体形态则决定了建筑、街道和河流之间的空间关系。同时，地形则决定了乡村的规模，如何建设及布局等。另外，村落的布局形式也受到地理环境、社会历史发展与居住生活习惯等因素的影响。

　　一般来说，苏北、苏中及环太湖平原地区水网密集，交通发达，乡村为了交通便利、耕作便捷以及对外发展的需求通常逐水而居、枕河而立，以带状或者块状布局，规模也相对大些。带状布局的村落沿河流或道路展开建设，呈"一"字形、"丰"字形布局，或者由于缺乏预先规划，沿枝状路网扩散出去。公共场所一般位于河流或者流域道路的交汇处，没有明显的村落核心，村落多均质蔓延至城镇边缘村落空间。另外，布局规整的，如沿棋盘状路网和沟渠布置的民居，每个村落的规模尺度、民居的朝向近乎一致；而自发形成的村落，则规模较小，分布散乱些。呈块状布局的村落多布局在水网稠密的湖荡地区，土壤质地适中，水肥条件都较优越，适宜耕种及发展。村落空间呈团状沿河流两侧拓展，公共场所一般位于村庄的几何中心，有较强的向心感和凝聚力。

　　相对而言，浙中南地区多丘陵，村落布局受地形影响较大，适宜建设的土地比较少，村落难以集聚，另外，山地丘陵地区的地势起伏较大，对于农耕活动的展开也有一定的限制。民居建设多依山势就水形而展开，与地形地貌有机结合，空

间形态多样;或散布于丘陵之间,风格多样;或带状聚居于山谷之中,布局也更为
规则,规模更大;或在山坡或山坳处呈阶梯式布置,一方面易于建设,另一方面利
于梯田的耕种。

　　海岛东部沿海地区的村落布局则比较灵活,受地理条件的约束,滨海山区渔
村聚落呈顺应山体的空间秩序。住宅背山面海,顺应山体而建,或"树枝式"在狭
长型的小岙展开;或平行于山体等高线呈弧形排列,在同一海拔处沿山体形成一
条顺应山形的建筑序列;或"自由式"散布于山体之间。它们相对独立但又不分
散,这是一种紧凑而有机的部署,而不仅仅只是简单重复。

3) 日趋发达的交通网络组织

　　随着江浙地区经济的飞速发展,城市地区交通网络系统日趋发达,乡村地区
的交通网络系统也越来越完善,各项指标位居全国前列,尤其通村路和村内道路
的硬化率占比高达 90.4% 和 88.3%,道路基本覆盖及硬化状况十分可观。当下
江浙地区的交通已不仅仅是为居民的日常出行服务,更是为了乡村的经济发展
和旅游的发展创造条件。江浙乡村的道路交通条件已日益完善、提高,且目前多
数地区正开始启动公路提档升级,路灯等配套设施基本健全,多数村庄已经铺设
公交线路,为居民的出行与外界往来创造了便利条件。纵然如此,部分乡村道路
设施状况还是十分落后。

　　整体来看,苏南浙北环太湖地区的乡村交通条件更为发达便利,硬化状况及通
村进展情况良好,均高于江浙平均水平,苏北地区由于经济、政策等种种原因则略
低于江浙平均水平,但总体状况良好。浙西南山地丘陵地区及东部沿海岛屿地区由
于地形因素,虽然硬化状况及通村通乡状况已经较为完善,但交通便利性还是落后于
其他地区,农户由于生产生活及地形因素,居住分散也是交通难以组织的原因之一。

4) 公共服务设施分布不均

　　江浙地区是经济较发达地区,但乡村公共服务设施的配套水平不高,乡村功
能不完善,服务相对落后。大多数乡村的生活和生产功能相互混杂,没有必要的
功能分区和层次结构。公共服务的缺失已不能满足乡村发展的需要,更难以实
现人居环境建设的目标。如生活污水和垃圾处理设施的缺乏造成室内外环境相

差甚远,严重影响居民的日常生活和村庄面貌,而休闲娱乐设施的缺乏则导致文体活动的缺乏,影响了居民的生活质量。

部分乡村现有的公共服务设施难以满足居民日常交往和文体活动的需要;部分乡村则是公共服务设施的闲置问题,乡村基本配置了活动室、图书室和健身器材等设施,但使用率并没有想象的高,尤其敬老院等养老设施和图书室长期闲置的现象尤为突出。究其原因,一方面是多年来的生活习惯导致居民没有使用习惯,另一方面是由于基层村委的统一配置可达性较低,服务水平较差,不能满足居民的使用要求。总的来说,居民的公共服务设施水平并没有很好地满足居民的需求,尤其当下由于年轻劳动力大多进城务工,留守村民中以老人、妇女和儿童居多,对适合交往、休闲活动的公共空间、设施需求强烈。

5) 市政基础设施建设地区差异明显

随着近些年的投入,江浙乡村的市政基础设施不断完善,配建工作完成得较好,满足了居民的日常生活。但由于城镇化进程的不同和早期政策等种种原因,整体配置水平还是参差不齐。一般来说,人口较多、规模较大、发展较好的乡村较完善,而规模较小、经济薄弱的乡村则较缺乏。平原地区相对完善,丘陵及海岛地区配置则相对困难。对于不同类型的基础设施在乡村中的配置,也不尽相同,总的来说,电力电信建设情况较好,自来水的覆盖率相对全国其他地区还比较高,但是供水不足,限时供水现象在苏北及浙西南地区还是存在,尤其海岛地区仅靠自然降水作为唯一水源,捉襟见肘。而普遍的污水和环卫设施改进空间尤其大,尤其是丘陵地区还很落后,生产生活污水及垃圾不能及时处理对居民的日常生活产生了严重的不良影响。此外,乡村居民居住分散,大量增设配套的基础设施和公共服务设施,投资随之增加,使用效率不高,难以配置完善的基础设施,这就间接导致富裕起来的村民对基础设施的需求得不到满足,无法享受现代文明的果实。

3.4.2 农业精进化发展,工业转型升级,旅游业繁荣发展

江浙地区地势平坦,自然环境良好,雨水充沛,物产丰富,交通水运发达,技术先进,人才集聚,为地区乡村产业的发展创造了极佳的条件。

1) 传统农业向现代农业精进化转变

目前,作为重要农产品生产基地,江浙地区城乡协调发展水平相对较高,部分乡村已进入农业现代化的阶段。近年来,该地区农业的发展以"机械化、产业化、品牌化、规模化、外向化多功能化"为特征,从以广泛活动为特征的传统农业到现代农业都发生了变化。农业科学技术的内容不断改善,高质量的农产品不断增加,在农业经营中,为形成一站式企业组织形态,农业经营方式通常采用从种植、养殖到加工、运输销售一条龙式的组织形式。然后生产规模逐渐扩大(表3-4)。城市农业、休闲农业、旅游农业等新农业开发形式不断出现,有效推进了江浙地区乡村经济的发展。由于江浙地区间的经济、社会发展的不平衡性和差异性,该地区现代农业的发展不可避免地呈现出不同的特点和问题。

表3-4 2015年江浙地区现代农业发展状况指标

地区	乡村总人口(万人)	农林牧渔劳动力(万人)	农作物播种面积(千公顷)	农林牧渔业总产值(亿元)	粮食总产量(万吨)	蔬菜总产量(万吨)	农民人均可支配收入(元)	乡村用电量(亿千瓦时)	化肥施用量(万吨)	农业机械总动力(万千瓦)
南京	153.19	24.11	316.88	415.27	114.06	304.81	19 483	32.01	7.45	224.55
苏州	266.46	22.26	250.22	415.17	108.22	—	25 580	596.11	7.77	163.56
无锡	160.17	18.60	173.13	255.60	72.28	158.33	24 155	385.82	5.29	101.16
常州	141.04	23.56	214.66	271.76	108.31	—	21 912	160.65	6.73	142.86
镇江	101.87	22.19	236.00	232.28	125.15	—	19 214	79.82	5.39	141.39
南通	271.85	64.69	835.73	664.20	337.15	423.30	17 267	163.59	22.48	401.51
扬州	166.83	33.69	509.12	460.30	314.41	203.38	16 619	60.96	20.25	263.37
泰州	178.47	43.75	581.03	379.53	329.35	306.48	16 410	120.77	16.55	268.29
杭州	482.63	67.8	297.69	440.41	63.38	318.84	25 719	108.17	48.58	299.47
宁波	479.26	47.56	283.22	474.43	79.05	249.68	26 469	186.62	34.09	303.21
嘉兴	271.82	31.04	206.87	236.62	122.14	294.83	26 838	114.87	—	142.93
湖州	212.18	22.87	173.12	213.44	66.95	84.56	24 410	36.92	—	168.16
绍兴	387.53	—	268.67	303.25	95.02	174.54	25 648	188.90	36.24	232.84
舟山	66.02	—	17.65	219.27	3.20	12.93	25 903	14.14	1.18	162.61
台州	337.14	71.72	206.81	404.77	60.75	196.16	21 225	103.16	8.83	303.56

资料来源:《浙江统计年鉴(2016)》《江苏统计年鉴(2016)》,中国统计出版社。

注:不含苏北区域。

　　按照各地区的农业现代化程度,将江浙乡村地区分为三个层次。第一层次主要是苏南的苏、锡、常和浙北的杭、嘉、湖、绍、甬等经济发达地区,其自然资源和社会经济条件以及农业、乡村发展具有较高的相似性,现代农业发展较快,综合实力最强。而舟山市是以海洋渔业为主的海岛地区,农民收入较高,接近上海,加之传统农业规模比重太小,因而也较为发达。第二层次主要是南京、镇江、台州,这些地区存在较高的相似性,均发展丘陵山区或浅山区农业,具备较为优良的自然资源、产业基础,以及资本、技术、市场优势,便于发展特色农业(林、果、茶等)。第三个层次包含位于苏中地区的南通、扬州、泰州,此类地区乡村整体发展水平较江浙其他地区相对薄弱,主要由于其传统农业规模与比重较大,乡村人口与农业劳动力比重偏高,农产品加工规模小且水平较低,在一定程度上阻碍了现代农业的发展。

2) 乡镇工业的转型升级

　　改革开放初期,"家家点火,户户冒烟"式乡镇和民间创业情况普遍,促使乡村空间向高密度均质化格局发展。江浙地区人口高密度分布,在小区域内实现了要素的转移,产生较多需求;同时区域投资条件相差不大,乡村地区生产生活条件较为均衡,各地区生产生活成本大致相同,具有较好的创业发展条件,因此多数地区乡村工业的发展进程大致相当。

　　同时,受计划经济下消费品长期短缺,大量农业转移劳动力无法进城,以及市场化程度加深下生产资料市场与农产品市场的加速放开的影响,乡村要素"就地工业化"进程加快,乡镇企业与个体私营企业迅速发展,乡村工业蔓延式发展。以苏南与浙江沿海乡村为典型的江浙地区乡村,历经20世纪80年代乡镇企业异军突起,20世纪90年代中后期转为外向型经济发展,21世纪以来社会主义新农村建设等一系列重大经济社会转型和发展战略的转变,为乡村工业化的发展以及乡村空间的转变提供了助力。

　　以工业主导发展的乡村,工业化特征更为明显。这种类型的乡村主要分布在苏南地区苏州、无锡等地的一些县市,通过发展乡镇企业,走出了一条先工业化、再市场化的发展路径,致使苏南地区县市的乡镇企业数量众多,且这些地域的乡村劳动力多数在工厂中就业,快速工业化进程致使这一区域大量农用地转变为工业用地,乡村发展表现出强烈的工业化特征。乡村城镇化是农业现代化的前提条件,农业产业化可以使其走上专业化、商品化、现代化的市场之路,从经济上彻底打破传统农业所依赖的自然经济基础。而可以有效连接乡村与城市的小城镇,为农业产业化和现代化提供了载体。目前,江浙地区的小城镇建设重点已由数量扩张向产业发展转变,通过城镇的产业扩张、乡村的城镇化和工业化,实现了乡村剩余劳动力的转化,推进了乡村工业化进程。

长三角地区的江浙两省、上海市之间的互动有效推动了区域一体化发展,进而推动城乡一体化和城乡经济的协调发展。在长三角地区,镇村及以下区域,工业生产总值占全国同类的 38.8%,大部分乡镇工业产值已超过了全部工业产业的一半,而江苏南部和上海郊区各县则占 2/3,在乡村产业的总生产价值方面,工业占 80% 以上。尤其近年来,随着乡村工业化和城市化的发展,长三角地区的一体化发展和集聚发展非常显著。随着城乡统筹的发展,当前的城市工业产业、乡镇企业、农业三者将会有机联动,相互合作,推动区域城市、城镇、乡村三元结构有机统一,进而提升城市劳动者、乡镇企业工人和农民与产权方、集体和国家间的关系。

3) 乡村休闲旅游业的繁荣发展

江浙地区的乡村旅游资源十分丰富,分为自然旅游资源和文化旅游资源两类。作为经济发达的沿海开放地区,江浙地区农业产业结构调整成效显著,高科技农业、园区农业等高效农业、设施农业、外向型农业迅速发展,农业产业化发展、特色化发展、规模化发展取得了显著成就,从而为高科技、生态、观光、采摘等乡村、农业旅游发展提供了强有力的产业支持。江浙地区自魏晋南北朝以来一直是我国经济发展的中心之一,文化积淀深厚,古镇、古村、古桥等古代物质文化遗产和民间故事传说、特色手工艺、民间传统及民间生活习俗和传统等非物质文化散布广大乡村,为乡村旅游发展提供了深厚的文化支撑。此外,江浙地区的乡村经济发展迅速,尤其是近年来积极开展农村小康示范村建设和新农村建设,使乡村综合面貌得到了有效提升,为乡村旅游发展提供了新的旅游意象和引子。

江浙地区的乡村旅游业基础较好。最近几年,主打乡村生活、乡村民俗、田园风光的乡村旅游在江苏迅速发展。乡村旅游市场逐渐容纳观光、体验、娱乐、康养、度假等元素,不再是传统单一的"农家乐",而向综合一体化的方向发展。政府的强力引导和推进也对江浙地区的第三产业尤其是乡村旅游业的发展起到了十分关键的作用。在乡村旅游发展初期,政府引导和政策支持至关重要,具体表现在对乡村旅游基础设施建设的投入,对发展乡村旅游进行资金支持、人员培训和出台政策措施,推进乡村旅游的规范化、标准化建设等方面。

总结起来,江浙地区作为我国较早开展休闲农业与乡村旅游的地区之一,乡村休闲旅游业特征可归纳为:起步早、起点高、发展快、影响大。

3.4.3　老龄化趋势明显,空心化现象突出

1) 人口老龄化趋势显著

江浙地区虽然经济发达,人口密集,城镇化进程较快,但老龄化速度也较全国其他地区更快,是当前老龄化现象最为突出的地区之一。我国相关的人口普查资料显示,当前人口增长模式呈现出低出生、低增长和低死亡的特征。且江浙地区的人口老龄化具有底部老化的特征,也就是说处于人口红利阶段,劳动力人群较多,抚养比较高。在乡村地区也不例外,一方面家庭由于中青年选择进城务工和务农劳作,老年人的赡养问题得不到保障;另一方面乡村文娱设施较少,老年人的精神生活得不到很好的照料。由于乡村居民点较为分散,养老设施难以高效并保证质量按需设置,乡村养老问题任重道远。

调研发现,江浙地区的乡村养老设施较全国其他地区相对完善,敬老院、老年活动室等设施配备齐全,但空闲率也高。根据问卷、走访及归纳分析,其原因,第一是老年人的生活习惯致使其选择到公共服务设施进行活动的倾向较低;第二是老年人行走不便,多数养老设施在固定区域,其服务半径不能满足老年人需求或者不方便老年人行动;第三是虽然乡村养老设施配备齐全,但服务质量不能满足需求,质量水平落后于数量供给。

2) 社会空心化现象突出

在工业化和城镇化的快速发展的背景下,江浙乡村出现了"人口大量流失"现象,特别是随着青年和壮年乡村居民的减少,乡村常住人口逐年下降,许多村

落出现了"空心化"现象,不仅人口空心化、还出现了土地空心化、产业空心化以及基础设施空心化等现象。江浙地区的多数乡村尽管城镇化进程较快,但城乡一体化进展较好,城与乡之间发展差距不断拉近,空心村现象整体而言相对其他地区较为乐观。部分地区,如苏北地区、浙西南丘陵地区及东部沿海岛屿地区空心化现象较为严重,这与经济发展的不均衡性不无关联。

江浙地区的乡村空心化主要表现为以下五点。

(1)乡村年轻人比例下降。农业生产难以满足当前村民的物质文化需求,致使广大农户难以安心从事农业生产,由此引发大量农业劳动力外出,部分村庄里的中青年尤其是年轻人越来越少。最终导致留守人口规模不断扩大,乡村家庭基本为以老人、妇女和儿童为主体的三大留守群体,改变了乡村家庭的存在方式,经济落后地区严重的则举家搬迁,导致耕地抛荒和乡村住宅荒废。以苏北地区为例,据统计资料显示,近些年的乡村人口持续负增长,主要原因是青壮年流失导致的人口流动,且老龄化严重,鉴于苏北地区的城乡发展状况,乡村劳动力表现出"城乡两栖式"和"两代两地式"的生活方式(表 3 - 5)。

表 3 - 5　2007—2015 年苏北乡村常住人口变化情况

年份	2007	2008	2009	2010	2011	2012	2013	2014	2015
乡村人口 (万人)	1 774.4	1 720.2	1 663.9	1 442.5	1 390.2	1 349.8	1 311.6	1 275.4	1 230.6
增长率	- 3.30%	- 3.05%	- 3.27%	- 13.3%	- 3.62%	- 2.91%	- 2.83%	- 2.76%	- 3.51%

资料来源:《江苏统计年鉴(2016)》,中国统计出版社。

(2)乡村建设用地浪费严重。一方面,村民外出空置下来的房屋越来越多。另一方面,不少村民改善居住条件时建新不拆旧,造成一户多宅,村庄布局混乱。在大规模人口流出的背景下,乡村建设用地无序蔓延,并伴随着耕地资源减少和房屋闲置增多。

(3)乡土文化被边缘化。伴随着人员互动增多、交通体系改善和信息网络覆盖面扩大,外部文化对乡村的渗透速度加快,家庭意识淡化,恋土情结弱化,乡土文化边缘化,延续几千年的乡土文化濒临消失,亟待保护与传承。

(4)现代生产要素的过度使用不利于农业永续发展。农业机械等现代生产要素对乡村劳动力的替代,提高了生产效率,单位耕地上的劳动强度和劳动投入量显著下降。然而现代生产要素的使用也带来了诸多消极影响,例如除草剂替代除草作业,化肥替代有机肥等,这类现代生产方式,加剧了乡村土地污染,影响了农业的永续发展。

(5)乡村治理水平落后。在空心化乡村的背景下,村民自治进入低水平重复,民主监督和民主管理难以执行。在较低的乡村治理水平情况下,各种合作组织成长缓慢。

当前江浙地区城镇化进程在全国位居前列,城乡一体化工作进展较好,但社会空心化现象仍存在。在新常态下,乡村的发展亟须转型,如何在城乡一体化语境中寻求自身独特的价值定位,实现乡村可持续发展,并最终实现乡村与城镇差异化的"城乡统筹"将是我们需要共同面对的难题。

3.4.4 历史文化资源独特,民俗方言多样

1) 宝贵的历史文化遗产

江浙地区历史悠久、文化丰富多元,是国家级历史文化名城、名镇、名村数量最多的地区(表3-6,表3-7)。"小桥流水人家"是典型的江浙乡村人居意象,这片被古人形容为"日出江花红胜火,春来江水绿如蓝"的肥沃土地,哺育出了历史悠久而绵延不息、生机蓬勃的吴越文化;这里滨江临海、江河纵横、湖港交叉,沟渠如网,绿水萦回,水滋养了江浙乡村地区丰富的物质和精神成果。尽管历经了岁月的洗礼、时代的变迁、战乱的毁损、历史的动荡以及近百年来的大规模改造,受到现代文明的冲击,广袤的乡村地区仍保留着形式多样的历史文化遗产,仍然保存着不同历史时期社会文化习俗、聚落营建、建筑技术等地域文化特色,成为江南文化的典型体现和物化写照。

表3-6 长三角地区历史文化名镇数量统计

地区	第一批		第二批		第三批		第四批		第五批		总共	
	个数	占全国	个数	占全国	个数	占全国	个数	占全国	个数	占全国	个数	占全国
全国	10	100%	34	100%	41	100%	58	100%	38	100%	181	100%
长三角地区	5	50%	9	26.5%	8	19.5%	10	17.2%	11	28.9%	43	23.8%

资料来源:中国历史文化名城、名村、名镇目录(2010),住建部网站。

表 3-7　长三角地区历史文化名村数量统计

地区	第一批		第二批		第三批		第四批		第五批		总共	
	个数	占全国	个数	占全国	个数	占全国	个数	占全国	个数	占全国	个数	占全国
全国	12	100%	24	100%	36	100%	36	100%	61	100%	169	100%
长三角地区	2	16.7%	0	0%	4	11.1%	1	2.8%	9	14.8%	16	9.5%

资料来源：中国历史文化名城、名村、名镇目录(2016)，住建部网站。

　　而作为中国东部沿海经济发达地区，工业化、城镇化、现代化的率先发展和快速推进也对乡村文化和景观风貌造成了巨大的冲击，传统文化的消亡与新文化的涌现相伴，乡村历史文化的延续与当代文化特色重塑并行，呈现出鲜明的地域特征和丰富多彩的风貌特色。当前，在大规模乡村环境整治和城乡发展一体化进程中，保护和延续乡村优秀的历史文化，尊重和鼓励当代本土文化的创新和繁荣，不仅是改善人居环境，提升和塑造乡村风貌特色的重要内容，更是促进乡村经济发展和文化复兴的紧迫任务。

2) 多样的地方民俗

　　无论是历史还是当下，江浙地区都有着自己独特鲜明的民俗文化特征，在中国的历史长河和文化海洋中有着自己浓墨重彩的一笔。

　　（1）重视文化教育。由于社会历史原因，江浙地区历来崇文重教，江浙乡村地区也不例外，自古以来就有很多村镇人才辈出，村中常设宗族教育设施，建筑装饰上多有"渔樵耕读"图案。尤其是在南宋末年，程朱理学的普及使村落中逐渐出现了一批接受儒学思想的理学家，在乡村中形成了一个士人阶层，成为雅文化在乡村发展中的体现。随着江南市镇的繁荣昌盛，自设馆和家塾以其规模小、设置灵活之便，已成为市镇中最广泛的两种教育机构，这对当代社会乡村的观念和文化产生了重大影响。

　　（2）曲艺文化悠久。江南地区的戏曲和杂乐百戏演出十分繁荣，当时民众观赏各类戏曲歌舞表演，基本不受年龄、社会阶层、文化程度的限制，演出形式也相较以前更为多样，各种演出场所也遍布大街小巷，如戏台、庙台、茶馆、游船等。如苏州东山村的广场周围皆开设茶馆，农民早晚边喝茶边听戏，是农闲时农民消遣的主要方式。被称为"百戏之祖"的昆曲就诞生于苏州昆山。

（3）重视宗教。江南文化，从汉代到唐代，江南地区因地理上的相对偏远，受儒家思想的影响要比中原迟且弱一些，而且江南文化具有浓厚的宗教性内涵，在文化个性上也就比中原更自由活跃。在这里佛教、道教传播迅速，进而与古老的神话巫术等传统相结合，产生了鲜明的宗教特质。

（4）饮食文化丰富。江浙地区地理优越，物产丰富，素来有"鱼米之乡"的美誉。而其饮食习俗更是源远流长，见于史载，至少已有两千年的历史，人民在长期的生产实践和生活实践中，积极利用本地富饶的自然资源，创造了料重时鲜、制作精细、色彩鲜艳、味道鲜美的乡村菜系。

3）独特的地方语言

方言是重要的民俗文化载体和民俗事象。江浙地区是全国方言种类最多的地区之一，也是主要的吴语区。

乡村地区相对于城市地区地形更为复杂，思想更为传统，受到普通话的影响也就更少。江浙乡村地区每隔几千米就会出现不同的方言。虽语言种类不同，但基本都可以对话。语言的相似性使文化印证了文化传统的相近与交融，进而促进了区域的发展。

当前江浙地区以苏州话、无锡话、宁波话和绍兴话最为典型，惯常被称为"吴侬软语"。吴语的形成历史可以追溯到春秋之前，其历史悠久，风格独特，语法结构和普通话差别大，有上万个特有词语和诸多特征本字，古人"醉里吴音相媚好"之语，是江南人思维方式、生活情调、文化涵养的生动体现。

第4章 江浙乡村人居环境的类型化

4.1 江浙乡村人居环境的差异性特征

4.1.1 自然环境和地形特征多样化

从区域内部来看,江浙地区的自然环境和地形特征呈现多样化的表现。苏北地区具有典型的平原地貌特征,自然气候与生态环境优越,土壤资源良好,物产丰富,这是苏北地区人居环境在自然生态方面的一大优势;苏中地区是沿江河带发展型的代表,依托长江流域发展,有着丰富的自然资源,乡村发展与江河水系密切相关;苏南浙北环太湖地区具有湖泊水网密集特征,该地区乡村水网密布,农作物丰富,是东部沿海地区、江浙地区重要的农作物输出地及水产品输出地,自古便"苏湖熟,天下足";浙西南山地丘陵地区位于江浙地区边缘,与江西省、福建省接壤,水系资源充足、动植物种类丰富,气候条件良好,但是由于地形限制,土壤资源有限,农业发展条件相对处于劣势,粮食作物生产发展相较于平原地区存在较大差距;浙东沿海地区及岛屿的乡村由于其特殊的地理位置以及独特的滨海条件,其生态相对于江浙其他地区更为脆弱,需要注意其乡村人居环境的特殊性。

总体上平原地区的乡村,地貌单一、气候宜人、地质灾害较少、分布密集,自然地形条件对其乡村人居环境建设的限制因素较小;山地丘陵则由于地势起伏、灾害较多、耕地破碎,分布多依山顺势,与自然充分结合,对乡村人居环境的建设各方面均有限制;湖泊水网密布、气候宜人,适宜农田耕作,乡村分布较为密集,有利于乡村人居环境进一步建设;海岛地区地形地貌较为复杂,受海洋因素影响显著,其乡村人居环境建设很大程度上依托海洋资源(表4-1)。

表4-1 江浙地区不同地形的乡村人居环境要素特征

	平 原	山地丘陵	湖泊水网	海 岛
优势自然资源	土地	林木	淡水、水产品	海洋

（续表）

	平　原	山地丘陵	湖泊水网	海　岛
农田分布	广阔	受限	广阔	受限
农业类型	种植业	林业	种植、渔业	渔业
村庄形态	线状、块状	取决于地形,因地制宜	线状、带状、块状	取决于地形,因地制宜
道路线型	平直	曲折、断续	平直	曲折
基础设施建设	容易	较困难	容易	困难

4.1.2　乡村空间格局不断变迁

　　苏南、浙北以及东部沿海发达地区乡村,空间结构发生了巨大变化,主要表现为乡村制造业空间、聚落空间、农业空间和城乡空间,由过去的独立分布向各种因素在全地域范围内穿插分散分布的格局转变,呈现出典型的空间高密度均质化特征。

　　其中以平原地貌为主的地区(如苏北平原地区),其乡村空间格局也体现明显的平原特征。农田广泛分布,乡村居民点围绕河流湖泊点状布局,或沿道路农田线状分布,对进行各项工程建设的限制条件较少,有利于广泛开展各类生产活动,有利于各项设施的布局和配套,具有良好的发展潜力;以山地丘陵为主的地区(浙西南地区),其乡村空间格局受到特殊地形的限制,乡村居民点分布多为依山顺势,与自然充分结合;以湖泊水网为主的地区(苏南浙北地区),水网密布,气候宜人、适宜农田耕作,乡村居民点的空间分布较为密集;以海岛地貌为主的地区(浙东沿海地区),受海洋影响较大,生态较为脆弱,乡村居民点的分布多为沿海顺势、与自然充分结合(表4-2)。

表4-2　江浙地区不同地形的乡村空间布局特征对比

地形分类	地势类型	气候特征	分布模式	布局特征
平原	地貌单一	气候宜人、灾害较小	分布较为密集	具体布局多样化、呈现多种模式
山地丘陵	地势起伏	灾害较多、耕地破碎	分布多依山顺势、与自然充分结合	
湖泊水网	水网密布	气候宜人、适宜农田耕作	分布较为密集	
海岛	地貌复杂、依山傍水	受海洋影响显著	分布多沿海顺势、与自然充分结合	

其次,江浙地区的乡村居民点分布类型各异。苏北乡村聚落的空间布局方式大致可分为带状和块状两大类,以及其他一些介于这两类之间的形式。村落布局形式受到地理环境、社会历史发展与居住生活习惯的影响,而水文和地形状况对其形成及发展起着重要作用。江苏沿江地区的城镇空间组织结构也发生了变化,传统的城市组群(团)趋于弱化,以过江通道为联系纽带的新组团与功能地域空间逐步形成;湖泊水网密集型乡村沿湖选址,湖泊环境决定了村落布局形成了散点、组团、线状、带形等乡村空间布局;浙西南山地丘陵乡村聚落具有多元分布的形态,各个聚落在空间分布上较散,乡村选址布点以及其空间组织形态受山地丘陵地形因素主导明显,村落选址因山势就水形,乡村空间格局与地形紧密结合;海岛地区以岛为单位,面积大,乡村聚落密度大,空间分布不集聚。但是,面积较小的海岛,乡村聚落密度则较大,空间分布集聚。这意味着岛屿单元和聚落体系地域分布存有耦合关系。

总体而言,江浙地区的乡村空间格局均处于不断变迁之中,不同地域类型的乡村空间格局有其特有的演变方向,通过分析江浙地区的乡村卫星影像图,可以将江浙地区的乡村居民点分布类型分为网状、须状、点状、簇状和组团状五种。

4.1.3　区域内部经济发展不平衡

江浙区域内部乡村经济发展差异较大。从 2015 年乡村居民人均可支配收入来看,浙江较高,为 21 125 元/人,江苏省稍低,达到 16 257 元/人。在江苏省内部,不同地域经济情况也有明显差异,其中苏南为 22 760 元/人,苏北为 13 841 元/人(表 4-3)。可以看出,江浙区域内部经济发展体现出较大的不平衡。

表 4-3　2015 年江浙地区的乡村居民人均可支配收入(单位:元)

江　苏			浙　江
苏北	苏中	苏南	
13 841	16 862	22 760	21 125
江苏平均:16 257			

资料来源:《浙江统计年鉴(2016)》《江苏统计年鉴(2016)》,中国统计出版社。

　　随着江浙地区乡村生产要素向工业化转变,乡村工业经济快速发展,基本形成以劳动密集型产业为主体、专业市场和产业集群为依托的轻小工业结构。产业劳动力需求快速增长,进城务工人员逐渐成为第二、三产业劳动力的主体(表4-4)。从2015年江苏省乡村从业人口的就业比重来看,第二产业的就业比重最高,成为吸纳乡村转移劳动力的主要行业。乡村就业结构已从"一二三"格局转变为"二一三"格局(图4-1)。

表4-4　2015年进城务工人员在全国不同地区从事的主要产业分布

	东部地区	中部地区	西部地区
第一产业	0.4%	0.3%	0.7%
第二产业	60.2%	50.7%	44.1%
第三产业	39.4%	49.0%	55.2%

资料来源:《中国统计年鉴(2016)》,中国统计出版社。

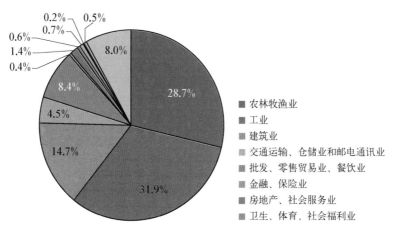

图4-1　2015年江苏省乡村从业人口的就业行业分布情况
资料来源:《江苏统计年鉴(2016)》,中国统计出版社。

　　从江浙地区内部看,两省的经济水平、居住环境和基础设施建设等方面仍然存在不少差距。在经济上,苏南和浙江发达地区的乡村居民可支配收入均高于苏北、苏中和浙南地区,并且存在较大的差距。在村民住房方面,住房面积及住房质量上发达地区乡村和欠发达地区的乡村差距较大,苏北部分乡村仍有大量家庭在使用煤炭、柴草作为主要燃料,使用着老式厕所。在基础设施方面,无论是道路条件,还是污水处理、垃圾清运等市政设施,江浙地区内部建设水平也不平衡(表4-5)。

表4-5　2015年江浙地区的乡村人居环境要素平均水平比较

	苏　北	江　浙
人均可支配收入(元)	13 841	19 723
人均住房面积(平方米)	50.1	58.8
卫生厕所使用率	51.9%	67.6%
村内道路硬化率	76.6%	88.3%
集中供水率	88.7%	91.9%
污水转运处理率	25.9%	65.3%
垃圾无害化处理率	85.0%	88.9%

资料来源:《中国统计年鉴(2016)》,中国统计出版社。

　　从整体趋势上来看,江浙乡村人居环境大致呈以经济水平为基础,梯度分异的格局。经济实力强的乡村,建设水平往往较高,住房条件更好,基础设施更加完善,整体面貌也较为整洁美观;而经济较为薄弱的乡村,整体环境则明显较为破旧,道路、供水、排水设施也比较落后。可以看出,经济仍然是乡村建设的重要因素。

4.1.4　乡村人居环境特征比较

　　长三角核心区乡村人居环境物质性要素中,乡村建设强度(乡村建设用地面积÷市域面积),宁波市最高,达到0.434,杭州市最低,只有0.112。浙江省的地貌环境特征对乡村建设情况产生了较为显著的影响,而江苏省内以平原为主,乡村建设强度差异并不明显,普遍在0.2左右。基础设施当中,供水方面,江苏省乡村已基本实现了集中供水,集中供水率达到了90%,而浙江省相对较低,70%左右;污水处理方面差异巨大,苏中乡村污水处理设施建设显著不足,污水处理率不足40%,而浙江省,特别是浙北地区,污水处理设施建设较好,污水处理率达到了80%;垃圾处理方面,江浙乡村都较为良好,垃圾处理率均达到88%以上。江浙地区内部不同区域,在乡村人居环境的物质性要素方面,存在着一定差异(图4-2~图4-5)。

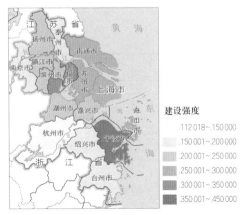

图 4-2　长三角核心区乡村建设强度(2015 年)

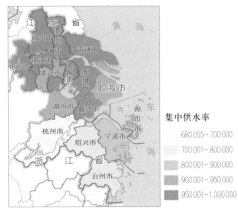

图 4-3　长三角核心区乡村集中供水率(2015 年)

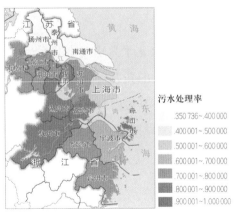

图 4-4　长三角核心区乡村污水处理率(2015 年)

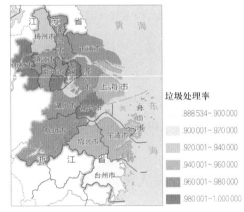

图 4-5　长三角核心区乡村垃圾处理率(2015 年)

　　长三角核心区乡村人居环境非物质性要素当中,人口方面,除舟山市外,沿海乡村常住人口较多,越往内陆,人口数量依次递减;收入方面,嘉兴市乡村居民人均可支配收入最高,高达 26 838 元,比泰州市高出近 10 000 元,按区域来看,呈现苏中—苏南—浙北依次递增的趋势;乡村居民的老龄化情况与乡村居民收入存在着一定关系,分区域来看也表现出苏中最高、苏南次之、浙北最低的现象;乡村房屋的空置情况,则是苏州市和嘉兴市最低,不足 2%,其他城市的乡村的房屋空置率在 4%～5%。江浙乡村人居环境的非物质性要素,与各地区内乡村的收入水平、产业类型、产业经营方式等均存在着一定关联(图 4-6～图 4-9)。

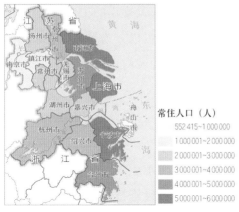

图 4 - 6　长三角核心区乡村常住人口(2015 年)

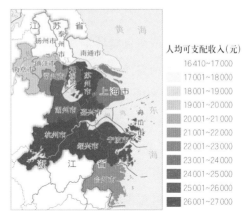

图 4 - 7　长三角核心区乡村居民人均可支配收入
　　　　　(2015 年)

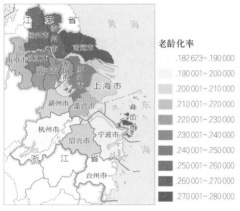

图 4 - 8　长三角核心区乡村居民老龄化率(2015 年)

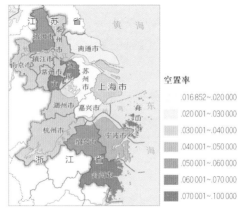

图 4 - 9　长三角核心区乡村房屋空置率(2015 年)

4.2　江浙乡村的类型划分

4.2.1　类型划分依据与内容

　　根据上述江浙地区内部乡村人居环境的差异性特征比较,按自然环境、地形特征、乡村空间格局和乡村经济水平四个方面的差异化特征,对江浙乡村进行类型划分。

　　江浙地区的自然环境和地形特征呈现多样化的表现。不同自然环境和地形条件下村落的选址、布局、建造等方面必然呈现各自特征。地形要素在乡村聚落选址的过程中发挥了决定性的作用,成为影响聚落分布及规模的主要自然环境条件。因此,按照自然环境和地形特征,江浙乡村大致可以分为平原型、山地丘陵型、湖泊水网型、海岛型,而不同的地形地貌特征下的乡村居民点的空间布局和类型也各不相同。

另外,不同地区乡村经济发展差异较大。经济是乡村建设和乡村人居环境建设的重要影响因素,根据江浙地区内部乡村经济水平的差异,江浙乡村大致可以分为苏北、苏中、苏南浙北、浙西南以及浙东沿海五个地域。

综上所述,根据江浙乡村的自然环境、地形特征和经济特征,本书将江浙乡村人居环境类型划分为苏北平原地貌基本型、苏中沿江河带发展型、苏南浙北湖泊水网密集型、浙西南山地丘陵自然型和浙东沿海岛屿资源型五种地域类型区。选取的样本基本涵盖了江苏省、浙江省的典型地域,集合了山区、平原、丘陵等多种地形地貌,覆盖面广泛,能够反映出江浙乡村人居环境的基本面貌。

4.2.2　特殊模式的乡村类型

改革开放 40 多年的实践表明,在江浙地区,乡村经济的发达程度很大程度上决定了区域经济的发达程度;而乡镇企业的发达程度又决定了乡村经济的发达程度。在我国乡村经济体制改革过程中有两项"伟大创造",即实行家庭承包责任制和发展乡镇企业。这两项变革,不仅使江浙地区的乡村风貌产生了深刻的变化,而且对市场的全面改革产生了深远的影响。20 世纪 80 年代以来,以乡镇企业著称的"苏南模式"和以民营经济、家庭经济著称的"温州模式"在江浙地区遍地开花。

"苏南模式"通常是指江苏省苏州、无锡和常州(有时也包括南京和镇江)等地区通过发展乡镇企业实现非农化发展的方式,这一概念由费孝通在 20 世纪 80 年代初率先提出。其内涵是指由江苏省南部的农民率先实践的、以集体经济为主、以乡办和村办工业为主、以市场调节为主、以依托中心城市为主、以县乡干部为主要决策人、以共同富裕为目标的一种(乡村)经济社会发展模式。"苏南模式"是"地方政府公司主义模式""能人经济模式"和"政绩经济模式",本质上是"政府超强干预模式"。而"温州模式"是典型自主发展模式的代表,其突出特点就是无外资介入、无国家投入,全凭当地农民白手起家,不断积累资金,使得民营经济循环发展起来。"温州模式"可概括为以民营经济为主体,家庭经营为载体,专业化市场为纽带,以乡村、城镇为依托(表 4 - 6)。

表 4 - 6　"温州模式"和"苏南模式"的对比

	优势产业	主要动力	存在问题
苏南模式	乡镇企业	政府主导	经济成分单一,集体经营
	非农产业		
温州模式	家庭生产	能人带动,市场主导	生产规模小,家族式经营
	非农产业		

　　由此可见,"苏南模式"和"温州模式"下乡镇经济的发展模式有很大的差异,而乡村的经济发展水平和村民的收入水平在人居环境中往往起着决定性的作用,由此形成了特殊模式的乡村人居环境,主要表现在以下三个方面。

1) 乡村经济和产业发展

　　"苏南模式"的特点主要在于以集体经济为主发展乡镇企业,推动区域工业化和城市化。在其发展过程中表现亮眼的乡镇工业不仅有效地疏导了农村剩余劳动力,还通过其强大的经济力量以工业辅助农业的形式为农村现代化拓宽了道路。苏南地区的人们一致认为,强大的乡镇工业是一切的基础,在此基础上才发展出稳定的第一产业,进而带动服务业等第三产业的发展,进而推动城镇和乡村经济、社会的全面发展。通过产权制度改革,苏南乡镇工业加强了企业内部开发能力,大大提高了自我管理、自我开发和自我调控的能力。"温州模式"的主要动力源于乡村能人和市场机制,其发展是建立在乡村自身资源基础之上的,即通过当地资源、资金和人力资本进行内生发展,内生发展决定了这种模式具有强大的生命力和极强的适应性。不同于集体经济主导的"苏南模式","温州模式"下个体和民营经济占据了乡镇经济的主体地位。总体上来讲,两种模式的乡村经济发展都处于江浙地区乃至全国范围内的领先地位,不同的是集体经济主导下的乡村往往财富由村集体共同所有,而个体经济发达,会涌现众多个体经济大户,进而带动其所在乡村经济发展。

　　在乡村的产业结构中,江浙地区的乡村旅游业呈现一派欣欣向荣的景象。

发展乡村旅游已成为建设社会主义新农村、解决"三农"问题的有效途径,对于引导各种资本、资源和要素向乡村有效聚集,推动农业产业结构调整,促进乡村地区发展具有重要意义。乡村旅游的发展,使农民对自身资源的收益权、财产权有了更为清晰的评估,因此,在"落实土地集体所有权、稳定农民承包权、放活土地经营权"以及"推进农民住房财产权抵押、担保、转让"方面就更容易找到现实的操作途径。对江浙地区的广大乡村来说,这更是一次历史机遇。经过改革开放40多年的发展,江浙地区的经济已经发展到一个较高的水平,民众收入普遍较高,乡村历史文化沉淀深厚,农民的市场化意识也更强烈。"温州模式"的经验告诉我们,正是因为率先涌现出了一大批草根民企,才有了浙江工业经济的跨越式发展。通过发展乡村旅游产业,推动广大农民成为市场主体,其意义是引进大资本和村集体的企业化改造所无法替代的,因此目前浙江乡村旅游的规模和发展水平也领先于国内多数省份。

2)基础设施建设

乡村基础设施建设是城乡一体化进程与新农村建设中的重要方面之一。基础设施建设是个系统性工程,包括道路、河道、供水、供电、通信、绿化、文化、环保等项目建设,对资金款项的数量要求也较高,因此要在上级政府财政拨款与银行贷款之外,需要其他投资。"苏南模式"下集体经济的发展对此探索出了一条解决路径。以苏州为例,近年来在其城乡一体化与新农村建设中,集体投入是除各级政府投入外的重要来源。集体经济组织每年从收入中拨出一部分款项,用于村内基础设施建设,相当数量的乡村的基础设施完善程度与集体经济发展水平直接相关。其中村委会主体方面因缺乏资金而难以落实相关建设,如果按照"一事一议"的方式向村民告知,阻力较大也容易遭到村民反对,激发一定矛盾。而对于同样是乡村发展情况较好的"温州模式"下,乡村个体经济发达,集体经济较弱,此种情况下乡村人居环境建设就不如苏南地区发展得好。

3)乡村空间格局

在"苏南模式"这一乡村经济社会发展模式下,随着乡村经济发展的动力、运行体制和主导因素的转型,苏南乡镇企业布局由20世纪90年代中期以前"大分散、小集中"的空间格局逐步发生重组——由分散布局转向空间集聚。20 世纪 90 年代中期以后,随着乡镇企业产权制度的改革创新、国内外市场的不断拓展,乡村工业的集聚效应日益受到重视。在市场主导下,为了追求集聚经济效应和最有利创业条件,企业纷纷由乡村、集镇向城市或具有区位优势的中心城镇集聚,尤其是向中心城市或重点城镇的工业园区集中。在"温州模式"的影响下,浙江省经济社会的发展和城市化水平不断提高,浙江省各县市之间的差异不断缩小,整体上跟苏南地区一样呈现集聚分布态势。

4.3　乡村类型化的价值

江浙地区作为我国沿海经济发达地区,已经成为我国城镇化水平最高、产业最发达、人口最密集的区域之一。其富有特色的自然资源禀赋和区域发展状况,使江浙地区的乡村发展及其乡村人居环境呈现出和其他区域不同的特点,产生出具有独特性的乡村类型及其乡村人居环境特征。

就江浙地区整体而言,区域的经济迅速发展、社会事业的进步、全球化力量的深刻影响以及资源环境承载力的独特优势和突出压力,都对江浙地区的乡村及人居环境带来了深刻的影响。可以说,区域整体的生产力发展水平塑造了江浙地区总体的乡村人居环境特征。

而就江浙地区内部而言,不同的省市、乡镇,生产力发展水平各异,自身的自然资源禀赋、经济发展水平、社会公共事业建设等更是各不相同。笔者根据不同乡村的自然条件、地形特征、空间格局、乡村经济水平等多方面影响因素的对比分析,将江浙乡村划分为五大类型。五个类型区覆盖面广,基本涵盖了江浙地区所有的自然地形种类、不同经济发展水平地区,既是对江浙乡村人居环境不同特征的总结归纳,又是对各个典型区的针对性研究。同时,类型化分析有助于读者对江浙地区不同类型的乡村产业有更加直观和深刻的认识,为江浙乡村未来的发展提供更明确的方向,也补充了人居环境研究中对地区类型化研究的缺失,具有十分重要的实践指导意义和理论研究价值。

第5章 苏北：平原地貌基本型 乡村人居环境

平原一般是指海拔在 0～50 米,地面平坦或起伏较小的地区,它主要分布在大河两岸或濒临海洋的地区。平原农田广布,乡村众多,同时也是物产丰富,人口较为集中的地区。从江浙地区的整体来看,苏北地区(包括徐州市、连云港市、宿迁市、淮安市、盐城市)具有典型的平原地貌特征。本章主要论述以苏北(图 5-1)为典型的冲积平原的乡村人居环境,采用实地调研、统计数据分析与文献资料整理相结合的方式,重点选取并调研了盐城市大丰区和宿迁市泗洪县的主要乡村(表 5-1),并以此为代表探讨苏北乡村人居环境的现状及发展特征,找出存在的主要问题。

表 5-1 苏北平原地貌基本型重点调研乡村

所属市县(区)	乡镇	行政村
盐城市大丰区	大中镇	恒北村
		双喜村
		新团村
	南阳镇	诚心村
		广丰村
		南阳村
	西团镇	龙窑村
		众心村
		马港村
宿迁市泗洪县	龙集镇	东咀村
		姚兴村
	上塘镇	陈吴村
		垫湖村
	双沟镇	罗岗村
	魏营镇	刘营村
	瑶沟乡	官塘村
		秦桥村

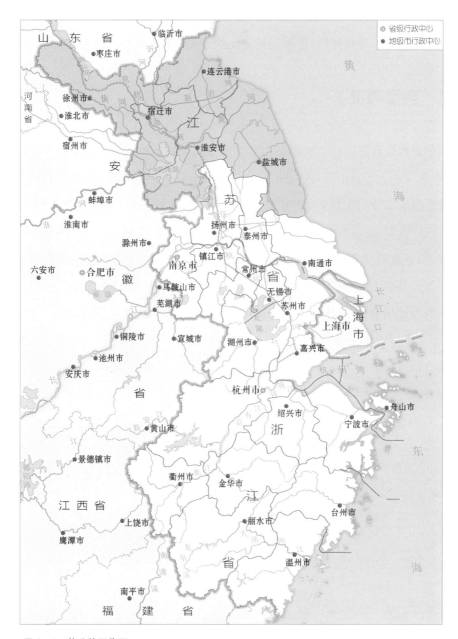

图 5-1　苏北的区位图
资料来源：根据《长江三角洲地区区域规划(2010)》绘制。

　　盐城市大丰区位于苏北沿海,宿迁市泗洪县则位于苏北内地,两地均为苏北的主要县级行政区。调研乡村均位于两地的典型乡镇之中,有的乡村以农业为主,有的工业、服务业较发达;有的经济条件良好,有的经济薄弱;有的整体建设情况较好,而有的仍显欠缺。调研乡村的选择,从整体上代表了苏北乡村的各种类型,既有共性,又有特性,能够较好地反映苏北乡村人居环境的整体面貌。

5.1 类型概况

苏北地处黄海之滨,海岸线 744 千米,与日本、韩国隔海相望,处于南下北上、东出西进的重要位置,辖江临海,扼淮控湖,是中国沿海经济带与长江经济带的重要组成部分。按照 2015 年江苏通行的行政区域划分,苏北包括徐州、连云港、宿迁、淮安、盐城五个地级市,共包含行政村 7 818 个(图 5-2)。从地形地貌上来看,苏北处于黄淮平原与江淮平原的过渡地带,地势平坦,拥有广袤的苏北平原。苏北乡村的地势也以平原为主,地理资料表明,苏北所有的乡村中,地形为平原的乡村占 94.3%,仅有徐州和连云港的少数乡村为山地丘陵;同时,苏北乡村农田广袤,河网密布,物产丰富,是中国东部沿海地区重要的农作物输出地区(图 5-3)。苏北乡村人居环境体现出平原地貌基本型的乡村人居环境特点。

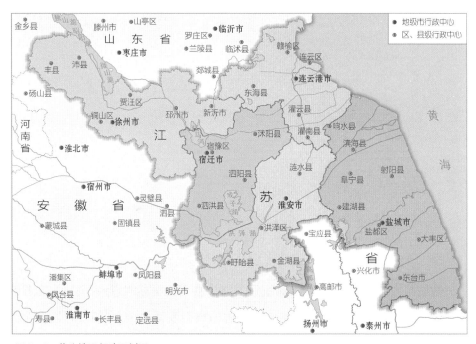

图 5-2 苏北地区行政区划图

近年来苏北发展迅速，乡村人居环境提升明显。从物质性要素来看，苏北乡村属于典型的季风气候，四季分明，日照降水充沛，土壤肥沃，这得益于适合农作物耕种的平原地貌及优良的气候。苏北乡村农田广泛分布，同时各项水利设施的建设使得苏北乡村的洪涝灾害明显减少，灌溉水源日益丰富，农业产量

图 5 - 3　苏北平原的农田

逐年提升，乡村经济水平逐年增长，这也促进了乡村各项设施的建设。村民的住房条件不断改善，房屋呈现新老并存的格局；交通设施也不断发展，乡村土路逐渐被沥青和混凝土路面替代；多条国道省道贯穿乡村，同时，多条高速公路在重点乡村也都设有出入口；供电供水通信设施在所有乡村已基本覆盖，各项环卫设施也在不断充实之中，乡村医疗等各项公共服务设施建设也在稳步推进。

然而，由于历史上的种种原因，从江浙地区内部来看，无论是相关经济指标，还是居民们的一般认识，都显示苏北的整体经济水平属于相对欠发达的层次，乡村的整体发展状况在江浙地区当中也相对落后。乡村里的青壮年，多数都外出工作，寻求更好的发展。因此，从非物质性要素来看，苏北乡村的老龄化、空心化问题在逐步显现，这也造就了以本土化为核心的乡村文化环境。在制定政策时，政府也不断加大对乡村的扶持力度，增加对乡村基础设施建设的投资，以促进农业生产、农民增收、乡村人居环境的改善。

5.2　物质性要素特征

在物质性要素上，苏北乡村人居环境相对于江浙其他地区，具有明显的平原特征；从历史上看，其又处于较快的提升与发展阶段；但整体水平上，相较江浙地区其他区域，其仍然相对欠发达，整体格局呈现参差不齐的局面。

5.2.1 气候优越、物产丰富的自然生态

苏北位于长江中下游平原地带,乡村整体自然生态格局优越。在自然气候方面,苏北乡村日照降水充足,四季分明;在生态环境方面,苏北众多的河流湖泊、生态湿地,构筑了众多物种的家园;苏北良好的土壤条件和优良的气候与生态环境,给乡村的农业生产创造了十分有利的环境。

1) 自然气候

苏北属于亚热带季风气候与温带季风气候的过渡地区,四季分明,年均气温13.4℃,日照降水充分,平均年降水量 1 000 毫米,年日照时数 2 130～2 430 小时。苏北雨热同期,气候宜人,日照气温降水等与农作物的播种生产周期相适应,十分有利于农作物的生长。

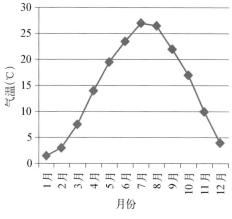

图 5-4 苏北月平均气温统计图
资料来源:陈翔等,洪泽湖区的气温特征及其对苏北气温分布的影响,气象与环境科学,2011。

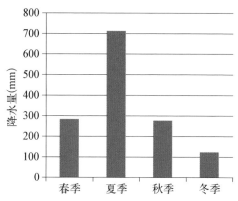

图 5-5 苏北季节平均降水量统计图
资料来源:张旭晖等,未来气候情景下苏北地区降水可能变化趋势,江苏农业科学,2012。

苏北乡村自然灾害频繁,以旱涝灾害、极端天气和台风灾害为主要类型。苏北作为江浙地区农作物的主要产地,自然灾害对农业生产的影响显著。早期,长江、黄河、淮河的洪灾常常对苏北农业造成致命打击。如今,随着各项水利设施的兴建,旱涝灾害对苏北乡村及农业生产的危害已大大减轻,然而,雷电、冰雹、龙卷风等极端天气的威胁,仍然需要重视并加强防范。例如 2016 年 6 月 23 日发

生于阜宁、射阳的冰雹龙卷风灾害，共造成 99 人死亡，846 人受伤。另外，台风灾害也时常侵扰苏北。气象资料显示，2015 年影响我国的 7 个主要台风中，有 4 个对苏北造成影响。历年统计数据显示，虽然很少有台风直接登陆苏北，但其在江苏附近地区登陆，并对苏北造成较大影响的，占到近半数以上。

2）生态环境

　　苏北地处淮河下游，东临黄海，南望长江。苏北乡村地势平坦，河网密布，湖泊众多，同时拥有大面积滩涂。京杭大运河在此穿越，苏北灌溉总渠的建成，把曾经泛滥的淮河，变成了滋育万顷良田的水源，包括我国第四大淡水湖洪泽湖，以及其他大小湖泊如骆马湖等，皆在本区，2015 年水资源总量达 221.5 亿立方米。另外，苏北林地面积 108.64 万公顷，林木覆盖率 26.7%，共拥有 5 个国家级森林公园。与此同时，苏北也在大力推行自然生态保护政策，截至 2012 年底，苏北共建成 3 个国家级自然保护区、4 个省级自然保护区。以盐城湿地珍禽、大丰麋鹿、泗洪县洪泽湖湿地为代表的国家级自然保护区，面积共计 3 362.1 平方千米，滋养了一大批奇花异草、珍禽异兽，是苏北乡村生态环境的重要屏障。优越的气候条件，丰富的自然资源，有效的保护手段，使得多样化的植物，以及各种昆虫、鸟类、鱼虾等在苏北乡村繁衍生息。从整体看，苏北乡村自然环境优越、生态资源丰富，这为苏北乡村发达的农业奠定了基础。

　　苏北乡村生态环境建设方面也取得了较大的成效，一方面改善了村民生活质量，提升了乡村的整体风貌；另一方面，对改善乡村的自然环境也起到了积极的意义。近些年，在乡村中逐步新建垃圾处理转运设施，截至 2015 年，苏北乡村的垃圾无害化处理率已达 85.0%，与江浙地区 88.9% 的整体水平仅差 3.9 个百分点，这对于经济欠发达地区的乡村来说，是十分难得的。同时，乡村绿化工作也在稳步开展，2015 年度，苏北乡村总共植树 2 510.6 万棵，乡村居民点绿化水平在江浙地区中也处于较高位置（图 5 - 6）。

　　苏北乡村的生态环境尽管条件优良，但也很脆弱。由于苏北土地资源丰富，劳动力成本较低，大量的重污染企业不断向苏北转移，苏北的北部地区，例如滨海、响水一带，分布了各类大大小小的化工企业。这些企业多数位于城市边缘，它们排放的各类污染直接影响了乡村的生态环境。据统计资料显示，2015 年，苏

图5-6 恒北村(左)与垫湖村(右)的乡村环境与绿化

北共排放工业污水45 865万吨,各类废气共计77.9万吨,还有那些违法偷排,没有计入统计数据的,更是无可考量。

除了工业污染,乡村自身也是污染的一大来源。苏北乡村作为产粮大区,每年要使用大量的农药和化肥。2013年,苏北化肥平均使用强度为882.71千克/公顷,比全省平均水平高出26.7%,农药使用强度大于500千克/公顷,有的乡村甚至超过2 000千克/公顷。2015年苏北农业源的化学需氧量排放高达19.72万吨,占全省的56.2%;氨氮排放量为1.71万吨,占全省的47.0%。另外,村民生活污水的排放,也是乡村自身污染的来源之一。尽管如上文所提,苏北在乡村整治中,较好地改善了垃圾处理清运设施,但对污水处理做得远远不够。2015年苏北乡村污水的无害化处理率,仅为25.9%,相较于长三角地区整体65.3%的一半还不到(图5-7)。

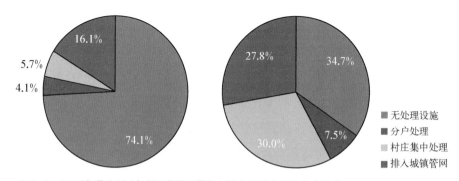

图5-7 2015年苏北(左)与长三角地区整体(右)乡村污水处理方式构成

3) 土壤条件

苏北平原面积大,山地少,水资源丰富。长江、淮河、黄河的冲积和海流的回淤作用,逐步形成了里下河平原和苏北滨海平原,构成了平原农业地貌。苏北的土壤带主要由土棕土壤、褐色土壤带及黄棕色土壤、黄褐色土壤带构成。其中,棕色土壤、褐色土壤带位于洪泽湖南部沿岸以北、灌溉总渠以及射阳河以北地区,从行政区区划来看,涉及徐、连、宿、淮、盐等苏北五市,带内潮湿土壤广泛分布。黄棕壤、黄褐土带位于洪泽湖南沿和灌溉总渠与射阳河以南地区,主要是盐城市的大部分地区,带内黄棕壤和黄褐土并存。由于地形、人为耕作和灌溉等因素的综合影响,还形成了不同类型的水稻土;另外,滨海平原还有较大面积的滨海盐土分布。从土壤肥力来看,苏北的农田主要以三级田和四级田为主,二级田和一级田也占有一定比例。

苏北乡村的土壤条件良好,结合本区域的自然条件和生态条件,适宜水稻、小麦等粮食作物以及多种经济作物的播种和生产。然而,随着土地的长期耕种,以及化肥、农药等的不合理使用等,苏北的土壤已出现基础肥力下降、物理性质变差、养分失衡等问题。

4) 农业生产

苏北乡村优越的自然气候和生态环境,以及优良的土壤资源,保障了本地区丰富的物产。本地区农业优势明显,盛产水稻、小麦、花生、棉花、玉米等多种农作物,为中国商品粮基地之一。2015 年苏北农作物播种面积 4 728.88 千公顷,占江苏省的 60.3%,长三角地区的 44.5%;其中粮食播种面积 3 455.46 千公顷,占江苏省的 62.2%,长三角地区的 49.4%。从实际产量来看,2015 年苏北粮食产量 2 394.98 万吨,占江苏省的 61.3%,占整个长三角地区的 50.2%,都占半数以上(表 5 - 2)。其他各种农产品的产量,在江苏省和长三角地区中也占有较大比重。可以看出,苏北是重要产粮地区,苏北乡村的农业生产对保障长三角地区的食品安全,促进长三角地区的持续发展,起到了基础性的作用。

表 5 - 2　2015 年苏北主要农产品产量和区域比重

产品种类	产量(万吨)	占江苏省比重	占长三角地区比重
粮食	2 394.98	61.3%	50.2%
棉花	5.84	54.6%	45.9%

(续表)

产品种类	产量(万吨)	占江苏省比重	占长三角地区比重
油料	64.25	44.0%	36.0%
肉类	284.49	66.3%	51.5%
水产品	263.83	50.5%	22.9%

资料来源:《江苏统计年鉴(2016)》《上海统计年鉴(2016)》《浙江统计年鉴(2016)》,中国统计出版社。

　　苏北乡村的农业生产,在长三角地区中占有重要的比重。同时,其自身也处在不断的增长之中。2015年苏北第一产业总产值为1 869.76亿元,相比较2000年的521.71亿元,增长了258.4%,年均增长8.89%(图5-8)。这一方面是由于各种农业机械的应用和农业科技的应用;另一方面由于农业生产经营管理方式的改变。可以看出,农业对于苏北乡村,仍然占有举足轻重的作用。近些年,苏北乡村已逐步开始从农业大村向农业强村的转变,农业生产正在逐渐转向规模化、机械化、科学化,这将进一步促进苏北乡村的农业生产。

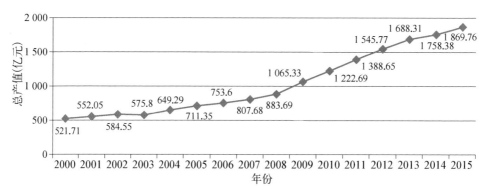

图5-8　2000—2015年苏北第一产业总产值

　　苏北乡村农产品丰富,除了一般的粮食生产之外,许多乡村都有自己的特色产品。恒北村以盛产早酥梨而闻名,是全国最大的早酥梨商品生产基地。基于此该村成立专业合作社,扩大种植生产规模,拓宽销售渠道,取得了丰厚的经济收入,同时借此大力发展乡村旅游,提振乡村文化。其他许多乡村,也借助自身优势开发特色产品,例如南阳村的中山杉、紫薇等,马港村的苗木花卉,刘营村的反季节西瓜等。

5.2.2　大农田、多样化的乡村空间组织

苏北物产丰富，农业发达，农田在各类土地中占有很高的比例。苏北农耕历史悠久，随着乡村人口的变化，住房的增减，苏北乡村空间组织也呈现多样化的格局。

1) 农田分布

苏北乡村地势平坦，自然条件优越，非常适合农作物耕种。2015 年苏北农作物播种面积 472.89 万公顷，占江苏省的 60.3%，江浙地区的 45.0%。从人均来看，苏北乡村人均作物播种面积 3 842.8 平方米，在江浙地区属于最高水平。

表 5 - 3　2015 年江浙各地区作物播种面积统计

地　　区	江　苏			浙江
	苏北	苏中	苏南	
作物播种面积(万公顷)	472.89	192.59	119.09	243.61
乡村常住人口(万人)	1 230.58	617.15	822.73	3 996.02
人均播种面积(平方米)	3 842.81	3 120.63	1 447.50	609.63

资料来源：《江苏统计年鉴(2016)》《浙江统计年鉴(2016)》，中国统计出版社。

苏北乡村的地势与土壤条件良好，在非建设用地当中，除了湖泊河流水域湿地，以及自然保护区和林场之外，其余基本都是农田。在农田的类型当中，苏北乡村水田与旱田交错分布，各占有较高的比例，可以适应多种农作物的播种。在最新的江苏省主体功能区规划当中，依据现状农业分布以及自然资源环境特点，苏北被划分为淮北农业区、江淮农业区与沿海农业带三大部分(图 5 - 9)。

2) 乡村分布

苏北地域广阔，乡村众多，乡村居民点的分布方式也较为多样。从乡村的集

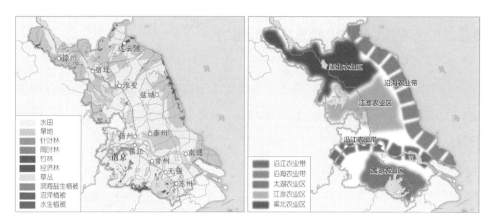

图 5-9   江苏省农业分布图(左)与农业区划图(右)
资料来源：江苏省主体功能区规划，江苏省人民政府。

聚程度来看，苏北乡村的自然村平均建设用地 126.5 公顷，平均户数 90.9 户，与
江苏省和江浙地区整体水平相比较，属于较大规模。具体来看，苏北乡村居民点
的分布格局，呈现相对集中与相对分散共存的局面，其中，徐州和连云港的乡村
集聚度较高，淮安和宿迁的集聚度较低。

　　为了满足农业生产的需求，乡村居民点在选址时，多考虑围绕农田分布，同
时考虑道路交通、河流水源的影响，以农田为中心，形成带状、块状、带状块状相
结合等布局模式(图 5-10)。苏北农耕历史悠久，在乡村的发展中，随着居民点
人口的增减，房屋的建设和更新，苏北乡村居民点的分布方式逐渐呈现多样化的
格局。

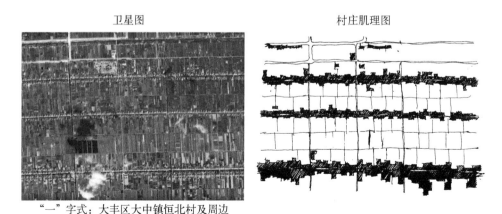

"一"字式：大丰区大中镇恒北村及周边

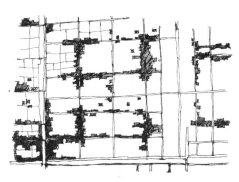

"非"字式: 大丰区南阳镇广丰村及周边

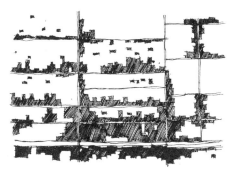

带状+块状式: 大丰区南阳镇南阳村及周边

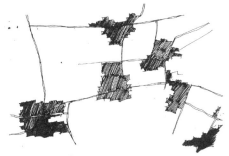

小型块状式: 泗洪县上塘镇陈吴村及周边

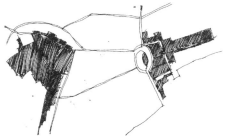

大型块状式: 泗洪县龙集镇东咀村及周边

图5-10 苏北乡村主要布局方式示意图
资料来源: 根据天地图·江苏(2017)绘制。

　　通过对卫星图的研判,可以发现,苏北乡村聚落的空间布局方式较为多样,大致可分为带状和块状两大类,以及其他一些介于这两类之间的形式。乡村布局形式受到地理环境、社会历史发展与居住生活习惯的影响,而水文和地形状况对其形成及发展起着重要作用。带状布局的乡村沿河或沿路建设住宅,最常见的是"一"字形布局,即村落位于东西向河流、渠道和道路旁,房屋沿河、渠、路成"一"字形布置。自秦汉以来,苏北平原地区的乡村聚落常沿河流分布,保证用水方便或倚仗舟楫之利;在河堤上建筑住宅则可少占耕地,并防止洪水浸淹,且河堤又是现成的大道,一举多得;尤其是一些沙质土壤区,保水能力差,沿河布局尤感重要,聚落多成带状。1950—1960年,江苏大兴水利建设和乡村建设,这种布局模式进一步发展。如大丰区部分地区在围垦时,为排盐碱,南北、东西向开挖排灌水系,农民住宅在道路沟渠之间选地建造,农房便布置成"一条龙"的形式,或沿河,或背河,或夹河,或沿路,有的村落甚至绵延数千米。随着乡村人口的增加,乡村便在此基础上沿南北向河流道路布局,衍生出"口"字形和"非"字形布局,大一点的乡村,逐步向块状形式过渡。

　　块状布局在苏北乡村当中也很常见,主要分布在洪泽湖周边以及其他水网稠密的湖荡地区。这些地区的乡村聚落往往选址建在地势较高的地段,或人工填高作为村落房基,常形成一些巨大的团状聚落。从农业类型上看,这些地区多以水稻种植和水产养殖为主,需要消耗较多的人力物力,块状布局的方式易集聚较多的人口,有利于农业劳作。块状村落的建筑布局又有所不同,其内部房舍和其他功能建筑相对紧凑,成片布置形成若干组团,整个村落平面基本上是圆形或不规则的多边形。这样的村落一般位于耕作区的中心部位,或在地形上有利于建造村落的近中心部位。随着乡村人口的增长、住房的不断建设,小规模块状布局就转向大规模的集聚。另外,乡镇企业的开设和村民集中居住区建设也使乡村向块状集聚式发展。

5.2.3　多样并存的住房与完善提升中的公共建筑

　　苏北地域广阔,乡村众多,各乡村之间的发展存在差异,因此在住房建设上,呈现新老交错、多种风格并存的格局。另外,近年来,政府不断加强乡村公共服务设施建设的投入,公共建筑也在不断充实之中。

1）居住建筑

　　苏北乡村的居住建筑，主要分为两种类型。一种是村民自建，这种建筑广泛分布，形式多样；另一种是新农村建设过程当中政府统一新建安置的，这类建筑多为集中分布，质量较好，形式较为统一。

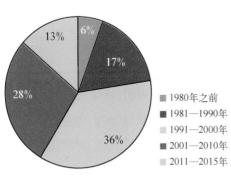

图 5-11　苏北乡村建筑年代分布图

　　从建筑建设年代来看，现存村民自建房大多建于 1980 年之后，具体建设年代不一，各个时间段都有分布，但受到相关土地政策的影响，2010 年之后建设的住宅较少。对于集中式村民小区来说，多为 2000 年之后分期建设，有的乡村建设较早，已经建成多年，而有的乡村建设较晚，尚未完成全部施工（图 5-11）。

　　从建筑立面风格来看，集中村民小区，样式统一，皆为清一色的多拼联排别墅或多层住宅楼；而村民自建房，则呈现多样并存的样式。这类住房，建造过程中，村民和建筑匠人把自己对乡村生活的理解，融入在住房建设当中。立面铺装材料，从清水砖，到石灰粉刷，再到瓷砖贴面，立面样式也在随着时代的发展而变化。房屋是村民对外展示自己财富的窗口，按照乡村习俗，家庭中每逢重大事件，例如生意成功、子女结婚等，都要对房屋重新装修，越有钱的家庭，立面装饰往往越华丽。房屋也是乡村整体风貌的重要代表。2015 年，龙窑村村民人均年收入 14 459 元，属于较为富裕的乡村。村内建筑多为两层，立面多数贴有瓷砖，并且建筑形式较为丰富；另外，由于收入差距，村内样式较差的建筑也存在。然而，当年人均年收入只有 9 100 元的陈吴村，乡村风貌则不如人意，村内多为一层的平房，形式单一，外墙只有简单的粉刷。房屋作为乡村人居环境的主要载体，其对乡村风貌的重要性不言而喻。

　　从居家设施来看，在家用电器上，客厅卧室里，多数村民家庭配置有彩电、冰箱、电风扇等，条件好一些的家庭还安装有空调；厨房里，许多村民已开始使用煤气灶、电饭锅、电磁炉等，但因煤气换装不便且价格较贵，多数乡村还保留着传统土灶；浴室里，多数村民家庭已使用太阳能热水器，部分家庭安装有电热水器，冬季也能正常洗澡。在卫生洁具上,随着江苏省"一池三改"工程的推进,苏北多数农户加建了三格化粪池,原先的简易旱厕得到改良,厕所也变为水冲式,51.9%的村民家庭已开始使用卫生厕所,农宅的卫生状况大大改善,但与江苏省64.5%的平均水平尚存差距(表5-4)。

表5-4 2015年苏北乡村家庭设施使用率统计表

家庭设施	空调	网络	卫生厕所	独立洗浴	独立厨房
使用率	74%	48%	52%	83%	94%

在能源使用上,村民家庭日常用能主要包括生活、照明、炊事、夏季降温、冬季采暖、洗浴等方面。生活和照明方面电力已经得到普及,村民家中也安置有各式灯具和电器;夏季降温主要靠电风扇或空调;冬季多数无采暖,有采暖的主要方式为烧煤、开空调、烧柴草等;洗浴用能主要源于太阳能热水器、电热水器、煤炉等;炊事用能则形式较多,主要为电能、瓶装煤气、柴草等(图5-12)。

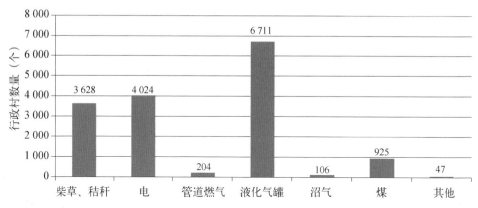

图5-12 2015年苏北乡村燃料使用结构

总体来说,不同乡村家庭居住设施差异明显。以空调和卫生厕所两项为例,对于经济较为发达的乡村,如恒北村和龙窑村,这两项的使用率较高,都能达到80%以上;而对于刘营村,受村民自身收入水平的制约,这两项的使用率不足60%和45%。此外,对于集中新建的村民小区,这些设施的使用率也要明显高于以自建房为主的乡村,如垫湖村和罗岗村,空调和卫生厕所的使用率高达95%和90%,当地村民普遍借助乔迁的机会来装修房屋,改善自己的居住环境。

总体来看,苏北乡村的住房条件不断改善,人均住房面积由 2002 年的 26.7 平方米上升到 2015 年的 50.1 平方米,多数村民对自己的住房条件表示满意。但每个乡村发展程度不一,经济条件较好的乡村,整体居住条件较好;而经济相对薄弱的乡村,村民们普遍表示出对改善居住环境的期待(图 5 - 13)。

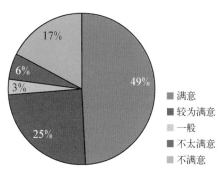

图 5 - 13　苏北乡村村民住房满意率

2) 公共服务设施

随着中央对农村工作的不断重视,以及江苏省内对乡村建设的不断投入,苏北乡村的公共服务设施不断完善。2011 年,苏北在乡村公共服务设施上共投入13.97 亿元,共建设公共建筑 134.71 万平方米,随后的投资和建设,在此基础上不断加强。如今,这些建设起到了明显的成效,方便了村民的生活,改善了人居环境。

(1) 商业服务设施

商业服务设施的配置主要受到乡村产业构成、历史发展水平、规模大小等影响。如恒北村,以盛产早酥梨而闻名,是全国最大的早酥梨商品生产基地,该村的商业服务设施等也因早酥梨而兴盛。因此商业设施除了日常的餐馆、超市等,还设有乡村电商服务站,以促进早酥梨相关产品的网络销售,同时方便村民日常收发快递的需求。另外,早酥梨的生产种植,也给乡村旅游的发展带来契机。结合本村悠久的梨树种植历史,恒北村启动梨花季系列文化活动,以传统文化为精髓,挖掘当地的历史文化资源,吸引游客观光、游览、消费等,同时,相关的农家乐、特色餐饮、住宿等服务业也在该村兴盛起来。

南阳村的商业格局则呈现另外一种景象。南阳村原本是老南阳镇镇区的所在地,撤乡并镇行政区划调整后,原南阳镇被合并,镇政府迁入新址,老南阳镇就被降级为南阳社区。尽管如此,原来的建筑、道路、街巷等都被保留了下来,原有的熙熙攘攘的商业景象仍然留存。南阳村商业发展良好,不仅包括各种小商店、餐饮店等,还开有连锁超市、电动车专卖店等。除此之外,该村村民也在老集镇上开设了各色各样的服装店,用自己的手艺和经营给家庭创造收入(图5-14)。

图5-14 恒北村的农家乐(左)和南阳村的商业店面(右)

　　另外,除产业类型和历史因素外,规模也是影响乡村商业布局的重要因素,上述两村皆为大村,商业较为完备;而规模较小的村,只有零星的小商店,有的甚至没有任何商业设施,这些村的村民需要前往周边乡村或者镇里去采购生活物资。

　　(2)教育设施

　　目前,苏北配置小学的乡村比较少。乡村的学龄儿童,大多去镇上就学,去县城的也占一定比例。年级较低、学校较近的学生多为走读,有的自行上下学,

图5-15 姚兴村废弃的小学

有的由父母接送,有的由校车接送;年级较高,或学校较远的,学生多为住校。教育资源整合的措施,确实给孩子上学带来了交通不便,但多数村民还是表示理解和支持,他们对自己孩子教育,更多的还是关心教育的质量,都希望孩子能够上更好的学校,而对于上学是否方便,他们考虑得并不是很多(图5-15)。

　　但仍有少数苏北乡村设置了小学,如垫湖村和官塘村。垫湖村投资近200万元高标准建设的垫湖小学,塑胶跑道、篮球场、多媒体设备等配套设施一应俱全(图5-16)。但是,该村几乎无村民子女在该校就学,他们大多去镇上或县城上学。村民表示,该校没有五六年级,并且师资力量也有待提高。官塘

村的情况也较为相似,在有入学子女
的村民家庭中,在本村上学的只占
39％,相对稍好,但比例也不是很高,
且 59％的村民认为,该校的教师教学
质量和设施水平需要提高。这也再一
次印证了之前的观点,在教育方面,村
民最关心的还是子女所受教学的水平
和质量。

图 5-16　垫湖村高标准建设的小学

　　由于乡村里的青壮年多数外出务工,白天只留下老人在家照顾孩子。村里
的老人们都很喜欢和孙子、孙女一起生活。但很多老人也表示,由他们来完全负
责孙子辈的日常起居,也有点力不从心,但苏北多数乡村没有幼儿园,这与当前
的需求产生了不小矛盾。

　　(3)医疗设施

　　随着全国对乡村医疗的投入不断加大和对职业乡村医生的培养,近年来,苏
北乡村的医疗条件不断改善。尽管各村的经济实力、发展状况、建设水平不一,
但所有乡村都配备了村卫生院。条件较好的垫湖村,2015 年投资 120 万元建设
了 450 平方米的社区卫生服务站,配备国家执业助理医师 2 人、乡镇执业助理医
师 3 人,内设 13 个功能科室,引进 53 种医疗器械和设备,该村 95％的村民对卫
生室表示满意;而发展稍差的秦桥村,卫生室也配备有多名专业医护人员和多种
医疗设备,能够满足村民基本的就医需求,村民对卫生室的满意度也达到了 75％
(图 5-17)。另外对于规模较大的村,如众心村,卫生院还不止一处。总体来说,

图 5-17　垫湖村(左)与秦桥村(右)的卫生室

苏北乡村卫生室环境整洁，医疗设施较新，配有专业的医师，村民平时感冒发热之类的小病，都能在村卫生室得到治疗，村民对村卫生室的整体满意度也较高（图 5 - 18）。

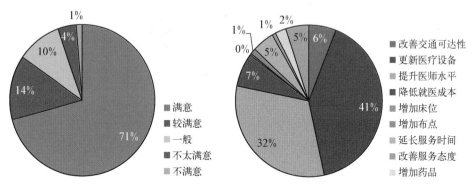

图 5 - 18　苏北乡村村民对卫生室满意度(左)与认为其最需改善的方面(右)

村民们普遍关心卫生室本身的医疗水平，他们认为，村卫生室主要应该提升医师水平和医疗设备。对于大病，多数村民会选择去县医院或市医院等大医院就诊。

（4）文体娱乐设施

在苏北乡村中，多数乡村(81.0％)设有图书室、小广场、健身器材等文体娱乐设施，超过半数的乡村还设有老年人活动室。然而，这些设施的实际使用率并不高。村民们都知道村内有这些活动设施，并且超 60％的村民对这些设施表示满意，但是，没有使用这些设施的习惯(图 5 - 19)。一方面，这些设施多数结合村委会布置，对于分布较为分散的乡村来说，前往这些场所，不甚方便。另一方面，对于文化活动，家中的电视和广播已基本能满足村民的文化需求，而图书室提供的书报种类却比较有限;对于娱乐活动，同村村民们常常走街串户，与亲戚朋友在家门

图 5 - 19　空置的图书阅览室(左)与无人使用的健身器材(右)

口打麻将、唠家常，而老年活动室尽管设施条件较好，但提供的服务也就这些；对于健身需求，许多村民并不习惯使用健身器材，并且这些设施也存在部分损坏的情况，多数村民有晚饭后跳广场舞的习惯，因此，村里的小广场发挥了较大的作用。

（5）养老设施

苏北乡村很少配置养老设施，并且，绝大多数老年村民不愿意去养老院，约91%的老年村民希望在家养老，和儿女生活在一起。陈吴村和恒北村的村民们均表示，老人含辛茹苦抚养子女，如今儿女已长大成人，养老的责任自然要由子女来承担。令人欣慰的是，多数老人表示，他们的儿女都很孝顺，在物质方面和精神方面都很支持他们，他们对儿女外出务工，也表示理解和支持。然而，他们也坦言，在平时生活中，也会感到孤独，确实希望能有人陪伴。目前，苏北开展过互助养老、志愿者帮扶等活动的乡村不多，老人们对这些活动也不了解。通过交流和沟通，老人们表示愿意接受这种养老方式（图 5 - 20，图 5 - 21）。

图 5 - 20　陈吴村(左)与恒北村(右)的老年人

（6）生产服务设施

除商业、文娱、医疗等生活性的公共服务设施之外，各类生产性的服务设施在苏北也有广泛分布。苏北多数乡镇均设有农技服务中心，其服务范围覆盖绝大多数乡村，相关农业技术人员定期深入乡村，深入田间地头，传播先进的农业技术，指导农民

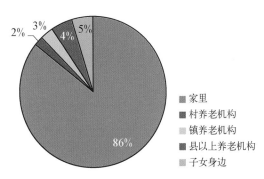

图 5 - 21　苏北乡村村民期望的养老方式

采用新型的耕种方式；多数县市开设有农商银行、乡村信用社等，对相关的农业生产和经营活动提供金融支持，促进了乡村小微企业的经营和发展。此外，村干部也经常

深入各家各户,向村民们宣传和普及最新的农业政策,并针对性地给出指导建议。

苏北乡村的公共服务设施配置尽管存在不足,但总体比较到位。各村村民对于最需要加强的公共设施并没有表达出一致性,上述公共服务设施,都有部分村民认为需要加强。部分村民希望村里能开设幼儿园,以更好地照顾学龄前儿童;多数村民更愿意把孩子送入镇上或县里读书,但他们也希望村里能有教学质量良好的小学;村里的文娱设施配置较全,但村民们希望能更好地满足他们的实际需求;各村都配置有卫生院,但村民还是期望能享受到更优质的医疗服务(图 5 - 22)。

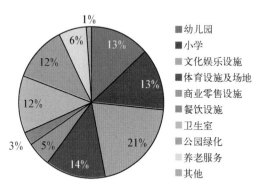

图 5 - 22 苏北乡村村民认为最需要加强的公共服务设施

5.2.4 建设与提升中的道路交通网络

近些年,江苏省不断加强对苏北基础设施建设的投入。目前,苏北已形成了完善的道路交通体系,铁路交通建设也在大幅推进之中。对于乡村来说,道路硬化工程正在逐步实施,公交村村通也在不断推广。从整体上看,苏北乡村的交通状况,相比较过去,已经大为改观,村民的出行方式越来越多样,出行满意度也在不断提升。

1) 区域交通

苏北道路交通发达。2015 年,苏北公路通车总里程达 72 486 千米,其中高速公路通车里程 1 811 千米,一级和二级公路 13 595 千米,实现旅客运输量 39 675 万人,货物运输量 39 365 万吨,苏北的路网密度和运输能力,位列全国较高水平。[①] 随着 2015 年 10 月阜宁至建湖的高速公路建成通车,苏北已实现县县通高速的目标。高速公路和高等级公路的建设,将乡村与城市,以及乡村与乡村之间联系了起来,满足了苏北村民日益增长的出行需求。

① 截至 2019 年,苏北公路通车总里程达 75 010 千米,其中高速公路通车里程 1 869 千米,客运量 29 907 万人,货运量 65 209 万吨。

尽管苏北的道路交通条件优越，但铁路交通却明显滞后。很长时间苏北境内仅有连霍、新长两条铁路，且不通动车或高铁；苏北五市尽管都建有火车站，但仅有徐州开通高铁；而且，省内只有南京拥有铁路跨江桥，除徐州外，苏北其他城市旅客通过火车前往苏南地区（如苏州市），要花费8小时以上。铁路交通的不足，在一定程度上制约了苏北以及苏北乡村的发展。

近年来，苏北已规划并开建多条铁路线路（图5-23）。目前，徐宿淮盐铁路已建成，连盐、连镇、连徐铁路即将完工，盐通铁路也已开工建设。这些新建的铁路都是高铁标准，建成后，苏北去苏南的时间有望缩短至两小时以内。未来，制约苏北发展的铁路交通瓶颈有望得到解决，也将给苏北乡村的发展带来机遇。

2）乡村道路

苏北区域交通处在不断建设与提升中，乡村自身的道路条件也在不断改善。近些年苏北乡村不断加大对乡村道路桥梁建设的投入，乡村道路长度与面积得到了大幅提升，乡村道路建设取得了明显的成效。至2015年，苏北所有自然村

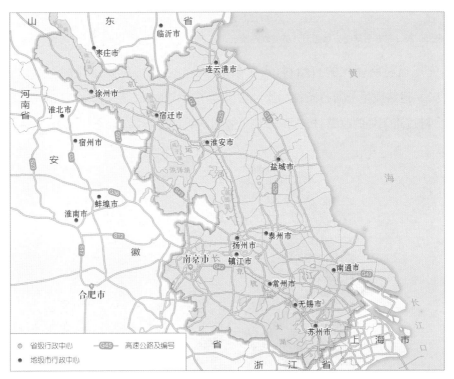

（a）江苏省高速公路分布图

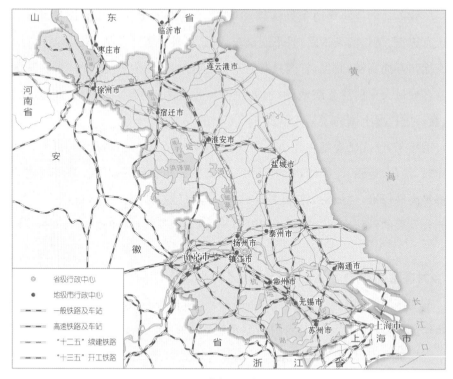

（b）江苏省铁路分布图

图 5 - 23　江苏省高速公路图与江苏省铁路图

中,完成通村路硬化的自然村,占总数的 79.3%,村内道路硬化的,也已占到
76.6%,道路质量与通行条件相比过去得到了很大改观(图 5 - 24,表 5 - 5)。苏
北乡村道路条件的改善,极大地方便了乡村居民的出行。

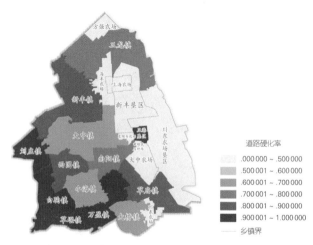

道路硬化率

图 5 - 24　2015 年盐城市大丰区分乡镇乡村道路硬化率

表5-5　2015年苏北乡村道路硬化的自然村屯占比

所属地级市	徐州	连云港	宿迁	淮安	盐城
通村路硬化	84.1%	85.3%	76.6%	76.4%	80.1%
村内道路硬化	74.6%	80.0%	71.0%	77.3%	79.4%

　　苏北乡村道路条件不断得到改善,但其存在的差距也应得到重视。2015年江苏省通村路和村内道路硬化的自然村占比分别为86.3%和84.9%,而整个长三角地区的水平分别为90.4%和88.3%(表5-6)。所以,从总体来看,苏北乡村的道路条件还是存在差距。

表5-6　2015年苏北、江苏、长三角地区自然村落道路硬化情况

地区	苏　北	江苏省总体	长三角地区总体
通村路硬化	79.3%	86.3%	90.4%
村内道路硬化	76.6%	84.9%	88.3%

　　道路条件对村民生活质量的影响是显著的。新团村村内总共3.5万平方米的道路全部完成了硬化工作,路旁还安装有路灯,乡村面貌焕然一新(图5-25)。在这之前,每逢阴雨天气,尤其是冬季雪后放晴,村内道路变得泥泞不堪,加之摩托车、拖拉机等车辆的碾压,路面坑坑洼洼,行人通行不便,村民每次外出都会沾上一身泥。而如今,水泥路通向了家家户户,村民在雨雪天气中出行也变得轻松、容易。乡村道路的建设与改善,也改变了村民们的交通结构和出行比例,提升了村民的生活质量,村民对乡村道路的满意度也较高。

图5-25　新团村宅间水泥路

　　然而,也有部分乡村仍未完成村内道路的硬化工作,例如刘营村,乡村经济条件较为薄弱,基础设施建设也较为滞后,通村路和村内主干路已完成硬化,但

村内仍有部分道路为土路和砂石路,阴雨天,土路泥泞,行走不便(图5-26)。而且,该村没有学校,商业设施较少,孩子们每天要踩着土路上学、放学,村民也要时常外出采购生活物资,乡村道路条件的滞后给村民的日常出行带来了不便。

图5-26　刘营村村内土路(左)和村内主干路(右)

3) 乡村交通

　　苏北乡村的道路条件、公共服务设施配置以及居民收入水平的提升,造就了乡村交通方式的变迁。早期,由于道路条件较差,公共服务设施配置水平低,家庭宽裕的村民都选择摩托车作为主要的交通工具。摩托车凭借其兼具速度与灵活性,通过能力较强,且能少量载客载货的优势,在一段时期内,成了乡村交通工具的主流。如今,随着乡村居民收入的提升,道路交通条件的改善和公共服务设施的充实,同时受到油价和相关交通政策的影响,购买摩托车的村民已逐步减少,取而代之的是小巧、轻便、灵活、充电方便的电动车。几乎苏北的每个集镇上,都有电动车大卖场,部分乡村,如南阳村,还设有电动车销售点,当前村民对电动车的消费需求普遍较高。此外,随着通村公路拓宽和硬化,村内通行条件提升,富裕一点的村民家庭也开始拥有小轿车(图5-27)。另外,卡车、农用车、拖拉机等现代化的生产性交通工具,在乡村内多了起来。

　　2010年,江苏省政府和省交通厅发布文件,提出发展镇村公交的意见与实施办法,在全省范围内开展公交村村通工程。苏北各地市积极响应,出台相关举措,推进城乡公交一体化。经过这些年的建设,苏北多数乡村都已开通村镇公交。公交一体化作为城乡一体化的重要组成部分,方便了村民在乡村之间以及村镇之间的来往,给村民提供了多样化的交通选择方式(图5-28)。

图 5-27　南阳村的电动车专卖店(左)与姚兴村村民家门前停放的小轿车(右)

图 5-28　南阳村行驶中的村镇公交(左)与诚心村的公交站台(右)

　　在开行了乡镇公交的乡村中，村民对公交服务的满意度整体较高。南阳村每 15 分钟就有一班公交，村民表示公交开通之后，往来于周边各个乡镇方便许多，70 岁以上的老年人可以办理老年卡，免费乘坐。该村 80％的村民对乡镇公交的运营表示满意。也有部分乡村，虽开行了乡镇公交，但运营服务有待改善。恒北村的公交发车频率低，一天只有两班车，多数村民表示乘坐公交还没骑车方便，只有 45％的村民对本村的公交表示满意(图 5-29)。另外，还有部分乡村尚未开通公交。双喜村的部分村民表示，没有公交车日常出行确实有点不便，但也有少数村民并未接触过村镇公交，对此表示无所谓。对于尚未开通公交的乡村，多数已经将村镇公交的开行列入议事日程，许多村民也对即将开通的公交车表示期待。

　　总之，苏北区域交通网络不断完善，苏北乡村的交通状况也处在不断的完善与提升过程当中。乡村道路条件逐步改善，村民的出行方式越来越多样化。现存的道路交通问题，政府业已关注，争取在未来几年内得到有效解决。

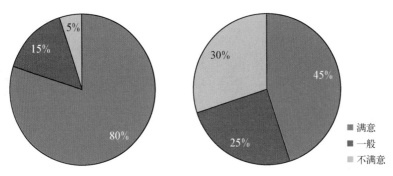

图 5 - 29　南阳村村民(左)与恒北村村民(右)的公交满意度

5.2.5　参差不齐的市政基础设施

随着近些年乡村基础设施建设的投入,苏北乡村的市政设施不断完善。然而,由于乡村发展状况不一,市政设施在各个乡村的建设情况也参差不齐。部分乡村设施齐全,村民的日常生活条件和城市居民已别无二致;但部分乡村,基本的供水还存在诸多问题。另外,由于市政设施种类繁多,建设条件不同,并涉及多个部门,因此不同类型的市政基础设施在乡村的建设情况也不尽相同。

1) 电力设施

苏北乡村的电力设施建设情况总体良好。生活中,液晶电视、电冰箱、电磁炉等电器在乡村家庭中已很常见;生产中,动力线缆也架设到了农田周围,村民采用电动水泵给农田灌溉,比以前用柴油机更节能更环保。当前,江苏省新一轮的农网改造工程已经部署,计划在 2020 年完成全部农网改造工程。届时,全省乡村供电能力和服务水平将进一步提升,预计农网供电可靠率达到 99.96%,综合电压合格率达到 99.945%,户均配变容量达到 3.7 千伏安。这些政策与措施也将进一步改善苏北乡村的供电条件。

据村民们反映,十几年前,尽管各家各户都通了电,但供电质量很差,电灯昏暗,而且时常停电;如今,供电条件改善了很多,鲜少停电,灯光也更为明亮。苏北乡村已有 51.4% 的家庭开始采用电力作为烹饪方式。供电条件的改善,改变了村民的生活方式,极大地提升了村民的居住条件。

2）给水设施

相对于供电设施，苏北乡村的给水设施建设情况差异明显。目前，苏北多数行政村已实现自来水的集中供应，但仍有大量乡村没有实现集中供水，需要自行解决饮水用水问题。苏北乡村的集中供水率为 89.14%，低于江苏省和江浙地区总体水平。具体到每个地级市，又存在显著的差异。苏北各地当中，乡村集中供水率最低的地级市是徐州，只有 77.7%，最高的是盐城，达到 97.6%（表 5-7）。

表 5-7　2015 年苏北和江浙地区行政村自来水集中供应比例

苏　北					江苏	浙江
徐州	连云港	宿迁	淮安	盐城		
77.7%	87.2%	90.6%	92.6%	97.6%	93.2%	91.0%
苏北平均：89.14%					江浙地区平均：92.1%	

是否实现了自来水的集中供应，对村民的生活影响很大。苏北多数乡村已经实现了集中供水。村民表示，以前在还没有自来水的时候，他们常在家门前的小河中洗衣服、洗菜。后来随着环境污染，河水已无法使用，井水便成为用水水源。现在随着自来水的供应，村民用水变得更加方便，对供水质量也放心。在已经集中供应自来水的乡村，村民们对供水的满意度都较高。

然而，某些乡村虽实现了集中供水，但是限时供应。如刘营村每晚 10 点就会停止供水，因此，村民们每天晚上都要尽量赶在 10 点前完成洗澡、洗衣、洗漱等用水工作，另外还要在水缸里贮存一部分水，以备不时之需。自来水的限时供应给村民的生活带来了不便。另外，还有部分乡村没有实现集中供水，如秦桥村，这里的村民用水主要依靠打井，村民表示使用井水确实不便，但也有部分村民并不特别在意有无自来水，他们认为用自来水要交水费，不如打井划算。

3）电信设施

对于乡村，电信设施主要是指电话、手机、电视、网络等。苏北乡村电信设施建设状况良好，服务水平也较高，基本实现了通信的全覆盖（图 5-30）。

当前，苏北所有乡村都具备固定电话的安装条件，许多家庭为了方便家里的老人和小孩，也都安装了电话。随着时代的发展，手机成了当今人们交流的主要

图 5-30　恒北村的乡村电商服务站(左)与南阳村的通信铁塔(右)

工具,使用智能手机的村民也越来越多,许多村民也会使用微信等交流软件,这对移动通信网络在乡村的建设提出了更高的要求。几年前,苏北乡村已经实现2G 网络全覆盖。如今,通信技术飞速发展,为了积极实施"宽带中国"战略,各运营企业大力投资建设乡村 4G 网络,让村民可以切实享受到 4G 网络带来的便利。到 2014 年年底,江苏移动在全省乡村地区累计建设 1.4 万个 4G 网络站址,实现了乡村的 4G 覆盖,2020 年前后,完成乡村地区 4G 网络的全部覆盖,这对逐渐兴盛的乡村电商的发展将起到促进作用。

　　目前有线数字电视也基本覆盖了苏北的各个乡村,但由于苏北乡村平原广布,空间开阔,非常有利于电波的传输,无线电视画质足够清晰,已能满足村民们日常收看电视的需求,所以办理并使用有线电视的乡村家庭并不是很多,许多家庭还是选择使用老式的天线接收器或卫星信号接收器。苏北村民家庭可选收视方式较为多样,看电视成为村民们打发时间的主要方式。

　　2015 年,苏北 81.2%的自然村接通了宽带互联网,但许多村民家中并未安装宽带,究其原因,一方面村中老年人较多,他们平时没有使用电脑的习惯;另一方面,以手机为代表的移动互联网在乡村中得到广泛应用,已经能很好地满足村民们日常上网、交流、查阅信息的需求,因此他们对家庭宽带的需求量并不高。

4) 燃气设施

　　2011 年苏北乡村燃气普及率只有 50.3%,到 2015 年上升至 85.8%,提升明显。燃气作为高效清洁能源,它的广泛使用,提升了乡村的空气质量,也减少了煤渣、柴灰等废弃物的产生,改善了乡村环境。但是,绝大部分村民家庭使用的仍为瓶装液化气,管道燃气使用率较低。多数村民反映,瓶装液化气虽使用方便,但价格颇贵,且购买运送不便。因此许多使用液化气的家庭,依然在同时使用柴草、煤球这些传统燃料(图 5-31)。另外,沼气等新能源的使用比例极低,只有 1.4%。沼气作为乡村物质循环与能量高效利用的典型代表,相关研究设计已很丰富,但直到现在还未被广泛应用。

图 5-31 使用瓶装煤气的村民家庭(左)与冒着袅袅炊烟的厨房烟囱(右)

5) 污水设施

苏北乡村污水处理系统建设相对薄弱,超过一半(53%)的乡村未建排污管道,47%的乡村虽有排污管线,但很不完善,多是村民自建的明沟或暗管。许多乡村尽管建有排水管道,但污水多数不经处理直接排入河道当中,对水体环境造成了严重的污染。苏北乡村污水处理或接入城镇管网的行政村,仅占总数的26.32%(表 5-8)。

表 5-8 2015 年苏北和江浙地区污水处理转运的行政村占比

苏 北					江苏	浙江
徐州	连云港	宿迁	淮安	盐城		
20.7%	23.9%	28.1%	32.2%	26.7%	41.2%	78.6%
苏北平均：26.32%					江浙地区平均：59.9%	

同市的不同乡镇,乡村污水处理设施的建设情况也差异巨大。如大丰区的万盈镇,污水处理方式主要有分户建设处理设施、村设置集中污水处理设施、接

入城镇污水管网这三种,整体处理率较高,接近 70%(图 5-32);而小海镇、新丰镇等,污水处理情况普遍不理想,多数未作任何处理,直接排放。

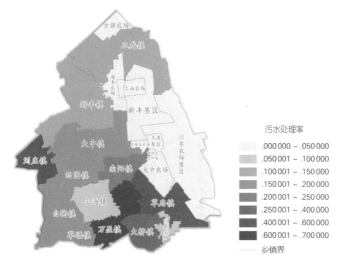

图 5-32 2015 年盐城市大丰区各乡镇污水处理率

　　污水是否处理,对乡村河道的水质影响较大。恒北村村内设有两个污水处理厂,乡村所有污水全部集中处理,村内小河碧波荡漾、风景美丽醉人,处处彰显恬静自然、生态和谐的田园风光。然而,这样的乡村非常少见。诚心村的小河边,几根硕大的污水管道将未经处理的污水直接排入河水当中,散发着阵阵气味,河水混浊,大部分村民认为河道污染需要整治。村民们表示,原先村内河水清澈,随着村内养殖户的增多,周边村镇的发展,污水排放量的增加,水质越发恶化。多数乡村没有污水处理设施,因此污水问题在其他乡村中也广泛存在(图 5-33)。

图 5-33 双喜村被污染的河道(左)与诚心村未经处理的污水直接排放(右)

6）雨水设施

在雨水设施建设方面，苏北多数乡村均未系统建设雨水设施，大多采用自然排泄的方式，雨水通过地表自流或明沟暗管等直接排入周边的沟渠之中。不过部分集中建设的村民小区内设有雨水管线，但最终也未经处理直接排入周边的沟渠。从实际效果来看，苏北乡村因其交织的河流沟渠水系，以及广泛分布的农田土壤植被，地表以自然基底为主，本身有利于雨水的排泄。因此，苏北乡村居民点较少因降水而产生内涝，但对于一些规模较大的乡村而言，据村民们反映，在下暴雨时积水问题也较为明显。

7）环卫设施

乡村环卫设施主要是指垃圾处理设施。苏北乡村的垃圾处理方式，大致分为六种，分别为村内卫生填埋（有防渗）、村内小型焚烧炉处理、转运至城镇处理、村内简易填埋（无防渗）、村内露天堆放以及无集中收集、各家各户自行解决，其中前三种方式属于无害化处理。苏北乡村的垃圾无害化处理的行政村，占总数的 84.8％，属于较高水平，但是和江苏省整体的 89.9％ 和江浙地区总体的 88.9％，相比较还存在一定的差距。从苏北内部来看，连云港的乡村垃圾无害化处理率最低，只有 78.0％，徐州最高，达到 89.8％（表 5 - 9）。

表 5 - 9　2015 年苏北和江浙地区垃圾无害化处理的行政村占比

苏　北					江苏	浙江
徐州	连云港	宿迁	淮安	盐城		
89.8％	78.0％	88.9％	85.1％	82.4％	89.9％	87.9％
苏北平均：84.8％					江浙地区平均：88.9％	

各村垃圾收集处理的情况不尽相同，由此乡村的整体环境风貌和村民对环境整体满意度也有差异。恒北村村内设有垃圾箱 330 个，共有 3 名环卫工人定时清理，统一收集转运。乡村环境干净整洁，村中基本没有乱扔垃圾的现象。85％的村民对乡村环境表示满意，但随着村落的扩展，产生的垃圾也在不断增多，原有的垃圾收集设施已稍显不足。而有的乡村，如秦桥村村内垃圾收集点较少，总共只有 2 个垃圾池，并且直接敞开，没有防护，该村也没有统一的垃圾集中

清理转运设施,造成了垃圾乱堆的现象。村民反映每到夏天炎热时堆放的垃圾会散发气味,影响乡村的卫生环境,村民对环境卫生的满意度只有 60%,属较低水平(图 5 - 34)。

图 5 - 34　恒北村的垃圾箱和整洁的周边环境(左)与秦桥村的露天垃圾池(右)

8) 水利设施

　　水利设施是极其重要的基础设施,在乡村,它不仅是保障农业生产的基础,还担负着乡村防洪防灾的作用,是乡村防灾设施的重要部分。乡村水利工程在保障国家粮食安全、支撑农业发展、促进农民增收、改善乡村环境等方面发挥着不可替代的作用。

　　苏北位于淮河流域内沂沭泗水系下游,不仅是疏通洪水的走廊,还是水资源缺乏地区,同时又是全江苏省水利建设重点任务、抗旱防汛形势严峻地区。2002 年,江苏省内连、宿、盐、淮、徐五市投资 20 亿用于水利建设,一方面有效提高五市防洪能力,另一方面优化水资源配置和强化水环境保护,从而强有力地保障了苏北区域经济和社会发展。但目前,农田水利建设中重建设轻管理的现象普遍,村民对此反映强烈。主要问题为乡村河道淤塞,水体污染严重,管理不够全面;圩堤、涵闸标准不高,人为损坏严重,管理机制不健全;小型排灌站老化严重,从业人员参差不齐,长效管理缺乏统一;使用年限长,效益发挥差等。

　　总体来看,苏北乡村的市政基础设施建设情况参差不齐。总而言之,人口较多、规模较大、发展较好的乡村的市政设施较完善,而规模较小、经济薄弱的乡村则较缺乏。不同类型的基础设施在乡村中的配置,也不尽相同。总的来说,电力电信建设情况较好,而污水和环卫设施有待加强。不同乡村,村民们希望改善的基础设施也不一致,例如陈吴村,由于道路没有完全硬化,村民最希望改善道路交通条件;而秦桥村,除了道路没有硬化之外,还没有实现集中供水,所以当地村民也希望改善供水设施(图5-35,表5-10)。

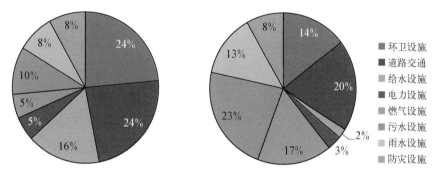

图5-35　泗洪县村民(左)与大丰区村民(右)对基础设施改善的需求

表5-10　调研乡村村民最希望加强的基础设施汇总

县(区)	乡镇	行政村	最需加强的基础设施	其他需要加强的基础设施
大丰区	大中镇	恒北村	道路交通	环卫设施,污水设施
		新团村	环卫设施	污水设施,道路交通
	西团镇	龙窑村	污水设施	燃气设施,雨水设施
		马港村	污水设施	燃气设施,雨水设施
泗洪县	龙集镇	东咀村	道路交通	供水设施
		姚兴村	环卫设施,道路交通	供水设施
	上塘镇	陈吴村	道路交通	污水设施,环卫设施
		垫湖村	污水设施	雨水设施,防灾设施
	双沟镇	罗岗村	污水设施	环卫设施,道路交通
	魏营镇	刘营村	道路交通	污水设施,供水设施
	瑶沟乡	官塘村	道路交通	供水设施,环卫设施,污水设施
		秦桥村	道路交通	供水设施,环卫设施,污水设施

5.3　非物质性要素特征

近些年,苏北乡村得到了长足的发展,经济水平日益增长,人民生活日益富足,但与此同时,苏北乡村的经济水平,在江浙地区仍然属于较低水平,并且各区块之间发展不均衡,存在明显的分化现象。另外,苏北周边,特别是苏南的发展吸引了大批年轻人前往务工,苏北乡村人口流失,尤其是人才流失现象严重。

5.3.1 发展与分化中的经济与人口

1) 经济

苏北乡村经济发展迅速,人民生活水平提高明显。2015 年,苏北乡村村民人均可支配收入为 13 841 元,比 2014 年增加 9.2%,比六年前翻了一番。并且最近连续五年乡村人均收入增幅超过城镇,城乡居民收入比从 2007 年的 2.6 降至 2015 年的 1.9,城乡收入差距日益缩小。另外,苏北乡村的村民生活水平也在不断提高,近五年乡村居民家庭恩格尔系数逐年下降,从 2010 年时的 39.0% 降至 2015 年的 32.3%,已与城镇居民的 31.7% 相差无几。各种数据均显示,苏北乡村在近几年发展状况良好,乡村居民的生活水平不断提升(表 5 - 11,图 5 - 36)。

表 5 - 11　2010—2015 年苏北城乡主要经济指标

	2010	2011	2012	2013	2014	2015
城镇居民人均可支配收入(元)	16 020	18 415	20 822	22 933	24 177	26 349
乡村居民人均可支配收入(元)	7 724	9 246	10 502	11 769	12 670	13 841
城乡居民收入比	2.07	1.99	1.98	1.95	1.91	1.90
城镇居民人均可支配收入增速	13.61%	14.95%	13.07%	10.14%	5.42%	8.98%
乡村居民人均可支配收入增速	14.63%	19.70%	13.58%	12.06%	7.66%	9.24%
城镇居民家庭恩格尔系数	36.1%	36.1%	35.5%	34.8%	32.1%	31.7%
乡村居民家庭恩格尔系数	39.0%	37.4%	36.5%	35.6%	32.6%	32.3%

注:2013 年及以前,乡村居民人均可支配收入按纯收入计。
资料来源:《江苏统计年鉴(2016)》,中国统计出版社。

苏北乡村经济近些年发展态势良好,居民生活改善,但区域差距也必须正视。上文已提及,2015 年苏北乡村居民人均可支配收入为 13 841 元,但相对于江苏省的 16 257 元仍有差距。若放眼江浙地区,浙江省当年乡村居民人均可支配收入为 21 125 元。苏北乡村经济尽管发展迅速,但在江浙地区仍位于落后位置。

同时,苏北内部各乡村之间的经济发展状况也存在较大差距。若分地级市来看,盐城市的乡村居民可支配收入最高,为 15 748 元,宿迁最低,为 12 772 元,差距明显(表 5 - 12)。若具体到各调研村,则差距更大。众心村的人均年收入较

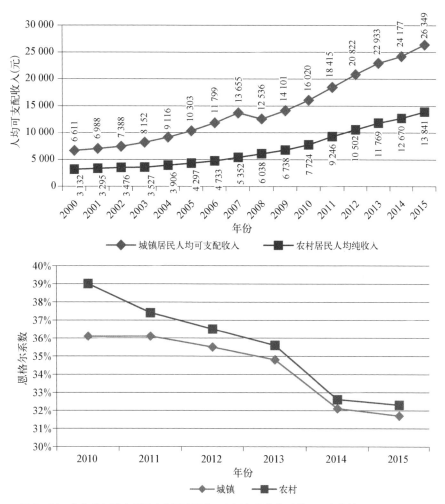

图 5-36 苏北历年城乡居民人均可支配收入(上)与恩格尔系数(下)变化情况
注：2013 年及以前,乡村居民人均可支配收入按纯收入计
资料来源：《江苏统计年鉴(2016)》,中国统计出版社。

高,达到 21 000 元,而陈吴村则较低,只有 9 100 元。村民收入水平对乡村人居环境的影响是显著的,对于众心村来说,该村的住房大多为两层小楼,立面整洁,内部多数经过装修,大多配置彩电、冰箱、空调等家用电器;一些房屋门前的院子里也能看到停放着的小汽车;村民们的言谈举止,都给人以生活富足的感觉。而经济相对落后的陈吴村,除了村委会和部分公共建筑较新之外,村民们的住房多为单层的砖瓦房,立面多未经粉刷,红砖裸露在外,房屋内部也较为陈旧。许多村民的厨房里仍在使用传统的砖砌土灶,村民往来村间,还骑着老式的自行车,村民的衣着也较为简单朴素。

表 5-12 2015 年苏北五市乡村居民人均可支配收入

	徐州	连云港	宿迁	淮安	盐城
乡村居民人均可支配收入(元)	13 982	12 778	12 772	13 128	15 748

资料来源:《江苏统计年鉴(2016)》,中国统计出版社。

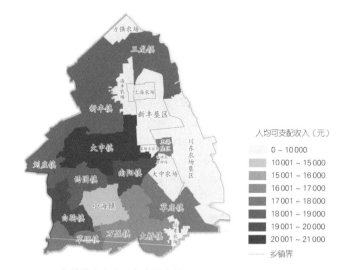

图 5-37 2015 年盐城市大丰区各乡镇乡村居民人均可支配收入

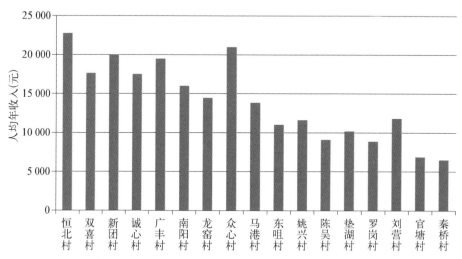

图 5-38 2015 年苏北调研乡村村民人均年收入

2) 产业

苏北乡村产业以农业为主,其中种植业为主要类型,洪泽湖及其他水网地区还广泛分布水产养殖业;多数乡村或多或少都有乡村工业,以食品加工、五金机件为主要类型,层次较低(表5-13)。另外,部分乡村结合历史因素和市场需求,经营多种特色产业。区域经济的快速发展,带动了乡村产业结构的变化,而乡村产业结构的变化也对区域发展产生影响。

表5-13 苏北调研乡村的主要产业类型

行政村	农业类型	其他主要产业	特色产业
恒北村	种植业	电子商务,旅游业	早酥梨
双喜村	种植业	工业	
新团村	种植业,水产养殖	工业,旅游业	现代农业产业园
诚心村	种植业,禽畜养殖	—	
广丰村	种植业	工业	
南阳村	种植业	商业,工业	苗木种植
龙窑村	种植业,水产、禽畜养殖	工业	
众心村	种植业	工业	
马港村	种植业	工业	苗木花卉
东咀村	水产养殖	工业	
姚兴村	种植业,水产养殖	—	
陈吴村	种植业,水产养殖	工业	
垫湖村	种植业	工业	有机大米,林木
罗岗村	种植业,水产养殖	—	
刘营村	种植业,水产、生猪养殖	—	反季节西瓜
官塘村	种植业,水产、生猪养殖	电子商务,工业	反季节西瓜
秦桥村	种植业,水产、生猪养殖	—	—

乡村产业结构的形成和变化,其影响因素是多方面的。从总体上来看,生产力状况是主要因素。正如许多村干部反映,一个乡村是否兴旺发达,取决于是否有支柱产业,能否充分吸纳乡村劳动力。如垫湖村村内有中等规模以上的工业企业,提供了充足的就业岗位,吸引人才涌入,生产力更新升级快,尽管目前该村经济总量略低,但近年来增速加快,整体充满活力(图5-39)。而缺乏支柱产业的乡村,生产力水平较低,产业结构单一,老龄化现象明显。

资源条件也是乡村产业结构的重要制约因素。由于不同地区的不同资源条件,依赖其形成和发展的乡村产业结构也就不同,在一地区形成的合理产业结构不一定在其他地区也是合理的,适合在某个地区开发的产业不一定在其他地区也是合适的。因此,一定的乡村产业结构只可以在特定的资源条件范围内选择,

图 5-39　垫湖村的瓶装饮用水工厂

为了完全发挥本地区的各种资源优势,必须因地制宜。如东咀村和陈吴村充分利用洪泽湖和向阳湖水库的资源优势,大力发展水产养殖业(图 5-40)。此外,在有限的资源条件下,资源情况也可能上升为第一位的决定因素。

图 5-40　东咀村(左)与陈吴村(右)的养殖水面

　　此外,社会需求对乡村产业结构也有重大影响。对生活的需求变化和生产需要的变化会促使消费结构和生产结构的变化,这些变化都会在一定程度上影响乡村产业结构的形成和发展。另外,经济政策对乡村产业结构的形成和发展同样有重要作用,不同的经济政策对乡村产业结构的形成和发展方向具有重大影响。如恒北村,得益于当今群众消费方式的转变、对特色新鲜农产品需求的日益增加,以及盐城市乡村金融、商务的新政策,该村积极发展乡村电子商务,为村民致富增收找到了一条新的途径。

3) 人口

　　经济状况较好的乡镇,更易集中人口;而以单一农业为主的乡村,如盐城市大丰区(图 5 - 41)的人口流失现象则较为严重。

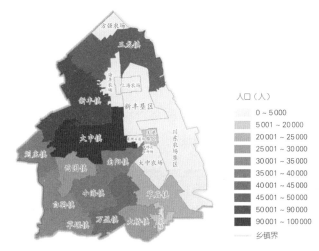

图 5 - 41　2015 年盐城市大丰区分乡镇乡村常住人口

近些年,苏北乡村人口持续负增长,主要原因是人口流动(表 5 - 14)。苏北城镇化水平的逐步提高与乡村青壮年的流失,不断加剧着苏北乡村的老龄化。2015 年,苏北乡村 60 岁以上常住人口占总人数的 19.8%,高于国际上公认的老龄化标准,也高于全国平均水平;苏北乡村住宅中,约有 5.97% 的住房常年无人居住。尽管从区域上看,苏北乡村的老龄化水平并不是最高,但随着乡村青年人的持续流失,这一数字还将继续上升,年龄层次分化的局面将更加明显。

表 5 - 14　2007—2015 年苏北乡村常住人口变化情况

年份	2007	2008	2009	2010	2011	2012	2013	2014	2015
乡村人口(万人)	1 774.4	1 720.2	1 663.9	1 442.5	1 390.2	1 349.8	1 311.6	1 275.4	1 230.6
增长率	-3.30%	-3.05%	-3.27%	-13.3%	-3.62%	-2.91%	-2.83%	-2.76%	-3.51%

资料来源:《江苏统计年鉴(2016)》,中国统计出版社。

分地区来看,苏北各地级市当中,盐城市的乡村人口老龄化情况最为严重,60 岁以上的乡村常住人口占该市乡村常住总人口的 23.3%(表 5 - 15),该市乡村中的年轻人也要明显少于其他地级市。

表 5 - 15　2015 年苏北五市乡村 60 岁以上常住人口占比

	徐州	连云港	宿迁	淮安	盐城
60 岁以上占比	18.5%	19.5%	18.1%	19.4%	23.3%

　　苏北留村人口多为中老年人。白天,年轻人多数外出务工,剩下老人儿童留在村中,整体呈现空心化的局面(图5-42)。随着苏北整体经济发展,远出务工的年轻人已越来越少,多数都是去镇上或县城、市里工作,很多都能做到当日往返或每周往返;远一点的也有去苏南工作的,随着交通条件的改善,他们也能做到每月返乡。一名村民表示,如果条件允许,他很乐意城市乡村两头住。城乡两栖式的生活,对于他们而言,外出务工能获得较多的收入,时常回家又能照料家里的老人和小孩,增进家庭感情。但这也反映出苏北城乡二元的现状还未解决。

图5-42　龙窑村的空巢老人

　　得益于义务教育在乡村地区的普及,苏北乡村的文盲率大大降低,村中除了耄耋老人之外,很少有不识字的,并且每年都会有不少村民子女考上大学。但遗憾的是,这些大学生鲜有意愿回到乡村,他们家人也对其回乡创业持反对态度。苏北乡村的文化水平在不断提高的同时,人才也在不断流失。关于迁居意愿,村里的老人都不愿意离开乡村,在村里住惯了,不太喜欢城里的生活,但他们同时也表示,希望儿女有所成就,能够早日在城里定居立业。这种看似矛盾,两代两地式的意愿和城乡两栖式的生活方式,不仅仅局限于苏北,更深刻地反映出我国城乡关系的现状。有学者认为,在我国,城乡二元壁垒还未破除,进入城市意味着更高的收入和更好的生活条件,但也意味着放弃乡村土地红利。在城市高房价、社会保障缺失风险的背景下,村民们在用自己的方式实践着他们眼中的城乡一体方式,即在城市工作,在乡村生活;在城市创业,回乡村养老;在城市挣钱,再把积累的财富转移回乡村。这是我国所有乡村都在面对的共同问题。

总之，苏北乡村的经济在不断发展，但区域间、乡村间的差异明显；居民收入不断增加、人口素质不断提升，但青年人也在持续外流，空心化逐步加深。因此，可以用发展和分化这两个词来形容苏北乡村的经济与人口。

5.3.2　空心化逐步体现的社会生活

社会生活，包括工作和日常生活两个方面。由于苏北乡村青年人的外流，乡村的日常生活体现出了老龄化和空心化的趋势；鉴于苏北城市的发展，乡村劳动力表现出城乡两栖式和两代两地式的生活方式。

1) 乡村日常生活的老龄化

苏北乡村年轻人外流，人口年龄结构上呈现出老龄化的趋势，与此对应的是，泗洪县村民的日常生活也体现出老龄化的特征(图 5-43)。村中时常可见老人们一起在家门口晒太阳、谈论家常，或一起打牌、打麻将、下棋。许多村里还专门设有老年人活动室，尽管使用率不高，但也给老人之间的交流娱乐活动提供了方便。此外，有些村成立了演出队，表演一些诸如淮剧等地方戏剧；有些村还定期组织观看广场电影，播放经典影视剧。无论是从村民的日常活动、公共服务设施设置，还是从村内组织的娱乐活动来看，都反映出老年文化在苏北乡村中的广泛传播。

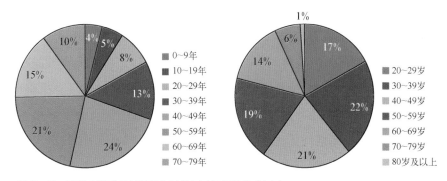

图 5-43　宿迁市泗洪县村民居住时间(左)与年龄构成(右)

每逢寒暑假，村里的年轻人仍然需要正常外出务工，但留下了年幼的子女交付老年人照料。与丰富多样的老年活动相比，这些儿童的日常十分单调。苏北只有少数乡村设有幼儿园,且村内各项文化娱乐体育设施,也多按照成年人的需求标准进行设计,许多村都配有室外健身器材,却少有适合儿童的游戏设施,甚至连最简易的秋千都非常少。假期中,孩子们无非是在村头一起追逐玩耍,或是在家中看电视、上网(图5-44)。孩子们在无人监护的状况下随意跑动,容易发生意外。另外,长期熏染在老年人居多的氛围中,也不利于孩子的健康成长。苏北乡村的留守儿童问题,虽然算不上严重,但也应该得到足够重视,给这些孩子创造一个健康的成长环境。

图5-44 罗岗村老人在照料孩子(左)与儿童在村头玩耍(右)

2) 务工村民生活的两栖化

经济发展迅速,如今的苏北大地早已不是30年前的穷乡僻壤,各市县、多数乡镇,都得到了长足的发展。不少村民已不再去远方打工,他们在周边乡镇或在县城、市里工作。许多人已能实现当日往返、每周往返,远一点的也能每月往返。盐城市大丰区有村民表示如果条件允许,很乐意在城市和乡村之间两头住。两栖化的生活方式下,村民们一方面可以通过外出务工来增加收入,另一方面,家里的老人和小孩也因时常回家而得到照顾。但是,这也反映出了目前苏北乡村居民进城还存在种种不便,他们很难做到举家安居于城市,并融入城市生活,城乡二元格局还远未破除(图5-45)。许多村民在城市工作,回乡村生活;在城市立业,回乡村养老;在城市挣了钱,再把财富转移回乡村。村民们自发创造了他们所理解的"城乡一体化",但这实际上却是基于现实困境的无奈之举。

盐城市大丰区许多老年村民并不愿意离开乡村,却希望子孙后辈们能够有

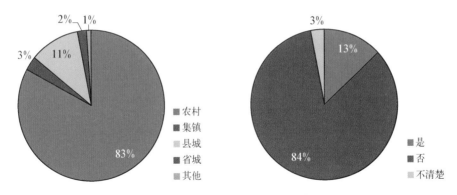

图 5 - 45　盐城市大丰区村民理想居住地(左)与迁出乡村意愿(右)

所成就,在城市安定下来。同时,外出务工村民的子女,也不愿意回乡村生活。苏北乡村村民的老、中、青三代,依次表现出"乡村、城乡两栖、城市"的生活意向,村民完全融入城市,需要三代人的共同努力(图 5 - 46)。

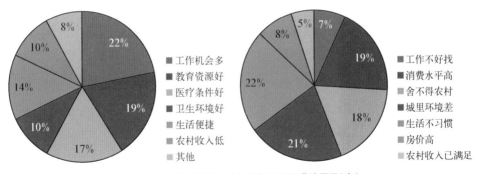

图 5 - 46　盐城市大丰区乡村年轻人进城原因(左)与老年人不愿进城原因(右)

5.3.3　本土化为核心的文化环境

苏北自然条件优越、农耕历史悠久,物产丰富、人杰地灵。大运河的开凿,孕育了徐州、淮安等城市,同时也滋养了这一方风土人情,这里,涌现出一大批著名人物与历史典故。从当代的区域划分来看,苏北以江淮文化为主,同时兼具齐鲁文化的特征。苏北各地的风俗习惯,有着很多相似之处,各地也保持着自己的特色。由于历史上的自然灾害和政治事件,苏北曾经历数次大规模的人口迁徙,但苏北文化却一直拥有相对浓厚的本土特征。新中国成立后,社会逐步稳定,随着各项水利设施兴建,洪涝灾害也日渐减少,苏北乡村的农业产量逐年提高,人口规模也逐步壮大,乡村文化也在不断传承。

　　苏北乡村是典型的家族社会与熟人社会。每户邻居基本都是自己的亲戚,同村家庭,或多或少都有家族上的联系。对于路上行人,村民能一眼分辨出来自哪家哪户,远远地就开始打招呼。从外地远嫁而来的姑娘,从远方迁居而来的外族,也能听懂甚至会说苏北方言,对苏北的节庆礼俗了如指掌。长年在此生活,长期的文化熏陶,外来人员都被同化了。近些年,苏北乡村人口总量不再增长,年轻人不断向城市流出,乡村文化日渐封闭式发展,乡村民俗日渐式微,部分非物质文化遗产面临失传,一些老人也表示,他们年轻时的很多风俗,现在已经不见了。

表 5-16　苏北地区近 30 年来乡村习俗变迁

类型	项目	20 世纪 80 年代	21 世纪初以来
过年	祭灶神	很多人家做	很少人家做
	蒸馒头	都是在家里自己做	大部分人家到超市购买
	囤肉	大部分自家杀猪,很少吃到其他肉类	大部分人家到超市购买,但不再局限于猪肉
	拜年	晚辈给长辈磕头拜年	给亲友电话、短信、微信拜年
	压岁钱	小孩给长辈磕头拜年,方能得到压岁钱	不再磕头,小孩直接得到压岁钱
	走亲戚	很多	较少
其他节日	清明节	扫墓,烧纸祭祖,迎蚕神,放风筝,插柳等	大多地方只有扫墓、烧纸祭祖
	端午节	自己包粽子;给小孩做五彩线系在手腕上,祛除五毒;煮白水蛋;在门槛上方插艾草驱邪;戴香囊	大多地方只剩下吃粽子、煮白水蛋,而且很多家庭粽子是在超市买的
	中秋节	吃月饼,赏月,赏桂花,饮桂花酒等	大多剩下吃月饼、赏月,但增加了放烟花
婚姻	结识	大多为父母之命,媒妁之言	大多婚姻自主,自由恋爱
	聘礼	三转一响:自行车、缝纫机、手表及收录音机;彩礼在 80～100 元	五大件:房子、小汽车、电视机、手提电脑、空调;彩礼在 10 万～20 万元
	婚礼	传统婚礼,拖拉机接新娘,闹洞房的风气盛行。总之环节多,较繁琐,迷信色彩重	西式婚礼很多,成队小轿车接新娘,闹洞房风气减退。总之,环节减少,但接亲、酒席等场面更大,迷信色彩减退
丧葬	仪式礼节	环节较多,禁忌较多,如死者的儿子,三个月内不能剪指甲、剃须、外出工作,只能穿布鞋等	环节减少,禁忌减少,但更讲排场,花费很大
	尸体处理	土葬	火葬
	下葬日期	算日子	死后三天内
	棺材	材质较差	材质考究

资料来源:董思旗等,苏北农村城镇化进程中传统习俗变迁及其引导对策,2016。

5.3.4　强农惠农的政策体系

苏北乡村是江苏省乃至整个长三角地区重要的产粮地区，农业对于苏北乡村而言，具有举足轻重的地位。当前，江苏省对乡村工作高度重视，颁布的政策广泛涉及乡村的方方面面，并立足区域协调发展，政策制定时考虑向苏北等经济薄弱乡村适当倾斜（表 5-17）。

表 5-17　2016 年江苏省对苏北乡村的主要优惠扶持政策

政 策 名 称	对苏北乡村的关注内容与倾斜照顾方面
省政府办公厅关于印发江苏省"十三五"农村扶贫开发规划的通知	重点扶贫地区均位于苏北，提出苏南挂钩企业要向苏北进行产业转移进行帮扶
省政府办公厅关于加快转变农业发展方式的实施意见	优先建设苏中、苏北等水稻、小麦主产区
省政府办公厅关于调整农村公路提档升级工程补助标准的通知	确保改善全省尤其是苏北乡村的公共交通，全省补助水平上，苏北高于苏南及苏中地区
中共江苏省委、江苏省人民政府关于加快苏北振兴推进全面建成小康社会的若干政策意见	
省政府关于进一步完善城乡义务教育经费保障机制的通知	重点向乡村义务教育倾斜，向经济薄弱地区倾斜
省政府关于加强农村留守儿童关爱保护工作的实施意见	乡村留守儿童较多的苏中、苏北要积极承接苏南等地区产业转移，加快发展地方优势特色产业
省政府办公厅关于农业特产税改征农业税的通知	对苏中、苏北财政困难地区因调整政策而造成的减收，由省财政给予补助

资料来源：《江苏省政府信息公开(2017)》，江苏省人民政府网站。

苏北各市同样对"三农"问题高度重视，依照上述文件要求，颁布了一系列细化具体的政策，以保障乡村农民的生活及农业的健康发展。以盐城市和宿迁市为例，两市政策覆盖均较为全面，涉及农业技术推广、乡村基础设施建设、现代农业、新乡村建设、农业基本保障、社会生活保障等方面，但立足于本市乡村发展的实际情况各有侧重。对于苏北乡村来说，"三农"问题仍然是乡村工作的关键，这些政策的制定，保障了农民的利益，促进了农业的发展，为苏北乡村人居环境的提升提供了强有力的保障。

例如省政府办公厅关于印发江苏省"十三五"农村扶贫开发规划的通知，重点扶贫地区均位于苏北,提出苏南挂钩企业要向苏北进行产业转移进行帮扶,有效地提振了苏北乡村经济;省政府办公厅关于调整农村公路提档升级工程补助标准的通知,确保改善全省尤其是苏北乡村的公共交通,全省补助水平上,苏北高于苏南及苏中地区,得益于此政策,苏北近些年乡村公路建设逐步加速,乡村道路条件显著改善。又如盐城市政府推出的一系列农业技术推广政策,例如关于成立 2016 年省农业三新工程项目"盐城稻麦科技综合示范推广"实施领导小组和专家指导组的通知,提升了盐城市农业的科技水平,有效提升了盐城市农业产量;同时,地级市也颁布了一些涉及生产、生活、乡村社会保障的政策,如宿迁市政府关于建立低收入农户子女扶贫助学制度的意见,充分保障了贫困乡村家庭子女入学教育的权益,促进了乡村的公平发展。苏北地区一系列强农惠农的政策,为苏北乡村发展做了充足的保障。

5.4　面临的挑战

5.4.1　乡村人居环境条件仍然相对滞后

将苏北乡村和苏南浙北乡村的人居环境条件相比较,可以发现,苏北乡村在人居环境整体水平上还是处于相对滞后的位置,这主要体现在经济水平、居住环境和基础设施建设等方面。在经济方面,2015 年苏北乡村居民可支配收入均落后于苏南浙北,并且存在较大的差距。在村民住房方面,相比于江浙地区其他地域,苏北仍有部分乡村的住房条件不是很理想,许多村民家庭还住在单层平房当中,并且内部陈设也比较简陋;另外,许多村民家中的居家设施,和江浙地区其他地域相比也有差距,苏北乡村仍有大量家庭在使用煤炭、柴草作为主要燃料,仍然在使用老式厕所。在基础设施方面,无论是道路条件还是污水处理、垃圾清运等市政设施都与苏南浙北存在差距。

苏北近些年来,乡村整体水平不断改善,居民生活水平明显提升,但苏北各乡村之间在经济水平、乡村建设上差距仍然明显,即使是同一个乡镇的不同村庄,建设水平和整体乡村风貌也存在着较大差异。部分乡村发展良好,设施齐全、村容整洁,呈现一片欣欣向荣的景象。而另外一些乡村,经济基础薄弱、基础建设落后、设施欠缺,整体面貌较差,并且还显现出衰败的趋势。

在经济方面,苏北乡村受自然条件以及历史原因等诸多因素的影响,乡村发展不平衡的现象普遍存在,这一点首先表现在经济收入上。从村民人均收入来看,较为富裕的乡村收入水平高出较为贫穷的乡村 3 倍以上,差距明显。经济收入上的巨大差距直接导致了人居环境建设的差异,造成了不同乡村村民生活水平以及整体村容村貌的巨大差距。

在居住条件方面,村民收入水平的差距造成了居住条件的差距。对于较为富裕的乡村来讲,村民普遍住在两层或以上的房屋当中,家中的装修也较为精致考究,各种家用电器、厨卫设施也较为齐全;而对于收入较低的乡村来说,许多村民仍然住在单层的平房当中,房屋内部设施较为简陋,许多人家仍在使用砖砌土灶和老式粪坑。不同收入水平的乡村以及不同收入水平的家庭在居住条件上差距明显。

在基础设施方面,除了居住条件之外,不同乡村在基础设施上差距也较为明显。条件较好的乡村已全部完成道路硬化,道路两旁绿树成荫,夜间还有路灯照明;供水供电、污水处理、垃圾转运等市政设施一应俱全,整体风貌良好。而另外一些乡村,乡村内部仍然存在大量的沙石土路,下雨天气泥泞难行;集中供水还未实现,也缺乏污水处理和垃圾转运设施,整体风貌较差。

5.4.2　空心化仍在不断加深

苏北乡村年轻人口持续外流,内生动力匮乏是阻碍苏北乡村发展的最根本原因。最近十年苏北城市经济在高速发展,对空间布局缺乏重视,造成城乡差距大的客观事实。如果不能缩小区域、城乡间的差距,那么,未来发展将不可持续。因此,要加强苏北乡村地区的发展,促进苏北城市与乡村,苏北与苏中、苏南的协调发展。

苏北乡村的人口流动受到内外诸多因素影响。年龄、学历、收入等个体因素对其就业与居住的选择产生了一定影响,迁入(出)地的产业基础、村镇风貌、内外交通、文化风俗、医疗卫生、文化教育、政治经济地位、区域范围内产业发展情况与趋势等外部因素也对人口流动影响较大。其中政策引导是综合各项条件下的主导影响因素。当前,随着主导产业流向苏南地区或大中城市,苏北工业基础本身较落后,经济基础实力不强,故财政的转移支付与产业转移等政策引导必不可少。

另外,也要认识到,乡村老龄化将是常态。据第六次人口普查统计数据显示,苏北乡村的老龄化程度明显高于城市。对此,不仅需要为乡村提供老龄化设施和服务,还需要提高乡村老年人的晚年生活质量。例如在日韩等国家设立有乡村公共服务中心,60多岁的老人还在做修剪绿植等力所能及的工作,他们并非生计所迫,只是想让自己的生活过得更好一些,在社会上找到自己的位置。反观苏北乡村的老人,有相当一部分待在家里就是看电视打麻将,这不仅不利于老人的身心健康,也是一种资源浪费。当前,应积极应对乡村的老龄化趋势,要想办法让这些老人成为乡村社会或者乡村社区的资源并加以开发。

5.4.3　农田生态面临挑战

苏北平原由江、河、湖、海交错作用留下的泥沙物质所构成,其南侧的扬州—泰州—南通区域为长三角的北翼,属于高亢的自然沙堤沙滩地,里下河洼的水源地;东台—盐城—阜宁砂岗以西本为古潟湖,后为淡化的湖荡洼地;里下河洼地西侧,途经徐州、宿迁、淮安等地的大运河以西为汉代以来构筑的人工湖带,包括洪泽湖、高邮湖、邵伯湖等,往北还有黄河泥沙淤塞而成的骆马湖;东台—盐城—阜宁砂岗及宋代构建的范公堤以东,为近千年来不断淤积形成的滨海平原;1128—1855年,黄河南徙夺淮在江苏中部直奔黄海,苏北平原北部形成广阔的泛滥平原与三角洲平原;板浦—赣榆砂堤以东及连云港、云台山四周为海成平原。

苏北平原在历史上就是相对富庶的地区,春秋战国与秦汉时代,地区经济就较为发达。隋唐时期,大运河的通航借由水陆双重交通运输业的发展,推动地区的进一步繁荣。但随着黄河南迁,长期的水涝灾害威胁伴随交通运输优势的更迭,地方经济逐渐萧条。近代以后,大运河水运优势丧失,沿运河城市经济再次受创。

新中国成立以来,在苏北平原大兴水利,严防河湖泛滥与海潮侵袭,进行稳产高产农田建设,并发展了养殖业,还有大规模植树造林、滩涂开发、丹顶鹤及麋鹿自然保护区建设,以及在黄河故道造果园等,使苏北平原面貌大变,里下河流域是全国水稻、棉花、油菜基地,这里有全国唯一的联合国生态农业示范村。今天的苏北,江河北移和水利控制能力加强使水患威胁不再;航空、铁路、高速公路体系的建立,使其摆脱了河运的劣势;苏北、苏南之间多座长江大桥将长三角都市圈与苏北连成一体;另外,东部国际港建设与大面积黄海滩涂土地储备为苏北未来发展提供了巨大潜力。

苏北乡村自然条件优越,但现如今大规模、高强度的农业种植,冲击了苏北区域原有的自然基底,不科学、不集约的种植方式,对生态环境造成了破坏。

首先是土地的大规模占用。苏北平原广阔,广袤的土地资源是苏北相对于其他地区的显著优势。然而在土地使用过程中,各种问题也不断凸显。在农业方面,苏北凡是可开垦的土地基本都被用作农田,一些原本不适宜种植的生态敏感地区,例如林地、湿地等,也通过各种手段被改造成农田,极大地冲击了原有的自然基底。在建设方面,村办企业无序布置,乡村用地低效扩张,城市不断向乡村侵蚀,这都对苏北原有的土地资源造成了极大的浪费。

其次是农药化肥的大规模使用。苏北是长三角地区重要的产粮地区,为了保证农业产量的提升,苏北乡村在农业种植过程中常常伴随着大量的农药和化肥的使用,对水资源造成污染,破坏了当地的生态平衡,同时也恶化了耕地的土壤条件,对苏北自然生态造成了严重的破坏,同时也不利于农业的长期可持续发展。

再者是乡村污染的排放。乡村自身产生污水,也是苏北乡村污染的一大来源。苏北乡村的污水处理水平较低,多数乡村没有建设污水处理厂,许多污水也没有集中收集接入城镇污水管网,多数不经处理直接排入周边的河道。污水直排恶化了乡村河道水质,破坏了自然生态和乡村卫生环境,对村民生活造成了较大的影响。

第6章 苏中：沿江河带发展型
乡村人居环境

　　沿江河带地区,是指依托沿江或者沿河的资源发展起来的地区。一般说来,该地区地势较为平坦,多处于平原冲积带,由江、河、湖、海交错作用留下的泥沙物质所构成。从江浙地区的整体来看,苏中地区(包括扬州市、泰州市、南通市)具有典型的沿江河带地貌特征。本章主要论述以苏中(图6-1)为典型的沿长江、京杭大运河、淮河地区的乡村人居环境,采用实地调研、统计数据分析与文献资料整理相结合的方式,重点选取并调研了扬州市仪征市的主要乡村(表6-1),并以此为代表探讨苏中乡村人居环境的现状及发展特征,找出存在的主要问题。调研乡村的选择,主要是考虑到产业的多元性,又要优中差兼顾,以小见大,以最大限度求得最真实的乡村发展水平。所以在以下7个行政村中,各自主导产业有所不同,发展水平也有所不同,能够较好地反映出苏中乡村人居环境的整体面貌。

表6-1　苏中沿江河带发展型重点调研乡村

所属市县(区)	乡镇	行政村
扬州市仪征市	新集镇	庙山村
		八桥村
	陈集镇	红星村
	大仪镇	大巷村
	刘集镇	百寿村
	马集镇	岔镇村
	月塘镇	尹山村

6.1　类型概况

　　苏中位于江苏省境域中部、长江三角洲的北侧、长江下游北岸,东濒黄海、南

图 6-1　苏中的区位图

濒长江、北望淮河，受上海经济圈和南京都市圈的辐射。按照 2015 年江苏通行
的行政区域划分，苏中地区包括长江北岸扬州、泰州、南通沿江三个地级市（以下
简称"苏中三市"），共包含 3 815 个行政村。苏中三市都位于长江沿线，都是长江

三角洲的 16 个中心城市之一,也是上海都市圈(长江三角洲城市群)重要组成部分。从地形地貌上来看,苏中地区水网较为密集,淮河、沂河等众多河流流经,后向东入黄海,穿过西部,北有废黄河故道,南有长江、东海。因此苏中乡村的地势也以江河的沉积而形成的平原为主,地理资料表明,苏中所有的乡村中,地形为平原的乡村占 96.9%,仅扬州地区有少数乡村属于丘陵。同时,苏中地区乡村农田广袤,河网密布,物产丰富,也是中国有名的鱼米之乡,兼具平原和江河的地貌特征。在乡村人居环境上,也体现出沿江河带地貌发展型的特点。

6.2 物质性要素特征

从局部要素来看,相对于江浙其他地区,苏中乡村人居环境在很多方面具有浓厚的地方特色。从整体来看,苏中地区的乡村人居环境物质性要素处于较快的提升与发展阶段,整体水平在江浙区域当中相对发达,整体格局较为完善。

6.2.1 河湖相连、资源优越的自然生态

1) 自然气候

苏中属于亚热带季风性湿润气候向温带季风气候的过渡区。气候主要特点是四季分明,日照充足,雨量丰沛,盛行风向随季节有明显变化。

苏中气象灾害较多,特别是台风。区域年平均气温 13~18℃,其中沿江地区平均气温 15~18℃,江淮地区平均气温 14~15℃,淮北及沿海地区平均气温 13~17℃,气温从东北方向向西南方向渐次增高。区域平均年降雨量为 980~2 000 毫米;平均年日照时间为 1 710~2 100 小时,适合各种植物的生长和光合产物的积累。该区域自然植被代表类型是湿地植被。

2) 生态环境

水资源:苏中地处江、淮、沂、沭、泗流域下游和南北气候过渡带,滨江临海,

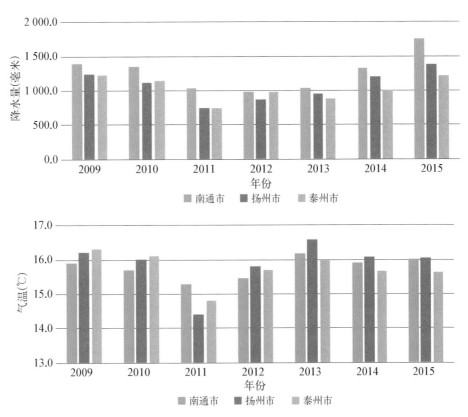

图 6 - 2　苏中三市 2009—2015 年全年降水量统计(上)与平均气温统计(下)
资料来源：《江苏统计年鉴(2016)》,中国统计出版社。

河湖众多,水系复杂,特殊的地理位置和水系特点,给地区带来丰富的水资源优势。苏中年降水量 315.3 亿立方米,地表水资源量 114.1 亿立方米,总水资源量 138 亿立方米。

矿产资源：苏中矿产资源分布广泛,品种较多。苏中共有矿产资源 15 种,已基本探明储量的矿产资源 12 种,其中石油、天然气储量居全省首位,以石油、天然气、二氧化碳气及凹凸棒石黏土矿为主。邗江、江都、高邮一带有丰富的油、气资源,高邮素有"水乡油田"的美誉。砖瓦黏土、石英砂、玄武岩、砾(卵)石、矿泉水、地热等矿产资源较丰富。有黄沙储量 2 亿～3 亿吨、石料储量 1.2 亿吨、卵石储量约 3 亿吨。仪征更是雨花石之乡。

生物资源：苏中野生动物资源较少,植物资源非常丰富,而最为丰富的是水生动物资源。被誉为水中珍品的"长江三鲜"(鲥鱼、刀鱼、河豚)都是出自苏中。

苏中虽然自然条件优越,环境资源丰富,但是由于发展带来的环境问题也不容忽视。2015年,苏中废水排放总量为37.76亿吨,其中工业废水排放量3.28亿吨,占废水排放总量的8.69%;城镇生活污水排放量6.97亿吨,占废水排放总量18.46%。废水中化学需氧量(COD)排放总量为24.12万吨,其中工业废水中COD排放量为4.88万吨,占COD排放总量的20.23%;生活污水中COD排放量为10.88万吨,占COD排放总量的45.11%;农业源COD排放量为8.32万吨,占COD排放总量的34.50%。氨氮排放总量为3.38万吨,其中工业氨氮排放量3496吨,占氨氮排放总量10.35%;生活氨氮排放量1.85万吨,占氨氮排放总量54.73%;农业源氨氮排放量1.17万吨,占氨氮排放总量34.62%。与2014年相比,化学需氧量排放总量和氨氮排放总量均有减少。

空气环境:苏中二氧化硫排放总量为15.57万吨,其中工业二氧化硫排放量14.63万吨,占二氧化硫排放总量93.96%;生活二氧化硫排放量0.94万吨,占二氧化硫排放总量6.04%。烟(粉)尘排放总量7.10万吨,其中工业烟(粉)尘排放量6.31万吨,占烟(粉)尘排放总量88.87%;生活烟(粉)尘排放量0.40万吨,占烟(粉)尘排放总量5.63%;氮氧化物排放总量17.29万吨,其中工业氮氧化物排放量12.33万吨,占排放总量71.31%;生活氮氧化物排放量0.14万吨,占排放总量0.83%;机动车氮氧化物排放量4.81万吨,占排放总量27.83%。

工业固体废物:苏中工业固体废物产生量为1 315.98万吨,综合利用率达97.41%。

3) 土壤条件

苏中以水田土壤资源为主,水田土壤为水稻土类,以扬州市面积最大,共有六个亚类(表6-2):一是低山丘陵土区上部的淹育型水稻土;二是低山丘陵土旁田及平原区高平田的漂洗型水稻土;三是新冲积平原区的渗育型水稻土;四是低山丘陵谷地冲田和湖积冲积平原区平田的潴育型水稻土;五是湖积平原区低平田的脱潜型水稻土;六是湖洼低田的潜育型水稻土。

表 6-2　苏中土壤类型表

水田土壤分类	具 体 定 义
淹育型水稻土	淹育型水稻土多分布于长江以南的宜溧低山外围,宜兴、金坛、丹阳起伏丘陵区以及高淳、江宁、江浦、六合、邗江、高邮丘岗土区的上部。由于地势较高,灌溉条件差,淹育植稻年限时间短暂,同时植稻期间多在梅雨季节,靠自然降雨拦蓄种稻,雨季终结,无水可蓄,则田面落干,进入土壤脱水阶段。这种水稻土的发育特点是以氧化状态占优势,剖面分异不甚明显,除上部土层初具水稻土特征外,底土层基本保持原有母土征状。 淹育型水稻土有机质 14 克/千克,土体上部质地较轻,向下质黏。对于能确保灌溉水源的田块,多采取增施有机肥和消灭过阴水影响,以取得水稻稳产高产。对于灌溉水源无保证,同时施肥也无保证的"望天田",已多退耕还林
渗育型水稻土	渗育型水稻土在水耕状态下,以下渗淋溶(包括侧渗)作用为主,具有耕作层、犁底层和渗育层段,氧化状态占主导地位,为发育中度的水稻土。面积 980.7 万亩,占水稻土面积的 29.5%。其主要土壤有板浆白土、潮灰土、潮黄土
潴育型水稻土	潴育型水稻土面积 1 433.8 万亩,占水稻土的 43.1%,分布在苏州、无锡、常州、南京、镇江、扬州、南通、盐城、淮安九市,其起源母土主要是黄褐土、潮土和沼泽土、盐土、沙姜黑土。潴育型水稻土是江苏省的老稻田,有的有数千年的种植历史。主要土壤有马肝土、黄泥土、红沙土、缠脚土、黏黄土等
漂洗型水稻土	漂洗型水稻土是在强度淋溶漂洗条件下形成的具有强度渗育漂洗层(或称"白土层")的土壤,通称"白土",是太湖流域水稻土中一类重要的土壤,多分布于太湖周围地势稍高的高平田地区以及平原向丘陵过渡地区。其面积 229.1 万亩,只占水稻土面积的 6.9%。白土发生于上粉下黏的黄土性母质,耕层有机质 20 克/千克,含氮1.3 克/千克。由于白土层的影响,作物根系发育受到限制
脱潜型水稻土	脱潜型水稻土是江苏省里下河和太湖低洼圩区的潜育水稻土,经过长期的开沟排水、客土垫高等措施,使得常年地下水位由原来的 30~50 厘米降低到 60~80 厘米,系由一熟水稻过渡到稻麦两熟而形成的土壤。主要分布于太湖、滆湖和里下河湖网地区,丘陵岗地的两冈夹一洼的岗地洼处,母质为下蜀黄土。面积 542.2 万亩,占水稻土面积的 16.3%。主要土壤有乌栅土、乌杂土、勤泥土、勤黏土
潜育型水稻土	潜育型水稻土是一种滞水土壤,地下水位长期滞留在土体 0~50 厘米范围内。剖面层次为耕作层—(犁底层)—潜育层,犁底层不明显,面积 98.2 万亩,仅占水稻土面积的 3%。主要土壤有青泥条、青泥土、烘泥土

资料来源:《江苏省志·土壤志》,江苏古籍出版社,2001。

4) 农业生产发展模式

　　2011 年初,苏中农业适度规模经营面积达 480 万亩,占农用地面积的 52%;高效农(渔)业总面积 550 万亩,其中设施(渔)业总面积 90 万亩。其中,扬州市沿江地区的蔬菜花木、里下河地区的"四水"、丘陵地区的畜禽茶果和城郊地区的设施观光农业等特色产业板块已经形成。同时,泰州兴化市河蟹、小龙虾等特色水产发展迅速,淡水养殖总量居全省第一,被命名为"中国河蟹养殖第一县",其河蟹产量占江苏全省的 1/5,全国的 1/10。目前,泰州已形成了里下河水产养殖企业集群、稻米加工企业集群、脱水加工蔬菜产业集群和沿靖江地区畜禽制品加工企业集群等 10 多个大小企业集群。

2010 年年底,苏中土地流转面积达 190 万亩,经认定注册的家庭农场近500 个。畜禽规模养殖比重也明显上升,2012 年,泰州市生猪、蛋禽和肉禽规模化养殖比重分别达到 76%、90% 和 93%。在引导发展农民专业合作社的同时,创建三大合作组织活动,五年后增加合作社约 1 200 个,工商登记率达 59%、农户入社率达 55%。其中,泰州市乡村三大合作组织总数累计达 2 145 家。

2011 年,苏中农机综合化水平达 71%,其中水稻种植机械化水平达80%,泰兴市基本实现了水稻种植机械化。同时,农机跨区作业,实现机收机插机植保等各类服务。稻麦病虫专业化防治覆盖率达 50% 以上。同时,积极创新乡村金融保险制度。乡村小额贷款公司达 50 家,农民资金互助合作社达 20 多家,主要种植业保险实现全覆盖,高效设施农业保险推广面不断扩大。

表 6-3 2015 年苏中主要农产品产量和区域比重

产品种类	产量(万吨)	占江苏省总产量比重
粮食	980.91	25.15%
棉花	4.25	39.72%
油料	59.11	40.48%
肉类	93.06	21.69%
水产品	169.11	32.37%

资料来源:《江苏统计年鉴(2016)》,中国统计出版社。

苏中乡村的农业生产,处在不断增长之中。2015 年苏中第一产业总产值为 815.69 亿元,相比较于 2005 年的 339.21 亿元,增长了 240.47%,年均增长24.05%(图 6-3)。这一方面是由于各种农业机械的应用和农业科技的应用,另一方面是由于农业生产经营管理方式的改变。可以看出,农业对于苏中乡村仍然占有举足轻重的作用。近些年,苏中乡村已逐步开始从农业大村向农业强村转变,农业生产正在逐渐转向规模化、机械化、科学化,相信这将进一步促进苏中乡村的农业生产。

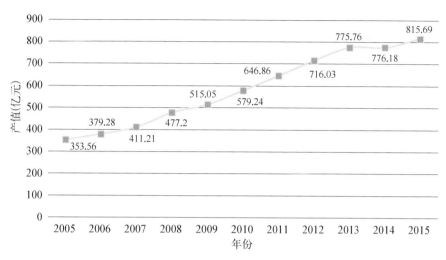

图 6 - 3　2005—2015 年苏中第一产业总产值
资料来源：《江苏统计年鉴(2016)》，中国统计出版社。

5) 江河分布(表 6 - 4)

长江：长江在南京以下的江段称为扬子江。扬子江自江阴以下河段江面呈喇叭状向入海口拓宽，从江阴段一千米的水面宽度转向入海口附近八十千米的水面宽度。一些学者认为六千年以前长江入海口大致在扬州、镇江一带，由于区域江面宽阔且坡度平缓，河流交汇导致泥沙淤积，逐渐发育出长江三角洲。江口的崇明岛在近一千年前出现，其南端的黄浦江是长江的最后一条支流。

表 6 - 4　苏中主要河流数据特征

流　域	流域面积 （万平方千米）	多年平均降水量 （毫米）	径流总量 （亿立方米）	汛　期
长江	180	1 067	9 513	5—9 月
京杭大运河	0.53	612	—	4—9 月
淮河	27	920	622	6—9 月

资料来源：中国百科网，2016。

京杭大运河：大运河南起余杭(今杭州)，北到涿郡(今北京)，途经今浙江、江苏、山东、河北四省及天津、北京两市，贯通海河、黄河、淮河、长江、钱塘江五大水

系,全长约 1 797 千米。大运河对中国南北之间的经济、文化发展与交流,特别是
对沿线地区工农业经济的发展起了巨大作用。其中,里运河和江南运河经过苏
中沿江河地区。

淮河:淮河流域包括湖北、河南、安徽、山东、江苏 5 省 35 个地(市)189 个县
(市),淮河沿线经过城市主要有河南省南阳市东部、信阳市,安徽省阜阳市、六安
市、淮南市、蚌埠市,江苏省淮安市、扬州市。

6.2.2 沿江河线状分布的空间组织

苏中是长江及海洋沿岸地区经济协调互动发展的重要区域,由于多条跨江
隧道及快速路的开工建设,江苏省长江沿岸城市之间的连接得到加强,以江苏中
部为中心向南部、北部辐射的通道逐渐完善,城镇发展轴也不断形成。随着基础
设施的完善,苏中城镇空间结构也发生了变化,以跨江通道串联的城镇新组团逐
渐代替传统组群。

1) 农田分布

苏中的地势较为平坦,在所有的乡村中,地形为平原的占 96.88%,地形为丘
陵的仅占 3.12%,非常适合农作物的耕种。2015 年苏中地区农作物播种面积为
1 925.9 千公顷,占江苏省的 24.55%,长三角地区的 18.13%。从人均来看,苏中
乡村人均作物播种面积为 3 120.60 平方米,这在江浙的各个区域当中,属于较高
水平。

2) 乡村分布

苏中的农业带地域平坦,乡村众多,乡村居民点的分布方式也较为多
样。从乡村的集聚程度来看,苏中的乡村自然村平均建设用地 130.0 公
顷,平均户数 77.1 户,与江苏省和长三角整体水平相比较,属于中等较大
规模(表 6-5)。总得来看,苏中乡村居民点的分布格局,呈现相对集中与
相对分散共存的局面,其中,泰州、南通的乡村集聚度较高,扬州的乡村集
聚度较低。

表6-5　2015年苏中三市乡村基本信息与自然村屯规模统计

	南通	扬州	泰州
乡村总建设用地面积(公顷)	3 121 537.8	1 325 326.5	1 396 817
乡村住房总户数(户)	2 014 758	751 127	1 146 576
自然村屯数量(个)	25 636	14 447	9 728
村平均建设用地面积(公顷)	121.8	91.7	143.6
村平均户数(户)	78.6	52.0	117.9

　　为了满足农业生产的需求，乡村居民点在选址时，多考虑围绕农田分布，同时考虑道路交通、河流水源的影响，以农田为中心，形成带状、块状、带状块状相结合等的布局模式(图6-4)。苏中农耕历史悠久，在乡村的发展中，随着居民点人口的增减，房屋的建设和更新，苏中乡村居民点的分布方式逐渐呈现多样化的格局。

卫星图　　　　　　　　　　　　　　　　村庄肌理图

"一"字式：仪征市大仪镇大巷村及周边

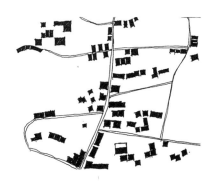

散点式：仪征市刘集镇百寿村及周边

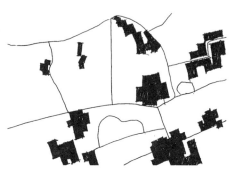

带状+块状式：仪征市新集镇庙山村及周边

沿水系生长式：仪征市新集镇八桥村及周边

图6-4 苏中乡村主要布局方式示意图
资料来源：根据天地图·江苏(2017)绘制

6.2.3 江河地区特色的民居与公共建筑

1) 居住建筑

苏中乡村的居住建筑建设模式，主要分为村民自建和新农村集体建设两种。居住建筑的质量和村集体经济发展的好坏有直接关系。

从建筑年代上来看，主要分为1980年以前，1980—2000年，2000年以后这三个阶段，另外还有些村在2010年后开始了新居住区的建设。比如红星村，1980年以前修建住房的有81户，1980—2000年新建住宅的也是在96户左右，而2000年以后新建住宅的达到了123户。可以看出2000年后乡村在住房条件的改善方面有了很大的提升，这主要跟村里的整体经济状况有关，2014年该村集体经济收入为 10 万元。同时，红星村紧靠镇区，外出到镇上务工，赚钱后回到村中的村民不在少数，这也是 2000 年后乡村住房条件大大改善的原因之一。另外如大巷村，村民住宅建成时间不一，20 世纪 80 年代至 2015 年的均有，90% 为 1980 年以前所建，近年来土地指标有限，除村民集中区房屋之外，新建房屋极少（图 6-5）。

图 6-5　红星村村民住房(左)与大巷村村民集中区住房(右)

从建筑风格来看，住房风格多为中国传统民居，大部分为 2～3 层，单层较少；多为砖混结构，墙面粉刷白色、灰色涂料或贴乳白色瓷砖；建筑面貌相似，建筑质量较高。由于收入差距，村中也存在样式较差的建筑。

从居住设施来看，调研乡村中已实现通电、通水、通电话、通燃气、通有线电视，大多数家庭配备了冰箱、彩电、空调等家用电器以及网络（表 6-6）。据统计，大约有 94% 的家庭已经配置空调，基本上所有家庭配有冰箱、彩电等常见家用电器。网络普及率在 74% 左右，未安装宽带的家庭基本上都是留守老人家庭，故没有上网的需求。卫生洁具方面，冲水厕所的普及率有 87%，有专门的管道排污。97% 的住房有洗浴的地方，太阳能的普及率较高。100% 的家庭有厨房，并且厨具俱全。

表 6-6　苏中调研乡村的住房情况统计(单位：户)

	外墙粉刷	空调	网络	出租	冲水厕所	洗浴	厨房
有	136	131	104	12	122	136	140
没有	4	9	36	128	18	4	0

炊事燃料方面，调研乡村中，一些村建了沼气池且沼气到户，有效保护环境的同时给村民带来了实实在在的方便；一些村则供应沼气和液化气的混合燃料；另外一些村则完全使用液化气（图 6-6）。

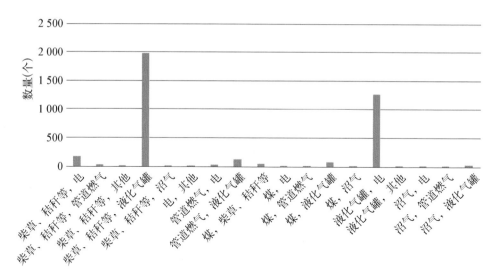

图 6-6　2015年苏中各社区(村)燃料使用结构

通过对调研乡村的村民住房满意度的调查,近七成的村民对目前的住房状况颇为满意,三成村民认为还有其他的改善空间,其中多数希望能够加快推进乡村建设,使得住房质量得到改善(图 6-7)。

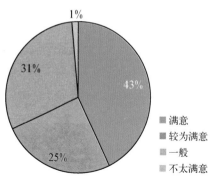

图 6-7　苏中调研乡村的村民对住房的满意率

■ 满意
■ 较为满意
■ 一般
■ 不太满意

2) 公共服务设施

（1）医疗卫生设施

医疗方面,行政村均配有卫生室,卫生室有1~2名卫生员为村民们服务,可以满足基本的健康需求如量血压等。村民对镇卫生院的满意率达到84%,对村卫生室的满意率达到82%。

尽管有些村的保健设施硬件不尽如人意,但是村民们的健康有了基本保障。乡村医疗环境中,以更新医疗设备为代表的硬件设施和提升医师水平为代表的软件设施仍然不能令村民们放心,加强乡村医疗建设,为农民提供优质医疗服务任重而道远(图 6-8)。

（2）教育设施

更新教育设施及提高教师质量成为村民关心的重点,虽然现今乡村的教育质量比从前有了提高,但是与城市相比仍然没有可比性,为子女提供更优良的教育也成为村民迁居的重要影响因素之一(图 6 - 9)。

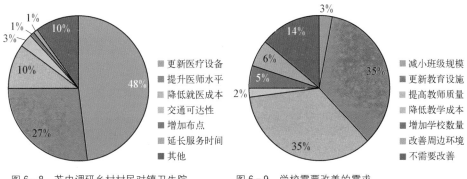

图 6 - 8　苏中调研乡村村民对镇卫生院
　　　　　改善要求占比

图 6 - 9　学校需要改善的需求

（3）养老设施

现在尽管乡村已经为村民养老提供了后勤保障,仍然没有受访村民愿意选择养老院养老。调研乡村中,有近一半的老人认为子女有能力承担日常照料的工作,另外有近四成的老人认为完全可以照顾自己,不需要社会养老设施的帮助。另有 13% 的老人安土重迁,离不开自己的家;有 3% 的老人由于家庭条件的限制无法支付高昂的养老费用;另外有 3% 的老人迫于社会压力,认为进了养老院会被同村的人看不起(图 6 - 10)。

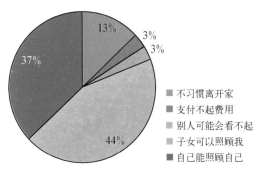

图 6 - 10　村民养老意愿调查

（4）文体设施

在调研乡村中,除了基本的阅读室、小型健身场地等文体娱乐设施外,多数乡村还缺老年人活动室等设施。大多数村民知道这类设施的存在,但使用人群多集中在中青年段,老年人几乎不使用。归纳原因,一是文体设施的分布相对集中,但是数量较少,使用起来不方便;二是针对老年人的活动设施和场所几乎没有;三是村内老年人更喜欢关注自身家庭和邻里。因此,文娱设施布局、配置还有待加强,相应的公共设施服务和活动也应满足各村的不同需求。例如大巷村,

村民爱好篮球的较多,因此组建了自己的篮球队,时常和别村举行篮球比赛
(图6-11)。这既提高了这些设施的使用率,也丰富了村民的生活,为如何丰富
活动与服务的种类开拓了思路。

图6-11　大巷村篮球场(左)与尹山村乒乓球室(右)

　　各村的公共服务设施配置,总体上达到了江苏省对于乡村公共服务设施建
设的基本要求。在此基础上,随着村民物质生活水平的不断提高,对于生活水平
和质量的要求也随之提升,所以仅达到基本要求是远远不够的。由于城镇化发
展和村民与城市居民的界限越来越模糊,在调研中,各村村民不同程度地表达了
公共服务设施应当向城市看齐的期望。

　　(5)商业设施

　　村内的商业服务设施,其业态主要集中在便民生活,比如餐馆、超市、机械维
修等,来满足村民的基本生活需求,生活性服务业的档次相对较低。影响商业设
施需求的一个重要因素是人口。比如在岔镇村,由于村内耕地面积较多,便于机
械化操作,所以对村民的劳动力要求不高,很大一部分青壮年劳动力外出务工以
增加家庭收入。但是由于村中有些许工业,并建有八里工业集中区,所以村民基
本上在本镇或者本村务工,早出晚归。有小部分人前往市里务工,村里公共交通
比较方便,所以很少有人长期在外务工,因此人口相对稳定。这对村内商业性服
务设施的需求也比较高,有大约5%的村民认为村中需要再建设超市、饭店类的
商业服务设施。而尹山村的人口流动性就较大,青壮年外出打工居多,老人和小
孩则多待在家中,或者夫妻双方一人外出务工,一人在家里照顾家庭以及从事农
业活动。村民对商业设施的需求量少且较为单一,因此村中的商业业态主要为
小卖部等零售店,集中于村口,数量少、规模小,并且无餐饮业,生活性服务业相

对档次较低。

6.2.4　逐步发达的一体化交通网络

1）区域交通

到 2012 年年底，苏中已经建成的高速公路包括京沪高速公路、沿海高速公路、宁连高速公路、启扬高速公路、沪陕高速公路、扬溧高速公路、宁通高速公路、锡通（通洋）高速公路、盐靖高速、江六高速、沿海高等级公路、沿江高等级公路等已基本成网。宿淮铁路建成通车，随着徐宿淮盐、连淮扬镇高速铁路建设的稳步推进，宁淮铁路等项目被纳入省铁路"十三五"规划，淮安即将形成四通八达的铁路交通网络，为苏中苏北居民进入省会南京开辟了一条最快路径。盐泰锡常宜城际铁路预可行性研究启动，北沿江高铁建设加快论证，将一举把扬州、泰州、南通带进高铁时代（图 6‑12）。

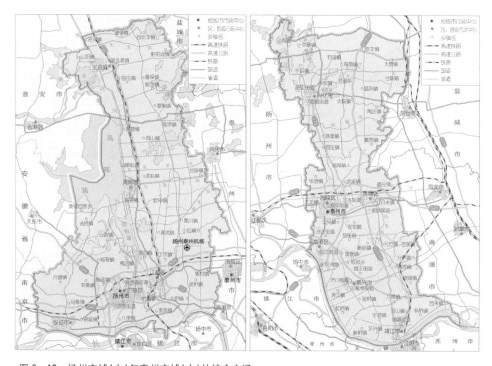

图 6‑12　扬州市域（左）与泰州市域（右）的综合交通

2）乡村道路

对于乡村来说，很多村目前道路硬质化往往到村一级，而村内各组间，特别是组内与农户住宅内道路硬质化程度低，而一些农户往往将生产和机耕大道，及通往各家各户的3米宽路面占有种植，因而使一些原本雨后就泥泞不堪、高低不平的土路变得更为难以行走（表6-7，表6-8）。

表6-7 2015年苏中三市乡村道路硬化的自然村屯占比

	扬州	泰州	南通
通村路硬化	86.27%	90.19%	86.39%
村内道路硬化	87.63%	93.84%	87.72%

表6-8 2015年苏中、江苏、长三角地区自然村落道路硬化情况

	苏　中	江苏省总体	长三角地区总体
通村路硬化	87.10%	86.3%	90.4%
村内道路硬化	88.90%	84.9%	88.3%

3）乡村交通

随着通村公路的拓宽和硬化，村内通行条件也在提升，例如岔镇村，镇村公交车已经开通，从村到镇上大约需要5分钟的车程，有来往于各个村的村镇公交，每天6班，与其他村镇或市区连接，交通便利，95%的村民对乡村的公交系统较为满意。公交由市里统一运营管理，较为准时，不存在拒载现象，服务水平较高，为村民生活带来极大便利。富裕一点的村民家庭也开始拥有小轿车。另外，卡车、农用车、拖拉机等现代化的生产性交通工具，在村庄内也有。2010年，江苏省政府和省交通厅发布文件，提出发展镇村公交的意见与实施办法，在全省范围内开展公交村村通工程。苏中地区基本实现了公交村村通，主要道路设有公交车站，准点到达，村民满意度高。

就停车需求而言，多数乡村的停车不成体系，乡村村民的私家车基本只能停在宅前或宅后，公务车有专门的停车位（图6-13）。

就路灯需求而言，路灯的缺乏给乡村居民生活带来了诸多不便。现今，随着乡村上班族和读书族起早带晚，乡村居民的业余生活越来越丰富，人们的交流也

图6-13　百寿村村民将车停在宅前(左)与村民利用篮球场停车(右)

越来越多,然而乡村组硬质化道路少,对于起早摸黑的人们来说存在安全隐患。目前,乡村的亮化工程已给留守乡村的弱势群体带来更多的安全感。

6.2.5　均质发展的市政基础设施

1) 电力设施

根据调研,绝大多数乡村居民对供电比较满意,数年前时常发生的停电和供电质量较差等问题现在已鲜有发生。

2) 给水设施

"十三五"时期江苏省实施乡村饮水安全巩固提升工程,设计到2020年,全省乡村自来水普及率达到98%以上;乡村集中供水率达到99%以上;水质达标率达到85%以上;供水保证率,区域供水工程不低于95%;区域供水覆盖行政村比例达到90%以上;千吨万人以上水厂水源保护区划定率达到100%。该项工程涉及苏北、苏中34个县(市、区)。为加快推进乡村饮水安全巩固提升工程项目建设,保障工程顺利实施,提高资金使用效益,省财政厅会同省水利厅出台了《江苏省农村饮水安全巩固提升工程绩效考核办法》,明确县级人民政府为乡村饮水安全巩固提升工程建设的责任主体,建设资金由县(市、区)人民政府负责筹措,省财政实行以奖代补。

目前,多数行政村已实现自来水的集中供应,但仍有一些乡村没有实现集中供水,需要自行解决饮水、用水问题。同时很多乡村的供水质量差,指标不合格。扬州市乡村地区人均水资源占有量低于全国平均水平。第一,地区自来水供应覆盖了很多村落和城镇,但有些指标尚未达到合格标准。第二,供水管线的老化率高,对使用水质量产生很大的影响,供水设备和供水管网有待强化。第三,水厂监控存有漏洞。最后,由于家庭工业废弃物增加、农药化肥滥用,严重污染部分水源。一些石英产业废水的非法倾倒,对河流的氟含量有很大影响,没有人为水源保护措施(警告标识、水厂管理),水质安全性和污染防治堪忧。

3) 电信设施

近年来,苏中的乡村电信建设紧跟全省的步伐,稳步推进。1997 年,江苏省在全国第一个实现行政村"村村通电话";到 2000 年,江苏在全国率先实现自然村"村村通电话";到 2007 年,江苏在全国率先实现行政村"村村通宽带"。苏中秉承着"一个也不能少"的原则,实现了电话、电视、手机、网络的全覆盖(表 6 - 9)。

表 6 - 9 2015 年苏中三市通宽带乡村数量及普及统计

	南通	扬州	泰州	共计
通宽带的自然村屯(个)	24 182	13 331	9 225	46 738
总自然村屯(个)	25 636	14 447	9 728	49 811
通宽带率	94.33%	92.28%	94.83%	93.83%

由于扬州市通宽带率在苏中各市最低,因此在 2015 年,为加快"宽带中国"战略在扬州落地、进一步缩小城乡数字鸿沟,扬州市重点关注乡村光纤网络的建设。2015 年初,经调查统计,扬州市未通光网的乡村用户共计 54.8 万户。截至 2015 年 9 月底,扬州完成全市乡村光网全覆盖工程。

4) 燃气设施

苏中乡村除了少部分乡村已接通沼气管道外,大部分乡村的村民还在使用液化燃气罐。同时由于液化燃气和柴草、秸秆等相比费用较高,消耗较快,很多村民依旧会几种燃料配合使用,多数村民并没有意识到经济实用的同时带来的环境污染问题。

5) 污水设施

　　乡村污水处理系统建设相对合格,近一半(47%)的乡村未建排污管道,53%的乡村虽有排污管线,但很不完善,多是村民自建的明沟或暗管。许多乡村尽管建有排水管道,但污水多数不经处理直接排入河道当中,对水体环境造成了严重的污染。例如苏中乡村污水处理或接入城镇管网的行政村,仅占总数的 25.9%。

　　污水是否处理,对水质影响非常大。例如,在江苏省水质抽查中,扬州地区宝应县水余氯合格率为 41.67%,高邮市水总大肠菌群合格率为 77.78%;兴化市水浑浊度、氨氮合格率分别为 72.73%、81.82%,靖江市水氨氮、余氯合格率分别为 80.00%和 0,泰兴姜堰市水余氯合格率为 70.00%,海安市氨氮合格率为 75.00%,如东县水余氯合格率为 30.00%,启东市水浑浊度合格率为 75.00%,如皋市水余氯合格率为 75.00%,通州区水余锹合格率为 0。高邮市有水锰超标。

6) 雨水设施

　　苏中乡村因其交织河流沟渠水系,以及广泛分布的农田土壤植被,地表以自然基底为主,本身有利于雨水的排泄。因此,乡村居民点较少因降水而产生内涝,大部分乡村也未系统建设雨水设施,大多采用自然排泄的方式,雨水通过地表自流或明沟暗管等直接排入周边的河流之中。也有部分集中建设的村民小区,在内部设有雨水管线,但最终也未经处理直接排入周边的沟渠。

7) 环卫设施

　　卫生环境方面,村民卫生环境意识提高,对质量生活也有一定的追求,村民深知,卫生环境差,除了有碍乡村景观和增加疾病传播机会外,垃圾排放还造成了综合环境的深度污染,对乡村土地的可持续利用造成威胁,也对生态环境和水资源造成破坏。但目前乡村社区脏乱差现象仍然较为严重。

同时,村民更关注乡村公共空间的建设,如河道清淤与垃圾处理。而对旧危房和厕所圈舍改建等农户自身需要处置的问题关注相对较低。这可能与村民对新农村建设的相关认识有关,在村民看来,新农村建设中一些国家和集体做的事情应该抓紧,而那些村民自己应该做的事则可以缓后。

乡村环卫设施主要是指垃圾处理设施。研究区域内的乡村垃圾处理方式有六种:村内卫生填埋(有防渗),村内小型焚烧炉处理,转运至城镇处理,村内简易填埋(无防渗),村内露天堆放,无集中收集、各家各户自行解决,其中前三种是无害化环境的。在苏中地区 94.42% 的行政村可以做到垃圾无害化处理,相当于江苏省的平均水平,属于较高水准。

各村垃圾收集处理的情况不尽相同,由此乡村的整体环境风貌有所差异,村民对环境整体满意度也不尽相同。例如岔镇村,村中有专门的卫生打扫队,有 13 名保洁员。有集中的垃圾收集池,打扫安排一天两次。垃圾池卫生队人员每组一个,路边摆放有垃圾桶。污水管道已经通向每家每户,新建的村民集中区有小型的污水处理,但是整个村的污水处理厂还在建设中。村中基本没有乱扔垃圾的现象,环境较为整洁,95% 以上的村民对乡村的环境比较满意,剩余的 5% 觉得乡村的环境一般,与其他乡村相比没有什么特别之处。红星村环境宜人,绿化率较高,卫生条件较好,整个村道路较为整洁干净,两旁都设置有垃圾箱,在专门位置也设有垃圾回收池进行统一的回收处理,但在垃圾箱四周也摆放着垃圾,这是因为垃圾箱的处理速度不够及时造成的。因此,这些乡村要加强环卫设施建设的投入,同时加强村民的环保意识,改善乡村的卫生环境。

8) 水利设施

苏中地处长江下游北岸,江淮平原南端,既是行洪走廊,又是水资源紧缺区域,也是全省水利建设任务重、防汛抗旱形势严峻的地区。但目前,农田水利建设中重建设轻管理的现象普遍,村民反映强烈。主要问题为乡村河道淤塞,水体污染严重,管理不够全面;圩堤、涵闸标准不高,人为损坏严重,管理机制不健全;小型排灌站老化严重,从业人员参差不齐,长效管理缺乏统一;使用年限长,效益发挥差等。

　　调研乡村中,污水设施是村民们认为最需要加强的市政设施(图 6-14)。例如尹山村,由于排水系统不完善,雨季来临时,部分区域经常被淹没。因此,借着镇统一规划的契机,村里对排水沟渠进行了统一整治,情况有所好转(图 6-15)。

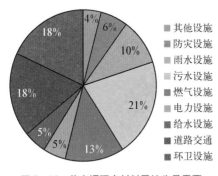

图 6-14　苏中调研乡村村民认为最需要　　　图 6-15　尹山村排水沟渠整治后
加强的市政设施

6.3　非物质性要素特征

　　苏中乡村的非物质性要素与物质性要素一样,能反映出一些沿江、运河地带乡村独有的地域特征,包括了沿江河带地区的经济、产业、社会生活、文化环境、政策等。

6.3.1　稳定发展的经济与人口城镇化

　　改革开放 40 多年,江苏经济格局发生了巨大的变化,全省各地区都得到了飞速发展,经济水平跃上了新的台阶,苏中的乡村经济发展也不例外。但是,近年在人口数量与劳动力方面苏中乡村并非像其他地区呈现增长趋势。

1) 经济
　　苏中乡村经济近年来增长速度虽然放缓,但是增速保持稳定,居民可支

配收入提高明显。2015 年,苏中乡村居民人均可支配收入为 16 862 元,比
2014 年增加了 8.96%,相较于六年前翻了近一番。并且,近几年乡村人均
收入增速与苏南相近,同时城乡居民收入差距逐年缩小,说明城乡一体化建
设具有成效。随着经济的增长,苏中乡村居民的生活水平也在不断提高,表
现为近六年乡村居民家庭恩格尔系数逐年缩小,从 2010 年时的 36.08% 降
至 2015 年的 30.23%,并且这一数值与城镇相接近。从各项数据均可看出,
苏中乡村近年经济发展状况良好,乡村居民的生活水平不断提升(表 6 - 10,
图 6 - 16)。

表 6 - 10   2010—2015 年苏中城乡主要经济指标

年份	城镇居民人均可支配收入(元)	乡村居民人均可支配收入(元)	城乡居民收入比	城镇居民人均可支配收入增速	乡村居民人均可支配收入增速	城镇居民家庭恩格尔系数	乡村居民家庭恩格尔系数
2010	20 748	9 626	2.16	—	—	36.32%	36.08%
2011	24 052	11 396	2.11	15.81%	18.77%	36.90%	35.20%
2012	27 095	12 877	2.10	12.65%	12.99%	35.57%	35.28%
2013	29 292	13 958	2.09	8.11%	8.39%	29.63%	30.55%
2014	31 969	15 476	2.07	9.14%	8.75%	29.51%	30.33%
2015	34 758	16 862	2.06	8.72%	8.96%	29.44%	30.23%

注:2013 年及以前,乡村居民人均可支配收入按人均纯收入计。
资料来源:《江苏统计年鉴(2016)》,中国统计出版社。

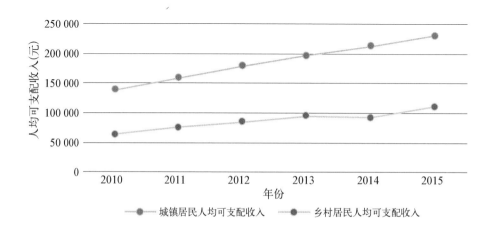

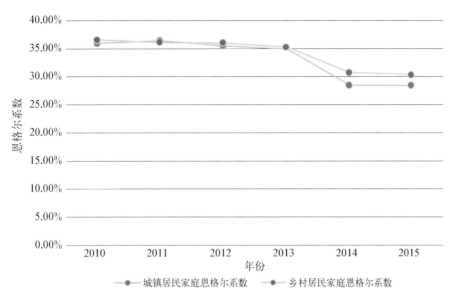

图 6 - 16　苏中近年城乡居民人均可支配收入(上)与恩格尔系数(下)变化情况

注：2013 年及以前，乡村居民人均可支配收入按纯收入计。

资料来源：《江苏统计年鉴(2016)》,中国统计出版社。

　　虽然苏中乡村经济近年发展态势良好,居民生活稳步改善,但是从区域层面上看,改革开放以来,苏中在江苏省的经济位次没有发生太大的变化,苏中乡村与苏南发达乡村相比仍存在差距。从整个江苏省来看,苏中乡村居民人均收入为 16 862 元,略高于江苏省的平均水平,虽然苏中乡村经济发展水平处在省内中等,但值得注意的是,苏中与苏南之间的差距要比苏中与苏北之间的差距大得多。放眼整个江浙地区,浙江省 2015 年乡村居民人均可支配收入为 21 125 元,江苏省为 16 257 元,省域上仍存在差距。

　　同时从苏中内部来看,乡村经济水平高低依次是南通、扬州、泰州,从乡村常住居民可支配收入来看相差不大,南通最高,为 17 267 元；泰州最低,为 16 410 元(表 6 - 11)。而在调研的乡村中,人均年收入最高的百寿村为 21 800 元,最低的红星村为 15 000 元,由于区位、产业等因素影响,村与村之间的经济发展水平存在着差距(图 6 - 17)。同时,不同家庭的收入水平也参差不齐。调研走访中,有村民表示一年下来没有存款,甚至是负增长；也有村民表示一年存款可以达到 15 万元,影响村民收入的原因包括了村民的知识水平和收入渠道等。在苏中乡村的家庭经济收入来源上,根据调研结果,收入以农业、工业为主,主要收入也是来自第一产业,第二、三产业较少涉及。

表 6 - 11　2015 年苏中三市乡村居民人均可支配收入

	南通	扬州	泰州
乡村居民人均可支配收入(元)	17 267	16 619	16 410

资料来源:《江苏统计年鉴(2016)》,中国统计出版社。

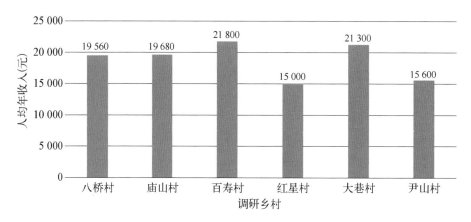

图 6 - 17　苏中部分调研乡村村民人均年收入

2) 产业

　　苏中绝大多数乡村的主要产业是农业,农业类型主要包括种植业和养殖业,并且在多数乡村中,工业为其主要产业;少部分乡村利用资源优势,合理开发,发展了以生态庄园、农家乐为代表的旅游业;电子商务在调研的乡村中鲜有发展(表 6 - 12)。近年来,苏中乡村第一产业就业比重不断降低,第二、三产业就业比重不断上升。

表 6 - 12　苏中调研乡村的主要产业类型

行政村	农业类型	其他主要产业	特色产业
红星村	种植业、水产养殖业	工业	—
大巷村	种植业、水产养殖业	工业	—
百寿村	种植业	工业	—
岔镇村	种植业	工业	—
八桥村	种植业	工业	钢铁产业
庙山村	种植业、林业	工业、旅游业	生态庄园观光旅游
尹山村	种植业、养殖业	工业、旅游业	生物企业

尽管在调研乡村中,所有乡村的农业类型都为种植业,但不同乡村有着不同的发展重点和模式。

例如庙山村,由于村内大力发展各项农业项目,逐步从一个纯农业的乡村转型为观光休闲的服务型农业乡村。在不破坏乡村原有的历史文化,不破坏乡村原有的自然风貌,不破坏农民善耕作乐耕作的特点的同时,提高了收入,创造了不错的经济效益。这不仅吸引了外商投资,也吸引着外地游客,同时吸引了村中青壮年回村做建设。庙山村观光农业的成功很大程度上得益于自身便捷的交通。因此在乡村建设中不妨先考虑交通问题。随着一产与三产结合,逐渐走向现代化、生态化、休闲化。然而访谈中也了解到,在距离庙山村两千米的地方有一家化纤厂,已经营业了五年,有污水随意排放的现象,但无人管理。由于化纤厂排污直接进入村内河道,村里的河水水质已经变差。但目前对于当地发展而言,第二产业是不可缺少的。虽然厂房的选址已经逐渐偏向郊区,村民们仍希望这些产业在选址时能谨慎再谨慎,以长远的目光看待问题。另外,对于这些产业的污染排放必须要加强管理,还附近村民一个干净整洁、健康温馨的居住环境。

再如八桥村,现共有 58 家企业,其中钢铁产业收益占总收益的比重较大(图6－18);八桥村的第一产业以种植业为主,也有禽类养殖,例如孔雀、贵妃鸡等,禽类养殖占地约十亩左右;村中近年来也在尽力发展物流公司等服务性行业。一方面发展了地方经济,另一方面留住了本村的人口。现状农业生产主要是农户散户经营为主,无规模化经营或种粮大户承包经营。农业现代化(机械化程度)的水平较高,水稻种植收割基本以机械为主。村现状产业发展主要依托政策扶持以及自身良好的农业基础。而第二产业的良好发展主要是依靠政府的支持,其次是村中有带头发展重工业的能人。农业的发展主要依靠自身的基础,村负责人合理的引导以及对该村的合理定位,使该村在完成一定农业产量的同时发展了禽类养殖等

图 6－18　八桥村村中的工厂

其他项目。

在苏中乡村产业变革的过程中,表面上看劳动力大量流入非农产业,促进了乡村经济发展和村民增收,其背后却存在诸多问题,其中之一,就是农业劳动力主体弱化。青壮年、高素质的农业劳动力大量外流不可避免地给农业生产的未来发展带来新的挑战。

3) 人口

2000 年以来,苏中乡村人口一直在减少,从 2000 年的 1 052.23 万人锐减至 2015 年的 617.15 万人,并且 2011—2015 年的减少率波动幅度在 2.33％～3.89％(表 6-13)。原因在于,乡村居民向城镇集中,城镇人口比重不断增加,乡村人口比重随之锐减。

表 6-13　2010—2015 年苏中乡村常住人口变化情况

年　份	2010	2011	2012	2013	2014	2015
乡村人口(万人)	718.37	696.74	680.51	661.38	642.12	617.15
变化率	—	−3.01％	−2.33％	−2.81％	−2.91％	−3.89％

资料来源:《江苏统计年鉴(2016)》,中国统计出版社。

苏中三市的 60 岁以上常住人口占比相近,均在 25％以上,远远超过了联合国对老龄化社会传统的 10％的标准(表 6-14)。其中南通乡村人口老龄化程度略微高于其他两个地区的乡村。

表 6-14　2015 年苏中三市乡村 60 岁以上常住人口占比

	南通	扬州	泰州
60 岁以上比例	26.91％	25.62％	25.49％

通过调研对各村的产业和人口进行分析,岔镇村和八桥村同为工业较发达的乡村,因此老龄化率略低;红星村虽然村内没有发展工业,但是由于靠近陈集镇镇区,所以许多在镇上工作的村民早出晚归;庙山村与上述乡村的情况都不同,村里引进了润德菲尔生态农庄旅游项目,带动了就业,老龄化较低。

　　总体来说,在乡村生活方面,由于大量青壮年人口外出,村内现在主要剩下老人、妇女和小孩,老龄化现象严重(图6-19),人口结构失调,给乡村的发展也带来了一定的阻碍。

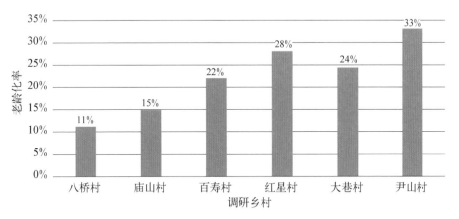

图6-19　苏中调研乡村的老龄化程度比较

　　本书的调研统计,将户籍人数与常住人口不一致的家庭认为家中有流动人口,其中尹山村和红星村的流动人口比例较高,分别为65%和40%。流动人口比例与老龄化率基本吻合,流动人口越多的地区,老龄化率越高,乡村工业化程度越低。

　　以岔镇村为例,其人口相对稳定。由于村内耕地面积较大,便于机械化操作,所以对村民的劳动力需求不高,很大一部分青壮年劳动力外出务工以增加家庭收入。但是由于村中有些许工业,并建有八里工业集中区,所以村民基本上在本镇或者本村往来务工,早出晚归。有小部分人由于收入问题前往镇上或者市里去务工,村里公共交通比较方便,所以也很少有人长期在外务工。岔镇村有户籍人口4 500人,常住人口4 500人,全村长期在外打工的有300多人,以青年壮年为主,多到省内其他城市或沿海大城市务工。务工也是当地乡村收入的主要来源。岔镇村区位及交通十分便利,所以大多数村民选择就近务工,很少有人有迁出定居的打算;另一方面,由于岔镇村区位相对具有优势,吸引了一部分外来人口,有些来自周边相对落后的乡村,有些来自其他乡镇。2014年岔镇村新增人口达190户。总体而言,大量的中青年劳动力的流出,导致村内人口结构发生了变化,以老年人和女性为多,青壮年男性较少,人口老龄化严重。

近年来八桥村人口流动基本持平,每年大概有三四百人进城打工,同时也会有两三百人从城市回乡村,流出的人口除了去扬州市区外,长江以南是其主要去向。流出人口中二三十岁的年轻人是主要人群,他们一般有较高的学历,较高的素质,向往大城市的生活,希望找到一份薪资满意的工作。据了解,进城的青年主要从事服务性行业。同时流入的人口大多数为本村人,年轻时曾外出打拼。由于近年来国家对乡村的扶持力度加大,乡村建设日益提上日程,村中环境改善,基础设施健全,加上村中原有的良好空气质量、淳朴的民风,对进城务工者来说,回村也是个不错的选择。外出务工者基本没有举家迁移的情况。另外,由于八桥村自身也有钢铁产业等第二产业,以及正在发展第三产业,这些都为本村人口创造了不少的就业机会,有效地减少了人口的流出。

总体来说,年龄越大对乡村的依恋越大。超过半数的人会因为城市过高的消费水平和乡愁等原因不愿意离开乡村,可见乡村的吸引力加上城市高消费的推力,使得老一辈的村民离不开乡村;另外,随着城镇化的推进,城市日益严重的环境污染也使得村民望而却步。另一方面,年轻一点的村民更向往城市,虽然比例并不大。大多数村民因为城市较高的收入和过硬的教育资源而选择前往城市,城市的吸引力主要还是集中在硬件条件比较优越上。

在迁居意愿的调查方面,对于理想居住地,红星村50%的受访村民选择乡村,35%选择集镇(图6-20)。这说明本村的居住村民对于本村的居住环境还是感到满意,能看到村里这几年的变化和自身生活条件的改善,并且愿继续留在村里,更好地建设村里居住环境。同时,也有村民表示会在外居住挣钱之后再回到乡村,来贡献自己的一份力量。30%的人表示有迁出本村到城镇生活的打算,主要原因是城里收入高,机会更多,设施完善,生活便利,卫生环境好,子女受教育水平高,医疗条件优越。而70%的人没有迁出意愿,原因为留恋乡村或者城里的消费水平高、城镇生活不习惯以及买不起房即城镇没有住的地方(图6-21)。而认为乡村收入尚可,对此已满足的人只有7%。这说明该村大多数中老年人希望能享受更好的乡村生活,希望本村能得到更好的发展。

苏中乡村社会生活现在以及将来面对的一个主要问题是人口的大量外流

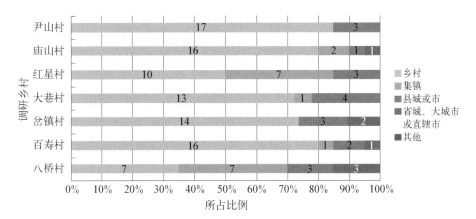

图 6-20　苏中调研乡村村民理想居住地意愿

及其所导致的人口老龄化的问题，由于乡村发展相对镇区或者城市滞后，同时加上教育资源、医疗资源等发展的不平衡，与城市相比，乡村弱势更明显。

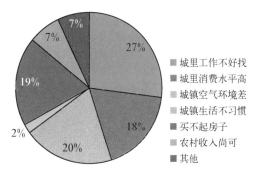

图 6-21　红星村村民不愿迁出乡村的原因

6.3.2　仍需建设的社会生活

　　整体来说，苏中乡村的社会生活较为安定，表现为邻里关系和睦、社区治安状况良好、整体风气较好，但是仍存在一些问题，如村民对乡风文明理解不深，更倾向表面的具体内容，加之基层组织成员往往重经济发展，轻视精神文明建设。整体上乡风文明仍需建设，社会生活依然需要优化提升（图 6-22）。

图 6-22　岔镇村村民的日常生活

1) 文化生活较为贫乏

　　一方面,目前苏中乡村居民娱乐和活动的文化体育设施匮乏,精神文化生活不丰富,具有一定比例的村民认为村中的文化娱乐设施和体育设施场地需要进一步改善。座谈、走访显示,农民业余生活主要是看电视、打麻将,住处距离村中活动中心较近的村民会偶尔去图书室阅读报纸、杂志,或是在活动中心打牌下棋、聊天等,而跳秧歌舞等文娱活动鲜有开展。村民对于加强文化、娱乐设施建设和开展相关活动有强烈意愿。另一方面,苏中一些村庄举办的活动,乡村居民参与率不高。究其原因,一是村里举行的活动与乡村居民的需求之间尚有差距,村民缺少参与的机会;二是乡村社区活动单调,不能满足村民的需要,因而村民不去参与;三是现行村管辖范围大,相当一部分村民到村部参加活动不便,自动放弃参与机会。

2) 邻里关系和睦

　　苏中乡村邻里关系和睦,社区治安状况良好。究其原因,一是目前劳动力转移多,乡村常住人口少,即使住在村里,大多数人也都忙于上班,人们的交流减少,因而家长里短的事情少;二是家庭承包责任制的实施,农民在生产和经营上相对独立,相互间利益矛盾少;三是人们综合素质的提高,虽然留守村里的农民有很多闲暇时间,但由于有线电视的开通、电话和电脑的普及,人们借助这些现代化的媒介打发了闲暇时间,且从中也学到了不少知识,增长了见识,因而对邻里问题的认识与处理方式、方法在发生变化;四是经济的发展,人们收入增长,邻里间不再计较一些微不足道的小事。但同时,少数邻里间的矛盾依然存在,有的甚至较为严重,特别是围绕宅基地的纠纷问题。

3) 不良风气依然存在

　　苏中乡村依然存在一些不良风气。比如赌博现象,个别村现象严重,但大多数是"怡情小赌",少数是"大赌"和"长赌",其后果确实对农业生产、地方治安和家庭都造成了一定影响;个别农民好逸恶劳或爱贪小便宜的心态,因此存在小偷小摸现象;不讲卫生现象,这是由农民长期的生活环境、家庭环境和生活习惯等造成的;同时,村里存在少量迷信活动,主要集中在老年群体之中,尤其是女性老年群体之中。

6.3.3　独具特色的江淮文化环境

苏中偏北与苏北相接的地区受齐鲁文化影响较多,而苏中南部又和吴越文化代表的苏南一江相隔。地处中国北方和南方的交界处,苏中的文化在不断地发展和进化的过程中综合吸收外来文化,具有很强的包容性和开放性,它的文化特征兼具北方的雄浑和南方的秀美,呈现独具特色的江淮文化。江淮人既熟稔中原堂皇之声,又多闻江南吴侬软语;既知悉沪上行情,闯荡洋场,又通晓京腔京韵,服务国家;既见识海上繁华,又朝拜齐鲁孔圣;既领略过北地之严寒,又常经历不亚于热带的酷暑。江淮之南为吴越文化区,江淮之北为中原文化区。唯江淮兼收南北,比江南豪放,比中原精细。

苏中的江淮文化又可分为扬州(表 6-15)、泰州的淮扬亚文化和南通的海盐亚文化。可以说,本地区江淮文化的发展,得益于长江、运河,富裕于盐渔,发展于交流,形成于融合,具有崇教尚文、清秀优雅、豪迈超俊、宽容大度的文化性格和博大精深、雅俗共赏、刚柔相济的人文精神。

在地方语言使用上,苏中主要以江淮官话为主,吴语为次;民歌风格则是刚柔相济、南北兼备的江淮民歌;饮食文化以淮扬风味为主,饮食清鲜平和、浓淡兼备、咸甜适度,主食以米饭、米粥为主,佐以面食,另外,南通具有海盐文化,故喜食海产品。

表 6-15　苏中乡村当前主要习俗——以扬州为例

类　型		特　　　征
节日	春节	旧时新年初一子时一过,便有人带上猪头三牲、香烛、鞭炮,赶到土地庙去烧头香。烧完香回家不再睡觉,等待天亮。天刚一放亮便开"财门",点燃香烛、鸣放鞭炮"接年"。接着晚辈起床给长辈拜年,长辈给晚辈吃橘子和云片糕,叫"走大局、步步高"。然后吃早饭"汤圆和面条"。早饭后,中青年人出门向街坊邻居拜年,家中备有香烟、瓜子、糖果、糕点等食物,由老年人接待来拜年的客人。中午不做新饭菜,吃除夕晚餐余下的饭菜,叫"隔年陈"。中华人民共和国成立后,烧香敬神之俗在不少家庭中已经不见
	清明节	这天早晨,不少人家有吃自制的烧饼习俗,说是吃了不生灾,不少家庭还有清明上坟祭扫和踏青(野外郊游)的习惯
	重阳节	这天,不少人爬上高处,登高祛邪欣赏秋景,不出门登高便在家吃重阳糕以象征登高。旧有"吃了重阳酒,日夜不停手"之说,每逢重阳节,作坊老板为了让工人们更加劲地工作都要办酒请工人,席间每人最少两只螃蟹

类　型		特　　征
婚俗	订婚	扬州习俗称订婚为"下茶"。订婚又叫"定婚"。有大定、小定之分。大定就是正式定婚。现在自由恋爱,只要双方谈定了,男方请女方父母上门聚宴,便算是定婚。小定是在男女尚年幼情况下的定婚形式,又称"稳亲"
	结婚	结婚选择"吉日",旧时多选黄道吉日,现在选在农历逢双的日子,或"五一"、国庆等法定节日。迎亲前一天,新郎的兄弟等人到女方家去发铺盖(嫁妆)。到了女方家后,要先吃三道茶(甜茶、清茶、点心),然后发铺盖。铺盖中的马桶、脚盆由新郎弟弟挑。马桶(现改为痰盂)内放五子:子孙蛋(红鸡蛋)、红枣、染成红绿色的白果、莲子、花生,象征"五子登科"。由新娘的舅父或弟兄背新娘上轿。花轿抬起后在门前转三转,女方家向轿子泼水(示意新娘不要再留恋娘家)、撒筷子(预祝新娘快生贵子)。轿子回转,新娘的哥哥或弟弟跟着送亲。送亲人进门和新娘下轿后,要坐下吃三道茶

　　现今苏中村民的文化生活包括在自家院中打牌、聊天,晚间集聚跳广场舞,利用村中图书室进行阅读的村民较少。一些村会举办一年一度的鼓励村民自行进行表演的艺术节,同时也会请镇上的艺术团参加村里的艺术节以增添节日气氛,提高艺术节演出的观赏性。总的来说,多数村民对娱乐活动和体育健身设施表示满意或较满意。

　　在文化消费方面,苏中乡村家庭的文化消费结构与江苏省其他地区的类似。大多基本的文化消费(主要是看电视、看报纸、听广播、看影碟和逛公园等)和娱乐类文化消费(包括玩棋牌、打麻将、看电影、去酒吧、KTV、电子游戏厅和其他娱乐场所、上网、外出旅游、参加集体文体活动、娱乐性饲养和种植等),而发展类文化消费较少(主要是接受学校教育、收藏艺术品、去美容院健身房、参加各类培训、欣赏演唱会、音乐会、话剧、舞蹈演出等)。上述三类文化消费之间没有绝对的界限,在一定条件下可以相互转换。这说明苏中的乡村教育投入仍需加强,一些文化活动需要进行引导,以提高村民精神文化素质。

6.3.4　融合特色发展的政策体系

　　2011年起,江苏省全面实施"村庄环境整治行动计划",大力整治村庄环境,完善设施配套,改善村容村貌。得益于政策计划,自"十二五"以来,城乡区域发展更趋协调,新型城镇化和城乡一体化成效明显,城乡发展"六个一体化"深入实施,现代基础设施体系日趋完善,综合支撑能力进一步加强。苏中的乡村建设发

展也取得了成果,如今已基本完成了自然村环境整治任务,乡村人居环境持续
改善。

同时,江苏省政府依据区域发展不平衡、梯度特征明显的省情实际,在"苏中
崛起"的导向下,针对苏中近年所制定的各项政策都大力促进苏中地区的融合发
展、特色发展,特别是加大对经济相对薄弱地区的支持力度,充分发挥苏中承南
启北、通江达海的区位优势,以提高整体发展水平(表 6 - 16)。不仅江苏省政府
推出相关政策扶持苏中乡村建设,苏中各市也在上级政策的指示下,根据各市不
同的情况和发展方向,也在 2013—2017 年连续五年推出涉及农业、农村、农民的
惠农政策。

表 6 - 16 2013—2017 年江苏省对苏中乡村建设的主要优惠扶持政策

政　策　名　称	对乡村的关注内容与倾斜照顾方面
江苏省政府办公厅关于推进农村一二三产业融合发展的实施意见(2017)	推进农业供给侧结构性改革,加快构建产业融合发展的现代化产业体系
江苏省政府办公厅关于加快"互联网＋"现代农业发展的意见(2016)	激发新农民创业创新活力,促进农民增收致富,提高农业发展质量和效益
江苏省政府办公厅关于印发江苏省特色田园乡村建设试点方案的通知(2017)	推进建设特色田园农村,提升社会主义新农村建设水平,实现农村有机复兴
江苏省政府办公厅关于印发苏北苏中地区生态保护网建设实施方案的通知(2017)	坚持生态优先,发展绿色产业,加强污染防治,把生态优势转化为发展优势
江苏省政府办公厅关于创新农村基础设施投融资体制机制的实施意见(2017)	创新农村基础设施投融资体制机制,加快农村基础设施建设步伐和提高管理水平
江苏省政府办公厅关于加快推进农业农村电子商务发展的实施意见(2015)	为优化农业产业结构、推动农村经济转型、促进农民增收致富
江苏省政府关于苏中融合发展特色发展提高整体发展水平任务分解方案的通知(2013)	推动苏中沿江地区产业升级,优化区域产业布局,促进城乡发展一体化,壮大农业特色经济,提升民生幸福水平

资料来源：江苏省政府信息公开(2017),江苏省人民政府网站。

另外,在长江经济带建设宏观政策的支持下,苏中乡村推动产业转型升级,加
快推进农业现代化,推动多种形式适度规模经营,提升现代农业和特色农业发展水
平,促进乡村第一二三产业融合发展,提高农业质量效益和竞争力。同时在统筹城
乡发展的要求下,推进美丽乡村建设,加强乡村道路、供水、垃圾、污水等设施建设
和环境治理保护,做好乡村规划,突出建筑风格,体现特色、传承文化,扶持建设一
批具有历史、地域、民族特点的特色旅游乡村。并且加大扶贫开发力度,深入推进

集中连片特困地区扶贫攻坚,加快交通、水利、能源等设施建设,加强生态保护和基本公共服务建设,扶持特色产业发展。加强跨区域扶贫协作,引导下游企业参与中上游贫困地区扶贫开发。在提高乡村居民生活水平方面,实施积极的就业政策,鼓励以创业带就业,加强上中下游产业合作,创造更多就业岗位。推动公共服务供给方式多元化,大力改善乡村公共服务条件,努力实现基本公共服务全覆盖。

6.4 面临的挑战

6.4.1 生态环境遭受破坏,治理任务重

近年来,在各级财政加大投入的情况下,苏中乡村基础设施建设有了一定的改善,但总体说来还存在生态环境差的状况。

相当多的乡村还存在脏乱差现象,河流淤污,垃圾没有集中处理(如粪便、灰堆依然露天,且就在村民家前屋后),污水处理设施几乎没有,雨天道路泥泞以及没有路灯等基础生活设施,村民生活环境堪忧。很多村没有达到垃圾"村收集、镇运转、县处理"的集中处理要求,有些地方虽然实行了垃圾处理,但是由乡镇自行选择地点填埋,这又给人居环境建设留下了新的污染源和隐患。特别是一些乡村在新农村建设开始至今,乡村环境基本没有改进。在对污水处理上,大部分乡村没有污水处理设施,也没有接入城镇污水管网,产生的污水未经处理直接排放。污水的大量排放已经超过水体的自净能力,严重污染了乡村河道,已对村民生活环境造成显著影响。

能源设施方面,苏中地区的新能源及清洁能源如沼气等的使用率很低,仍有一些乡村在使用柴草或煤炭,带来的环境污染不可小视;在环境卫生方面上,仍有部分乡村垃圾未能及时清理,常常散置堆放或露天焚烧,对上级政府的垃圾处理政策也没有很好施行,严重影响了村内的整体环境。

6.4.2 公共服务设施类型和等级有待提高

苏中乡村的公共服务设施总体上能满足村民的基本生活需求,文体娱乐设

施明显不足，一些村的商业设施等级不够高，需要村民到镇上甚至城市购买。

商业设施方面，苏中乡村的商业服务设施以零售业、餐饮业为主，其规模、数量与乡村的规模、人口数量息息相关，但即使是规模相对较大的乡村，商业类型和规模有时候也难以满足村民的需求。

教育设施方面，在有子女就学的村民家中，更新教育设施及提高教师质量成为村民关心的重点，虽然现今乡村的教育质量比从前有了提高，但是与城市相比仍然较低，为子女提供更优良的教育也成了村民迁居的重要影响因素之一。

文体娱乐设施方面，苏中调研乡村基本上每个村都设有健身室、篮球场和阅览室，设施的配备数量等能满足一般村民的娱乐或者健身需求，但是这些地方的空置率比较高，尤其是在老年人和儿童占多数的乡村中。苏中乡村的村民生活习惯和方式并没有因为文体娱乐设施的配备而产生较大的变化。在一些老龄化不是很严重的乡村，村民对于文体娱乐设施种类的要求相对较高。因此，如何科学有效地根据村民的实际使用率和实际需求来合理配置文体娱乐设施，是需要考虑的重点问题。

养老服务设施方面，尽管现在苏中乡村已经为村民养老提供了后勤保障，仍然鲜有村民愿意选择养老院，主要理由是目前生活尚能自理，实在不行了还有子女可以依靠。另一个深层次的原因和中国传统乡村的观念有关，自古有"百善孝为先"，中国传统观念中，主要以子女是否赡养和陪伴作为孝顺的考核标准。大多数村民认为，如果子女尚在而自己去了养老院，那是子女不孝的表现。因此，想要给老年人一个幸福的晚年，物质保障是一方面，精神疏导和陪伴也不可忽视。

6.4.3　乡土文化挖掘和"运河文化"复兴势在必行

古往今来，苏中地区的命运因为京杭大运河的兴衰而也起起伏伏。在古代，社会人力资源和工业资源还不是经济发展的主要动力，或自然河流，或人工运河，很大程度上掌握着当地经济发展的命脉。如今，苏中地区的经济组成日益复杂，现代工业文明已经渗透到生活的方方面面，河流已经不是经济发展的主要影响因素。

但是,随着京杭大运河申遗的成功,它不仅仅是一种或是多种文化的延续,更是向世人展示着一种活态传承的精神与存在方式。对于苏中乡村来说,乡村文化内核正被年轻的一代带进工厂,带进城市并慢慢消磨掉。运河水文化遗产的保护,恰好填补了被消解的乡村文化精神。

京杭大运河南北跨度大,具有流动性、交流性和融合性等特点,由此,苏中的京杭运河段在历史上也形成了自己独特的文化。以淮安和扬州为核心的文化圈,最为显著的文化特点便是运河文化和盐文化。淮扬地区多因运河开通而兴起,随着盐业的垄断发展而繁荣,又因运河的没落而衰败。简而述之,运河文化造就了淮扬人的开放与包容,盐文化造就了淮扬人悠闲自得、享受安逸的性格。

因此,如何挖掘运河文化的精神内核,复兴运河文化的精神要义,以使其具有时代性和基础性,也是当今苏中乡村人居环境建设面临的挑战之一。

第7章 苏南浙北：湖泊水网密集型乡村人居环境

　　水网，即水系网络，常处于各类江河湖泊交织处，当地地势平坦、气候湿润。水是万物之源，所以水网地区物产丰富，自然条件优越，如地质条件、土壤条件等就特别适宜农业发展，丰富的水资源与水环境，也促进了渔业的发展。富足的物质资源满足了人口的聚居需求，进而滋养了璀璨的文化。从江浙地区的整体来看，苏南浙北地区（包括苏州市、无锡市、常州市、南京市、镇江市、湖州市、嘉兴市）具有典型的湖泊水网密集地貌特征。本章主要论述以苏南浙北（图7-1）为典型的湖泊水网密集型乡村人居环境，采用文献资料整理、统计数据分析与实地调研相结合的方式，重点选取并调研了环太湖地区的苏州市吴江区和嘉兴市海宁市、海盐县的主要乡村（表7-1），并以此为代表探讨苏南浙北乡村人居环境的现状及发展特征，找出存在的主要问题。从地理区位来看，苏州市与嘉兴市分别位于太湖南北两侧，对两市湖泊水网密集地貌特征的自然环境要素构成具有重要影响。调研乡村所在地区具有明显的水网地貌特征，并从经济建设、产业发展、自然环境等多角度考量，既各具特色，又整体统一，能够较好地反映苏南浙北乡村人居环境的整体风貌。

7.1 类型概况

　　苏南浙北环绕太湖，横跨江浙两省，地处长三角地区的核心位置，水网密布，农作物丰富，是东部沿海地区、长三角地区重要的农作物输出地及水产品输出地。环太湖地区的苏州、无锡、湖州、嘉兴这苏南浙北四个地级市具有湖泊水网密集地貌的代表性，能够体现出湖泊水网密集型乡村人居环境的特征，2015年苏锡湖嘉四市共包括3 444个行政村。太湖古称震泽、具区，又名五湖、笠泽，是中国五大淡水湖之一，南濒湖州、西至宜兴、东近苏州，湖泊面积2 474.8平方千米，水域面

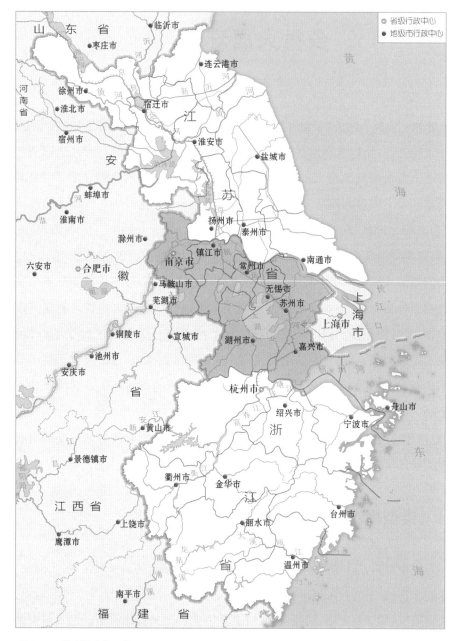

图 7-1   苏南浙北的区位图

表 7-1　苏南浙北湖泊水网密集型重点调研乡村

所属县市(区)		乡镇	行政村
苏州市吴江区		平望镇	溪港村
		震泽镇	齐心村
			龙降桥村
		黎里镇	杨文头村
		盛泽镇	人福村
		松陵镇	四都村
			农创村
		同里镇	北联村
嘉兴市	海宁市	丁桥镇	万新村
			保胜村
		长安镇	兴城村
			新民村
	海盐县	武原镇	首荡村
			富亭村
		西塘桥镇	兴隆村

注：未包括 2015 年当时调研的常州金坛市和溧阳市的 7 个乡村。

积为 2 338.1 平方千米,湖岸线全长 393.2 千米。太湖地处亚热带,气候温和湿润,属季风气候。太湖河港纵横,河口众多,有主要进出河流 50 余条,太湖水系呈由西向东泄泻之势,平均年出湖径流量为 75 亿立方米,蓄水量为 44 亿立方米。太湖岛屿众多,有 50 多个,其中 18 个岛屿有人居住。环太湖地区属于典型的亚热带季风气候,四季分明,雨量丰沛,热量充裕,为水稻等农作物及各种水生植物的种植,提供了地势平坦、水网阡陌的环境条件,为其生长提供了丰富的灌溉水源。

苏南浙北乡村人居环境的发展具备明显优势,尤其对乡村人居环境的物质性发展有较大的帮助。河湖溪荡在苏南浙北乡村广泛分布,也为当地提供了良好的自然景观,甚至作为旅游资源为当地提供了很好的发展机遇,同时也为水利设施的兴建提供了良好的依附,使得乡村的洪涝灾害明显减少,为乡村的生产发展、生活富裕提供了坚实的基础(图 7-2)。而与村民生活休戚相关的房屋问题,环太湖地区乡村房屋大多在 2010 年以前通过新建、修缮等过程完成了更

新，只有少数村户仍保有 20 世纪 90 年代以前的住房，这与江浙地区其他类型
地区相比，保持在较高水平。苏南浙北的交通设施也在不断发展，沥青与混凝
土通村道路已完成全面铺设，依托长三角核心位置成熟的交通体系，环太湖地
区乡村交通便捷，国道省道贯穿其中，高速公路也常在部分乡村设有出入口。
供电和自来水供给、网络电信在所有乡村已实现全覆盖，各项环卫设施整体充
足，但仍有不足，尤其是污水设施方面，乡村医疗等各项公共服务设施建设也
在稳步推进。

图 7-2　水网乡村的各色河道

7.2　物质性要素特征

　　苏南浙北乡村人居环境在江浙地区具有其自身特点。相对于其他区域类
型，本区物质性要素发展较为完善，整体居于长三角乃至全国前列，历史上"苏湖
熟，天下足"的格局延续至今，为江浙地区整体经济、社会的发展作出重要贡献。

7.2.1 生态资源与生态安全并重的自然生态

苏南浙北沃野千里，水源广布，加上适宜的自然条件，使当地乡村生产发展获得天然优势，为种植业、渔业等创造了有利的基础。在生态环境方面，区域内部广阔多样的水域，繁多的动植物种类，构建了环太湖地区独特的景观体系。

1）自然气候

苏南浙北位于中纬度地区，属湿润的北亚热带气候区。气候具有明显的季风特征，四季分明。冬季有冷空气入侵，多偏北风，寒冷干燥；春夏之交，暖湿气流北上，冷暖气流遭遇形成持续阴雨，即梅雨季，易引起洪涝灾害；盛夏受副热带高压控制，天气晴热，此时常受热带风暴和台风影响，形成暴雨狂风的灾害天气。流域年平均气温 15～17℃，自北向南递增。多年平均降雨量为 1 181 毫米，其中 60% 的降雨集中在 5—9 月。降雨年内年际变化较大，最大与最小年降水量的比值为 2.4；而年径流量年际变化更大，最大与最小年径流量的比值为 15.7。

苏南浙北的自然植被主要分布于丘陵、山地。丘陵山地的现存自然植被，从北向南植被组成与类型渐趋复杂，长绿树种逐渐增多。北部为北亚热带地带性植被落叶与常绿阔叶混交林，宜溧山区与天目山区均有中亚热带常绿阔叶林分布，但宜溧山区的常绿阔叶林含有不少落叶树种，不同于典型的常绿阔叶林。

由于气候地带性变化的影响，苏南浙北水网平原的地带性土壤相应为亚热带的黄棕壤与中亚热带的红壤。非地带性土壤有三类，沼泽土分布于太湖平原湖群的沿湖低地。耕作土壤主要为水稻土。

苏南浙北的环太湖地区水域面积共计 6 134 平方千米，水面率达 17%，其中河道和湖泊各占一半。区内河网纵横交错，湖泊星罗棋布，面积在 0.5 平方千米以上的湖泊 189 个，河道总长度 12 万千米，平原地区河道密度达 3.2 千米/平方千米，为典型"江南水网"。作为我国仅次于鄱阳湖和洞庭湖的第三大淡水湖泊，太湖现有面积 2 338 平方千米。正常水位情况下，太湖水容量为 44.3 亿立方米，平均水深 1.89 米，最大水深 2.6 米，平均年吞吐水量 52 亿立方米，水量交换系数 1.2，调水周期约 300 天。太湖在"水资源"方面有众多功能，其不仅担负着周边区域如无锡、苏州等地的城乡供水,还在太浦河开通后,向上海供水并起到改善黄浦江上游的水质的作用,其供水服务对象超过2 000万人,占环太湖地区总人口的55%。太湖的水资源调配主要是丰水期向周边区域供水,枯水期从长江引水用作储备。环太湖地区众河网相互交汇后汇入太湖,经太湖储蓄调配后从东太湖区域流出。望虞河是流域内重要的饮水—泄洪河道,北接长江,南连太湖,其枯水期可直接引长江水入太湖,缓解区域用水矛盾并改善太湖水体水质。太浦河作为太湖重要泄洪通道之一,也是上海市水源地黄浦江上游的主要供水通道。

2) 乡村自然景观禀赋

苏南浙北以太湖水系水网平原为主,地貌类型丰富,拥有良好的自然环境。水网地区乡村的自然景观是指湖、河流、沟渠、水田、湿地等不同水域的总称,该类地区水系景观种类众多(图7-3)。

图7-3 苏南浙北乡村风貌

水网地区乡村充足的水资源决定了以五谷为主,有学者曾论证江南苏浙地带的崛起,与农作物种植发展,尤其是稻作农业发展休戚相关,但当前随着水网地区城市化进程的加快,工业污染的出现导致了水田面积减少、稻田撂荒、水体污染加剧等现象。除农作物外,水生蔬菜也是该地域乡村的重要物产资源之一,古有"江南可采莲,莲叶何田田"的美妙诗句,目前主要水生蔬菜类型包括菱角、莼菜、茭白、荸荠、慈菇、水芹、芡实等多种,而由其衍生的有芡实糕、青团等江南特色小吃,以及茭白、莼菜、鲈鱼并称为江南三大名菜,充分说明了水生蔬菜在水网地区乡村生活中的重要性。该地域丰富水资源决定了其水产养殖在物产中所占的重要比重,充足的自然水环境赋予了水网地区丰富的养殖方式(如淡水池塘养殖,淡水大水面养殖,工厂化养殖等)、水产种类(青、草、鲢、鳙、虾、蟹、珍珠贝等)和水产产量(表 7 - 2)。

表 7 - 2　2015 年苏南浙北四市农业基本情况

项　　目	苏南两市	浙北两市	苏南浙北四市
农业总产值(亿元)	316.98	228.52	545.50
粮食产量(万吨)	180.50	189.09	369.59
平均亩产(千克/亩)	482	454	467
水产品产量(万吨)	38.74	51.12	89.86

资料来源:《江苏统计年鉴(2015)》《浙江统计年鉴(2015)》,中国统计出版社。

　　该地区生物资源与复杂的生态环境,形成独特的多类型景观,其中生物资源中,动物资源有浮游动物 79 种,节肢动物 27 种,鱼类 15 目 26 科 106 种,两栖类 9 种,爬行类 25 种,鸟类 173 种,国家一、二级保护动物占相当比重。植物资源有 75 种。

　　在资源丰富、环境优渥的同时,水网地区同样存在着诸多问题。在调研乡村中,水污染问题严峻,困扰着乡村居民的生活(图 7 - 4)。调查中的部分乡村存在水臭扑鼻的现象。部分村的整治只涵盖了一些中心,其余自然村还没有实施,村内土路及露天厕所等依然存在。一些规划后的乡村并没有得到良好的维护,已经出现颓败,存在批量式规划,导致乡村似曾相识,千村一面失去原有村落特色。乡村规划时居民的参与意识较低,宣传工作不到位。应看到,水网地区乡村地少人多,经济发展和资源有限间的矛盾十分突出,其他一些矛盾

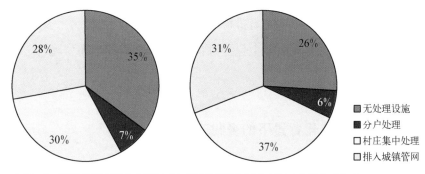

图 7 - 4　2015 年苏南浙北乡村(左)与长三角整体(右)乡村污水处理方式构成

也正在发酵,所以必须结合自身经验及教训探索出适合苏南浙北乡村人居环境改善的新路子。

3) 乡村景观建设

调查走访的 22 个乡村(包含常州市的 7 个乡村,下同)都有悠久的历史,其中 93% 以上乡村拥有 100 年左右的历史,但住宅近 90% 都是近 20 年以内新建的。行政村的平均总面积约为 4.6 平方千米,其中最大的为 5.9 平方千米,最小的为 2.89 平方千米。自然村的住区平均面积约为 8.7 公顷。从总体来看,乡村整体面貌尚可,充分体现了改革开放 40 多年以来乡村建设成果,以及苏浙两省"千万工程"和"811"行动的整治效果。调研中发现各个乡村之间景观质量存在差异。事实上,各村的景观构成元素基本上来说主要包括环境卫生、园林绿化、河流水系、村民住宅、历史文化、道路铺装、小品以及乡村基础设施等,不同类型村庄,其景观基本构成要素的重要性也不相同,在具体表现形态上也存在一定差异。一般来说,同种类型的村落结构及景观外貌都比较相似。有些乡村看起来似曾相识,同化现象比较明显,使乡村失去了原有的识别度。

调研的大部分乡村做过规划,但建设水平存在一定的差异,一些乡村停留在环境整治的层面,进行功能分区及基础设施建设性质的平面规划。大部分乡村人与生态环境之间仍然没有得到良好协调,传统的村落格局并没有得到良好的保护和体现,而集中建设的新村又是同一种建筑样式的重复,按照规则式排列布局,从旧村的杂乱走向新村的呆板,既失去了乡村传统聚落结构的原有魅力,又达不到城市建设水平,陷入尴尬的局面。因而,在实际的规划工作中也阻力重重,观念不断冲突。乡村规划中规划者与村民缺乏生态保护和可持续发展的观念。村里或者周边原有的许多具有价值的古建筑、古民居、古树名木及自然形成的池塘等,由于保护力度不够,加上保护意识的淡薄,造成了生态资源、人文资源的巨大破坏。

7.2.2　长三角一体化背景下的乡村空间组织

苏南浙北人居聚落的自然山水基底是河湖纵横的水乡。因此,从大的地理环境而言,江南以其水乡特色而区别于我国的其他地区。同时,经历代江南人为水利、城建需要,因势利导,脉分缕刻,最终塑成了今日之人居环境的自然地理格局"临水条带型、傍水抱团型、枝状生长型、顺水扩散型、湖泊环抱型"。

1) 临水条带型格局

　　该类型以丁桥镇、武原镇等乡镇最为典型,属于江河潮水冲积而成的三角洲平原,而主导该类型空间格局的因素是其境内呈"丰"字形排列的河网。遵循现有基底肌理形态,村落分布形成平行条带状的空间格局,道路沿河道延伸拓展,民居则分布在河道的其中一侧或两侧,公共场所因其公共性要求多分布在主次河道的交汇处,没有明显的村落核心,村落基质均匀分布并蔓延至城镇边缘。农耕生活充分依赖其紧邻的河道,农耕的形态单一,以平原耕种为主,而耕种单元的范围则被民居的方位明确地框定,两者朝向大致保持一致,且耕作的半径应当控制在 300 米范围内(图 7-5)。

卫星图	肌理图

图 7-5　临水条带型：吴江区七都镇长桥村及周边

2) 傍水抱团型格局

　　该类型在同里镇、盛泽镇等乡镇较为典型。该类型格局的主导因素包括土壤质地适中,耕性、爽水性好,水肥条件较为优越,境内多河流、少湖荡的水网形态等。村落空间呈团状沿河流两侧拓展,公共场所有较强的凝聚力和向心感,一般位于村落的几何中心,村落生长半径一般控制在 150 米以内。村道通常从村落中穿越,将间隔发展的村落组团串联至外部交通干道。农耕形态类型单一,耕作范围受家族血缘关系的影响,以村落为中心向外顺势扩散,耕作半径一般在 300 米左右(图 7 - 6)。

卫星图   肌理图

图 7 - 6　傍水抱团型:吴江区盛泽镇南麻社区

3) 枝状生长型格局

　　该类型分布于受水流经年累月而成的狭窄的水岸平原,内倚丘陵,外临江海,境内河渠纵横,水塘散落的水网形态是该类型格局的主导因素。由于缺少大面积完整用地和预先规划,村落自发沿树枝状道路条状分布,村道多尽端路,交通联系不便,村道走向不规则引起用地划分不规则,导致道路设施和土地资源的利用效率较低,沿路布置基础设施难度较大。农耕形态依据不同地形多元分布,在平原耕种为主的基础上,在滨水地带发展水产养殖业,且在不同海拔的地区有明显分异,活动半径差异较大(图 7 - 7)。

卫星图   肌理图

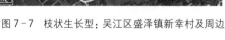
图 7 - 7　枝状生长型:吴江区盛泽镇新幸村及周边

4）顺水扩散型格局

　　该类型主要分布在太湖东南部吴江的湖荡平原地区,土壤肥沃、多低洼地、雨水充沛,境内河网密布、湖荡众多的水网形态是该类型格局的主导因素。村落空间没有明显的核心,紧沿河流湖泊水岸线分布并带状夹河生长,公共场所一般位于村道与河道的交汇处。农耕形态上,土壤质地偏黏、富含有机质的青泥土适合小规模的平原耕种,众多利于水产养殖的低洼地则形成大片的鱼塘。由于天然湖荡的阻隔,带形村落空间依循岸线分隔内外两种农业活动,导致该类型乡村的农业生产活动半径基本在 500 米左右(图 7 - 8)。

　　　　　卫星图　　　　　　　　　　　　　　　　　肌理图

图 7 - 8　顺水扩散型：吴江区松陵镇直港村及周边

5）湖泊环抱型格局

　　该类型主要分布在吴江区原横扇镇等临湖地区,属于太湖生态敏感地带,以半岛或岛屿状的低洼地为主,环抱的湖荡是该类型格局的主导因素。村落临湖或沿河分布,由于大面积天然水域的制约,村落空间也因地制宜,或沿河扩散或岛状抱团跳跃式发展。村落公共场所一般也位于村道与河道的交汇处,没有明显的村落核心(图 7 - 9)。

7.2.3　独具特色的滨水建筑

　　环太湖地区有着深厚的吴文化底蕴,许多传统村落都是吴地乡愁的源泉。传统村落及传统建筑是中国文化的重要载体。水是吴文化中的重要元素,古人

卫星图   肌理图

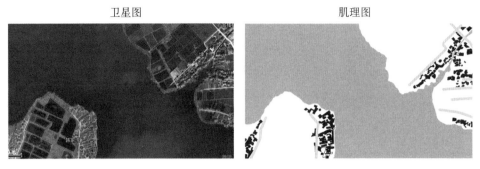

图 7-9   湖泊环抱型：吴江区原横扇镇大家港村和库港村

以水为财，风水学中也强调了水的重要性，甚至古语有"未见山时先看水，有山无
水休寻地"的说法，所以苏南浙北乡村的建筑与水的渊源是其最显著特征。

　　苏南浙北乡村人居环境在建设的过程中，由于缺乏对自然环境及文化传承
的研究，导致以往的规划建设并没能发挥环太湖地区乡村的资源优势。即便如
此，传统"滨水建筑"及其文化有部分也得以保留。"滨水建筑"也被称为"沿水建
筑"和"临水建筑"，建筑选型因溪流、江流、河川、湖沼、海洋等水体的性质而不
同。当建筑面水一侧外立面到水边之间的垂直距离不到 200 米时，这种类型的
建筑物是滨水建筑。在以水运经济为主导的年代，太湖地区传统建筑沿河与否
是一个关键因素，依仗水运网络，苏南浙北成为当时国家的经济中心和文化中
心。当时滨水建筑以商业功能和商住复合功能为主。另外，为了方便当地居民
的利用，在河流附近建造了宗祠、庙堂或戏台等公共建筑物。然而现今一些地区
的新农村建设充斥着急迫的功利性，其布局直接跟随城市空间格局，使得原本尺
度宜人、空间丰富的传统村落变成了整齐划一的空间，失去了与其所在场域之间
的关联，许多建设中的乡村格局与建筑形态一味追求既有模式，缺乏生命力。一
些地方甚至流行"一村一形象"的口号，这种脱离本源、追求奇异、"口味"不断翻
新和做作的形式变化，将丧失乡村应该具有的个体本质，使其整体的内在品质变
得低下。

1) 居住面积

　　江浙两省乡村居民收入水平的不断提高，为乡村住宅建设提供了良好的
经济基础。近年来，浙北地区乡村住宅建设有了较大的提高。资料统计显示，

截至 2011 年年底,共改造建设新乡村
住房 117.4 万套,江浙两省乡村人均
住房面积已经达到 60.8 平方米。浙
北地区的杭州、嘉兴 2011 年年末乡村
居民人均居住住房建筑面积均已突破
70 平方米。乡村住宅建设成果显著
(图 7-10)。

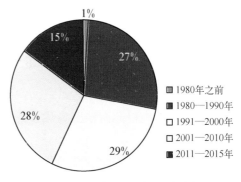

图 7-10 苏南浙北乡村建筑年代分布图

2) 建筑密度

　　长久以来,苏南浙北乡村住宅建设不断发展,大多是建立在以家庭经济为基础的增长模式之上。这种增长模式长期会带来一定弊端,包括缺乏对整个住宅系统的全局规划控制,导致家庭式住宅建设后,乡村环境随之发生改变,而这种变化对整体乡村人居环境起到的往往是消极作用。乡村住宅建设的增多,破坏了村内长期以来形成的特有环境与水环境。村民为了改善居住环境质量,对自家房屋进行增建或者改建,使住宅区域内整体的建筑密度提高,村内相对开阔空间的面积不断减少。乡村规模的无限增大,尤其是建筑密度大幅度上升,不仅导致原本村落格局的改变,也往往会导致住宅区内采光不良、通风不畅、空气质量下降,对周围水体造成污染等。同时乡村地区对绿化不够重视,原本较好的乡村微环境被破坏后很难再恢复。此外,乡村住区建设的偏好性发生改变。曾经的乡村为了取水方便,住宅都是倚水而居。而近年来受"要想富先修路"这类思想的长期影响,为了交通的方便,乡村住宅建设越来越靠近道路。这些无序的建设破坏了原本的乡村建筑风貌。

3) 设计样式

　　经过历史长期的积累,苏南浙北形成了众多整齐、清晰、有规律,以水为主体的"前街后河,河道围绕"的民居建筑。民居建筑结合河道合理布局、前街后河临水而建,居民依水而生。民居是江南街道和水巷的主体;民居建筑群在街坊内横向排列,呈联列式布局,鳞次栉比。大量民居建筑造型轻巧,立面简洁,体态玲珑,粉墙黛瓦坡屋面,形成了独有的素净淡雅、秀丽柔和的地方建筑风

格。民居的单体、群体与居住街坊的河道、桥梁和绿化密切结合,构成既适用、经济又方便优美而和谐的居住环境。"君到姑苏见,人家尽枕河""粉墙照影,蠡窗映波"显示出"小桥、流水、人家"的传统环太湖建筑和居住街坊的环境艺术特色。

　　然而如今在以苏南地区为代表的一些经济发达地区,在新村村民住宅设计中却出现了令人十分不安的局面。首先,当乡镇别墅兴盛之时,新村的"新内涵、新风貌"被错误理解,表现为乡村城市化。除了基础设施向城市看齐,传统的农房也被单一的仿欧式别墅取代了,这使得村落传统文化在当地无法延续下去。当地农民对传统院落式建筑只能怀念,却无法再相守。第二,所谓保留地方特色绝不是仿古建筑。建筑的本质是创造空间的艺术,绝不仅在于技术和材料。在新农村建设中,对传统建筑元素的保留和选择性利用仍存在较大缺陷。环太湖地区乡村尽管住房条件良好,一种是政府统一规划的新村,建筑成规格式排布;另一种是村民根据相同图纸建造。但以后者为主,因此呈现缺少整体建设规划状,很少有设计精良的房屋,千篇一律情况严重。"远看莫斯科,近看鸽子窝",这是2012年5月10日浙江新型城市化工作会议上对浙北乡村尖顶建筑的形容(图7-11)。

图7-11　齐心村(左)与北联村(右)的新苏式建筑

4) 房前屋后景观

　　房前屋后景观亦可以作为庭院景观来看,有条件的村民越来越注重庭院景观。其景观要素一般有庭园的围墙、庭园内的小品、庭园景观绿化。在调查走访的乡村中有30%以上的庭园是没有围墙的。有围墙庭园,围墙的高

度一般 1.8 米左右,也有 0.8～1.2 米的矮墙,围墙有砖砌、铁艺、仿木三种
样式(图 7‒12)。乡村庭园的小品有花架、灶台、水缸、水池及水井等。庭院
绿化是指农户们在自家的院子里栽种植物。在抽样调查统计的 100 户中,
43 个庭院没有做任何绿化,21 个庭院有较好的植物景观,36 个庭院种有简
单的植物。

图 7‒12 人福村旧建筑(左)与新建筑(右)

7.2.4 路桥纵横与水网依附的交通网络

苏南浙北各项基础设施发展都已处于较高水平,形成了完善的道路交通体
系,铁路交通建设起到重要的作用,京杭大运河的主要航道,在全国居于核心地
位。对于乡村来说,道路硬化、公交村村通等工作业已完善,从整体上看,相比于
过去,乡村的交通状况已经大为改观,村民的出行方式越来越多样,出行满意度
也在不断提升。

1) 区域交通

(1) 陆路交通

苏南浙北区位优势明显,京沪高铁、苏沪浙高速、苏嘉杭高速贯穿其中。城
市迅速发展,区域内部各城市之间来往日益紧密,交通事业发展成就显著,基本
形成了包括高速公路、干线公路、乡村公路在内的层次分明的路网结构,区域内
部交通逐渐趋于集约高效,较之于江浙其他地域,本区处于较发达的水平。
2015 年,苏南浙北四市的公路里程达到 46 650 千米,其中高速公路 1 506 千米,

公路运输货运量达到 42 282 万吨,公路运输客运量达到 55 145 万人,在江浙地区占较大比重。

（2）内河交通

环太湖地区自古以来水运兴旺,目前仍有干支航线 900 余条,通航里程达 1.2 万千米,形成了一个江河湖海直达、干支相连、四通八达的航运网络。据不完全统计,太湖全流域有各类船舶 4.7 万艘、134 万载重吨。早在 20 年前,环太湖地区的水运量就达到 1.73 亿吨,相当于长江干流货运量的 3.3 倍。2015 年苏南苏州市水路客运量 589 万人,水路货运量能达到 11 816 万吨,无锡市水路客运量有 536 万人,水路货运量达到了 16 909 万吨。浙北湖州市水路客运量能达到 70.98 万人,货运量有 5 745.7 万吨,嘉兴市水路客运量能达到 38 万人,货运量有 8 522 万吨。近几年来,环太湖地区的水运受到了陆地交通和管道运输的严重挑战,尤其是多条输油管道的铺设,使水运占社会运输总量的比重明显下降,但总体上水运仍旧在当地的经济发展中担当着极为重要的角色。

2）乡村道路

经过多年的建设,苏南浙北已经形成了高速公路联网畅通,干线公路密集高效,"镇村公路水泥化"的发展态势。早于全国其他省份,江浙两省率先实现了"乡乡通油路,村村通公路"的目标,完成了县县通高速的战略任务。苏南浙北四市乡村公路的建设在 21 世纪初就已初具规模,交通部门结合原有道路实际,将乡村公路建设规划细分为三个层次:一是实施主干道网建设,二是实施二级路网建设,三是实施直线道路建设,并对此进行量化,且提高乡村公路建设的标准。

苏南浙北交通在江浙地区范围内,已处于较高水平,乡村自身的道路建设也步步跟进。2015 年,苏南两市的乡村通村路硬化率,苏州、无锡的数据分别为 93.5％和 93.7％,村内道路硬化率分别为 95.2％和 96.8％。浙北两市的乡村道路硬化率整体稍高于苏南,无明显差异,湖州的通村路和村内道路硬化率分别为 98.1％和 96.6％,嘉兴的两项数据则分别为 95.5％和 95.1％,苏南浙北四市乡村道路在过去的基础上,从质和量两方面进一步得到完善(表 7 - 3)。乡村道路建设为村民生活提供了便捷,为当地乡村经济和社会发展夯实了基础。

表 7 - 3　2015 年苏南浙北四市乡村道路硬化的自然村屯占比

	苏州	无锡	湖州	嘉兴
通村路硬化	95.3%	93.7%	98.1%	95.5%
村内道路硬化	95.2%	96.8%	96.6%	95.1%

从江浙地区来看,2015 年苏南浙北总体通村路硬化率为 96.6%,村内道路硬化率为 95.9%。江浙总体通村路硬化率为 89.8%,村内道路硬化率为88.3%,苏南浙北自然村落道路硬化占比高于江浙地区总体水平(表 7 - 4)。虽然整体情况较好,但各行政村之间仍有差异,应予以重视,这是下一步工作的重点。

表 7 - 4　2015 年苏南浙北和江浙地区自然村落道路硬化情况

	苏南浙北总体	浙江省总体	江苏省总体	江浙总体
通村路硬化	96.6%	93.3%	86.3%	89.8%
村内道路硬化	95.9%	91.7%	84.9%	88.3%

除道路硬化之外,对乡村道路还进行了亮化和绿化方面的改进,并对路幅进行了拓宽。早期乡村道路宽度比较小,并且还弯弯曲曲的,宽度只有 1～2 米,经过多年建设的努力,苏南浙北多数乡村的主要道路拓宽到了 4～6 米,村内小路2～3 米,乡村与外界沟通道路 6～12 米不等,改善了乡村道路的通行能力。因为道路宽度足够,满足了机动车的行驶要求,部分乡村实行人车分流,增加了村民步行的安全性和舒适性。

目前苏南浙北基本实现"公交村村通",公交统一由所属地级市运营,较为准时,服务水平较高,为村民生活带来极大便利。交通部门针对少数乡村人口较少,客流分散,道路情况较差,经审核不符合中型客车运行条件的,通过出租车、面包车的方式方便村民出行。调研过程中,没有村民认为道路需要改善,由此可见村民对道路建设的现状是满意的。

7.2.5　完备的市政基础设施

随着近些年建设的投入苏南浙北乡村的市政基础设施不断完善,并在全国范围内率先实现电力村村通,促进乡村电力可持续发展。因为苏南浙北水环境敏感,所以特别注重给水设施、污水设施、排水设施、环卫设施等相关设施的建设,其发展程度在江浙地区甚至高于上海的乡村。在调研过程中超过九成的村民对市政基础设施基本满意。

1）电力设施

经过乡村电网新一轮的改造升级,苏南浙北乡村供电可靠率达到99%,户均年停电时间降到6.7小时以内,综合电压合格率达到99.18%,户均配变容量超过2.4千伏安。用电需求同时从侧面反映了农民生活水平的变化。"十三五"期间,该地域乡村用电量同比2014年提升了45%。随着农网升级改造的实施到位,村民们不仅能用上"省心电、省钱、绿色电",还将看到电力给村容村貌带来的改变。

2）给水设施

苏南浙北乡村自来水供应比例明显高于江浙地区整体水平,苏州供应比例为93.2%、无锡为93.3%、湖州为98.5%、嘉兴为99.5%,浙北供水情况高于苏南。区域整体达到了96.1%,高出江苏接近三个百分点,比浙江省的91.0%高出五个百分点(表7-5)。自来水的集中供给对村民生活产生了重要影响,解决了过去用水困难的问题。村民打开水龙头就能享受到清洁的自来水,改变了过去挑水和挖水井的用水方式。在已经集中供应自来水的乡村中,村民对供水的满意度都较高(图7-13)。显然苏南浙北城乡供水一体化建设已迈出了坚实的一步。环太湖地区工业发达,化工、钢铁等大中型企业遍布,河道众多,船只来往,运输繁忙,然而以往发生过化学药品和船只泄漏的事故,这为该地域村民生活用水的水源是否安全打上了问号。此外,部分乡村自来水在检测的过程中发现了游离氯离子不足和输水管道年久失修等问题。

表 7 - 5 2015 年苏南浙北和江浙地区行政村自来水集中供应比例

苏南浙北四市				江苏	浙江
苏州	无锡	湖州	嘉兴		
93.2%	93.3%	98.5%	99.5%	93.2%	91.0%
苏南浙北四市(平均)：96.1%				江浙地区(平均)：92.1%	

图 7 - 13 杨文头村干净的河道(左)与农创村家庭中使用自来水的卫生间(右)

3) 电信设施

在江苏省和浙江省各级政府和相关部门的支持和推动下,苏南浙北四市在"十二五"末期就实现了乡村有线广播 100% 全覆盖,乡村无线电视 100% 综合全覆盖。之后,苏南浙北四市广电系统扎实推进有线电视户户通,积极构建完善城乡有线电视一体化公共服务体系,其中乡村有线电视入户率 91.5%,有线数字电视整转率达到 85%,网络双向率达 85%;到 2015 年苏南浙北四市有线电视入户率达到了 95%,有望在 2020 年实现广播电视户户通。2015 年苏南浙北四市电话普及率达到 144%,而该类型地区乡村,电话普及率也接近 90 部/百人。区域移动电话普及率为 114%,乡村地区同样逼近 100 所有大关。2008 年年末,江浙两省最早实现所有自然村联通宽带。2010 年,中国电信公司全面启动宽带提速工程,年底苏南浙北四市基本达到 4M 宽带全覆盖。另外,天翼 3G 信号覆盖城镇与乡村。现如今苏南浙北四市的宽带提供能力达到 20M 带宽,同时也实现了移动 4G 信号全覆盖。

4）燃气设施

2015 年苏南浙北四市燃气普及率达到 60% 以上，提升明显。平均每户安装费 5 000 元左右，但能够为区域内平均每村减少煤炭污染 1 000 多吨。燃气作为高效清洁能源，它的广泛使用，提升了乡村的空气质量，也减少了煤渣、柴灰等废弃物的产生，改善了乡村环境。村民表示使用燃气便捷，做饭不再烟熏火燎，既干净又省钱。多数乡村的村民以煤气、电、沼气等清洁能源作为炊事能源，不再使用煤或植物秸秆。其中户均沼气池容量约 8 平方米，多由国家与村民共同出资修建。少数乡村还将太阳能作为常规能源使用。

5）污水设施

苏南浙北乡村与水联系较为密切，所以该地域污水设施的建设就显得尤为重要。在江浙地区，苏南浙北四市的乡村污水处理系统建设领先于其他地域。苏州具备污水处理转运的行政村占到 74.5%，无锡占到 86.3%，湖州达到了 87.6%，嘉兴更是达到了 93.3%，苏南浙北行政村整体占比超过 85.4%，超过江浙地区 25 个百分点（表 7-6）。此外，苏南浙北乡村城镇化水平较高，普遍与城镇有密切联系，该地域的行政村中有接近 50% 将污水排入城镇污水管网。

表 7-6　2015 年苏南浙北和江浙地区污水处理转运的行政村占比

苏南浙北四市				江苏	浙江
苏州	无锡	湖州	嘉兴		
74.5%	86.3%	87.6%	93.3%	41.2%	78.6%
苏南浙北四市平均：85.4%				江浙地区平均：59.9%	

乡村生活污水处理具有特殊性：一是乡村居住分散，面广量大，管网不健全，无法采取大规模集中处理方式；二是乡村经济实力薄弱，技术管理力量缺乏，无法采用运行费用高，运行管理要求复杂的技术工艺。以人福村为例，家家有污水管道，村内的污水处理设施包括两个污水处理厂，村所有污水全部集中处理。目前村内的污水处理设施正常运转，但据村民反映，离村不到 2 千米处有一垃圾填埋场，负责处理整个盛泽镇的垃圾，在垃圾过多或者雨水冲刷下，常有污水流进河道，对人福村的河道水质造成污染（图 7-14）。所以要处理好污水设施与其他环卫设施的关系，使之相互配合；农创村污水系统建设比

较见效,村中其他各项环卫设施也做得相当不错,但是村中的污水处理,环境工程等的维护费用都由本村的财政承担。所以如何在基础设施完善的情况下维护这些设施,让这些设施运转良好,为民所用,这是农创村当前面临的一个问题。

图 7 - 14　生活污水处理设施(左)与未经处理的污水直接排放(右)

6) 雨水设施

　　在雨水设施建设方面,苏南浙北采用通常的建设方法,将雨水体系和污水体系统一纳入排水体系。与排污管道不同,雨水的排放和收集,充分利用地形并对水系合理分区,保证雨水能够以最短的路线排入水渠,并进入受纳水体。乡村均未系统建设雨水设施,大多采用自然排泄的方式,雨水通过地表自流或明沟暗管等直接排入周边的沟渠之中;同时,也有部分集中建设的村民小区,在内部设有雨水管线,但最终也未经处理直接排入周边的沟渠。苏南浙北四市所属镇乡的自然村排水设施整体占有率超过了 70%,苏州最少,为 66%,嘉兴居首,超过73%(图 7 - 15)。

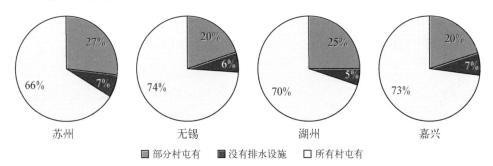

图 7 - 15　苏南浙北四市排水设施占比

7) 环卫设施

苏南浙北垃圾处理设施总共分为六种,分别为村内卫生填埋(有防渗),村内小型焚烧炉处理,转运至城镇处理,村内简易填埋(无防渗),村内露天堆放,无集中收集、各家各户自行解决,其中前三种方式属于无害化处理。苏南浙北四市乡村当中,垃圾无害化处理的行政村,占总数的97.2%,高于江浙其他各区域类型,高于江浙地区总体的88.9%。从内部来看,苏南浙北四市相差无几,湖州的乡村垃圾无害化处理率最低,也达到了96.2%,嘉兴达到了97.9%,环卫设施建设几乎没有死角(表7-7)。

表7-7 2015年苏南浙北和江浙地区垃圾无害化处理的行政村占比

苏南浙北四市				江苏	浙江
苏州	无锡	湖州	嘉兴		
97.7%	96.8%	96.2%	97.9%	89.9%	87.9%
苏南浙北四市平均:97.2%				江浙地区平均:88.9%	

各村垃圾收集处理的情况基本能够满足村民的需求,超过90%的村民对环卫设施满意,只有极少数村民觉得一般或有其他看法。该地域所有调研乡村都有保洁员,都有集中垃圾收集点。垃圾由收集点集中转运至市区处理。村中没有乱扔垃圾的现象,村内通过每家每户发放垃圾桶,建立垃圾集中处理点,实现了"户集、村收、镇中转、市处理"的乡村生活垃圾处理机制,环境较为整洁。虽然乡村卫生整体处于较高水平,但部分乡村仍然存在问题,村中有集中的垃圾收集点,可进行垃圾分类回收,但是仍然存在卫生死角,还有些垃圾箱没有发挥作用(图7-16)。河道相对较干净,部分河段边有漂浮垃圾。工业企业以机械铸造和制造纸箱为主,污染较小,几乎没有水体、空气方面污染性设施,村中基本没有乱扔垃圾的现象,环境较为整洁,但仍有大部分村民表示污水治理不到位。

8) 水利设施

苏南浙北由于长期缺乏统一规划,水系有网无纲。早在1954年大水后,太湖治理规划工作开始展开,因有关各方难以达成统一意见及"文革"影响,未形成统一规划。1987年,原国家计委批复了《太湖流域综合治理总体规划

图 7－16　龙降桥村有害垃圾收集点(左)与齐心村缺整理的垃圾箱(右)

方案》，将防洪除涝作为主体任务，统筹航运水资源和供水保护。规划突出了洪涝治理这个主要矛盾，同时兼顾改善供水、水环境和航运；流域洪涝同步治理，11 项工程发挥整体协同作用；工程安排坚持"蓄泄兼筹、三向排水、分片治理、高水高排"等成功的治水策略，为流域综合治理奠定了工程布局基础。随着流域经济社会发展，本地水资源不足、水污染严重等水资源问题日益突出，新形势下经济社会发展和生态环境保护对水资源建设提出了新的要求。

　　总体来看，苏南浙北乡村的市政基础设施建设趋于完善。在各项基础设施得到长足提升的同时，乡村仍然面临着一系列的问题。乡村基础设施建设资金主要来源于国家拨款和各级政府补贴以及农民自筹，但长期以来在建设投资中重城轻村的思想导致乡村欠债较多。

　　根据调研数据可知，该地域乡村最希望改善的基础设施包括环卫设施与道路设施，以及污水设施等(图 7－17，图 7－18)。江浙两省处于城镇化加速发展时

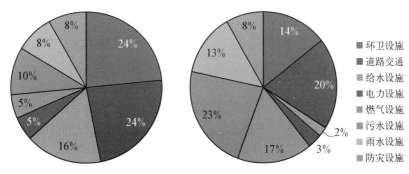

图 7－17　龙降桥村民(左)与北联村民(右)希望改善的基础设施

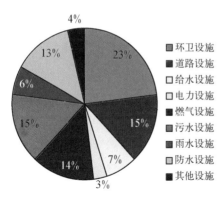

图 7-18 苏南浙北乡村希望改善的基础设施

期,其农业基础设施建设取得重大成效。水网地区农业生产有大幅度改善,水利水电、道路、电力网络和其他农业设施渐趋完整。质量和数量均有大幅度的改善,乡村居民切实享受到建设带来的便利。然而,在如此发达的苏南浙北,乡村基础设施水平建设仍然与城市基础设施水平有一定差距,尚不能充分满足乡村居民生产、生活的要求。

7.2.6 趋于合理的公共服务设施

苏南浙北乡村的总体配置情况较好,其中文化设施和医疗设施的配置率均达到了100%。每个村都配备有单独的文化活动室与卫生室,大部分乡村配备有图书室。其次是体育设施的配置,在调研乡村中只有一个村没有配置相关的体育健身设施,而整体配置率达到了93.3%。社会保障设施的配置率为80%,所有村配置有老年活动中心且只配置了老年活动中心。另外,教育设施配置率为53.3%,多数村配置了幼儿园,有条件的村配置了幼儿园及小学。其他设施的配置率为66.7%。如图 7-19 所示,当前苏南浙北村民最希望改进的服务设施为文化娱乐设施,其次是增加幼儿园。

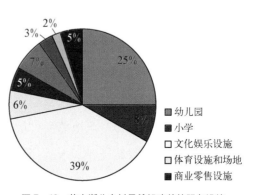

图 7-19 苏南浙北乡村最希望改善的服务设施

1) 文化设施

调研乡村都配备有独立的文化设施,包括文化活动室和图书阅览室。可见苏南浙北乡村对村民的文化生活是相当重视的,但每个村配置内容完全一样,没有突出自身的特色,更像是一种为了完成任务而进行的配置。乡村文化设施的使用率并不高,使设施失去了意义。这也是村民们最迫切希望改进文化设施的原因。

2) 教育设施

　　调研乡村中仅 50％的村配置有幼儿园。由于江苏省实行撤校并点的政策，村中的小学都被撤并到镇里，村内最多保留一所幼儿园。乡村教育是村民最为关心的问题之一，虽然为了提高学校的服务效率和节省资源，并校是个有效的措施，但大范围的撤并学校也给村民带来了不便(图 7 - 20)。

图 7 - 20　杨文头村幼儿园(左)与小学校车接送站(右)

3) 医疗设施

　　和文化设施一样，所有调研乡村都配置了卫生所或卫生室。村民小病在家门口就医就可以，很方便。稍严重的病，则到城市里就医。村民对卫生室医疗技术和医疗设施不放心，使本来服务能力有限的村卫生室更难发挥应有的作用。如图 7 - 21 所示，受调村民 61％对卫生服务站表示满意，极少数人群表示很不满意。同时 33％的村民表示当前村卫生服务站最需要改善的方面为更

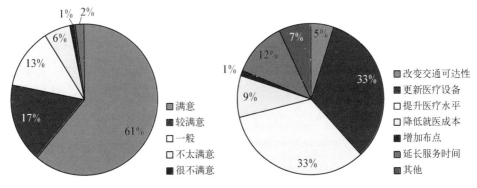

图 7 - 21　苏南浙北乡村卫生服务站最需要改善的方面

新医疗设备,33%表示提升医疗水平同样迫在眉睫,其他方面如改变交通可达性也占有大比重。

4) 体育设施

调研乡村几乎都配备有专业的运动设施,如户外健身设施、篮球场、运动场、乒乓球室、健身室等。但和文化设施一样,设施的使用率不高,有的运动器材周边长满了杂草,显然是一直没人用,且缺少维护。

5) 养老设施

调研发现乡村的老龄化现象越来越明显,所以乡村养老服务设施的配置尤为重要。调研结果显示乡村社会保障设施的配置率为80%,但需要说明的是,配置的项目仅为老年活动中心,个别村还设置了老年大学,却属于多功能教室,并不是专门为老年人服务的。更有个别村没有老年服务设施,一并归类到社区服务站中。此外,受传统观念和家庭条件等多方面因素影响,超过60岁以上的村民近80%更倾向在家里养老,仅有6%的老人有意愿去村、镇、县及以上的养老机构去养老(图7-22)。

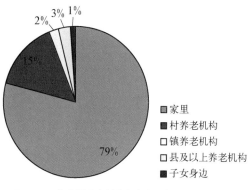

图7-22 苏南浙北乡村养老方式及意愿

6) 其他设施

其他设施包括农业科技服务设施、金融设施、保险设施以及绿化设施等,都是属于政府应该向乡村居民提供的公共服务。调查乡村中并没有设置专门的农业科技信息服务中心或相关设施,只是将其并入便民服务中心,据乡村居民反映从村委会获得农业科技信息的机会较少。60%的村设置了乡村合作银行,但乡村居民的经济来往还是以相互借款为主,主要的存款也是在镇或县里的银行,乡村居民的金融产品满足度低。苏南浙北乡村的公共绿化配置较好,村民满意度高。

　　总的来说,苏南浙北乡村的公共服务设施,配置状态不同,配置度最高的是文化设施和医疗设施,体育设施和社保设施的配置度也较高,而教育设施的配置度明显不足,其中有很大一部分是由于政策的因素造成的,但还是应该因地因人而异,一刀切的做法并不能真正解决乡村的教育问题。就调研结果分析,苏南浙北乡村基本公共服务设施配置在量上已经基本足够,但在质上还有待提高。其质只是表面上的而不是真正意义上的,比如卫生院、健身运动器材、老年活动中心(图7-23),虽然都投入了大量的资金建设,外观精美,器具崭新,但卫生院只能满足最基本的吃药打针服务,健身器材无人问津,老年活动室功能单一。总的来看,乡村基本公共服务设施的配置还有欠缺,需要进行适当的补充和改善,特别是社会保障类服务设施和教育设施。

图 7-23　四都社区服务中心

7.3　非物质性要素特征

7.3.1　流动人口与多元混合型经济

1) 经济

　　我国乡镇企业大多诞生于苏南浙北,苏州、无锡、湖州、嘉兴更是乡镇企业主导并带动整个城市发展的典型,苏南浙北四市均有很多工业企业,且乡村从业人口占比大,农业人口比重相对较低,农民收入水平高,人均年收入在24 000元以上,且其中以工资性收入为主(图7-24)。在江苏,苏南模式长期影响当地乡村的经济建设,农民依靠自己的力量发展乡镇企业,乡镇企业的所有制结构以集体经济为主,乡镇政府则主导乡镇企业的发展,20世纪80年代苏南乡村启动了乡村工业化和城镇化的进程,率先突破了计划经济体制的束缚,建立了与市场经济相适应的经营机制。经过40多年的积淀,经历了吸引外资和产权制度改革以及对技术升级和自主创先的发展极端,使得"新苏南模式"更加完善,对苏南地区的城镇化和乡村人居发展起到重要的推动作用。无独有偶,"浙江模式"同样依靠市场的力量突破高度集中的社会经济体制束缚,形成了开放、完整、竞争的市场体系。与苏南模式不同的是,浙江模式更加依托民间力量,其突出特点就是无外资介入、无国家投入,全凭当地农民白手起家不断积累资金,使得民营经济发展起来。经历了"家庭家族企业阶段"的变革与发展,到后期的外资注入与产业转型提升,"新苏南模式"同样对江苏乡村人居环境建设产生了重要影响。苏南浙北乡村经济建设在两种模式之下,以及在区位政策等诸多因素的影响下处于较高水平。

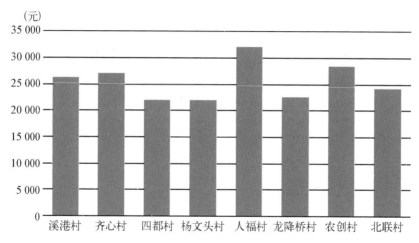

图 7-24 2015 年苏南浙北各调研乡村人均年收入

苏南浙北乡村居民人均可支配收入达到了 25 246 元,嘉兴乡村居民最多,每年可支配收入达到了 26 838 元,湖州最低也达到了 24 410 元(表 7-8)。苏南浙北乡村整体收入水平高于江浙地区其他地域,江苏省乡村居民人均可支配收入16 257 元,浙江省达到了 21 125 元。乡村收入虽然整体非常可观,但是城乡差距依然在眼前,不容忽视。苏州、无锡、嘉兴、湖州四市城镇居民人均可支配收入达45 814 元,比乡村人均可支配收入高了两万元之多。缩小城乡生活水平差距势在必行,但由于城乡生活成本和城乡消费水平差别等原因,反映居民生活水平的恩格尔系数在城乡之间的数值差距微小,二者平均值之差仅为 1.8%,其中苏州城乡恩格尔系数差距仅为 0.1%。苏南浙北乡村平均恩格尔系数为 29.6%,在国际上属于接近相对富足国家和地区的水平。

表 7 - 8　2015 年苏南浙北四市城乡主要经济指标

地　区	苏州	无锡	嘉兴	湖州
城镇居民人均可支配收入(元)	50 390	45 129	45 499	42 238
城镇居民人均生活消费支出(元)	31 136	29 466	25 544	17 522
恩格尔系数(城镇)	26.7%	28.3%	27.5%	28.7%
乡村居民人均可支配收入(元)	25 580	24 155	26 838	24 410
乡村居民人均生活消费支出(元)	16 761	16 469	16 112	17 522
恩格尔系数(乡村)	26.8%	31.3%	29.3%	30.9%
居民消费价格指数(上年=100)	101.6%	101.7%	101.7%	101.6%

　　同时,区域内部乡村之间也存在发展差距,苏南两市的苏州市乡村居民人均可支配收入为 25 580 元,无锡为 24 155 元,相差 1 400 元左右;浙北两市的嘉兴乡村居民人均可支配收入为 26 838 元,湖州为 24 410 元,相差 2 400 元左右(表 7 - 9)。具体到各个村,其收入差距更为明显,如嘉兴市桐乡市梧桐街道同心村村民人均年纯收入仅为 5 058.8 元,而无锡市江阴区华士镇华西村则达到了 82 000 元,后者是前者的 16 倍还多。村民收入水平对乡村人居环境的影响是显著的,比如村民住房的居住面积,以及民居立面、内部装修是否整齐美观,在生活方面,收入决定了能否配置冰箱、彩电等大家电,使村民过得舒适惬意。收入水平较高的乡村,村民们甚至过上了家家有小汽车的幸福生活,村民们会趁着周末去市区购物消费等。由此可见,村民收入水平直接影响着村民的衣食住行、文化娱乐。

表 7 - 9　2015 年苏南浙北和江浙地区乡村居民人均可支配收入(元)

苏南浙北四市				江苏	浙江
苏州	无锡	嘉兴	湖州		
25 580	24 155	26 838	24 410	16 257	21 125
苏南浙北四市平均: 25 245.8					

2) 人口

　　近年苏南浙北乡村人口呈微下降趋势,在 2015 年四市均有不同程度的下降,苏南的苏州在 2011 年农业人口为 305.1 万人,2015 下降至 286.1 万人,浙北的嘉兴 2011 年农业人口为 186.7 万人,2015 年下降至 155.1 万人(表 7 - 10)。

主要原因是苏南浙北城镇化率不断提高,导致乡村人口向城市流动,尤其是年轻人流失。

表 7‐10   2011—2015 年苏南浙北四市乡村常住人口变化情况(万人)

年份	2011	2012	2013	2014	2015
苏州	305.1	296.4	292.4	288.8	286.1
无锡	231.4	231.5	229.04	228.9	227.5
湖州	177.8	175.9	171.9	169.6	169.9
嘉兴	186.7	186.9	186.7	187.2	155.1

资料来源:《江苏统计年鉴(2016)》《浙江统计年鉴(2016)》,中国统计出版社。

从人口结构来看,苏南浙北已步入老年社会,四市 60 岁以上常住人口占比分别为苏州 23.2%、无锡 22.6%、嘉兴 21.6%、湖州 20.4%(表 7‐11),平均达到了 22.2%,虽然略低于区域整体的 24%,但当前老龄化问题已相当严峻。从人口红利角度来看,苏南乡村地区已退出人口红利时期。部分乡村人口抚养比超过 50%,甚至超过了 60%,到了人口负债期。但实际调研中,发现年龄在 60～65 周岁的老年人仍是当前乡村劳动力队伍的重要组成部分,不仅可以自给自足,还能补贴一部分家用。此时乡村虽然可能未进入人口负债期,但基本可以肯定已逐步退出人口红利时期。

表 7‐11   2015 年苏南浙北四市乡村 60 岁以上常住人口占比

	苏州	无锡	嘉兴	湖州
60 岁以上比例	23.2%	22.6%	21.6%	20.4%

3) 土地利用

无论是城市面积的扩大,还是新增城市数量的变化,大多是通过征占农业用地来实现。由于我国乡村土地集体所有制的属性,面对土地使用权转让所带来的巨大经济利益和可能带来的一时的经济发展,乡村各级政府纷纷设法将无法直接产生经济效益的土地资源转让而获得土地带来的第一桶金。一方面城市的建设扩张占用了乡村土地资源,另一方面乡村居民收入水平的提高会促使其增加对自身住宅的建设完善,从土地占用方面影响乡村的耕地保护。在我国长久沿用的无偿、无限期、无流动的宅基地管理政策下,大多数村民存在着根深蒂固的农村宅基地私有思想,加之乡村聚落缺乏科学合理的规划管理,大量乡村住宅建设促使村落外延,耕地侵占。同时,相当大数量的进城务工人员仍保留着乡村宅基地,产生大量实际上的闲置土地。此外,人为建设活动造成的乡村土地、水资源的污染与流失也造成了乡村土地数量的减少,乡村各种不合理的土地利用导致的土地资源的有限性和经济发展之间的矛盾加剧。

苏南浙北采取了多种形式推动和促进乡村土地集约利用。嘉兴"两分、两换"的实践在浙北地区卓有成效。"两分",即将农村承包地与农村宅基地拆分,分别进行土地流转、搬迁。"两换",一方面,用土地承包经营权换取股份换取租金换取保障,以此促进经营规模化、集约化,倒逼传统农业生产方式进行转变。另一方面,用乡村宅基地换取资金换取房屋换取土地等,促进农民集中居住来改变生活方式。尽管"两分、两换"实践秉持"土地节约"原则、力求让村民安居乐业,在土地集约利用上取得良好成果,但同时一些问题也暴露出来。失地农民劳动力再就业能力、社会保障以及土地流转的法律程序、法律风险,新建居住区的规划建设如何规范如何提升都是待解决的问题。

4) 产业调整

近年来,随着苏南浙北经济的快速发展,乡村劳动力转移逐步增快,乡村产业结构调整,第二、第三产业的迅速发展,带动了乡村居民收入快速增长。随着城市化的推进,新型农作物技术逐步进入越来越多的寻常百姓家,互联网的普及和电视、报刊等各种传媒涉及面越来越广,各种农业合作组织、农业中介服务组织在乡村的网点也越来越多,农产品供给、需求信息在更大的范围里快速传播着,农民基于市场行情的判断能力越来越高。收割机、拖拉机等各种农业机械在农耕区越来越普及,促进了农业生产率的提高。在非农业产业方面,苏南浙北乡镇企业蓬勃发展,利用农业的自然环境、田园景观、农业生产和经营、农村剩余劳动力,为乡村经济的发展做出了巨大的努力。乡村固有的自然、文化、气候等环境以及延续传统的农耕文化、民俗民风、农舍村落等诸多乡村旅游资源的开发,将外部的视线、资源吸引至乡村,带动了村民流动与对外交流,提高了乡村经济活力,促进了乡村旅游业的发展。随着乡村经济的发展,越来越多的村民接触到更多的外部文化,从而改变了生活方式,丰富了文化娱乐活动,也逐步带动了乡村工业、乡村交通运输、住宿、餐饮的发展和商品消费水平的提高。在乡村经济产业结构中,第二、第三产业比重不断提高。江浙两省乡村经济的快速发展为乡村人居环境建设提供了良好的经济基础。

7.3.2 "湖—村—城"递进的社会生活

1) 乡村公共事业

即使是在相对发达的苏南浙北,仍然存在养老、看病、上学等方面的难题。而对比城市,乡村在上述三方面有着更大的差距。调查走访浙北地区时,大多数村民反映适龄儿童上学非常不便。不仅周边学校数量少,而且距离也较远,长期接送给家长带去负担;另外,村民也反映就医花费大,医保制度不完善。不像城市看病买药常常可以报销,乡村只有住院才可以报销,报销比例只有一般;再者,养老制度不完善。基本养老金无法负担老人的生活,养老仍停留在靠儿养老的阶段;部分乡村卫生站设施陈旧,医疗卫生环境堪忧。上述问题均阻碍了村民生活条件的改善。

2) 乡村文化建设

从传统的农耕文化到近代的公社文化再到现代农业发展,水乡人民在谱写着自己勤劳的历史。调研主要从乡村农耕文化、传统民俗文化及田园文化三个方面展开。在浙北乡村的调查过程中,看到这些文化并没得到有效的保护。乡村的"弄堂文化""祠堂文化""井文化""池塘文化"等逐渐消失。在乡村规划中,83%的村落传统的文化元素没有得到良好的体现。访谈中,90%的村民表示乡村很少举办民俗文化活动,即使有一些现代的文化活动,村民也很少参与。此外,也有一些热爱文艺的村民三五成群,用舞蹈表达对生活的热爱。

7.3.3 江浙历史文化拾遗

历史上,自六朝以来,随着北方少数民族大量融入中原地区,中原文化随着中原人士的南迁而南移,并与本土文化相结合,形成了以苏州和江宁为核心的吴韵汉风江南文化,江南地区也逐步成为了事实上的中华文化中心。明清以来形成的江南士大夫文化,有一种日常生活审美化的趋势,注重书卷气,注重文采,同广义上的南方地区的巴蜀文化、楚文化以及后来的岭南文化有很大的区别。被称为"鱼米之乡"的江南农耕地区,代表着繁荣发达的文化教育和美丽富庶的农耕景象。

在民俗文化的传承中,最重要的自然是传统这一概念。美国著名社会学家赖特·希尔斯认为,传统的本义是指某种世代相传的东西,即任何从过去延续至今的东西。几乎任何实质性内容都能够成为传统。人类所成就的所有精神范型,所有的信仰或思维范型,所有已形成的社会关系范型,所有的技术惯例,以及所有的物质制品或自然物质,在延传的过程中,都可以成为延传对象,成为传统。与中国各地有着相似的经历,江浙一带乡村也是在农耕经济基础上形成了乡土社会,乡土社会的基本单位是村落,聚村而居的农民则是乡土社会的基本成员,诚如费孝通先生所说,乡土是中国社会的基层。

在乡土社会中,传统的重要性比现代社会更甚,那是因为在乡土社会里传统的效力更大。土地是农民的命根子,以土地为生的农民的日常生活中占主导地位的则是家族势力和传统礼俗。

江浙一带的乡村因水而生,因水而兴,村落集镇大多以水域水系、河流沟渠来划定空间布局、设置街巷坊里、选取民居式样。乡村景观是由乡村的山水林田湖草、建构筑物、道路空间、生态要素、公共开放空间等空间实体与民风民俗、生活方式等文化生活意象组成。江浙乡村景观的主要内容和重要依托是"水"及其相关物质形态文化(图 7 - 25)。

美丽乡村的地域文化和乡土风情为以水文化中的精神形态文化载体。人们择水而居,在饮用、农田灌溉等接触水、使用水过程中,产生了对水认知,如"智者乐水""上善若水""以水为师""一方水土养一方人"等;同时产生了各种审美心理,体现了乡土文化的非物质景观,有的甚至赋予了宗教、娱乐功能,而这些都属于水文化中的精神形态文化,是美丽乡村和田园乡村地域文化建设的重要载体。

村落是人类政治、经济、文化活动在历史发展过程中交织作用的物化,是人

图 7 - 25   随处可见的古桥与河道

类各种活动和自然因素相互作用的综合反映,还是人类建筑技术与居住功能要求的具体体现。乡村特色最大的特点就是区别于城市特色,没有大量的人工环境,更注重的是它与其所存在的地域自然环境的有机融合和协调发展。在江南水网地区,由于其独特的自然地理环境和民族历史文化,产生了苏南水乡传统的地域特色。

苏南地区地处长江入海口冲积平原,水网纵横、土壤肥沃、气候温润,孕育了独特的江南水乡农耕文化。农业区主要由产稻区、产棉区和产桑区组成,地势低下的地理特色为区域性水稻种植提供便利,无需植桑固圩且灌溉便利的水稻种植大面积铺展成为区域性主要的生产型景观。

苏南地区特定的地理环境造就了区域独特的水文化,居民的生产生活性活动与风土人情处与"水"相关。水车水井、小桥小船,众多具有水乡特色的物质文化意象在水乡居民的日常生活中产生,承载了当地居民如水婉约的性格品性与温柔婉约的表象特征,承载着他们的乡情乡愁。

7.3.4　探索城乡融合的政策与管理体系

　　江浙两省出台了诸多与乡村人居环境建设相关的规范与政策,如 1997 年 11 月浙江省第八届人民代表大会常务委员会第四十次会议通过《浙江省村镇规划建设管理条例》,2003 年浙江省建设厅提出了《浙江省村庄规划编制导则（试行）》,之后 2007 年浙江省建设厅编制了《浙江省村庄整治规划编制内容和深度的指导意见》,为了进一步推进千万工程整治制定了《浙江省村庄绿化规划指导意见》等。相关决策者不断完善法规政策,为乡村人居环境的建设提供规范和指导意见。

7.4　面临的挑战

7.4.1　水环境恶化和水田退化

　　乡村人居环境在不断建设的过程中取得了丰硕的成果,但也存在很多问题。在乡村自然生态环境方面,37%左右的乡村还没有进行污水处理,水污染问题依然严峻,已经处理的乡村也出现力度不够的情况,这依然困扰着乡村居民的生活。虽然一些乡村进行了水污染治理,但乡村依然存在臭水沟,调查的 22 个乡村中,有 3 个乡村存在水臭扑鼻的现象（图 7 - 26）。由于城乡一体化建设的推进,江南地区的水网格局随着乡村建设的无序扩张而遭到了破坏,且水体也受到了严重的污染。此外,过度追求乡村经济的快速发展,加速了村民对自然资源的不合理开发和利用,导致乡村环境不断恶化。江南水网地区的水田也受到不同程度的破坏,降低了农业生态系统的功能。以苏州为例,1978 年至 2005 年间,可耕地减少了相当于原有耕地面积的 34.3%,这导致了农业

图 7 - 26　苏南浙北部分乡村糟糕的水环境

生态系统功能的衰退。

　　工业生产废水排放、农产品肥料农药使用及生活垃圾的直接排放导致河道水系受到污染。营养物质过剩导致河道浮萍快速生长,降低水质并影响水生态环境的维系。白色垃圾、建筑垃圾、工厂废弃物、家禽尸体的沿河丢弃也导致河道水质变差,还会带来传染病等不利影响。部分地区侵占河道以提供农业与工业生产用地,打断或改变原有水系连通度,降低水域面积,加剧水环境恶化。

7.4.2　村落传统肌理与传统特色丧失

　　乡村供水条件的改善,降低了河道的交通和生活功能,人们对交通的技术发展更加重视。因此,村镇从传统的顺水而居发展为沿路建设,组团聚落之间没有明确的界限。同时,由于政府的"三集中,三置换"政策的推动,很多乡村盲目地开辟大量建设用地并集中建设大面积的新社区,这导致了江南传统河流、街道和江南民居的村落空间肌理的丧失,以及村落亲水特征的逐渐被侵蚀。在城镇文化的冲击下,传统的河网地区村落地理景观正逐渐失去其对乡村发展的重要性。乡村居民对自己的乡村建设产生了认识偏差,江南乡村民居不再是传统的粉墙黛瓦,而是更多地模仿城市中的欧式建筑。乡村聚落中用大面积的硬质广场、笔直的柏油马路、规则的池塘和拥有人工驳岸的河道取代了原有江南水乡风貌的自然景观。村民在建设乡村时,与当地的自然地理条件不再做任何联系,而把城市中的风格元素视为现代文明的象征,一切向城市看齐。却不知道村民在崇尚城市文明的同时,往往忽视了自身的特有价值,使传统的乡土文化消失殆尽。这使得水网地区的特色村落也成为千城一面的模式化社区,从而成为城市扩张的一部分。乡村住宅的无序建设加上乡村规模的无限制增大,尤其是建筑密度大幅度上升,不仅导致原本村落格局的改变,也往往导致住宅区内采光不良、通风不畅、空气质量下降等。在规划中,乡村住宅的建设密度、高度、造型、色彩等缺乏统一的引导。

7.4.3　水文化淡化并逐渐丢失

　　随着数千年的历史积淀,水文化已经深深植根于水乡土地上,融入水乡居民的生活中。但近年来，全球化与信息化浪潮的袭来，使西方文化与城市文化也逐渐融入乡村之中，冲击着传统水乡生活习俗与民风民俗。随着现代生活水平与基础设施的完善，人们对河道的依赖性减弱，逐渐忽视与水环境的联系。此外，传统民居、街巷格局、古井古桥等乡土物质元素在乡村新一轮建设中遭到破坏，其中附着的水文化意象与要素也受到影响，存在性逐渐减弱。苏南浙北乡村的地域特色建设是人与自然合作的结果，同时也是人与人合作的结果，乡村的水文化传承，当然也离不开农民的参与。著名国学大师梁漱溟曾说过："乡下人必须明白乡村的事要自己去干，并且能大家合起来齐心去干，这样事情才有办法，乡村以外的人才能帮得上忙。"因此，在现代化逐步深化的今天，外来文化冲击日益深重，重建公众对苏南浙北乡村传统文化和传统水文化的信心和认同感，已成为苏南浙北乡村人居环境建设的一项急迫任务。

第 8 章　浙西南：山地丘陵自然型 乡村人居环境

　　山地，有别于单一的山或山脉，是指海拔在 500 米以上的众山所在的地域，起伏很大，坡度陡峻，沟谷幽深，一般多呈脉状分布。丘陵，是指地球岩石圈表面形态起伏和缓，绝对高度在 500 米以内，相对高度不超过 200 米，由各种岩类组成的坡面组合体，地面崎岖不平，由连绵不断的低矮山丘组成的地形。山地与丘陵的差别是山地的高度差异比丘陵要大。本章论述浙江山地丘陵地貌特征地域的乡村人居环境，主要从浙西南地区（包括杭州市、绍兴市、衢州市、金华市、丽水市）入手，重点选取并调研了金华市金东区和浦江县的主要乡村（图 8-1，表 8-1），并以此为代表探讨浙西南乡村人居环境的现状及发展特征，找出存在的主要问题。在对具体重点调研的 10 个行政村进行选择时，注重调研对象的多样化以及代表性，如从共性方面看，选取乡村地形地貌为山区、丘陵；从个性方面，所调研乡村的村域面积和现状建设用地面积有大有小、户籍户数有多有少、乡村经济发展情况有好有坏，以求调研对象分布较为全面、类型较为齐全，能够充分而全面地概括本地域乡村人居环境的特征。

表 8-1　浙西南山地丘陵自然型重点调研乡村

所属市县（区）		所属镇	行政村
金华市	金东区	源东乡	新梅村
			王安村
			雅高村
			沈店村
			山下施村
	浦江县	虞宅乡	虞宅村
			先锋村
			深渡村
			智丰村
			新光村

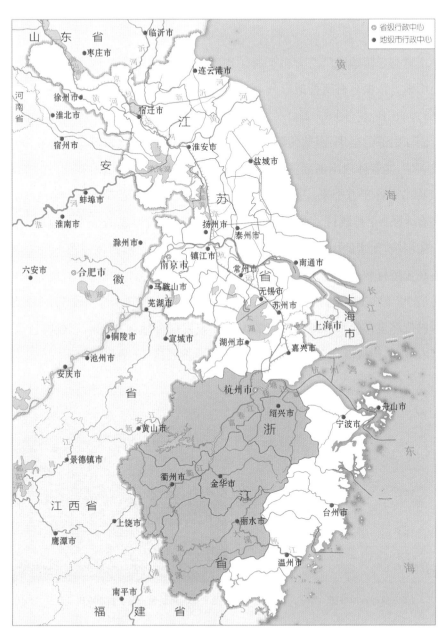

图 8 - 1　浙西南的区位图

8.1 类型概况

山地与丘陵地形广泛分布于浙江省,主要分布格局为浙西丘陵、浙东丘陵、浙南山地。依据乡村所处地形分,全省有 32.26% 的平原村、29.77% 的丘陵村、37.68% 的山地村(图 8-2)。

浙江中部的金华、西部的衢州、西南部的丽水三个地级市具有山地丘陵地貌的代表性,能够体现出浙西南山地丘陵自然型乡村人居环境的特征。三市土地面积共 37 085 平方千米,占浙江省陆域面积的 35.2%。截至 2015 年,三个地级市共有 8 563 个行政村。在地形地貌上,金华、衢州所形成的金衢盆地周围由山地丘陵围绕,丽水的山地则占了丽水土地面积的 90%,浙西南三市 83% 的农民居住在丘陵村和山地村。根据地理信息资料,浙西南三市的乡村中,地处山区的乡村占 39.1%,地形为丘陵的乡村占 43.5%,平原地貌的乡村仅占 17.4%;浙西南乡村依靠丰富的水资源和良好的生态环境发展种植业、渔业,形成特色型、生态型农业区,构成浙江省西南部区域化的农业发展格局(图 8-3)。

图 8-2 浙江省地形地貌图

图 8-3 浙西南山区乡村的农田

"十二五"期间,浙江省开展了乡村人居环境录入调查工作,全省录入率达 92%;实施了"千村示范万村整治""百万农户生活污水净化""乡村环境连片整治"等工程,"五水共治""三改一拆""四边三化""乡村双清"和"森林村庄"等专项行动,推进管网、林网、河网、垃圾处理网、污水治理网建设,乡村道路、河湖水系沿岸和庭院绿化行动，全省 65％的乡镇完成整乡、整镇环境整治，95％以上行政村生活垃圾实现集中收集处置，79％以上的农户家庭实现卫生改厕，65％以上乡村完成生活污水治理，人居环境大幅改善。

　　从人居环境的物质性要素分析，浙西南地区属于亚热带季风气候，季风影响显著，四季分明，日照充足，年平均温度适中，空气湿润。有利的气候条件，塑造了整体较好的生态环境，也使得农林牧渔业受益于此，尤其是有利于木材和众多林副产品的浙西南地区山地丘陵林业生产的发展，农林牧渔业总产值每年都有所提升，促进了乡村经济的增长。村中新建住宅成片状扩散，同时也不断有旧房整修翻新，但是仍存在大量破房、危房；沥青、混凝土路面逐渐替代村中的泥路，硬化的村内道路长度不断增加；公共交通路线基本延伸至各个村；电力、电信、给水、排水设施覆盖率不断提高，包括乡村医疗在内的公共服务设施正在不断建设、完善。

　　浙西南三市虽然在很多方面得益于山地丘陵的地形地貌，包括非物质要素，一些山区保留了具有浓郁地方特点的传统文化，但同时在发展上也受到山地丘陵地形的限制，经济增长速度低于浙江平原、沿海地区，经济处于相对落后的位置，乡村的年轻人群流失现象也普遍存在，大部分年轻人外出求学或是工作，乡村老龄化的问题随着时间的推移不断显现。政府在制定政策的过程中，以美丽乡村建设为目标，综合考虑各地不同的资源禀赋，力求加快乡村生态经济发展、乡村生态环境改善、提高资源集约利用水平并使乡村生态文化日益繁荣。

8.2　物质性要素特征

　　浙西南乡村人居环境在物质要素方面体现出山地丘陵所特有的风格，硬件设施总体发展水平不断提升，但是与江浙发达地区的乡村相比，处在相对落后的地位。

8.2.1　"八山一水一分田"格局下的自然生态

　　浙西南地区的山地和丘陵面积约 296.8 万公顷，占 80.1％，耕地面积约 36.5 万公顷，占 9.9％，故有"八山一水一分田"之说。浙西南地区位于江浙地区边缘，与安徽省、江西省、福建省接壤,河流水系资源充足、动植物种类丰富;浙西南地区土壤条件与山地丘陵小气候为乡村提供了发展多层次配置、多品种共存、多级能量循环利用的立体农业的机会。

1) 自然气候

浙西南处于中亚热带,日照充足,雨热季节变化同步,水资源丰富,空气湿润,2015年全年日照时数为1 100~1 370小时,年均气温18.5℃,平均年降水量2 070毫米(图8-4)。加之山地丘陵地区的垂直气候和山脉南北气候差异明显,有利于南方和北方农作物的引种与驯化。

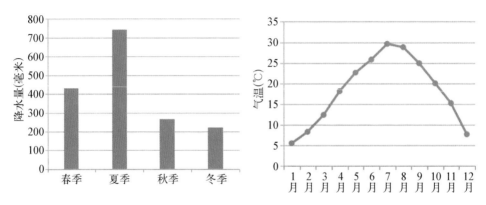

图8-4　浙西南季节平均降水量统计(左)与月平均气温统计(右)
资料来源:《浙江统计年鉴(2016)》,中国统计出版社。

浙西南自然灾害种类较多,气象灾害包括由于季风气候的不稳定性而带来频繁的干旱、洪涝等灾害性天气。春季有寒潮、低温阴雨、强对流、春旱等,少数年份还会出现冰冻天气;夏季有热带气旋、暴雨、强雷暴、高温等灾害天气;秋季尽管多秋高气爽的晴好天气,但由于雨水少,蒸发大,常有秋旱发生,一些年份还会出现台风和寒潮天气;冬季雨水稀少,大多数年份会出现秋冬连旱,寒潮、低温、大风也是这个季节的主要灾害性天气。随着全球变暖和城市的快速发展,浙西南呈现出平均气温升高、相对湿度下降、日照时数减少、能见度明显降低的显著趋势;极端天气气候事件频发,高温酷热增多、干旱趋于频繁、灰霾愈加严重、强降雨不断出现、台风强度剧烈等,对浙西南乡村经济社会和谐发展构成了威胁。根据气象资料记录,在2015年6个登陆我国沿海的台风中,有3个影响到了浙江地区,带来强降雨,浙西南复杂的山地丘陵地形条件有助于静止风的滞留,台风不易深入境内,一般而言对衢州地区乡村影响较小,强降雨所带来的山洪暴发、泥石流等地质灾害较多发生于丽水地区。如在 2013 年,丽水因山洪暴发等自然灾害死亡 3 人、受伤 5 人,倒塌房屋 165 间,损坏房屋 5 283 间,造成直接经济损失 10.79 亿元,其中农业直接经济损失 6.45 亿元,工矿商贸企业事故 42 起、死亡 48 人。

2) 生态环境

　　浙江省生态环境整体良好,但也有一些相对脆弱的地区,比如浙江省西南部地区,属于南方红土壤山地丘陵地区,其生态环境脆弱性的主要表现如下：土壤贫瘠、土壤厚度较低、土壤开垦过度、人类活跃度较高,土壤质量及生产力逐年下降;丘陵及坡地树木砍伐严重,植被覆盖率低,暴雨强度大且降雨频繁,地表严重侵蚀。

　　浙西南与皖、闽、赣三省交界,山峦起伏,溪流纵横,乡村大多依靠山地丘陵而建,地势存在一定的落差。水体分布广泛并且水系形态种类多样,不限于河流、湖泊、池塘这样的常见型水系形态,还包括山区特有的溪流、瀑布、泉水。浙江省整体海拔呈现西南高、东北低。浙江省第一高峰龙泉市凤阳山黄茅尖、第二高峰庆元县百山祖皆位于丽水境内,省内海拔 1 000 米以上的山峰有 3 573 座,形成了浙江省西南部的"绿色屏障"。2015 年浙西南三市水资源总量 497.69 亿立方米,林地面积 208.26 万公顷,林木覆盖率高达 73.8％。截至 2015 年年底,浙西南一共拥有 11 个国家森林公园,建成 4 个国家级自然保护区、6 个省级自然保护区。以丽水市凤阳山—百山祖、九龙山为代表的国家级自然保护区,面积共计 31 577 公顷,保护区环境清幽,动植物资源极为丰富,主要保护对象为黑麂、黄腹角雉、伯乐树、南方红豆杉等。浙西南得天独厚的绿色环境和生态系统格局为浙西南乡村生态旅游、生态农业的发展提供了条件与机遇。

　　浙江省一直重视乡村的环境保护工作,积极制定政策、编制乡村环境保护规划,在乡村环境保护方面不断进行探索和尝试。近十年以来,各方面建设取得较大成效,整体乡村环境风貌较好(图 8-5)。截至 2015 年,浙西南三市乡村的垃圾无害化处理率达到 91.8％,对垃圾进行填埋处理的 583 个乡村中,仅进行简易填埋而无防渗处理的乡村占了 52％,依旧会对土壤和地下水造成污染。乡村绿化工作同时也在扎实推进,2015 年浙西南乡村总共植 627.6 万棵树,整体绿化水平高,仅仅 3.9％的乡村较少见到树木。

图 8-5　沈店村(左)与深渡村(右)的乡村环境与绿化

　　在乡村工业污染方面,浙西南地区由于地形限制,土地建设条件和交通运输条件不如平原地区,大多乡村工业企业属于因地制宜的原料地指向型企业,利用当地的原材料进行生产加工,具有比较突出的区域性,如丽水、衢州具有金属矿藏禀赋,当地典型污染企业主要是涉重金属矿采选、冶炼企业。整体乡村工业企业呈现向工业聚集区和工业园区集聚的趋势。根据统计资料,2014 年浙西南地区共排放工业污水 26 232 万吨,占浙江省总排放量的 17.6％,排放废气 4 404 亿立方米,占浙江省总排放量的 16.3％。

　　在农业污染和生活污染方面,技术进步和制度创新不断带动浙江省农业和乡村的发展,农业结构也不断优化,但是农业的快速发展,使得化肥、农药、农用薄膜等农用化学品得到广泛应用,畜禽养殖由散养向规模化养殖发展,乡村生活污水和日常垃圾日益增多。据相关统计年鉴数据显示,浙江省化肥施用强度从 1988 年的 213.91 千克/公顷上升至 2013 年的 378.28 千克/公顷,增加了近 1.8 倍,远超发达国家设置的 225 千克/公顷的安全上限。2015 年浙西南三市农用塑料薄膜使用量 14 417 吨,占全省的 21.3％,农药使用量 16 124 吨,占全省的 28.6％,氮肥使用量 10.54 万吨,占全省的 22.8％,磷肥使用量 3.08 吨,占全省的 30.3％。化肥的过度使用导致地表水富营养化、地下水硝酸盐富集等问题,对水体造成破坏。浙西南乡村的生活污水治理取得较大成效,2015 年污水无害化处理率为 85％(图 8-6),在江浙地区处于领先水平。

3) 土壤条件

浙江省的土壤以黄壤和红壤为主,占浙江省面积 70% 以上,多分布在丘陵山地。浙西南属于南部红土丘陵山地生态脆弱区,由各类岩石风化物构成山区土壤基础,因为省内气候属于高温多湿类型,且风化强度大,风化产物中黏土占比较高,这类黏土属

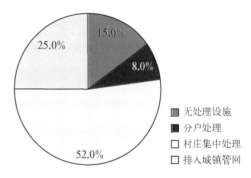

图 8-6　2015 年浙西南乡村污水处理方式构成

于高岭土,肥沃程度较低。由于在风化过程中产生大量含水的氧化铁,使整个地区的土壤呈现出红色和黄色。仅在山顶,因常年高湿度、低温度、云雾缭绕,植被生机旺盛,故逐渐形成表面呈现乌黑色的"高山香灰土"。

浙西南红土壤一般分布在海拔 800 米以下丘陵、低中山下段,宜木、竹、茶、果生长。黄壤土主要分布在海拔 800 米以上中山区,宜种用材林。适宜种粮食作物的水稻土主要分布在海拔 1 200 米以下的河谷盆地和山间谷地,耕地土壤仅占土壤面积的一成左右,整体上可种植粮食作物的土地非常有限。

虽然土壤自身保肥能力弱,但近年来,在治山治水与治土相结合的生产运动过程中,由于推行了一系列水土保持措施,广泛地兴建了山塘水库、鱼鳞坑、山茅坑及格式梯田梯地,改善了栽培制度,扩大了绿肥面积,加强了对土壤的耕作管理,增辟了肥源,山区农业土壤的肥力正在迅速改善。

4) 农业生产

浙西南气候条件良好,但可耕作的土地资源有限,粮食作物生产发展与平原地区存在较大差距。2015 年,浙西南三市的粮食播种面积 295.35 千公顷,占浙江省 23.1%;粮食总产量 178.48 万吨,占浙江省 23.73%,占江浙地区 3.83%(表 8-2);农、林、牧、渔业增加值 322.33 亿元,占浙江省总值的 17.3%。其中农业增加值 213.03 亿元,占浙江省农业增加总值的 20.6%。虽然衢州市包含了衢江区、江山市、龙游县三个国家产粮大县,但实际产粮只是相对高于浙西南其他的县级单位。而同样拥有两个国家产粮大县的嘉兴市,2015 年的粮食总产量为 122.14 万吨,远远超过衢州市。

表 8-2 2015 年浙西南三市主要农产品产量和区域比重

农产品种类	产量(万吨)	占浙江省比重	占江浙地区比重
粮食	178.48	23.73%	3.83%
棉花	0.96	48.24%	7.57%
油料	13.03	41.56%	7.35%
肉类	57.09	53.69%	10.65%
水产品	15.44	2.56%	1.37%

资料来源:《浙江统计年鉴(2016)》《江苏统计年鉴(2016)》,中国统计出版社。

在农业机耕方面,农业机耕面积 320.07 千公顷,占全省 22.4%;机械收获面积 142.99 千公顷,占全省 16.4%。浙西南采用轻便农业机械,大中型难以推广应用,并且山地丘陵乡村人口居住比较分散,道路弯曲狭窄,农具在乡村转移的难度大,危险性高,不提倡远距离跨区作业。浙西南整体农业产量贡献薄弱,农业机械化水平低,由此可以得出,本地区并不能够实现特大规模的粮食耕种,而是要走特色产品发展的道路。

浙西南山地丘陵乡村所处的地理环境条件决定了其农业开发不能按照平原地区的模式发展,不能只单纯地追求产量、数量,只关注平面开发、单一经营,单纯提供农产品原料,而是要重视提高质量、开发具有特色的新品,采用立体开发综合经营,深度加工农产品系列,在粮食供求上保持区域基本平衡。2015 年浙西南三市第一产业总产值共为 316.85 亿元,相较于 2005 年的 158.16 亿元,增长了 100.3%,年均增长 10.0%(图 8-7)。相对自身水平,这一增长量仍是可观的,这得益于技术的革新、政策的扶持引导以及各地从其实际出发,在本区栽培能取得较好经济效益的农产品。

浙西南的许多乡村在除了抓好粮食生产以外,重点发展 1~2 种经济特产,形成"一村一品"。1979 年在金华市源东乡,发现了黄桃芽变异株,经由农业科学者和技术人员培育的,它具有稳定的性能和明显的优良特性。20 世纪 90 年代以后,整个源东乡黄桃种植面积急速扩大,生产量大幅增加,2010 年种植面积达到 12 000 亩,产量超过 9 000 吨,产值超 5 400 万元。依仗其周围地表土层软厚、黏润肥沃的山丘种植各种桃树,白桃远销上海、南京等大城市。特产源东白桃、红心桃、黄桃、水蜜桃、柑橘,3、4 月"桃花节",6 月白桃节,成为踏青旅游、休闲农家

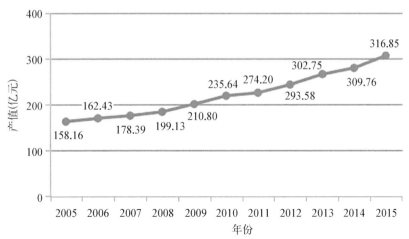

图 8-7　2005—2015 年浙西南三市第一产业总产值
资料来源：《金华统计年鉴(2016)》《丽水统计年鉴(2016)》《衢州统计年鉴(2016)》，中国
统计出版社。

乐的好去处。除了白桃之外，源东地方乡村还种植有紫薯、源东柑橘、葡萄等经济作物。

　　除此之外，浙西南其他山地丘陵区域也发展了当地具有特色的农产品，并以市场为导向，重视开发高档类产品，提升产品质量。例如金华市金东区赤松镇一带乡村的佛手，丽水市庆元县龙溪乡的乡村茶产业、毛竹、食用菌、锥栗等，丽水市青田县的乡村杨梅、稻鱼，柯城区姜家山乡的柑橘等。这些特色农产品不光丰富了人们的饮食生活，也为当地带来了经济上的富足，是浙西南山地丘陵乡村人民的珍贵财富。

　　特色农产带动了浙西南乡村农业的发展，但在发展过程中也引发了对乡村人居环境的不良影响，如前文所描述的局部地区出现肥料过度使用导致土壤污染问题、工业污染问题，还有矿业开发中的安全隐患和环境问题等。所以在发展的同时要以生态环境安全为导向，避免过度开发，促使浙西南实现青山绿水常在、永续作业，充分发挥森林生态系统应有的综合效益，保证乡村人居环境在建设过程中的平衡稳定。

8.2.2　因山势就水形的村落空间组织

　　浙西南乡村聚落具有多元分布的形态，各个聚落在空间分布上较散，乡村选址布点及其空间组织形态受山地丘陵地形因素主导明显,村落选址因山势就水形,乡村空间格局与地形紧密结合。

1) 村庄布点

浙西南的乡村选址因山势就水形(图8-8),在水平方向和垂直方向上的分布都较为不规则,有间隔疏散也有相互聚集。浙西南自然村平均建设用地面积292.6公顷,平均户数110户,稍高于浙江省的平均值,但其中山地丘陵占比较多的衢州、丽水的自然村平均建设用地面积较低,平均户数也较少(表8-3)。金华则由于部分处于盆地的乡村,因而整体建设用地面积、平均户数较丽水、衢州高。调研数据显示,金华的乡村聚集度较高,丽水和衢州的集聚度较低。

图8-8 依山而建(左)与傍水而建(右)的村落

表8-3 2015年浙西南三市乡村基本信息与自然村屯规模统计

	金华	丽水	衢州
乡村总建设用地面积(公顷)	4 511 291	1 654 957	943 326
乡村住房总户数(户)	1 449 074	608 099	615 643
自然村屯数量(个)	9 463	7 144	7 690
村平均建设用地面积(公顷)	476.7	231.7	122.7
村平均户数(户)	153.1	85.1	80.1

山地丘陵地区的乡村选址受地形影响较大,适宜建设的土地少,村落难以集聚;加之山地丘陵地区地势起伏较大,不易于开展农耕活动;交通也相对不发达,交通设施落后,与外界联系不畅;同时经济水平相对较低,经济不发达,产业缺乏吸引力。上述因素导致人口疏散,而人口分布稀疏,进一步造成了村落分布的稀疏。同时随着高程的增加,乡村的规模和数量也逐渐减少。

2）村落空间组织

　　浙西南村落空间组织呈现两个特点：一是依山，即与地形结合，自然地呈不规则平面形态；二是傍水，即利用天然水体或引水挖渠丰富聚落水资源。多数村落空间形态不规则。村落与当地的地形地貌有机结合，形成了多样的空间形态（图 8 - 9）。

卫星图　　　　　　　　　　　　　　　　　　肌理图

丘陵不规则式：金东区源东乡山下施村及周边

山谷带状式：浦江县虞宅乡深渡村及周边

山坳阶梯式：浦江县虞宅乡智丰村及周边

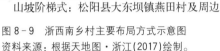
山坡阶梯式：松阳县大东坝镇燕田村及周边

图 8-9　浙西南乡村主要布局方式示意图
资料来源：根据天地图·浙江（2017）绘制。

（1）丘陵不规则式

此类村落整体空间形态及规模受区域地形影响，基本三面环山或四面环山，有溪流流经其间或穿过村落。此类村落大多古时陆路交通不发达，交通依赖溪流。而现在则大多有主要乡村道路穿过，交通依赖公路。金东区源东乡山下施村及周边村即为丘陵不规则式。由于村落周围有丘陵分布，其耕地零散分布在村落四周的丘陵缓坡地带，形态和风格不规整，生产结构以水稻、果蔬种植及其他山林种植为主。

（2）山谷带状式

此类村落由于地处山间谷地，可使用建设区域较小，因而村落规模较小，极少数村落因所处山谷较为开阔，人口数量相应多。浦江县虞宅乡深渡村即为山谷带状式。金其铭曾将乡村居民点的布局从村落的平面形态区分为两大类，一类为块状布局，居民点内各项建筑布局较为集中，村落用地整体呈现方形和长方形；另一类为线状或条状布局，其住房和公共建筑及生产性建筑呈先后排列的布局形式。并将线状或条状布局形式进一步细分为如下："一"字形布局——各项建筑沿河流、渠道或道路一边排列；"非"字形布局——各项建筑沿河流、渠道或者道路按行列排成单列或者双列。山谷带状类村落恰好展示了乡村聚落沿河流呈现"一"字形和"非"字形两种线状或条状布局形式。"一"字形布局方式的村落，溪流多为 S 形，且曲率较高，村落整体处于溪流的曲率半径最大的内湾平坦处，沿溪流展开布局，少部分向两侧其他内湾平坦处扩张建设，其耕地布局在溪流外湾及内湾近山处。"非"字形布局方式的村落，建筑分布于溪流两侧，流经村落的溪流区段多为南北走向，且一般为直线或曲率较低的曲线，其耕地布局在村落建筑群外围区域。

（3）山坳阶梯式

此类村落地处山坳，四面环山，古代交通不便，建成成本较大，故而村落规模较小，其人口多在 500 人上下。耕地面积较少，基本为阶梯式田地，山林面积广阔，生产结构以竹林、针阔混合林等经济林种植及食用菌、高山茶等其他经济作物的种植为主，兼有水稻果蔬等。浦江县虞宅乡智丰村即为山坳阶梯式。

（4）山坡阶梯式

此类村落的整体情况与山坳阶梯式村落较为类似，村落规模较小，集中分布在 500 人以下及 700～1 200 人两个区间段，此类村落主要分布在丽水市。耕地多为梯田，面积较少，多山林地，生产结构以竹林等经济林种植及食用菌、油茶、高山果蔬种植为主。村落范围内多有年代久远的红豆杉、枫香、柳杉等古树、奇石，此外，该类型村落与山坳阶梯类村落由于海拔较高，具有有别于其他类型村落的特色自然景观，即云雾景观。

8.2.3　依山傍水的民居与公共建筑

1) 居住建筑

经过多年的发展，在乡村经济逐步发展的带动下，农民通过发展种养业、外出务工等渠道增加收入，浙西南经济、居民住房情况、山区面貌都发生了明显的变化，村中新建住房逐年增多，同时住宅品质越来越好（图 8-10）。住宅类型变为楼房，部分村民还仿效城市的楼房结构，建起了小别墅；住宅结构转为砖混或钢筋混凝土；住房的建筑年代可看出大部分是在 1990 年后建的（图 8-11），村民有了一定的经济基础就会改善自身的生活环境，如拆旧翻新。总体来看，住房状况得到改善，住房条件和房屋的安全性能逐步提高。

多数情况下，住房条件的好坏通常与住房建筑年代成反比，建筑年代越是久远，住房出现的问题越多，住房条件越低下。浙西南乡村整体建筑年代较为久远，新建住宅数量在全省处于落后位置。虽然许多村民通过新建住宅

图 8-10 王安村(左)与智丰村(右)房屋风貌

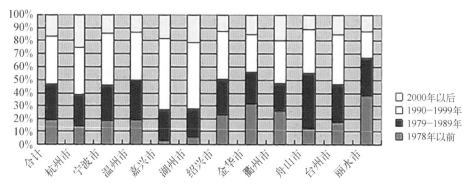

图 8-11 浙江省各地区乡村按拥有住宅建筑年代分的常住户占该地区总户数比重
资料来源:《浙江省第二次农业普查资料汇编》,中国统计出版社,2009。

或是搬入集中式新建小区的方式改善了生活起居的条件,但是仍有许多村民
的住宅破败老旧(图 8-12)。也存在一些闲置甚至破败损毁的房屋长期占
有土地,部分村民在宅基地使用上变相突破"一户一宅"的政策,建新房不拆
旧房,乡村发展呈现出人口减少与占地面积持续扩张的态势,导致了土地资
源的浪费。

图 8-12 集中式新建住区(左)与老旧民居(右)对比

　　由于各地经济水平的不同,村民住房结构与材料呈现出差异。从全省范围看,浙江省的住宅结构主要以砖混为主,其次是砖木结构。在浙西南的三个地市中,金华、衢州乡村中砖混结构的住宅居多,而丽水则是砖木结构的住宅较多,所占比重达 43.9%;集中式新建的楼房、多层房屋的钢筋混凝土结构的住房占比较少;仍有一定的村民仍然居住在竹草土坯房屋中(表 8-4)。

表 8-4　2016 年浙江省及浙西南三市乡村按住宅结构分的常住户构成

地区	钢筋混凝土	砖混	砖(石)木	竹草土坯	其他
全省	17.2%	62.7%	19.0%	0.4%	0.7%
金华	20.6%	52.5%	24.9%	0.4%	1.6%
衢州	9.0%	70.4%	18.0%	1.3%	1.3%
丽水	15.2%	40.6%	43.9%	—	0.3%

资料来源:《浙江省第三次农业普查资料汇编》,中国统计出版社,2019。

　　"十二五"开始至 2012 年年底,浙江省基本完成乡村低保收入标准(2007年标准)150% 以下乡村困难家庭危房改造任务,有效改善了全省困难群众居住条件,累计完成乡村住房改造建设 153.7 万户,超额完成"十二五"最初任务目标,基本满足农民正常住房改造建设需求。农房改造建设大幅提升了农民居住品质,同时条件改善让农民多方受益。但是部分地区乡村住房条件依然存在许多问题。

　　调研发现,虞宅村、山下施村等村落内存在许多砖木、砖石结构的住房建筑,这些建筑由于长期的过度使用和日常维护修缮缺乏,以及一些由于早年对建筑破坏性的改建改造经过岁月变迁所浮现出的问题,大多数比较破败,在山下施村老旧破败的建筑基本都贴上了"危房危险　请勿靠近"的警告标识,但是走访发现,一些危房内仍然有村民居住,也有一些村内的破败建筑无人管理,但并未贴上任何警告标识。这些破败损毁的建筑不仅长期占有土地,造成了土地资源的浪费,一些村民甚至没有基本的安居可言,也存在重大的安全隐患;作为构成乡村景观风貌的重要组成部分,破败住房建筑对乡村风貌具有不良的影响(图 8-13)。

　　浙西南乡村住房质量整体不断提升,同时宅内生活设施也不断跟进。根据浙江省第三次农业普查的数据,2016 年末,浙江省乡村居民家庭卫生设施中,使

图 8-13 王安村破败的建筑(左)与山下施村的危房(右)

用水冲式卫生厕所的户数占 93.0%。浙西南的三个地市中,使用水冲式卫生厕所的户数占比都低于全省比例,金华、衢州分别为 91.8%、88.7%,而丽水最低,为 79.3%,还有 13.2%的住户使用普通旱厕。

根据浙江省第三次农业普查的数据,在与住房相关的配套设备设施方面,随着科技的不断普及,山地丘陵地区乡村的许多家庭都配备了淋浴热水器、电冰箱、彩电、空调等,电脑、手机等高新电子科技产品拥有量也不断增加。住房内部设施逐年完善,村民的居家生活不断受惠于现代化科技成果而变得更加便利、舒适。但是浙西南乡村住房配套设施设备水平在浙江省范围内相对落后,属于欠发达地区,还有部分村民家中内部基本照明设施简易、屋内昏暗,杂物堆放,设备落后(图 8-14)。

图 8-14 新梅村村民家中的客厅(左)与山下施村村民家的空调外机(右)

随着农民生活的提高,经济的发展,乡村居民建房的欲望十分强烈,因此居住的空间也不断加大(表 8-5),浙江省户均住宅面积和户均居住面积远高于全国平均水平,浙江省拥有住宅面积 175.46 平方米/户,居住面积 155.80 平方米/户,但是浙西南三市均低于浙江省平均水平,其中衢州最为接近平均水平,住宅面积 174.22 平方米/户、居住面积 155.22 平方米/户,丽水住宅面积 134.45 平方米/户、居住面积 119.11 平方米/户,差距最大。

表 8-5　2016 年浙江省及浙西南三市乡村按住宅数量分的常住户构成

地区	拥有 1 处	拥有 2 处	拥有 3 处及以上	没有住宅
浙江省	81.2%	17.0%	1.4%	0.4%
金华	81.1%	16.7%	1.7%	0.5%
衢州	86.2%	12.8%	0.8%	0.2%
丽水	87.4%	11.5%	0.6%	0.5%

资料来源:《浙江省第三次农业普查资料汇编》,中国统计出版社,2019。

　　浙西南乡村超过半数的村民表示对自家住房表示满意,这些表示满意的村民家住房条件也不尽相同、参差不齐,有的村民虽然住房条件一般甚至低于平均水平,但依然表示满意,说明多数村民安于居住在自己朝夕起居的家中(图 8-15)。也有村民不满意自己的住房,表示空间小、设施不齐全、房屋破败,而自己没有经济能力改善,这样的村民家庭大多是户均 2 人以内,住房类型为平房,子女在外或者没有子女的中年、老年人。还有许多村民表示住房条件仍然有需要改进的地方。

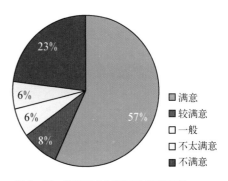

图 8-15　浙西南乡村村民住房满意率

2) 公共服务设施

　　"十二五"期间,浙江省不断建立和完善乡镇公共服务体系,推动城市公共服务向乡村覆盖。启动实施了包括"农民健康工程""千镇连锁万村放心店工程"等系列工程在内的"基本公共服务均等化行动计划",推动社区服务、教育科技、培训就业、医疗卫生、养老服务、社会保障、文化娱乐、商贸金融等服务向乡村拓展,初步形成以中心城市为主要平台的 30 分钟服务圈。

　　(1) 商业服务设施

　　浙西南乡村商业主要集中在人口较多、人流密集的集镇或中心村,这些商业通常包括超市、餐饮、服饰、产业材料出售等生活、生产供应商店(图 8-16,图 8-17)。

根据浙江省第三次农业普查的数据,2016年末,浙江省有电子商务配送站点的村占36.5%。浙西南的三个地市中,丽水、衢州有电子商务配送站点的村占比都高于全省比例,分别为39.9%、37.0%,而金华只有17.1%。同时,浙江省有50平米以上综合商店或超市的村占47.6%,金华、衢州分别占45.8%、58.5%,丽水则仅为28.1%,其乡村商业服务设施有所欠缺。

图8-16　虞宅乡的餐饮(左)和产业材料出售(右)

图8-17　山下施村农业服务商店(左)和烟酒超市(右)

除了传统的生活服务、生产服务类的商业设施,一些乡村利用当地自然环境优势、历史文脉优势还进行了旅游开发、产业转型,形成了能够带动乡村经济的与旅游相关的对外型业态。例如新光村,210省道沿村而过,交通便捷,2012年被列入第一批中国传统村落名录。新光村曾经是水晶加工重点村,污水横流,环境较差,通过政府的大力修缮和"五水共治"工程,保留了村内的古庄园并改善了环境,旅游开发过程中青年创客的进驻使得古村重新焕发活力。进行旅游开发转型的新光村被誉为"活着的古村",平均每天客流量达5 000多人,周末甚至有1万多人,节假日更为火爆。通过吸引创客返乡,新光村探索出了"传统村落更新＋乡土文化体验＋特色农副产品加工＋互联网营销"的新型乡村旅游模式,并取得了一定的成功(图 8-18)。通过访谈得知,这些创客大多是浦江县本地人。新光村没有只停留于对建筑的保留性修缮,而是赋予其新功能,对建筑进行重新利用。通过旅游开发,不光吸引了青年和大学生返乡创业,也使得当地村民能够参与旅游业中,丰富生活、增加收入。

图 8-18　新光村乡村旅游创客基地

（2）教育设施

根据浙江省第三次农业普查的数据,2016 年末,浙江省有小学校的村占 10.6%,有幼儿园、托儿所的村占 22.4%。浙西南的三个地市中,只有衢州有小学校的村和有幼儿园、托儿所的村比重高于全省比例,分别为 11.3% 和 31.9%。金华次之,有小学校的村和有幼儿园、托儿所的村比重分别为 7.9% 和 19.1%,丽水则最低,对应于上述两个比重,分别只有 6.7% 和 13.7%(表 8-6)。可见,浙西南多数乡村没有集中的幼儿园、托儿所,未到学龄的儿童由家中老人看管,大部分的中小学集中在中心乡镇,一些偏远地区的乡村在一定范围内设立中小学教学点。在整体教育设施方面,丽水和衢州的建设较为落后(图 8-19)。

表 8-6　2016 年浙江省及浙西南三市有教育设施的村比重

	浙江省	金华	衢州	丽水
有小学教学点的村	1.8%	0.8%	3.4%	2.5%
有小学校的村	10.6%	7.9%	11.3%	6.7%
有幼儿园、托儿所的村	22.4%	19.1%	31.9%	13.7%
有创办幼儿园、托儿所的村	2.2%	0.8%	2.6%	0.9%

资料来源:《浙江省第三次农业普查资料汇编》,中国统计出版社,2019。

图 8 - 19　雅高村源东初级中学(左)与虞宅乡中学小学朱宅教学点(右)

（3）医疗服务设施

根据浙江省第三次农业普查的数据,2016 年末,浙江省有卫生室的村的比重为
49.9%。浙西南的三个地市中,只有衢州有卫生室的村的比重高于浙江省平均水
平,为 61.9%,而金华、丽水的比重都低于浙江省平均水平,分别为 39.0%、34.0%。

调研得知,浙西南在未配置卫生室的乡村中,如新梅村,存在一些赤脚医生
这样的非正式医疗人员,村民在日常生活中需要简单医疗问询、处理的时候会拜
访本村的赤脚医生,而需要专业医疗诊断、医疗设施检查、医疗治理时则会到乡
镇卫生院就医。

（4）文体设施

根据浙江省第三次农业普查的数据,2016 年末,浙江省有体育健身场所的村
的比重为 97.5%,有图书馆、文化站的村的比重为 69.3%,有业余文化组织的村
的比重为 62.4%。浙西南的三个地市中,有体育健身场所的村的比重最高为金
华,达到 100%,而衢州、丽水的比重都低于浙江省平均水平,分别为 95.2%、
93.3%。而衢州和丽水有图书馆、文化站的村的比重都高于浙江省平均水平,分
别为 84.1%和 81.9%,金华则最低,为 65.0%。有业余文化组织的村的比重最
高也为金华,为 68.4%,而衢州、丽水的比重都低于浙江省平均水平,分别为
55.6%、49.5%。可见,在全省范围内,浙西南三市乡村的文体设施配套还有所
欠缺(表 8 - 7)。调研发现,村中的图书阅览室大多时间处于空置状态,村民多数
没有阅读图书的习惯,获取信息多通过电视广播,阅读范围至多局限在报刊;健
身器材早晚时会有村民使用但整体利用率低,有的器械被用于挂置衣裳被褥,也
有一些运动场地被用于停放车辆(图 8 - 20)。

表 8-7　2016 年浙江省及浙西南有文体设施的村的比重

	浙江省	金华	衢州	丽水
有体育健身场所的村	97.5%	100.0%	95.2%	93.3%
有图书室、文化站的村	69.3%	65.0%	84.1%	81.9%
有业余文化组织的村	62.4%	68.4%	55.6%	49.5%

资料来源：《浙江省第三次农业普查资料汇编》，中国统计出版社，2019。

图 8-20　空置的图书阅览室(左)与无人使用的健身器材(右)

　　根据浙江省第三次农业普查的数据，2016 年年末，浙江省有创办互助型养老设施的村的比重为 43.9%。浙西南的三个地市中，只有丽水有创办互助型养老设施的村的比重未达到浙江省平均水平，仅为比重为 35.4%，而金华、衢州的比重都高于浙江省平均水平，分别为 45.4%、54.5%。调研发现，各个村已建设的居家养老中心根据所在村人口的数目而定，规模不一，多数村的居家养老中心内部环境干净整洁，灶具设施比较齐全，配有电视机和电风扇，使用率也比较高(图 8-21)。

图 8-21　新梅村居家养老照料中心厨房(左)与内部环境(右)

　　在对养老方式的期望上，多数村民表示愿意在自己家中或是子女身边养老，同

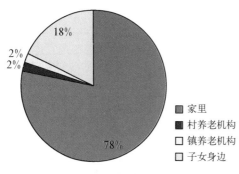

图 8-22　浙西南乡村村民期望的养老方式

时多数村民子女外出打工或是创业,少部分留在村中。村中老人表示在自己家中更有归属感,同时也认可互助养老、志愿者帮扶这些方式(图 8-22)。这也说明居家养老是这些村落中的主要养老方式,如何使得年长的村民在家中能够颐养天年是建设中的一大重点。

8.2.4　"山—水—路—村落"格局下的道路交通

　　浙江省的乡村公路功能已经从为当地农民出行服务转变为为乡村经济发展、乡村旅游业发展服务,因此乡村公路改造提升迫在眉睫。根据近几年的建设发展,浙西南公路体系不断完善,铁路运输线路长度不断增加,浙西南乡村的道路硬化程度也在渐进提高,乡村公交线路由此得到了充实,村民不论是近距离还是远距离的出行都愈来愈便捷,生活方面的出行需要得到了满足(图 8-23,图 8-24)。

1) 区域交通

　　"十二五"期间,浙江省乡村公路建管养运成果丰硕。新改建重要县道 1 350 千米,建成乡村联网公路 5 600 千米,乡村公路里程由"十一五"末的 10 万千米增加到 10.7 万千米,乡村公路路网密度由"十一五"末的 98 千米/百平方千米提高到 105 千米/百平方千米,乡村公路等级化比例由"十一五"末的 95％提高到 97.8％,乡村公路等级化比例居全国第六位。共增设乡村公路安全设施 1.2 万千米,县乡道安全设施实现基本全覆盖,加固改造乡村公路危桥约 1 100 座,乡村公路四、五类危桥比例由"十一五"末的 4.8％降至 1.8％,仅高于京津沪,在各省(区)中乡村公路危桥比例最低。2012 年乡级乡村公路管理站实现全覆盖,"十二五"期间全省共创建乡级规范化乡村公路管理站 330 个,乡村公路列养率达 100％,实施大中修工程 1.3 万千米,乡村公路路况保持基本稳定。共新建港湾式停靠站约 1.2 万个,新增通客车行政村 6 200 余个,改造乡村客运班线近 1 300 条。截至 2015 年年底,浙江省行政村公路通达率为 99.72％、通畅率为 99.71％。

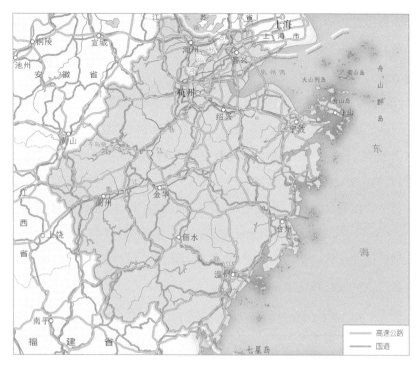

图 8 – 23　浙江省公路交通图

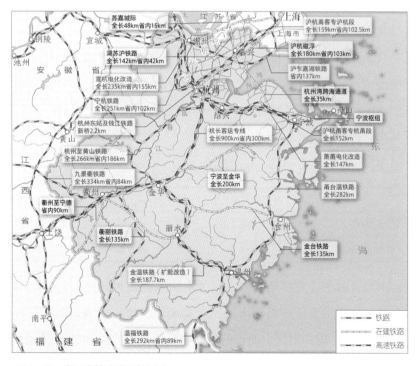

图 8 – 24　浙江省铁路建设规划图

这样的建设成效也使得浙西南乡村与城镇之间、乡村与乡村之间的公路通行不再成为难题。

2) 乡村道路

浙西南的整体区域交通发展迅速,众多乡村地区的道路交通条件也在不断地完善和提高。截至 2015 年,浙西南三市的村内道路硬化率分别为金华市 89.1%、衢州市 84.0%、丽水市 79.7%(表 8-8)。浙西南三市所有自然村屯中完成通村路硬化的自然村占总数的 90.7%,完成村内道路硬化的自然村占总数的 84.8%,乡村道路建设成效明显。但是在全省范围内,浙西南地区的乡村道路硬化水平仍然处于靠后位置。金华、衢州和丽水的乡村路面硬化水平依次递减,其中丽水的乡村道路硬化水平最低。

表 8-8 2015 年浙西南三市乡村道路硬化的自然村屯占比

	金华	衢州	丽水
通村路硬化	93.8%	90.5%	86.7%
村内道路硬化	89.1%	84.0%	79.7%

2015 年浙江省通村路和村内道路硬化的自然村占比分别为 92.3% 和 89.9%,比对整个江浙地区分别为 90.4% 和 88.3% 的水平,浙江省总体道路条件良好,然而浙西南的通村路硬化水平虽然达到了江浙地区均值以上,村内路面硬化程度与江浙地区整体相差 3.5%(表 8-9),相较平原地区,丘陵地区乡村道路硬化率位于其次,再次则是山区。

表 8-9 2015 年浙西南和江浙地区自然村落道路硬化情况

	浙西南三市	浙江省	江浙地区
通村路硬化	90.7%	92.3%	90.4%
村内道路硬化	84.8%	89.9%	88.3%

浙西南乡村的主要通村路基本上都铺上了水泥或柏油路面,实现了路面硬化,但是村内,尤其是旧区的路面未能完全实现路面硬化。例如虞宅村,即便该村是乡政府驻地,村内的旧区大面积的平地路面依然是土路和砂石路,雨天会道路泥泞,有积水坑,不便行人与机动车、非机动车的通过,同时会造成安全隐患

（图 8-25）。此类乡村通常经济发展较为薄弱，存在大面积的破旧住区，旧区内
的住房道路等各项设施都相对落后，与外界联系较少。

图 8-25　虞宅村村内砂石路（左）与新梅村村内主路（右）

　　随着乡村的发展，村民对交通条件的要求也在提升，不同路面材料在一定程
度上能够反映一个地区的经济发展程度。浙西南三市进村主要道路路面是水泥
路的村，比重最高的是金华，为 90.7%，其次是衢州，最低的是 81.6% 的丽水。
衢州、丽水村内主要道路有路灯的村的比重低于全省平均水平（表 8-10）。

表 8-10　2016 年浙江省及浙西南三市进村和村内主要道路状况

	浙江省	金华	衢州	丽水
按进村主要道路状况分的村的构成				
水泥路面	79.6%	90.7%	87.2%	81.6%
柏油路面	20.1%	9.0%	12.3%	17.8%
砂石路面	0.2%	0.3%	0.3%	0.3%
砖、石板路面	0%	0%	0%	0.1%
其他路面	0.1%	0%	0.2%	0.2%
按村内主要道路状况分的村的构成				
水泥路面	92.5%	96.2%	96.0%	94.4%
柏油路面	6.1%	2.1%	2.4%	2.1%
砂石路面	0.8%	1.1%	1.0%	1.8%
砖、石板路面	0.3%	0.2%	0.3%	0.9%
其他路面	0.3%	0.4%	0.3%	0.8%
村内主要道路有路灯的村	96.4%	98.7%	89.0%	95.4%

资料来源：《浙江省第三次农业普查资料汇编》，中国统计出版社，2019。

　　新光村由于进行了旅游开发,在游客活动密集的住区都实现了路面硬化、美化,此类乡村有旅游业这样的经济产业带动,与外界交流频繁,村内路面硬化几乎达到了100％。与新光村一路之隔的智丰村,未进行旅游开发,村内有一处中小学教学点,主要路面硬化水平良好,但村内土路、砂石路仍然存在。村内一些与景点距离较远的位置,内部鲜有外人到达。

　　此外,山区还存在许多呈零星散布的乡村居民点,依附山道延伸,例如一座山头有一户或者几户人家这样的情况,从山间主路至各家各户的道路,通过当地政府和村民共同出资等铺上水泥路面,实现道路硬化,非常有效地提升了村民住宅的可达性、村民出行的方便性与安全性(图8-26)。

图8-26　新光村宅间硬化路面(左)与山区出入村民住宅的硬化路面(右)

3) 乡村交通

　　浙西南乡村的道路条件不断提升,居民收入水平提高,改变了乡村交通的方式。在道路硬化水平高的山地丘陵乡村中,许多村民将价格实惠、充电便捷的电瓶车作为代步工具,比起过去到集镇、集市需要花大量时间和体力跋涉于山间,电瓶车极大地方便了村民的出行。一些偏远地区的村民表示,乘坐公交需要等待较长时间,不够灵活,这也使得骑行电瓶车成为一些村民主要的、具有机动性的自主出行方式。

　　同时,公共交通出行依然是大部分村民,尤其是老年村民的主要出行方式。智丰村外210省道上的公交车站是复古式候车亭,建造风格融入乡村的田园韵味,并设有垃圾桶,乘客候车舒适且外形美观(图8-27)。这种公交亭的类似做法被广泛采用于许多设置在省道、县道等道路上的公交候车点,但是没有站牌标识,相关信息也未录入网络数据库,只是在村民间口头流传,通过公共交通到达这些村的外来人员无法识别,也难以通过网络数据查询。许多村内的公交车停靠点也无任何标识及车站牌,停靠点只是在村民间口头流传,同样存在外来者无法识别也无法通过网络查询的难题,只能通过问询得知,不利于乡村与外界的交流。对于外来者来说,出入这些村落,私家车才是便利的选择。

图 8-27　智丰村外公交车站(左)和等公交的老人(右)

通村公路的拓宽和硬化,村内通行条件的改善,经济水平的提升,许多村民家庭开始购置小轿车、面包车。相对老年人大多采用公共交通出行的方式,青壮年更愿意采用私家车这种更为方便灵活的交通出行方式;相较于电瓶车,私家车更能胜任在山地丘陵地区中远距离的出行(图 8-28)。此外,包括卡车、农用车、拖拉机、电动三轮车等在内的现代化生产性交通工具,也分布于村内。

图 8-28　深渡村村民家门停靠的小轿车(左)和电动车及小型农用车(右)

在实现公交通村的乡村中,大多数村民表示对公交服务满意(图 8-29)。浦江县城乡公交自 2017 年步入“公交一体化、两元一票制”时代。浦江县 2017 年伊始,投入运营了纯电动和清洁能源公交车,同时县域内燃料公交车实现全淘汰,从此晋级"绿色智慧公交"全省优等之列,一跃成为国内首个全县域新能源公交出行县。在原有线路基础上,优化调整公交线路,增加干线公交密度、缩短发班间隔,整合、新增站点,新增、补增站牌,提高干线公交运输能力。新开水晶园区、锁具园区、乡村旅游公交专线和学生上下学等定制公交专线。城乡间的通行更加快捷、通行成本更加廉价。便利的交通也为城里市民进入乡村游玩提供了条件,一些乡村民宿的生意蒸蒸日上,公交惠民工程在一定程度上带动了乡村经济的发展。但是,浙西南依然有许多没有开通公交的偏远乡村,村民只能通过步行、电瓶车等先到达最近的公交停靠站点,并且许多这样相对偏远的公交停靠点通常一天只有早晚两班车,山地丘陵地区的乡村公共交通仍有需提升的地方。

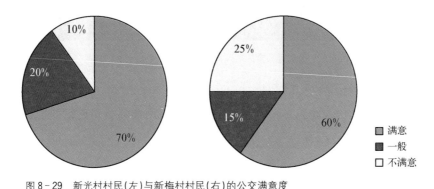

图8-29　新光村村民(左)与新梅村村民(右)的公交满意度

8.2.5　发展不平衡的市政基础设施

浙江省在"十二五"期间推进了城镇基础设施向乡村延伸,启动实施了"乡村康庄工程""千万农民饮用水工程"等一系列民生工程,统筹安排水电气路等基础设施建设,市政基础设施的建设持续完善,但是山地丘陵地区经济发展不够均衡,不同乡村的基础设施建设水平也参差不齐。

1) 电力设施

浙江省近年来不断地积极推进乡村电网改造升级工作,浙西南的乡村实现了100%通电,已基本完成了乡村电网改造,与浙江平原地区通电覆盖率相当,有效地提高了电压合格率和供电可靠率，降低了线损率。原本破损、混乱的田间电力线路、电箱经过整改后变得整齐规范。除了部分偏远山区乡村存在综合电压不稳定，户均年停电时间长，电费比城镇昂贵之外，整体电力设施建设较为成功。村民日常生产生活中安全稳定用电不再成为问题。

随着生产力的发展、村民收入的增加和"家电下乡"等政策的惠及，村民在居家生活中使用上了冰箱、空调等各种便利的电器，家电普及率提高，各地也有小部分村民将电力这样的清洁能源作为主要炊事使用能源，在日常炊事中利用电磁炉、微波炉等电器，村民的生活水平得到了有效的提高。

2) 给水设施

根据浙江省第三次农业普查的数据，2016 年末，浙江省使用经过净化处理的自来水的乡村住户比重是 88.8%。浙西南三市使用经过净化处理的自来水的乡村住户比重都低于浙江省平均水平，最高为金华的 87.8%，次之为丽水的 76.4%，最低为衢州的 73.2%。与浙江省其他地区不同，浙西南三市还有一部分乡村住户使用不受保护的井水和泉水作为饮用水源（表 8-11）。

表 8-11　2016 年浙江省及浙西南三市饮用水源情况

	浙江省	金华	衢州	丽水
经过净化处理的自来水	88.8%	87.8%	73.2%	76.4%
受保护的井水和泉水	8.7%	8.8%	18.6%	19.2%
不受保护的井水和泉水	1.8%	1.8%	6.9%	3.1%
江河湖泊水	0.4%	1.0%	0.6%	1.1%
收集雨水	0%	0%	0%	0%
桶装水	0.1%	0%	0%	0%
其他水源	0.2%	0.6%	0.7%	0.2%

资料来源：《浙江省第三次农业普查资料汇编》，中国统计出版社，2019。

3) 电信设施

根据浙江省第三次农业普查的数据，2016 年末，浙江省 95.2% 的乡村住户能够接收有线电视。浙西南的三个地市中，金华、衢州安装了有线电视的乡村住户都在 95％ 以上,但是山区更多的丽水安装了有线电视的乡村住户只有 83.1％。在固定电话使用方面,金华、衢州、丽水通电话的村数都达到了 100％。在手机网络方面,目前移动 4G 已经基本实现浙江省内的各大乡镇以及主要交通干道的网络覆盖,覆盖人口超过 4 000 万。在过去的两年里,在信息经济的渗透下,越来越多的农民学会使用电脑和互联网,主要体现在三个方面:通过互联网了解有关农业政策、生产和市场的最新情况;借助互联网售卖农产品;借助网络自动化管理农业生产。4G 网络覆盖乡村以后,许多农民可以通过移动互联网来实现这些功能。比起电脑,移动电话更方便居民使用。2015 年,浙西南 84.3％ 的自然村接通了互联网宽带。信号网络的覆盖和宽带的接通推进了"互联网＋农业"的现代农业发展的新载体的进步。电信设施建设中尚有不足,一些偏远山区乡村仍未网络信号覆盖。

4) 燃气设施

根据浙江省第三次农业普查的数据,2016 年末,浙江省主要以煤气、天然气、液化石油气作为乡村住户的主要燃气能源,所占比重为 95.5％。浙西南的三个地市中,金华、衢州、丽水以煤气、天然气、液化石油气作为乡村住户的主要燃气能源的比重均未达到浙江省平均水平,分别为 94.5％、90.3％、88.2％。浙西南三市还有以柴草(含秸秆)作为燃气能源的乡村住户,金华的比重为 17.2％,衢州、丽水的比重更高,分别为 28.5％、30.8％。燃烧柴草对环境污染较大,而使用煤气、天然气的乡村家庭几乎都是采用瓶装液化天然气,管道燃气的使用率较低,瓶装液化天然气成本较高,更换过程也较为麻烦。

5) 污水设施

浙江省在"绿水青山就是金山银山"和"山水林田湖是一个生命共同体"的理念下积极进行污水治理,推行"五水共治"等政策,污水设施建设在江浙地区处于领先。浙西南乡村污水处理设施的建设相对完善,浙西南三市整体水平在浙江省位居上游,除丽水低于浙江平均水平,74.5％的行政村有污水处理转运(表 8 - 12)。尽管浙西南地区的乡村污水设施完善,生活污水、生产污水不再随意排放,整治过后的河流重现绿水青山的景象,但是在村民生活生产活动密集的区域,由于原先造成的污染难以在短时间内改善，许多村中的池塘水体依旧混浊不堪，有些村民保留着在水池中洗衣服的习惯，加剧了水体富营养化。浙西南乡村居民生活区的水质仍待改善（图 8 - 30）。

表 8 - 12　2015 年浙西南三市污水处理转运的行政村占比

浙西南三市			江苏	浙江
金华	衢州	丽水		
89.4%	87.5%	74.5%	41.2%	78.6%
浙西南三市平均：83.8%			江浙地区平均：59.9%	

图 8 - 30　深渡村边的绿水青山（左）与王安村村内的水体（右）

6）雨水设施

　　浙西南乡村中，单独的房屋排放雨水包括直接散落排放和屋顶水管排放两种形式。在一些新建的区域，路面排水利用路边排水沟和重力作用排放雨水；在一些建筑较为老旧的区域，利用宅边水渠排放雨水，多数排水沟雨污合流，兼排雨水及生活污水（图 8 - 31）。

图 8 - 31　智丰村宅边水渠（左）与深渡村雨水管（右）

金华、丽水地区以雨水为饮用水的家庭比例高于全省的平均水平。经过近两年的发展,乡村道路的硬化程度提高,雨水的径流系数随之明显升高,汇流时间变短了,但由于大部分村没有雨水集中收集系统,在暴雨期间雨水和污水以合流排放形式进入污水处理设施的量会远远高于处理设施的设计能力,对设施内部造成冲击,从而造成污水处理设施的运作出现问题。而对于部分路面硬化程度较低的村,村里的石子道路在雨天会产生积水和泥巴,给通行带来不便和安全隐患的同时也是对雨水资源的浪费。

7) 环卫设施

根据浙江省第三次农业普查的数据,2016 年年末,浙江省完成改厕的村的比重已经达到 96.3%。浙西南三市完成改厕的村的比重也都超过九成,金华为 96.7%,衢州为 96.4%,丽水相对较低,但也达到了 92.8%。2016 年浙江省有畜禽集中养殖区的村的比重为 2.2%,浙西南的三个地市中,金华有禽集中养殖区的村的比重最高,有 2.2%,衢州、丽水则分别为 2.2%、1.5%。2016 年浙江省有粪便无害化处理设施的村的比重为 1.9%,浙西南的三个地市中,金华有粪便无害化处理设施的村的比重最高,有 3.2%,衢州、丽水则分别为 2.0%、1.4%。还是有一定比例的有禽集中养殖区的村没有粪便无害化处理设施,这对于乡村环境有一定影响。

浙西南乡村垃圾无害化处理率高于浙江省平均水平,浙西南三市垃圾无害化处理的行政村占比达到 91.8%,其中丽水相对较低,占比为 89.5%(表 8‑13)。许多村按照是否会腐烂的标准设有用以垃圾分类的垃圾箱(图 8‑32)。

表 8‑13   2015 年浙西南三市垃圾无害化处理的行政村占比

浙西南三市			江苏	浙江
金华	衢州	丽水		
93.3%	92.4%	89.5%	89.9%	87.9%
浙西南三市整体:91.8%			江浙地区平均:88.9%	

8) 水利设施

浙西南地区水利设施整体较完善,金华和衢州能够使用的灌溉用水塘和水

图 8‑32　虞宅村村民(左)与新光村村民(右)宅前分类垃圾桶

库的村比重在全省平均值以上。以衢州市为例，全市现有水库 472 座，大型水库 5 座，中型水库 9 座，总库容 34.83 亿立方米，水库库容 21 亿立方米，设计年供水量 23.3 亿立方米。现有江河堤防 510 千米，已初步建立了衢江、常山港、江山港、灵山港等重要地段的防洪体系，县级以上城市建成区基本形成防洪闭合圈。现有大中型灌区 18 个，灌溉面积 171.435 万亩。另有国家级水利风景区 4 个。已初步形成集供水、防洪、灌溉、发电、旅游等多功能于一体的水利体系。根据浙江省第二次农业普查的数据，2006 年年末，乡村水利设施较为欠缺的丽水市，由于经济发展水平在空间上的差异，水利投资的主要资金来源于集体的村比重较少，只有 5.3%，多达 78.4% 的村无水利投资资金。

8.3　非物质性要素特征

浙西南乡村人居环境的非物质性要素与物质性要素一样具有突出的地域特征，包括山地丘陵地区的社会生活、文化环境、政策等。

8.3.1　丘陵山区的经济与人口

随着经济社会的发展，浙江省乡村经济水平整体显著增长，浙西南乡村经济也迈着稳健提升的步伐，乡村居民收入增加，村民的生活消费和服务需要得到更充分的满足。在人口逐步城镇化的同时，乡村现有劳动力素质不断提升。

1) 经济

得益于农业的发展,农、林、牧、渔业增加值逐年提高,加之乡村非农产业的壮大,浙江省整体乡村经济增长迅速,乡村居民收入不断提高,村民的消费水平也因而得到提升,全省乡村居民人均可支配收入和人均消费支出在 2015 年相较于 2008 年翻了一番,分别达到 21 125 元和 16 108 元(图 8 - 33)。乡村居民生活消费支出也逐年稳定增长,其中金华乡村居民生活消费水平最高,衢州最低。与城镇居民相比,浙西南地区的乡村居民人均可支配收入和消费支出是城镇居民的 50% 左右,在浙江省经济更加发达杭州、宁波,乡村居民人均可支配收入和消费支出较于城镇居民水平的比值会更大,说明浙西南城乡经济差距更为明显。

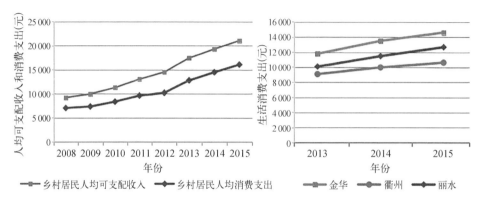

图 8 - 33　浙江省历年乡村居民人均可支配收入和消费支出(左)与浙西南三市乡村居民生活消费支出情况(右)

资料来源:《浙江统计年鉴(2016)》,中国统计出版社。

但是浙西南乡村的经济水平和经济增长速度一直处于浙江全省较靠后的位置,按乡村居民人均可支配收入来看,浙西南三市均低于浙江省平均水平,仅金华的乡村居民人均可支配收入超 20 000 元,衢州和丽水的相对较低,分别为 16 884 元和 15 000 元(表 8 - 14)。

表 8 - 14　2015 年浙西南和江浙地区乡村人均可支配收入(元)

浙西南三市			江 苏	浙 江
金 华	衢 州	丽 水		
20 297	16 884	15 000	16 257	21 125
浙西南三市平均:17 393.7				

资料来源:《浙江统计年鉴(2016)》,中国统计出版社。

　　调研发现,山地丘陵地区经济水平较为发达的村通常具有以下一个或多个特征:① 乡镇政府驻地所在村;② 临近省道、乡道等高等级道路,交通便利;③ 具有能够带动经济增长的包括旅游业在内的特色产业。因此,山地丘陵地区的非乡镇政府驻地所在村和交通不便利的村庄,需要寻找符合本村条件的产业以寻求经济增长之路。

2) 产业

　　在浙西南乡村中,农业类型较为单一,同时种植业是主要的农业类型,其他主要产业大多是工业,部分乡村依靠山地丘陵的自然环境、自然资源、人文地理的优势,发展了旅游业、水晶加工。如新光村在政策的带动下,将旅游业与文化相结合,形成了特色创客基地,吸引了年轻文创人群入驻,不仅带动了乡村经济增长,也为乡村注入了活力(表8-15)。

表8-15　浙西南各调研乡村的主要产业类型

行政村	农业类型	其他主要产业	特色产业
新梅村	种植业	工业	—
王安村	种植业	工业	—
雅高村	种植业	工业	—
沈店村	种植业	工业	—
山下施村	种植业	工业、旅游业	蜜桃基地
虞宅村	种植业	工业	水晶加工
先锋村	种植业	工业	—
深渡村	种植业	工业	—
智丰村	种植业	工业	—
新光村	种植业	工业、旅游业	创客基地

　　根据浙江省第三次农业普查的数据,2016年年末,浙江省从事农业行业的乡村人口中,从事最多的行业是种植业,其比重为31.3%。浙西南的三个地市中,金华、衢州从事种植业的乡村人口比重高于浙江省平均水平,分别为35.7%、35.6%,丽水从事种植业的乡村人口比重则为30.6%(表8-16)。而浙江省从事非农行业的乡村人口比重为60.5%,其中从事最多的行业是务工,其比重为

41.4%。浙西南三市从事非农行业的乡村人口比重都低于浙江省平均水平,金华、衢州、丽水从事非农行业的乡村人口比重分别为60.4%、56.8%、55.7%,虽然衢州从事非农业行业的乡村人口比重低于浙江省平均水平,但务工的高于为浙江省平均水平,为42.9%。金华务工的乡村人口比重则接近于浙江省平均水平,为40.1%。丽水务工的乡村人口比重在浙江省比较低,为35.4%(表8-17)。

表8-16　2016年浙西南三市从事农业行业的乡村人口比重

	浙江省	金　华	衢　州	丽　水
种植业	31.3%	35.7%	35.6%	30.6%
林业	9.3%	10.3%	12.8%	16.2%
畜牧业	4.4%	1.9%	8.6%	2.7%
渔业	0.5%	0.4%	0.3%	0.1%
农林牧渔服务业	0.2%	0.3%	0.2%	0.1%

资料来源:《浙江省第三次农业普查资料汇编》,中国统计出版社,2019。

表8-17　2016年浙西南三市从事非农行业的乡村人口比重

	浙江省	金　华	衢　州	丽　水
雇主	1.0%	1.5%	0.6%	0.7%
自营	12.1%	11.2%	8.1%	11.4%
务工	41.4%	40.1%	42.9%	35.4%
公职	1.3%	1.5%	1.1%	1.2%
其他	4.7%	6.1%	4.1%	7.0%
没有	39.5%	39.6%	43.2%	44.3%

资料来源:《浙江省第三次农业普查资料汇编》,中国统计出版社,2019。

3) 人口

浙江省2013—2015年的整体人口自然增长率稳定在5‰以内,浙西南的三个地市中,金华、丽水两市的人口自然增长率在这三年都分别高于5‰,而衢州市的人口自然增长率在这三年都低于4‰,随着人口的不断增长和城镇化进程的推进,浙西南城镇人口的比重逐年增加,乡村人口的比重不断缩减(表8-18)。

表 8-18　浙江省及浙西南三市 2013—2015 年整体人口自然变动情况

	年末常住人口(万人)			自然增长率			出生率			死亡率			城镇人口比重		
年份	2013	2014	2015	2013	2014	2015	2013	2014	2015	2013	2014	2015	2013	2014	2015
浙江省	5 498	5 508	5 539	4.6‰	5.0‰	5.0‰	10.0‰	10.5‰	10.5‰	5.5‰	5.5‰	5.5‰	64.0%	64.9%	65.8%
金华	543	544	545	5.4‰	5.6‰	5.7‰	11.0‰	11.2‰	11.3‰	5.6‰	5.6‰	5.6‰	62.2%	63.3%	64.5%
衢州	212	212	213	2.6‰	3.9‰	3.8‰	10.2‰	10.3‰	10.5‰	7.6‰	6.4‰	6.7‰	47.7%	49.0%	50.2%
丽水	212	213	214	5.4‰	5.5‰	5.3‰	11.3‰	11.4‰	11.2‰	5.9‰	5.9‰	5.9‰	53.8%	55.2%	56.4%

资料来源：《浙江统计年鉴(2016)》，中国统计出版社。

　　根据浙江省第三次农业普查的数据，2016 年末，浙江省乡村人口的整体受教育程度良好，受过初中及以上教育接近 60%。浙西南三市的初中教育程度的乡村人口比重都高于浙江省平均水平(34.3%)，金华 37.3%、衢州 34.9%、丽水38.2%。金华的高中或中专、大专及以上教育程度的乡村人口比重高于浙江省平均水平(15.1%、8.1%)，分别为 16.9%、8.5%。丽水的大专及以上教育程度的乡村人口比重全省最低，仅为 4.8%。而浙西南三市未上过学的乡村人口比重都接近于全省均值(表 8-19)。

表 8-19　2016 年浙西南三市受教育程度的乡村人口构成

地　区	未上过学	小　学	初　中	高中或中专	大专及以上
浙江省	10.6%	32.0%	34.2%	15.1%	8.1%
金华	10.5%	26.8%	37.3%	16.9%	8.5%
衢州	11.9%	30.5%	37.9%	16.9%	6.0%
丽水	10.0%	33.5%	38.2%	13.6%	4.7%

资料来源：《浙江省第三次农业普查资料汇编》，中国统计出版社，2019。

8.3.2　青山绿水中安定的乡村社会生活

　　浙西南山地丘陵地区的乡村社会生活较为和谐，民风淳朴，村民之间关系比较融洽，与全省其他地区比较，浙西南三个地市的民事纠纷调解数较少，整体治安较为良好。在山地丘陵地区一些人口较少的村落中，社会网络关系较为简单，如在婚庆节日或是农耕播种、收割期等，邻里间经常会互助。在日常生活中，空暇时的串门拜访也是村民间的主要社交形式。

　　同时,山地丘陵地区的大多数乡村在地理上已远离了城镇的喧嚣,生活节奏同以往相比,变化较少,保持着印象中乡村生活的闲情逸致。如今的城市生活饱受交通拥堵、职住分离、工作压力、饮食安全、雾霾侵袭、情感焦虑的影响,保持原有特质的乡村社会生活也就顺理成章地为日夜奔波的城市人所向往,吸引了众多来自城市的游客,以获取在自然生态、生活方式较为原始的乡村中的那一份安宁。乡村旅游成为影响、改变部分山地丘陵地区乡村社会生活最显而易见的因子,其中,在一些开发旅游的乡村,村民的社会生活也由此发生转变,村民的角色转向服务旅游从业者,原先较为单一的生活方式由于城市游客的进入而变得多样化,有条件的村民经营起农家乐、民宿,也有村民在游客集聚的地方销售自家产的农作物,或是贩售特产小吃、进行民俗表演等。

　　同时,浙西南乡村留守儿童较多,虽浙江省各地市纷纷有出台加强乡村留守儿童关爱保护工作的实施意见,但在调研走访的过程中发现,儿童通常是结伴玩耍或独自出行,祖父母辈能够提供的关注和教育相对有限。

8.3.3　越文化主导下的文化环境

　　明代浙江临海人王士性认为:"杭、嘉、湖平原水乡,是为泽国之民;金、衢、严、处丘陵险阻,是为山谷之民;宁、绍、台、温连山大海,是为海滨之民。三民各自为俗。泽国之民,舟楫为居,百货所聚,闾阎易于富贵,俗尚奢侈,缙绅气势大而众庶小;山谷之民,石气所钟,猛烈鸷惶,轻犯刑法,喜习俭素,然豪民颇负气,聚党羽而傲缙绅;海滨之民,餐风宿水,百死一生,以海利为生不甚穷,以不通商贩不甚富,闾阎与缙绅相安,官民得贵贱之中,俗尚居奢俭之半。"

　　浙江省整体以吴越文化为主,在浙西南的山地丘陵区域,除了丽水市有部分畲族村落,大部分村落以汉族聚居为主,文化环境由吴越文化分支——越文化主导。山水文化与文化山水交融,不乏与山水有关的历史典故、民间传说、名人足迹。浙西南区域文化具有差异性、兼容性、保守性、创新性的特点。

　　在地方语言使用上,浙江省主要使用广义上的吴语,金华、衢州以及丽水的缙云县较为接近,同属吴语金衢片,而丽水其他地区主要使用的地方语言包括了

吴语丽水片和景宁畲语。山地丘陵地区由于古时交通的闭塞,造成历来很少与
外界交流,使得繁衍保留了较多由口耳相传而留存下来的语音和一些古老而独
特的方言词语,同时造成了一县乃至一村一方言,部分乡村语言互通程度较低。

　　山地丘陵地区乡村在地理上的屏障也使得一些乡村的民俗文化较为完好地
保留下来,这些具有特色的民俗文化丰富了乡村自身的精神文化生活,也成为了
乡村旅游的吸引源。

　　在宗教信仰方面,除了畲族等少数民族信仰自然神灵外,浙江乡村以受道
教、佛教影响为主,道教文化尤其盛行于金华乡村,此外也有少量基督教、天主教
等的痕迹存在。调研过程中也发现一些乡村的村民家客厅中贴有基督教的挂
历,在少部分交通便利的村落周边也有基督教堂分布,这也说明山地丘陵乡村中
的村民信仰较为自由,同时一些乡村中也贴着坚决取缔和依法打击非法宗教组
织、邪教组织的标语。

　　在村民对新文化接收的方面,许多村民依赖信息获取较为直观的电视、广播
信息。浙西南乡村民俗文化随着文化程度的提高和科学的普及,一些陋俗不再延
续,但同时一些颇具独到魅力的民俗习惯需要正确引导和保留传承(表8-20)。

表 8-20　浙西南乡村现存的主要习俗

类　　型		特　　　　征
节日	春节	贴春联、演社戏、大年初一祭祀,燃放烟花爆竹,逐年减少
	元宵节	灯会观灯、耍龙灯
	清明节	制作清明果、祭祖扫墓
	端午节	吃咸粽子、饮甜酒酿、饮雄黄酒
	中元节	祭祀
	中秋节	烤苏式月饼、徽式月饼,本地民风淡化
	重阳节	登高爬山、饮酒、制作麻糍
	冬至	团聚饮食、祭祖
婚　嫁		古俗有说媒、订婚、行聘、发夯、迎娶、三朝回门等;五四运动后,知识界渐渐带头自由恋爱,文明结婚;近年来父母包办婚事已经少有,但结婚讲排场习俗仍存
丧　葬		地域丧葬习俗较为简朴,唱诵道法或是佛经,入殓前送重被或丝帛,火葬、土葬兼有,土葬存在二次捡骨再葬,仪式日趋简化
其　他		时而举办庙会、物资交流会,进行演戏、放电影等文化娱乐活动会,制作特色食物,喜宴划拳

8.3.4 美丽乡村建设下的政策体系

"十二五"期间,浙江省委、省政府以深化提升"千村示范、万村整治"工程建设为载体,有序开展了"科学规划布局美、村容整洁环境美、创业增收生活美、乡风文明身心美"及"宜居、宜业、宜游"的美丽乡村建设。美丽乡村建设带动了乡镇经济的发展,尤其是村镇农家乐休闲旅游业的发展。

浙江美丽宜居示范村建设初见成效。"十二五"期间,为进一步深化乡村住房改造建设,提升城乡空间品质,优化乡村发展环境,浙江省委、省政府于2012年做出了实施美丽宜居示范村工程的重大决策,并建立了美丽宜居村镇示范工作领导小组,加强组织协调。2014年,浙江省作出建设"两美浙江"的重大战略决策,提出要抓好农房改造和危房改造,精心建设一批"浙派民居"。按照"定型、上网、对接、落地、推广"的要求,加快推进"浙派民居"落地,建成了一批错落有致、环境优美、设施完备、服务齐全的美丽乡村,实现了村容村貌和乡村生态环境的明显改观,带动了农民生活质量和生活方式的显著提升,促进了农民生产条件和生产方式的显著优化,带来了乡村人居环境和经济社会的深刻变化。

表8-21 2014—2018年浙江省对省内乡村建设的主要优惠扶持政策

政　策　名　称	对乡村的关注内容与倾斜照顾方面
浙江省农村住房建设管理办法(2018-03-28)	加强住房建设管理,保障住房建设质量,营造舒适宜居环境
浙江省政府办公厅关于切实加强地质灾害综合防治工作的意见(2017-03-27)	推进地质灾害避让搬迁和综合治理,统筹新农村建设,实现"除险安居"
浙江省政府办公厅关于深化改革推进农田水利建设和管理的意见(2016-08-30)	提高农田水利基础设施建设和管理水平,保障粮食安全,促进农业现代化建设
浙江省政府办公厅关于加强传统村落保护发展的指导意见(2016-08-01)	加大传统村落和民居保护力度,传承和弘扬优秀传统文化的精神
浙江省政府办公厅关于加强农村留守儿童关爱保护工作的实施意见(2016-05-25)	加强农村留守儿童关爱服务和救助保护工作,促进广大农村留守儿童健康成长
浙江省政府办公厅关于加快推进农村一二三产业融合发展的实施意见(2016-12-12)	加快推进浙江省农村一、二、三产业融合发展,促进农业增效、农民增收和美丽农村建设

（续表）

政　策　名　称	对乡村的关注内容与倾斜照顾方面
浙江省政府办公厅关于加强农村生活污水治理设施运行维护管理的意见(2015 – 08 – 10)	为确保农村按照"五水共治"的部署要求，建成并投入使用的生活污水治理设施持续运行
批准发布《美丽乡村建设规范》省级地方标准(2014 – 06 – 24)	深化推进美丽乡村建设，并使其规范化

资料来源：浙江省政府信息公开(2017)，浙江省人民政府网站。

8.4　面临的挑战

8.4.1　有限的村落空间与空心化现实

在许多乡村，由于山地丘陵地区自然空间条件有限，小村落依山而建，而且由于人口的城镇化，偏远山村的村民正在向乡镇、城市迁移，留下的多为无条件搬迁的老年人。这些村子里有很多不毛之地，或宅基地荒废无人打理，或建筑闲置无人问津，有些住宅间距很窄，无法满足消防需求。另一方面，有条件改善居住条件的农民，并不会整改旧舍，而是择地新建，新建房舍延续原有样式，间距较小，除了几堵被画上装饰的墙壁外，他们与传统山村的居住风格不兼容。

村落空间有限的同时，部分山村的基础设施薄弱，通行条件较差，村内道路不完善，路网结构较乱，断头路较多，宅间路均由房前屋后硬化地块连接而成，宽度不够，不能满足消防要求。登山道、游步道较为原始，不能满足安全要求。

8.4.2　破坏式重构的村落更新

1) 营造中的山村风貌文脉割裂

在建设方面，山区大多数乡村的经济条件和交通基础设施都比较差，选择与城市建筑材料和方法相同的建设方式，不仅会增加农民的建房成本，而且也会隔断乡村原有建筑文脉，这会破坏传统村落的整体风貌协调性和形象，从而降低乡

村旅游资源的品质。另外,从村外选材必然增加交通运输量,机动车排放的废气
也会对乡村的空气环境构成威胁。

2) 山地建造的关键技术缺乏,急需相应的工程技术保障

从城镇建设的工程技术方面看,目前不仅浙江省城镇建设总体上缺乏工程
技术保障,更为突出的是山区缺乏适宜性技术及相应的工程技术支撑体系。与
平原地区城镇技术相比,山地丘陵地区"山城"的城镇建设工程技术异常复杂。
现实中十分缺乏针对山地丘陵乡村地区特有的关键技术,导致山地丘陵乡村地
区盲目开发,建设毁坏度高,即所谓的"建设性破坏"。

3) 盲目照搬平原模式致使山区特色丧失

山地丘陵地区乡村的特殊地形、地貌是山区特有的资源优势,这类乡村在
开发建设中理当展现地域特色,发扬地域文化。然而,当前一些乡村在开发建
设时却仍按照平原地区乡村的规划设计模式进行开发建设,忽视了山区的自
然特殊性,比如平整山丘制造平地,由此产生了乡村建筑风格单调乏味、乡村
景观千篇一律、地域传统文化消逝、生态景观失衡等诸多问题。同时在将坡地
夷为平地的过程中,大量的土石方开挖与填埋工作增加了经济成本,得不
偿失。

浙西南乡村人居环境建设随着时代的发展不断完善和提高,但是由于人居
环境建设过程中存在一定阻碍,例如政策上城乡资源配比悬殊、管理上村民及监
管机构的权责明确度不够、规划上的统一协调性差以及规划的不合理性、资金配
备的供给不足、村民的主观意愿及参与度不足等。

8.4.3 缺失的精神文明与环境认知问题

很多情况下,乡村人居环境的建设、村落的更新被混同为建筑、道路等物质
空间的更新,尤其是在山地丘陵进行休闲经济开发的村落中,村落所粉饰的光鲜
外表,往往会掩盖村民的精神认知、文化生活中存在的一些复杂的问题。

1) 精神文明缺失

在农耕文明时期，山地丘陵中传统聚落的农民社会活动多集中于祠堂祭祖、庙宇敬神、寺院拜佛、书院受教。在两千多年封建统治时期，一致奉行"皇权不下县"的社会惯例，传统的中国在地方一级是受扩大了的家庭或受宗族的支配。传统乡村在社会关系组织机制上，是以乡村精英——乡绅们主导的宗族自治为主。扎根于农耕文明的儒家、佛教、道教的传统信仰在约束村民的社会活动中也起到了一定的作用。随着封建统治的瓦解，传统的中国社会开始受到很大的冲击。而长期以来，村民受教育程度极低，新的精神文化生活在短时间内无法确立，村民们以往稳定的精神生活空间逐渐消亡，村民之间彼此认同感和家园归属感也慢慢减弱。

2) 环境问题与环境认识

人类在自然世界的地位，随着市场化和城市化历史进程的快速推进，以及科学技术的飞速发展，变得越来越强势。人工环境几乎主宰了整个城市生活世界，而自然环境对城市生活世界的决定意义逐渐弱化。在城市，亲近自然已成为一种奢求。在山地丘陵乡村地区，现代化科技的推广在大幅改善生活条件的同时，也提升了对自然环境的改造能力和强度，为山地丘陵乡村地区的不可持续发展埋下了隐患。科学技术只是被人类意识所支配控制的改造利用自然的工具，它本身并不会对自然环境构成威胁。生态自然环境的破坏，归根结底还是人在经济利益驱使下，单纯只顾经济发展，而对自然环境的保护意识出现了问题。

8.4.4 制度改革与完善管理

1) 政府管理机构监管不力、法规不健全

面对经济发展与利益多元化所带来的多重压力，在生态敏感保护区和山地丘陵乡村资源的规划建设方面，管理中存在无法可依、无据可循等问题且有些混乱和无奈。加上缺乏可靠的资金来源保障、管理人员队伍不稳定等，这在某种程度上也影响了山地丘陵乡村开发建设工作的顺利开展。

2) 制度性改革之路的探索

在乡村振兴和乡村供给侧改革的背景下,为了缓解城市建设用地指标紧张,盘活乡村低效存量土地资源,近年浙江省也在乡村土地制度改革中不断进行尝试。宅基地、集体建设用地改革的试点乡村多处在山地丘陵的地形中,这类乡村存在一定的可盘活宅基地资源,而非平原地区乡村中的集体经营性建设用地资源,与农户个体的利益更加紧密相关。在这类制度性改革的探索过程中,应保障农民合法权益,为农民土地出让提供可靠的交易平台与切实的法律保障,同时规范相关法律规范,需要管理层扮演更为积极的角色。

第 9 章　浙东沿海：岛屿资源型
乡村人居环境

　　海洋岛屿是四面环水并在高潮时高于海洋水面的自然形成的陆地。从江浙地区的整体来看,浙东沿海岛屿及海岸地表复杂多样,山地、丘陵、平原等地貌类型齐全,主要以丘陵山地为主,一般海拔在 50～450 米之间,占岛屿总面积的 62.37%;平原区面积占 37.63%,地势平坦开阔,海拔高程在 1～3 米,地势近滨海地带略低,山前地带略高。浙东沿海地区(包括舟山市、宁波市、台州市、温州市)海洋资源丰富、海岸线绵长、乡村散布、人口较集中,属于我国经济相对发达的区域。本章主要论述以浙东沿海为典型的岛屿资源型乡村人居环境(图 9-1)。采用文献资料整理、统计数据分析与实地调研相结合的方式,重点选取并调研了舟山市和宁波市的主要乡村(表 9-1),并以此为代表分析浙东沿海乡村人居环境的现状及发展特征,找出存在的主要问题。调研选择的乡村代表了浙东沿海乡村

表 9-1　浙东沿海岛屿资源型重点调研乡村

所属市县(区)		乡镇	行政村
舟山市	定海区	盐仓乡	海富村
		马岙镇	马岙村
			三江村
		长峙乡	马鞍村
			长峙村
	普陀区	朱家尖镇	月岙村
			樟州村
	岱山县	高亭镇	小蒲门村
宁波市	奉化区	莼湖镇	桐照村
			栖凤村
			塘头村
			洪溪村
	宁海县	西店镇	崔家村
			樟树村

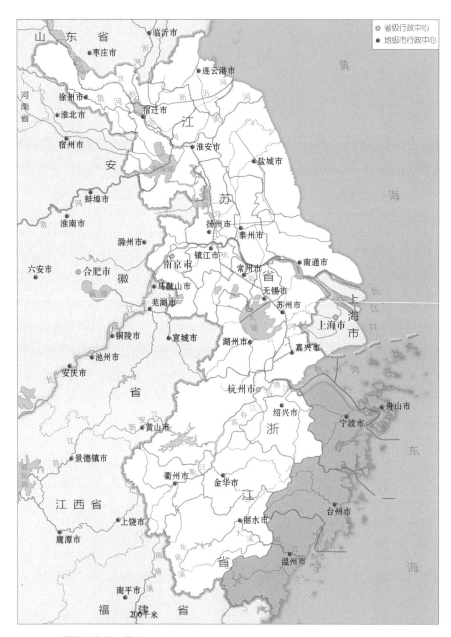

图 9-1 浙东沿海的区位图

的各种类型，既有共性，又有特性，能够较好地反映浙东沿海乡村人居环境的整体面貌。从生产结构上看，大部分乡村单纯以渔农业为主，少量注重工业、服务业；从经济发展看，绝大多数乡村的经济条件良好，整体建设情况较好，个别乡村仍显欠缺。

9.1　类型概况

　　浙东沿海地处我国东南沿海中部，长三角区域南翼，东临东海，其作为我国经济最发达的地区之一，依托的就是沿海的区位优势与丰富的海洋资源。浙东沿海及舟山岛屿地貌主要为冲积平原区、山麓沟谷平原区、侵蚀剥蚀低丘区、侵蚀剥蚀高丘区(图 9-2)。所以说沿海岛屿资源型乡村人居环境带有强烈的地域特色和空间特征，当然也有一系列的问题有待解决，在海洋经济时代，舟山群岛新区的发展离不开居住环境的改善和建设，尤其对于生态资源特殊、地理位置优越、战略定位重要的海岛及沿海地区，建设融入当地背景的人居环境，为未来发展打下了坚实基础。

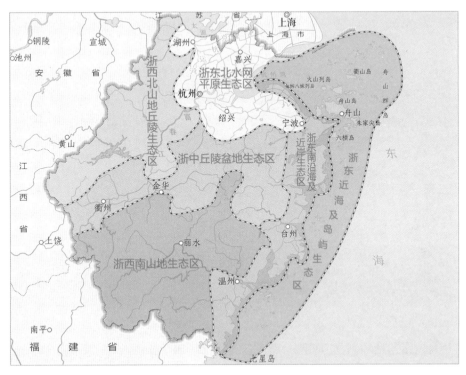

图 9-2　浙江省生态格局示意图
资料来源：浙江省主体功能区规划(2010—2020)，浙江省人民政府，2011。

　　舟山市具有沿海岛屿地貌的代表性,能够体现出浙东沿海岛屿资源型乡村人居环境的特征。作为中国沿海最大的海岛群,舟山是我国第一个以群岛建制的地级市,位于浙江省东北部,东临东海、西靠杭州湾、北依上海,是长三角对外开放的海上门户和通道。舟山群岛绝大部分是由面积 500～5 000 平方米的小岛组成,其次是面积小于 500 平方米的小岛,有少量的中、大岛。中、大型岛集中分布在杭州湾以南和象山港以北的近岸海域(图 9 - 3)。舟山境内多山,丘陵广布,为海岛丘陵区,是天台山脉向东北延伸入海的出露部分,海岛地形起伏,中央绵亘山脊或分水岭,海拔一般在 200～300 米之间,山间和海滨分布有小块平原。舟山海岛乡村具有明显的地域特征,并依托区域优势进行海产品生产、加工、销售与乡村旅游,也体现出渔村人居环境特点。

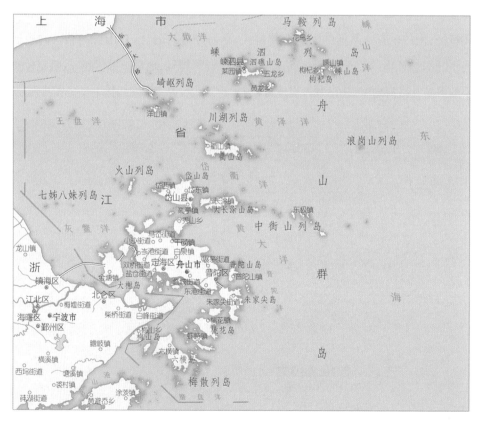

图 9 - 3　舟山群岛分布图

　　舟山市包括嵊泗县、岱山县、普陀区与定海区四个县区,2015 年年底全市总人口 115.2 万人,共有乡镇 22 个,行政村 344 个,乡村户数有 228 759 户,共 70 万余人。其中渔村住户数有 193 692 户,人数超 65 万人,分布广泛(表 9 - 2)。

表9-2 2015年舟山市各县区乡镇、村基本情况

指 标	舟山市	定海区	普陀区	岱山县	嵊泗县
乡镇个数（个）	22	3	5	7	7
乡（个）	5	0	0	1	4
镇（个）	17	3	5	6	3
村委会数（个）	344	113	108	85	38
乡村户数（户）	228 759	76 770	70 520	58 668	22 801
人数（人）	704 296	237 981	221 831	174 980	69 594
非生产经营户数（户）	18 634	4 716	5 664	6 199	2 065
人数（人）	31 464	8 183	9 007	9 972	3 402
渔村住户数（户）	193 692	65 591	61 404	47 449	19 248
人数（人）	652 718	224 065	208 774	155 728	64 151

数据来源：《舟山统计年鉴(2016)》，舟山统计信息网。

图9-4 舟山乡村的海洋与岛屿实景图
资料来源：中国舟山政府门户网站，2017。

随着国家新型海洋战略的提出与浙东沿海海洋经济的被重视，尤其是舟山群岛新区的设立，使得甬台温与舟山地区的社会生活、经济产业、文化教育等方面水平不断提高，浙东沿海乡村人居环境水平也逐步提升。从人居环境的物质性要素来看，浙东沿海乡村属于海洋性季风气候，日照降水充沛。依托丰富的海洋资源和海洋文化影响，乡村空间聚落与乡村人居都自成特色，而且经济的良好发展使得村民住房条件不断改善；交通网络设施也逐步完善，通村道路与村内道路已实现硬化；加强轮渡客运的同时连岛交通工程继续推进，方便沿海岛屿乡村村民的海陆双行；乡村的电力通信与给排水环卫设施已基本覆盖全区域，乡村医疗教育文化等各项公共服务设施建设也在稳步推进。从人居环境的非物质性要素来看，浙东沿海乡村经济发展在全国属于相对发达的层次，乡村建设与整体发展状

况在江浙地区也处于前列。海洋经济时代给了乡村更多的发展机遇,城乡一体化进程不断加快。但为寻求更好的发展,乡村人口流动性也加大,本地人口外流,外地人口内流,乡村本土老龄化、空心化问题在逐步显现;同时以海洋文化为核心的沿海岛屿乡村民俗文化在有关机构重视下和乡村旅游经济带动下,传承保护与发展创新工作不断加强。各级政府在制定乡村政策时不断推动乡村人居环境建设,实施了"千村示范万村整治""乡村环境连片整治"等工程;扎实开展五水共治、三改一拆、四边三化、美丽海岛、森林舟山等专项行动,渔村生态人居环境有效改善。

9.2　物质性要素特征

　　浙东沿海乡村虽然有着一般乡村地区的共性,但由于其特殊的自然条件、地理环境、资源禀赋、经济形态及地域文化等因素,使其在人居环境上又具有独特的个性。沿海海岛地区"农"的主体不同于其他地方,主要表现为"渔农",即渔农村、渔农业、渔农民。以渔业资源、港口资源、旅游资源、滩涂资源四要素为代表的海岛特色资源的开发利用,对浙东沿海岛屿乡村人居环境起到举足轻重的作用。

9.2.1　"山—村—海—港—礁—滩"一体的独特自然生态

　　自然和资源是一个地区发展出地域性人居环境的根本因素,在沿海岛屿这样一个特殊的地区人居环境,可以从气候、岸线、景观、水产、能源等方面去梳理人居环境的发展脉络。同时其生态相对于大陆比较脆弱,所以需要注意乡村人居环境的特殊性。舟山群岛拥有渔业、港口、旅游三大优势,而且是中国最大的海水产品生产、加工、销售基地,素有"中国渔都"之美称。舟山港湾众多,航道纵横,水深浪平,是中国屈指可数的天然深水良港。舟山保存完好的海岛自然景色,蕴藏着丰富的旅游资源,现已开辟的两个国家级和两个省级旅游风景区,2016年游客达4 610万人次。

1) 自然环境特征
　　多丘陵、生态脆弱、景观独特是海岛的自然环境特征,且由于处于海陆作用的动力敏感地带,自然灾害频繁;土壤贫瘠,缺乏淡水,可利用土地资源少而用地粗放。但同时海岛集"山—村—海—港—礁—滩"于一体,景观独特、形态丰富。地质地貌特征上,舟山群岛岛礁众多,呈西南—东北走向,南部大岛较多,海拔较高,排列密集;北部小岛为主,地势渐低,分布稀散。海域自西向东由浅入深。岛上丘陵广布,地形起伏,中央绵亘山脊或分水岭,滨海围涂造田,呈小块平原。岛上水文情况复杂,且地表水系不发育,多源自丘陵腹地,呈放射状入海。水位易受暴雨的影响暴涨暴落,山洪等自然灾害频发。

2) 基本气候条件

　　浙东沿海属北亚热带南缘季风海洋型气候。整个群岛季风显著,冬暖夏凉,温和湿润,光照充足。年平均气温 16℃左右,最热 8 月,平均气温 25.8~28.0℃;最冷 1 月,平均气温 5.2~5.9℃。常年降水量 927~1 620 毫米。年平均日照 1 941~2 257 小时,太阳辐射总量为 4 126~4 598 焦耳/平方米,无霜期 251~303 天,适宜各种生物群落生长、繁衍,给渔农业生产提供了相当有利的条件。舟山的气象要素东西向的差距明显,大风大雾频繁,还具有陆海过渡性气候的特征。在亚热带气候大系统下,雨热同季,季节滞后,温暖湿润,温变和缓,灾害天气频发,其中大风日较沿海大陆平均高出近 5 倍,大风与海雾要高出 1 倍。受季风不稳定性的影响,舟山灾害性天气常见,七八月间出现干旱,夏秋之际易受热带风暴(台风)侵袭,冬季多大风(图 9-5~图 9-7)。

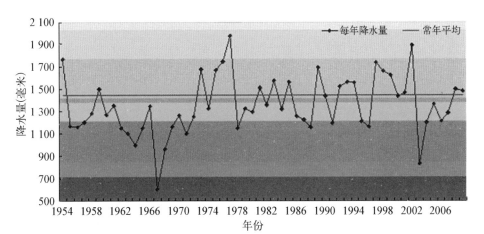

图 9-5　舟山群岛历年降水量演变图
资料来源：舟山气象局网站,2016。

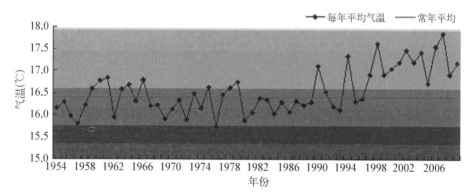

图 9-6 舟山群岛历年平均气温演变图
资料来源：舟山气象局网站，2016。

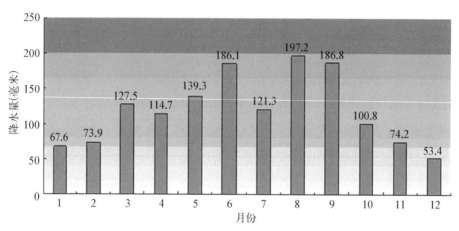

图 9-7 舟山群岛常年各月平均降水量分布图
资料来源：舟山气象局网站，2016。

3) 土地资源

舟山地处长江口、钱塘江、甬江三江的入海交汇处，每年内陆 20 亿吨以上泥沙涌向舟山岛屿周围，经长期沉积和补偿使舟山岛屿滩涂面积不断扩大，逐渐形成众多海积平原。因此，舟山群岛是大自然的杰作。陆域面积是海岛地区人居环境之根本，没有一定的陆域面积的海岛、人居环境将是无源之水、无本之木。全市区域总面积 2.22 万平方千米，其中海域面积 2.08 万平方千米，共有大小岛屿 1 390 个，1 平方千米以上的岛屿 58 个，占该群岛总面积的 96.9%。住人岛 103 个，常住万人以上岛屿 11 个。土地总面积 1 440.12 平方千米，潮间带 183.2 平方千米，主要岛屿有舟山岛、岱山岛、六横岛、金塘岛、朱家尖岛等，其中舟山本岛最大,面积为 502.65 平方千米,为中国第四大岛。主要海岛面积基本情况见表 9-3。

表 9-3　舟山主要岛屿面积情况

岛屿名称	总面积(平方千米)	陆地面积(平方千米)	潮间带面积(平方千米)
舟山岛	502.65	476.17	26.48
朱家尖岛	75.84	61.82	14.02
册子岛	14.97	14.20	0.77
普陀山	16.06	11.85	4.21
岱山岛	119.32	104.97	14.35
六横岛	109.40	93.66	15.74
金塘岛	82.11	77.35	4.76
衢山岛	73.57	59.79	13.78
桃花岛	44.43	40.37	4.06
泗礁岛	25.88	21.35	4.53
大长途岛	40.62	33.56	7.06
秀山岛	26.33	22.88	3.45

数据来源:《舟山统计年鉴(2016)》,舟山统计信息网。

4) 渔业水产资源

　　舟山水产资源"得海独厚",素以"渔盐之利,舟楫之便"而闻名遐迩(图 9-8)。舟山群岛海域内岛礁纵横交错,水下地形平缓,沉积物以粘土质粉砂为主,是鱼类栖息和繁殖的天然屏障。长江和钱塘江等入海径流形成的自北而南的沿岸低盐水体及自南而北的高盐、高温的台湾暖流和北方高盐、低温的黄海冷水团三股

图 9-8　奉化市桐照渔港渔业水产(左)与舟山市沈家门渔港渔业生产(右)

水体在舟山海域互相混合消长,从陆地上带来了丰富的营养益类和有机物,使舟山群岛周围水域水质丰富,为海洋鱼类等多种生物的繁殖、生长提供了良好的食物条件和栖息场所。海洋生物种类多,有鱼类 365 种,虾类 60 种,软体动物 14 种,底栖生物 342 种,浮游动物 228 种,浮游植物 261 种,潮间带生物 586 种。

5) 生态景观资源

舟山群岛地处亚热带海洋性季风气候,气候温暖湿润,风景秀丽宜人,有自然的海岛观光度假、休闲避暑功能承载能力,既具备阳光、海水、沙滩等海岛旅游观光要素,也具备山水、林田、洞穴、古寺名刹、渔村牧场等乡村旅游资源,特色明显,旅游资源丰富。

6) 海岸线资源

在当代以海运为主的国际贸易格局中海岸线资源是一种稀缺的滨海地貌资源。优良的深水岸线能建设成高品级的货物吞吐码头,成为海岛人居环境的一种发生原点。

图 9-9　舟山朱家尖岛屿沙滩

舟山群岛基岩岸线长,港湾众多,港内水域宽阔,锚地条件好,可停泊大批巨轮。其航道纵横,水深浪平,不易游积,常年不冻,具有口大、腹大、水深、避风的优异条件,是中国屈指可数的天然深水良港,可发展大、中型港口(图 9-10)。元代学士吴莱《南东山水古迹记》中写道:"昌国,古会稽海东洲也,东控三韩、日本,北抵登莱、海泗,南到今庆元城三百五里……"。目前舟山群岛的大小码头星罗棋布,数以百计,有生产性码头泊位 382 个,其中万吨级以上深水泊位 41 个,25 万吨级以上泊位 5 个(图 9 - 11)。

图 9 - 10　宁波—舟山港区空间布局图
资料来源:宁波舟山港股份有限公司官方网站,2018。

图 9 - 11　舟山海港作业及生产场景

9.2.2 "山海交融"的渔村聚落空间组织

1) 乡村聚落体系地域空间分布特征

舟山群岛聚落体系地域空间分布与人居单元分布在空间、地理分布上具有较强的耦合性。首先,聚落在空间分布上与海岛单元存在耦合性。全区1 390个海岛中,有103个住人岛,占海岛总数的7.4%,而且在这103个住人岛中形成常住人口和聚落分布的只有79个。在79个群岛人居单元中,具有"城—县—乡镇—村"等级关系者1个,占单元总数的1.3%;具有"县—乡镇—村"等级关系者2个,占2.5%;具有"乡镇—村"等级关系者21个,占26.6%;只具有简单"村"等级关系者55个,占69.6%(表9-4)。

表9-4 舟山群岛地区聚落等级层次与较高单元对比表

层级	聚落等级系统	群岛单元个数(个)	群岛单元名称
4级	市城—县城—乡镇—村落	1	舟山本岛单元
3级	县城—乡镇—村落	2	岱山岛、泗礁山岛
2级	乡镇—村落	21	大洋山岛、黄龙岛、花鸟岛、枸杞岛、嵊山岛、衢山岛、小长途岛、秀山岛、金塘岛、长白岛、册子岛、普陀山岛、白沙岛、朱家尖岛、庙子湖舟、登步岛、蚂蚁舟、桃花岛、虾峙岛、六横岛、佛渡岛
1级	村落	55	略
合计		79	

资料来源:张焕,舟山群岛人居单元营运理论与方法研究,2013。

2) 渔村聚落空间格局特征

渔村聚落布局结构在一定程度上取决于岛的面积和宅地选址。岛上不仅有大面积、平坦的海滩,还有平原。为了便于捕鱼作业,较大岛屿上的渔民大都将村落和住房建在山脚下,具有视野阔、屋顶平、户比邻、巷巷通的格局。相对于大岛,面积较小的岛屿,情况有所不同,岛上平原滩涂少,山地起伏较大,地基相对狭窄,因此房屋选址结合地形与朝向,建筑选型采取依叠式,村落逐渐形成向阳、朝南、依山势起伏、石阶相通的格局。所以小岛上的屋舍不分东西不分左右,只能看到前后与上下。有古诗写道:"倚山筑屋几家齐,屋后有墙墙后梯。邻舍不分左和右,房房只见判高低。"

卫星图　　　　　　　　　　　　　　肌理图

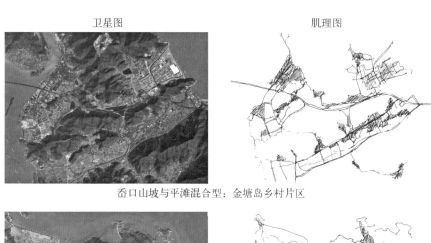

岙口山坡与平滩混合型：金塘岛乡村片区

近海平滩地型：朱家尖乡村片区

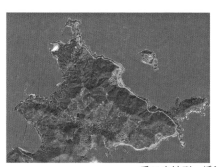

岙口山坡型：嵊泗黄龙乡村片区

山脚平滩地型：定海马岙三江乡村片区

图 9-12　浙东沿海岛屿乡村主要布局方式示意图
资料来源：根据《天地图·浙江(2017)》绘制。

(1) 乡村择居特征

依山面湾而居、山岙坡地为底、东有避风屏障,这是沿海岛屿乡村择居的主要特征。山构成避风屏障,湾形成避风腹地,岙位于山湾之间,为最佳人居空间和建村最佳之选。夏秋时节热带风暴多而冬季风大雨少,这都成为海岛乡村生存的主要威胁。因此,躲避台风侵袭成为乡村择居的首要因素,其次是获取水源,最后是建造成本、日照条件等。山岙是乡村应对两大生存威胁的最佳选址,具备"挡风聚水"的功能;而由岙形成的海湾是保障渔业生产的"避风良港"。所以,选岙成为了乡村选址需要考虑的首要因素,建筑的朝向和建造的方式均根据岙的朝向进行调整。由于热带风暴的运动方向以正东向为主,所以乡村所居山岙的选择,以南向、西向最佳,北向次之,尽量避免选择正东朝向的山岙。

(2) 环境格局特征

在环境格局上,沿海岛屿乡村表现出融入自然、与山海和谐的环境格局特征。乡村以山海环境为本底,以山海之间的安全过渡空间"山岙、滩岸、港湾"为切入点,融入自然秩序,形成了"山—岙—村—岸—湾—海"的山海和谐景观序列(图 9 - 13)。

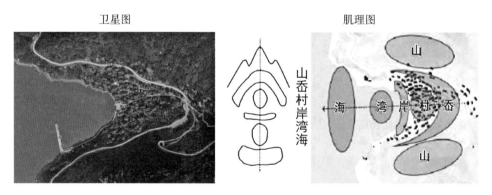

图 9 - 13　舟山沿海岛屿乡村选址平面分析
资料来源:潘聪林等,滨海山地渔村聚落特征初探——以舟山为例,华中建筑,2015。

承载着不同环境功能的沿海岛屿乡村环境要素,对形态有不同的要求。避风效果良好的中高山是乡村最佳的安全屏障和生活资料辅助来源;汇水多易建造的宽岙缓坡是最佳的水源地和村落建造区;顺应地形的密集型村是最佳的渔民生活协作聚集区;避浪效果良好的深湾是最佳的渔港;海是生活资料的主要来源,也是渔民敬畏的对象(图 9 - 14)。

图 9-14　舟山箐箕湾村整体村落风貌图

（3）功能空间特征

千百年适应自然的发展演变,促成了沿海岛屿乡村的四大基本功能:环境安全、生产作业、生活居住和宗教文化。其中,环境安全功能是乡村生存的空间基础;生产作业功能是乡村持久发展的动力之源;生活居住功能是乡村的功能内核;宗教文化功能是长期以海为生、与海生息的渔民从事高风险渔业生产活动时,在危急时刻能够战胜自然、延续生命的精神支柱。四种功能是传统乡村延续存在、保持活力的基础,缺一不可(图 9-15~图 9-17)。

图 9-15　沿海乡村宗祠

图 9-16　沿海乡村渔业工具生产库房

3) 沿海乡村街巷空间特征

（1）街巷空间层次

沿海岛屿乡村的街巷由主要街道、次要街道和小巷构成。三个层次街巷相

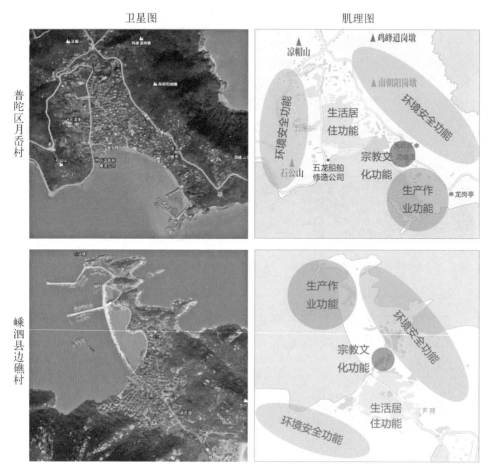

图 9-17 沿海传统乡村的功能构成及布局分析图

互连接,分级汇流,形成密切联系的网状格局,表示出对不同的交通需求和地形
条件的适应性。其中主要街道由水泥铺路构成,主要是路面坡度小的直线,用于
满足机动车的交通量,容纳乡村主要对外交通流量。次要街道由石板铺筑,线形
平滑与等高线平行,斜面随地形变化,以小型汽车、自行车通行为主,容纳周边主
要交通流量。小巷由毛石台阶和石板路面构成,兼具大坡度、短距离、窄宽度的
特点,线形较为自由,几乎垂直于等高线,方便村内部步行联系为主,同时满足主
要组团间的交通需求。

(2) 街巷空间肌理

沿海岛屿乡村受社会组织特征影响和自身地形空间限制,街巷空间肌理表现
出较高的紧密性、流动性和开放性。紧密性体现在街巷平面组织的密集上,受空间

的制约,在平面空间形态上形成了小而紧密的街巷空间尺度,分布密集、空间肌理紧密,表现出"小巷纵横联络、户户有机排布"的平面形态。以普陀区樟州村为例,相邻街巷的距离多在30~50米,街巷层次清晰、分布密集、联系方便(图9-18)。

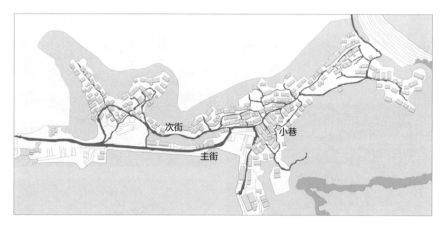

图9-18　樟州村街巷空间肌理图
资料来源:潘聪林等,滨海山地渔村聚落特征初探——以舟山为例,华中建筑,2015。

街巷空间与庭院空间的融合和街巷组织的网络化格局体现了流动性和开放性。首先,密集的小巷使街巷布局多形成树枝状与网络状相结合的枝网状格局,具有街巷交通方便,外部空间联系紧密,可达性高、流动性强等特点。其次,建筑庭院的围墙高度多在1.2米以下,与街巷有良好的视线交流,而且庭院一般有两个出入口,基本不设院门,有较强的可穿越性和开放性,与街巷空间融为一体。

(3) 街巷空间界面

沿海岛屿乡村街巷空间的景观界面构成丰富多样,且与海景相协调。其一,由"山海岛湾"构成的山海风景与由"建筑渔船码头"组成的聚落风景,两者共同构成街巷背景,层次分明、特色显著。其二,由毛石墙基、镂空图案、建筑台地等元素组成的街巷立面景观,很好地表达出"艺术""有趣"等意境,另外,地形的高低促进了景观的扩展和视点的变化,形成了步行者拥有不同景观的街道空间的阶梯体验(图9-19、图9-20)。

9.2.3 "天人合一、道法自然"的和谐特色乡村民居建筑

舟山群岛是东海众多海岛中最典型的海岛地域,既有保存完好的具有百年

历史的传统民居,也有大量新建的建筑,能反映浙东海岛普通乡村人居建筑的真实面貌。

图 9‑19 沿海岛屿乡村街巷空间　　　图 9‑20 沿海岛屿乡村毛石墙基

1) 民居营建特点

　　舟山群岛人居营建体系受两个方面影响:一是海岛特有的地理气候和产业历史的影响,更多的海岛人居建筑的特点主要体现在以渔业及涉海性产业为主的小岛乡村聚落中;二则是周边江浙地区建筑文化的影响,延续了江浙一带的人居建筑风格,例如粉墙黛瓦的商贾大院、自给自足的农家聚落,多集中在大岛城镇和不靠海的乡村里。海岛民居的变迁,各地并不一致。如大鹏岛,瓦房建筑于明清年间在岛上兴起,木质结构,砖石砌墙,地板房、雕花窗,雕梁画栋,精美绝伦。而同一时期,舟山本岛和岱山等面积较大的距离陆域较近的海岛,出现了大批四合院式的民居,有的还造起了二层以上的"走马楼"。但在孤悬小岛,明清时期的民居以草代瓦或以石换砖,偶有木质结构的瓦房,但其真正形成规模是在 20 世纪中叶以后。直至近几十年,才出现有钢筋水泥结构的洋式楼房或平房。因此,海岛人居环境建筑特点,包括选址、材料和民居模式,无不受到海岛的地理环境和海洋生产方式的影响和制约。

2) 民居建筑群落特征

（1）群落排布模式

沿海岛屿乡村的建筑排布模式建立在与自然秩序相似的自组织秩序之上,形成了树枝式、平行式和自由式三种模式(图 9 - 21)。"树枝式"常见于狭长形的小岙,一条主巷沿等高线垂直方向展开,主巷两侧建筑与等高线有一定切角,建筑基底依靠人工石基垒平,建筑群落沿主巷纵向延伸,形成狭长的枝杈状聚落形态。"平行式"常见于宽阔的大岙,建筑平行于等高线、层层布局,建筑群落横向延伸,层叠而上,形成平行于山体等高线的伸展状聚落形态。"自由式"常见于地形复杂,山岙不明显或由多个小岙组成的地区,建筑顺应地形,呈松散布局,时密时疏,形式自由,多形成组团式格局。三种建筑群落排布模式是沿海岛屿乡村建

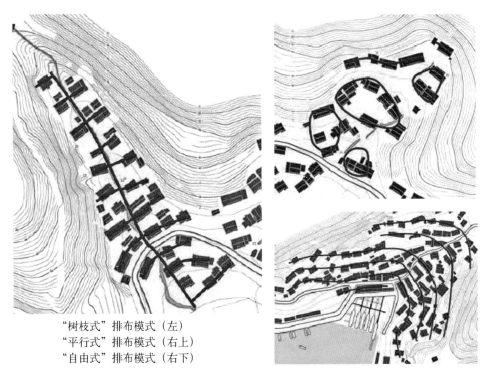

"树枝式"排布模式（左）
"平行式"排布模式（右上）
"自由式"排布模式（右下）

图 9 - 21　沿海岛屿乡村群落排布模式分类图
资料来源：潘聪林等,滨海山渔村聚落特征初探,华中建筑,2015。

筑群落适应不同自然地形条件的外显,是建筑组织与环境相融合的典范。

(2)群落风貌特征

"传统石屋风格、80年代混搭风格"是沿海岛屿乡村聚落最为特色的风貌(图9-22)。20世纪80年代以前,受道路交通条件的限制,以花岗岩作为建筑的主要材料,以石筑墙,以木为梁,采用一层坡屋顶形式的石木结构石屋是舟山沿海岛屿内部乡村民居的早期建造形式。石屋的建造不仅是岛屿取材限制下人类建筑自然山石的融合,同时也有效地利用了石质房屋"抗风耐寒、冬暖夏凉"的特性,展现出岛屿乡村对海洋要素的适应。但相对地,石屋也有自身的缺陷,比如厚重石材墙体大量压缩了房屋内部实际可用空间,也制约了窗洞的大小,因此石屋会相较其他材质房屋拥有更差的采光;此外,石屋的建筑建造过程费时费力,取材、加工、砌筑都是艰巨的工程,也因为这些限制,石屋数量逐渐减少。

图9-22 沿海岛屿乡村风貌风格展示图

20世纪80年代后,砖混结构建筑成为乡村建筑主流。其中"混搭风格"建筑装饰丰富,以立面镂空雕饰、多彩瓷砖装饰、海洋文化相关图案以及西洋风格柱头与拱券为典型装饰元素,反映了现代建筑结构与舟山地域装饰元素、流行的西洋元素的融合。"混合型"乡村建筑艺术在我国东部沿海地区得到了广泛的应用。特别值得关注的是"混搭风"代表了改革开放以来海岛乡村的开放性和包容性以及岛内的人文精神。

3) 海岛乡村(渔村)民居现状

改革开放,特别是进入 21 世纪以来,舟山群岛乡村伴随着城镇化进程的快速推进,海岛乡村经济和社会各项事业得到快速发展,乡村居民收入稳步提高,生活质量不断迈上新的台阶,海岛乡村居民的居住条件、居住环境得到全面改善。

总体而言,浙东沿海乡村居民住房比较宽敞,村民对居住条件满意度较高。调查结果显示,舟山乡村住宅在改革开放后的新建速度加快,1978—1989 年的住宅户数占目前已有总户数的 42%,1990—1999 年的住宅占现有总户数的 35%,2000 年以后新建及改建住宅户数占了 11%,海岛乡村的住房条件总体呈现不错的态势。

9.2.4　海陆双行的多元开放式的交通网络

对于以前舟山岛民来说,走水泥路、坐公交车、周末在城里购物,这样的生活是无法想象的。现在这样的幸福图景确是真实发生在舟山乡村之中。20 世纪80 年代初,岛上几乎没有乡村公路,道路质量也不佳,加之山水阻隔,村民若是进城,需先翻山越岭,再驾船过海,其中难度可想而知,因此许多舟山村民戏称自己是"岙里人"。

要致富,先修路。面对种种困难,舟山渔农民依然怀抱着走出山岙的梦。2003 年浙江交通"乡村康庄工程"实施,舟山公路部门把公路基础设施建设确立为加快乡村群众致富步伐的"德政工程""民心工程",带领全市人民吹响了公路建设向海岛乡村进军的号角,开始建设通往岛屿和村落的道路。以"誓让天堑变通途"的气魄,逢山开路,遇海架桥,走出了将"走廊"织成网,实现海岛乡村"开放式、网络化"、海陆并行的交通网,也展示出海岛乡村公路建设特色。

1) 区域岛屿交通

（1）公路陆路与交通基础设施

舟山全域公路总里程达到 1 899 千米,其中高速公路里程 41.9 千米,普通国

道里程 46.5 千米,普通省道里程 24.4 千米,包括县乡村道在内的乡村公路里程
1 739.5 千米,专用公路 46.6 千米,公路通乡通村率均达 100%(图 9 - 23)。2009
年建成通车的舟山跨海大桥是国家高速公路网甬舟高速公路(G9211)的主要组
成部分,也是舟山目前对外联系的主要陆路通道,北向可通过水路经东海大桥沟
通大陆地区。

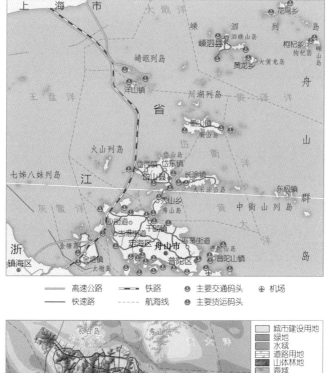

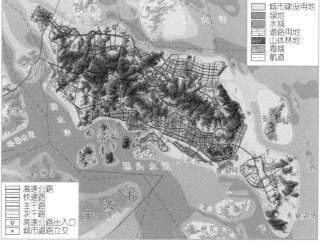

图 9 - 23 舟山连岛工程图(上)与本岛交通网络规划图(下)
资料来源:浙江舟山群岛新区发展规划(2012—2020)。

长期以来,由于海的隔离,海岛乡村经济受到了很大限制。而且,又因各个大岛隔海相望,船只往来不便,因此各岛的连接成为了岛屿渔农们心中越来越强烈的梦想。1990年以后,舟山就开始规划大陆连岛工程。现在,舟山共修建了20座以上的跨海大桥。这些桥横跨于各岛之间,成为海岛经济的生命线(图9-24)。各类连岛大桥的建设与开发极大地促进了舟山各县市的联系与经济发展,基本形成外连内畅、亦路亦景的陆路交通体系。

图9-24 舟山金塘大桥
资料来源:舟山市交通局,2016。

(2)陆岛水上交通基础设施

以服务民生出行为主线,建成20个岛际民生客运码头,进一步整合优化航道锚地和陆岛码头布局,打造新区岛际交通体系。实现了万人以上岛屿通车渡、3 000人以上岛屿一岛两码头的目标,乡建制岛全部通渡。拥有陆岛交通码头205座、298个泊位。全市共有客运船舶129艘,总计32 380客位,其中客滚船33艘,9 983客位,664车位,高速客船57艘,7 552客位。已开通水上客运航线78条,其中13个主要经济大岛开通客滚运输航线,14个经济大岛开通20节以上高速客运航线,主要的岛际水上客运航线实现了2小时交通圈。

(3)海岛道路类型模式

尽管不同类型的海岛道路都呈沿地理轮廓扩展的模式,但海岛本身形状形态和面积大小具有差异性,因此构成了环岛形、网格形和鱼骨形三种不同的道路交通网络模式。

　　"环岛形"模式指干道沿海岛海岸线形成环状,其余支路与干道相接的道路交通网络模式,该模式适用于团状海岛单元。单元内的主干道是沟通岛上不同区块、主要聚落及码头的重要通道,布置在岛屿沿海或与海岸呈同心圆的位置。支路是干道上分出的面积更小的稍干,对上与干道相接,对下与聚落间的村路相接,通往产业点、居民点和行政村。例如,佛教名山普陀山岛体很小,岛上山体多为奇山异岭,因此交通主干道沿海岸线环岛而设,形成环岛形道路。因为两端的通勤距离太长,所以会辅以轴向的小交通道路。

　　"网格形"模式是指在大型海岛中,道路交通有高层次的规划和建设水平,更重要的是通过大岛人力的围垦,已形成大面积的平原地形,因此用大陆平原常见的网格交通布局最为合理。但是无论是哪个海岛,都不可能完全做到摒弃地形山势,依网格构成交通网络,在局部或多或少会应用前面两种模式。因此,"网格形"模式实际上是一种混合的海岛交通网络。例如,舟山本岛是我国的第四大岛,作为舟山地区最主要的人居单元,其内部的交通综合了地貌、人居、产业等多种因素,呈网格状布置。

　　"鱼骨形"模式主要指在狭长形的海岛单元中,土地形态以山地丘陵为主,山体走向往往与海岛的狭长形状一致,这要求对主要道路的规划考虑较小的标高变化,与山体走势保持协调;单元内的主要道路即干道组织集中布置在岛屿居中的位置,形成海岛单元内部沟通划分不同区块或聚落的主要通道;支路位于从干道上分出的面积更小的稍干上,沟通干道与村落小路,联系周边行政村与居民点,形成类似鱼骨架的道路交通形态。例如,岱山县的衢山岛,由于其本身的狭长形态及山体的构成,岛内的交通主干道沿着岛中部的地势相对平缓的区域东西向线性布置,再由东西向的主干道派生出很多南北向的支路。

2)乡村道路交通

　　到2010年底,舟山市共完成"乡村康庄工程"建设任务658.778千米,全市530个行政村全部建成等级公路,乡村公路区域干线网络基本得到改善。至此,全市乡村公路里程已达1 488.689千米。

图 9 - 25 长峙村村内道路

浙东沿海的乡村道路条件不断得到改善,2015 年的通村路和村内道路硬化的自然村占比,分别为 96.6.％和 95.9％,明显高于浙江省的 92.3％和 89.9％(表 9 - 5)。从总体来看,浙东沿海乡村的道路条件在江浙处于较高的水平,发展速度比较快,建设水平相对较高(图 9 - 25,图 9 - 26)。

图 9 - 26 栖凤村村内道路

表 9 - 5 2015 年浙东沿海自然村屯道路硬化占比

	浙东沿海	浙江省	江苏省
通村路硬化	96.6％	92.3％	86.3％
村内道路硬化	95.9％	89.9％	84.9％

浙东沿海乡村经济相对发达,城乡一体化进程较快,村民对交通条件的要求也在提升。从浙江省范围来看,各地区进村的主要道路路面多为水泥路面,其次是柏油路面。浙东沿海进村主要道路路面是水泥路的村的比重较高,舟山为 64.2％,没有超过浙江省平均水平;舟山所代表的浙东沿海乡村的进村道路与村内道路硬化材料都是以水泥路为主,超过浙江省平均水平;村内主要道路有路灯的村也比较多,比重也高于浙江省平均水平(表 9 - 6)。

表 9-6 2016 年浙江省及浙东沿海的舟山进村和村内主要道路状况

	浙江省	舟 山
按进村主要道路状况分的村的构成	—	—
水泥路面	79.6%	64.2%
柏油路面	20.1%	35.8%
砂石路面	0.2%	0%
砖、石板路面	0%	0%
其他路面	0.1%	0%
按村内主要道路状况分的村的构成	—	—
水泥路面	92.5%	92.7%
柏油路面	6.1%	6.7%
砂石路面	0.8%	0%
砖、石板路面	0.3%	0.6%
其他路面	0.3%	0%
村内主要道路有路灯的村	96.4%	98.0%

资料来源:《浙江省第三次农业普查资料汇编》,中国统计出版社,2019。

近年来,舟山市大力开展乡村公路的改造提升,一条条美丽乡村公路被打造完成。在乡村公路建设中,不仅仅只是为了路面平整,隔离绿化带、各种景观植物沿线铺设,也为乡村道路增添了美景。例如,定海双桥至小沙的双小线道路,除了各种绿色植物外,甚至还打造了一段彩色沥青的自行车道。狭小坑洼,曾是海岛乡村道路的写照,但如今的村道,已经和城市没多大的不同。

9.2.5 区域差异化的人居基础与公共服务设施

浙江省在"十二五"期间推进城镇基础设施向乡村延伸,实施了"美丽乡村""乡村康庄工程""千万农民饮用水工程"等一系列民生工程,统筹安排水电气路等基础设施建设,市政基础设施的建设持续完善,但是沿海岛屿经济发展不均衡,不同乡村的基础设施建设水平也参差不齐。舟山市为切实解决这一问题,近几年来投入巨资提升定海、岱山、嵊泗等县区的乡村基础设施功能,让城乡一体化进程的步伐迈得更快、更实,老百姓得到更多的实惠。

1）住宅

舟山乡村居民平均每户拥有住宅面积 194.35 平方米，人均住房建筑面积 34.74 平方米。舟山 99.0% 的住户拥有自己的住房，其中拥有 1 处住房的占 77.4%。舟山住宅结构主要为砖混和钢筋混凝土。砖混结构、钢筋混凝土结构、砖木结构、其他结构的分别占 65.5%、25.0%、9.2% 和 0.3%（图 9-27、表 9-7）。

图 9-27　桐照村新建别墅（左）与三江村村民老住房（右）

表 9-7　2016 年浙江省及浙东沿海的舟山住房情况

	浙江省	浙东沿海的舟山
按拥有自己住宅数量分的住户构成	—	—
拥有 1 处	81.2%	77.4%
拥有 2 处	17.0%	20.3%
拥有 3 处及以上	1.4%	1.3%
没有	0.4%	1.0%
按住房结构分的住户构成	—	—
钢筋混凝土	17.2%	25.0%
砖混	62.7%	65.5%
砖（石）木	19.0%	9.2%
竹草土坯	0.4%	0%
其他	0.7%	0.3%

资料来源：《浙江省第三次农业普查资料汇编》，中国统计出版社，2019。

2）饮用水

浙东沿海的舟山使用经过净化处理的自来水的住户比重达到 98.0%，水净化处理与地方经济密切相关，体现出该地区乡村经济相对发达（表 9-8）。

表9-8 2016年浙江省及浙东沿海的舟山乡村饮用水源情况

饮用水类型	浙江省	浙东沿海的舟山
经过净化处理过的自来水	88.8%	98.0%
受保护的井水和泉水	8.7%	1.1%
不受保护的井水和泉水	1.8%	0.3%
江河湖泊水	0.4%	0%
收集雨水	0%	0.1%
桶装水	0.1%	0.4%
其他水源	0.2%	0.1%

资料来源:《浙江省第三次农业普查资料汇编》,中国统计出版社,2019。

3) 炊事能源

舟山乡村住户炊事使用的能源主要为煤气、天然气、液化石油气,占的比重为99.2%,高于浙江省平均水平(95.5%)。也有小部分村民将电力这样的清洁能源作为主要炊事使用能源,在日常炊事中使用电磁炉、微波炉等电器,村民的生活水平得到了有效的提高。

4) 卫生设施

根据浙江省第三次农业普查的数据,舟山使用水冲式卫生厕所的住户占比为96.0%,高于浙江省平均水平(93.0%)。

5) 耐用消费品

随着浙东沿海乡村经济的飞速发展、村民收入的增加和"家电下乡"等政策的惠及,村民在居家生活中使用上了电冰箱、空调等各种便利电器,家电普及率很高;同时电脑、彩电、小汽车等耐用消费品在沿海岛屿乡村非常普及(表9-9)。

表9-9 2016年浙江省及浙东沿海的舟山乡村耐用消费品拥有量

耐用消费品	浙江省	浙东沿海的舟山
小汽车(辆/百户)	47.5	19.0
摩托车、电瓶车(辆/百户)	113.0	120.6
淋浴热水器(台/百户)	95.7	97.5
空调(台/百户)	134.1	114.2
电冰箱(台/百户)	104.7	120.5

（续表）

耐用消费品	浙江省	浙东沿海的舟山
电脑(台/百户)	64.9	46.2
彩色电视机(台/百户)	172.1	164.6
手机(部/百户)	260.3	217.5

资料来源：《浙江省第三次农业普查资料汇编》，中国统计出版社，2019。

6) 电力设施与通信网络

　　根据浙江省第三次农业普查的数据，2016 年年末，舟山乡村通电的村和通电话的村都是 100%，村民日常生产生活安全稳定用电不再成为问题，通信也十分便捷(图 9-38)。

图 9-38　舟山东福山电力通信铁塔(左)与沿海乡村中的变电器与电信光缆(右)

　　2016 年末，舟山通宽带互联网的村的比重达到 99.2%，高于浙江省平均水平(98.4%)。信号网络的覆盖和宽带的接通推进了"互联网＋农业"这一农业新载体的进步。

7) 文体设施

　　根据浙江省第三次农业普查的数据，2016 年末，舟山有体育健身场所的村的比重为 97.8%，有业余文化组织的村的比重为 63.1%，都略高于浙江省平均水平。但是有图书馆、文化站的村的比重仅为 46.4%，远低于浙江省的平均水平(表 9-10)。

图 9-29　桐照村的文化礼堂

表 9 - 10   2016 年浙江省及浙东沿海的舟山有文体设施的村的比重

文体设施	浙江省	浙东沿海的舟山
有体育健身场所的村	97.5%	97.8%
有图书室、文化站的村	69.3%	46.4%
有业余文化组织的村	62.4%	63.1%

资料来源:《浙江省第三次农业普查资料汇编》,中国统计出版社,2019。

8) 教育设施

根据浙江省第三次农业普查的数据,2016 年末,舟山有小学校的村的比重为 14.5%,高于浙江省平均水平(10.6%),有幼儿园、托儿所的村的比重为 19.8%,低于浙江省平均水平(22.4%)。

9) 环卫设施

根据浙江省第三次农业普查的数据,2016 年末,舟山完成改厕的村的比重为 97.2%,高于浙江省平均水平(96.3%)。舟山有畜禽集中养殖区的村的比重为 5.3%,同时有粪便无害化处理设施的村的比重为 4.7%,都是全省最高。

根据浙江省第三次农业普查的数据,2016 年末,舟山生活垃圾集中处理的村的比重为 99.2%,高于浙江省平均水平(98.5%),生活污水经过集中处理的村的比重为 95.0%,也高于浙江省平均水平(89.8%)。

10) 医疗和社会福利设施

根据浙江省第三次农业普查的资料,2016 年末,舟山有卫生室的村的比重为 63.7%,高于浙江省平均水平(49.9%),有创办互助型养老服务设施的村的比重为 31.3%,低于浙江省平均水平(43.9%)。

11) 商业服务设施

根据浙江省第三次农业普查的数据,2016 年末,舟山有 50 平米以上综合商店或超市的村的比重为 43.0%,低于浙江省平均水平(47.6%)。有持营业执照餐馆的村的比重为 46.6%,高于浙江省平均水平(39.9%)。有电子商务配送站点的村的比重为 23.5%,低于浙江省平均水平(36.5%)。

9.3　非物质性要素特征

9.3.1　民营经济主导下城乡发展转型的海洋经济

舟山群岛新区是以海洋经济为主题的第一个国家开发区,被纳入国家战略性区域规划中。未来,舟山群岛新区有三大战略定位,即浙江海洋经济发展先导区、海洋综合开发实验区和长江三角洲地区经济发展重要发展极;构建五类特色岛屿,即国际物流枢纽岛、对外开放门户岛、海洋产业集聚岛、国际生态休闲岛和海上花园城市。力争 10～20 年内,将舟山群岛新区打造成我国面向环太平洋经济圈的融合海洋、海岛、海运、海工、海创等元素的桥头堡。

民营经济是浙江经济的一大特点,民营企业约九成分布在浙北和浙东沿海地区。2012 年,浙东沿海当年处于营业状态的私营企业为 22.1 万家,占浙江省的41%;从业人员为 596.7 万人,占浙江省的 40%。舟山依托特有的海洋资源优势,大力发展以临港工业、港口物流、海运业、海洋旅游业、海洋渔业等产业为主的民营经济。2012 年,舟山人均生产总值超过 1 万美元,成为继杭州、宁波后全省第 3 个突破 1 万美元的地级市;海洋经济增加值占全市生产总值的比重超过 68.6%,是全国海洋经济比重最高的地级市。舟山开辟了民营经济主导的内生型新渔乡村发展模式,实现了经济发展与环境保护的良性循环,海岛特色新渔乡村建设成效显著。

1) 区域产业经济

2016 年舟山市全年实现地区生产总值 1 228.51 亿元,比 2015 年增长 11.3%(图 9 - 30)。其中,第一产业增加值 130.00 亿元,增长 7.9%;第二产业增加值489.34 亿元,增长 11.2%;第三产业增加值 609.17 亿元,增长 12.1%。第一、第二、第三产业增加值占地区生产总值的比重分别为 10.6%、39.8%、49.6%。按常住人口计算,人均地区生产总值 106 364 元,约 16 013 美元,增长 10.7%。全年海洋经济总产出 2 959 亿元,比 2015 年增长 12.3%;海洋经济增加值 862 亿元,增长 11.9%。海洋经济增加值占全市地区生产总值的比重为 70.2%,比

2015 年提高 0.2 个百分点。

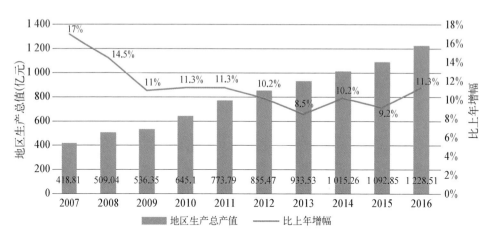

图 9-30　2007—2016 年舟山市地区增加值及其增长速度
资料来源：舟山政府公报，2016。

　　第一产业发展平稳。2016 年，全市第一产业增加值 130.00 亿元，同比增长 7.9％。全年农作物播种面积 18.10 千公顷，比 2015 年增长 2.6％，其中，粮食作物播种面积 6.64 千公顷，增长 8.6％，粮食产量 3.60 万吨，增长 12.5％。全年水产品总产量 190.25 万吨，比 2015 年增长 7.8％。其中舟山渔场是世界重要的近海渔场之一，远洋渔业产量 53.88 万吨，增长 15.8％。2016 年末海水养殖面积 5 623 公顷，下降 2.7％；海水养殖产量 18.13 万吨，增长 27.9％（表 9-11）。

表 9-11　2016 年舟山渔农业主要产品产量表

农产品	产量（吨）	增幅（比上年）	水产品	产量（吨）	增幅（比上年）
粮食	36 010	12.5％	水产品	1 902 544	7.8％
晚稻	17 283	12.1％	小黄鱼	53 646	−4.1％
棉花	105	12.9％	带鱼	120 928	3.2％
油菜籽	2 356	−8.8％	鲳鱼	21 178	37.4％
茶叶	85	6.3％	虾类	247 041	−1.3％
蔬菜	131 041	1.4％	蟹类	173 618	−5.6％
水果	72 187	−1.6％	淡水产品	9 819	25.0％

资料来源：舟山政府公报，2016。

　　2016 年末舟山市有 91 个国家级无公害农产品、30 个无公害养殖水产品、绿色食品 27 个（图 9-31、图 9-32）。全市有 82 个省级无公害农产品产地，占地面积约 12.59 万亩；27 个省级无公害水产品产地，占地面积约 1.14 万亩。2016 年年末有机动渔船 7 629 艘，比 2015 年末减少 129 艘。其中，生产渔船 6 554 艘，减少 144 艘；辅助渔船 1 075 艘，增加 15 艘；渔船总吨位 118.50 万吨。

图 9-31 桐照村海港码头渔业作业

图 9-32 栖凤村油菜田风光

第二产业增长较快。2016 年，全市第二产业增加值 489.34 亿元，同比增长 11.2%，其中工业增加值增长 13.1%。规模以上工业总产值 1 920.21 亿元，增长 15.4%，实现增加值 403.34 亿元，增长 14.2%。其中，规模以上船舶修造业总产值 997.76 亿元，增长 19.0%；规模以上石油化工业总产值 337.51 亿元，增长 24.8%；规模以上水产品加工业总产值 200.52 亿元，增长 9.2%（表 9-12）。舟山突出的港口资源优势，使舟山船舶工业的发展前景广阔（图 9-33）。

表 9-12 2016 年舟山规模以上工业主要行业企业数和总产值

行　业	企业数（家）	工业总产值（亿元）	增幅（比上年）
规模以上工业企业合计	383	1 920.21	15.4%
船舶修造业	79	997.76	19.0%
石油化工业	16	337.51	24.8%
水产加工业	120	200.52	9.2%
机械制造业	38	45.21	3.3%
纺织服装业	8	12.86	−15.3%
化纤制造业	4	31.44	0.6%
电子电机业	13	13.97	6.3%

（续表）

行　　业	企业数（家）	工业总产值（亿元）	增幅（比上年）
医药制造业	3	4.26	0.7%
电力供应业	9	84.25	−4.9%

资料来源：舟山政府公报，2016。

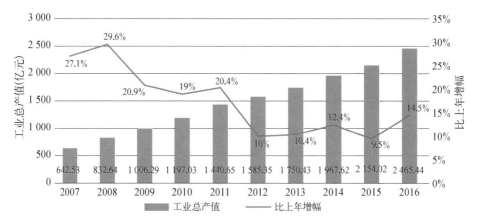

图9-33　2007—2016年舟山工业总产值及其增长速度
资料来源：舟山政府公报，2016。

　　第三产业增长提速。2016年，全市第三产业增加值609.17亿元，同比增长12.1%。港口航运业稳步发展。2016年，舟山港域完成港口货物吞吐量42 590万吨，增长12.3%。海洋旅游业持续发展。2016年，全市旅游接待人数4 610.61万人次，较2015年增长18.9%。其中接待国际游客33.92万人次，增长5.2%。全市旅游总收入661.62亿元，增长19.8%（图9-34、图9-35）。

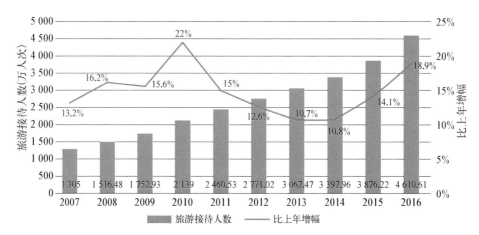

图9-34　2007—2016年舟山旅游接待人数及其增长速度
资料来源：舟山政府公报，2016。

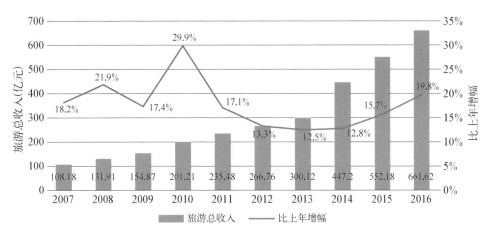

图 9-35　2007—2016 年舟山旅游总收入及其增长速度
资料来源：舟山政府公报，2016。

2) 舟山海岛城乡人均收入与消费经济

2016 年，舟山城镇居民人均可支配收入 41 564 元，较 2015 年增长 8.7%。2016 年乡村居民人均可支配收入 28 308 元，增长 9.3%；乡村居民人均生活消费支出 19 468 元，增长 10.5%。城镇、乡村居民收入比为 1.71∶1。城镇居民恩格尔系数为 31.1%，较 2015 年上升 0.6 个百分点；乡村居民恩格尔系数为 34.0%，比 2015 年下降 0.7 个百分点。

与浙江省比较，2016 年，舟山全体居民人均可支配收入比全省平均水平高 3 035 元，增幅比全省高 0.3 个百分点。分城乡居民看，乡村居民人均可支配收入比省高 5 442 元，增幅高出全省 1.1 个百分点（表 9-13）。

表 9-13　2016 年浙江省及浙东沿海地市城乡居民可支配收入情况

地市名称	全体居民		城镇居民		乡村居民	
	绝对值（元）	增幅	绝对值（元）	增幅	绝对值（元）	增幅
全省	38 529	8.4%	47 237	8.1%	22 866	8.2%
宁波	44 641	7.9%	51 560	7.7%	28 572	7.9%
舟山	41 564	8.7%	48 423	8.0%	28 308	9.3%
温州	39 601	8.6%	47 785	8.5%	22 985	8.2%
台州	36 915	9.3%	47 162	9.0%	23 164	9.1%

资料来源：《舟山统计年鉴(2016)》，舟山统计信息网。

从收入的四大组成来看，工资性收入带动整体收入增长。城乡居民人均工资收入仍然是带动收入增长的主导因素,其中人均工资收入 27 211 元,增长了 6.7%,带动可支配收入增长 4.5%。同时乡村居民的经营净收入稳定增长,财产净收入和转移净收入增长幅度明显(表 9-14)。

表 9-14　2016 年舟山城乡居民收入情况

指 标 名 称	全市居民		城镇居民		乡村居民	
	绝对值(元)	增幅	绝对值(元)	增幅	绝对值(元)	增幅
人均可支配收入	41 564	8.7%	48 423	8.0%	28 308	9.3%
(一)工资性收入	27 211	6.7%	31 890	6.5%	18 170	5.8%
(二)经营净收入	5 306	7.4%	5 583	7.5%	4 768	6.7%
(三)财产净收入	3 243	6.2%	4 316	5.0%	1 169	8.9%
(四)转移净收入	5 804	21.9%	6 634	18.5%	4 201	31.7%

资料来源:《舟山统计年鉴(2016)》,舟山统计信息网。

从消费的构成,乡村居民的八大类生活消费都呈增长态势(表 9-15)。

表 9-15　2016 年舟山城乡居民支出情况

指 标 名 称	全体居民		城镇居民		乡村居民	
	绝对值(元)	增幅	绝对值(元)	增幅	绝对值(元)	增幅
人均生活消费支出	26 911	4.4%	30 762	2.1%	19 468	10.5%
(一)食品烟酒	8 556	5.5%	9 555	4.1%	6 626	8.4%
(二)衣着	2 332	3.5%	2 895	3.1%	1 245	2.6%
(三)居住	5 936	3.3%	6 322	-1.1%	5 190	14.1%
(四)生活用品及服务	1 365	4.6%	1 566	3.2%	978	7.6%
(五)交通通信	2 944	-4.3%	3 709	-7.9%	1 465	13.2%
(六)教育文化娱乐	2 758	8.3%	3 385	7.6%	1 545	8.5%
(七)医疗保健	1 827	7.6%	1 955	6.1%	1 579	10.7%
(八)其他用品和服务	1 193	15.2%	1 375	12.6%	840	22.1%

资料来源:《舟山统计年鉴(2016)》,舟山统计信息网。

3)民营经济与城乡一体化下的美丽乡村(渔村)经济发展

　　舟山市根据"绿水青山就是金山银山"的发展理念,紧紧依托秀丽的海岛风光、丰富的自然资源,以美丽海岛建设为载体和抓手,大力发展美丽乡村经济。舟山全市积极调整农林业产业结构,逐步优化区域布局,蔬菜、水果、畜禽等特色产业得到有效提升,农林业现代化水平不断提高。2016 年,全市蔬菜播种面积达到 11 万亩,水果种植面积稳定在 10 万亩,生猪规模养殖水平已达70%。已建成 11 个省级现代农业园区,3 万亩粮食生产功能区以及 1.8 万亩的市级蔬菜基地;开展农产品"三品一标"认证,认定无公害、绿色、有机农产品116 个,面积 11 万亩,农业标准化生产程度达 60%;加快发展生态循环、休闲景观农业,田园风光逐渐融入美丽海岛成为了一道靓丽风景。全市新增 311家农民专业合作社,总数达 517 家,新型渔农业经营主体已初具规模,至 2016年实现年收入 28.67 亿元;新增 176 家家庭农场,场均收入 15.44 万元;拥有市级以上渔农业龙头企业 77 家。渔农家乐休闲旅游业蓬勃发展,新增渔农家乐民宿(休闲示范点)1 270 家,总数达到 2 155 家。2016 年,接待游客 808.6万人(次),营业收入 15.92 亿元,户均收入 79.75 万元。实施渔民素质提升工程,渔民特色培训品牌有效树立,2011—2016 年,全市累计培训渔民 77 286 人次,转移就业 18 965 人。

　　近年来,舟山乡村建设取得了可喜的成绩,经济发展、民生改善、社会保障、环境美化、民主自治等方面都取得了长足的进步,尤其是乡村居民收入持续增长,位居浙江省前列,增幅超过城镇居民;城乡居民收入比由 2003 年的 2.37∶1缩小到 2010 年的 1.89∶1,再缩小到 2016 年的 1.71∶1。而这些年正是以临港产业为主的民营经济高速发展的时期,民营经济占全市工业总产值约 75%,成为舟山经济发展的主导力量。舟山民营经济的发展壮大也使得原本贫穷落后的乡村成功实现了科学的内生型发展(表 9 - 16)。

表 9 - 16　民营经济参与乡村建设模式内容表

民营经济参与 乡村建设模式	基本形式内容	特　点
产业带动型	民营企业依托海岛资源优势,通过发展临港产业,推动渔农业产业化,建立渔农业原料基地、劳动力供应基地等,带动当地产业发展和渔民转移就业,增加渔民收入	渔农业规模化、产业化程度提高
村企互动型	依托改制后的村办企业、集体企业和村所在地企业与所在渔乡村的经济联系及历史、地缘、人缘关系,企业支持所在村建设发展,当地村民为企业发展提供要素的供给	两者实现发展的融合和共赢

民营经济参与 乡村建设模式	基本形式内容	特　点
直接参与型	企业领导直接担任村主要领导,用企业经营管理的理念, 建设和管理村庄,加快渔乡村发展	村庄管理建设有 效率
合作开发型	以项目合作开发建设为纽带,民营企业出资金,村提供土 地、劳动力资源,实现企业拓展发展空间与村庄整治建设、 村集体经济壮大和农民收入的增长	合作开发、两者互 利互惠
经济顾问型	让一批素质好、见识广、责任心强的民营企业家担任村经 济顾问,帮助村里理清发展思路,对村庄建设管理提供参 谋、咨询和资金帮助	企业与村庄结对 活动,有针对性
公益捐助型	企业家和个体老板源于地缘、乡情和亲情,捐资参与家乡、 企业所在地的各类公益设施和福利项目建设,为渔民改善 生活条件、脱贫解困提供帮助	最广泛的一种形 式,效果快

发展壮大村级集体经济是推进乡村建设,全面建成小康社会的重要力量。根据浙江省第三次农业普查的数据,2016 年年末,舟山有集体经营性建设用地的村的比重为 25.1%,低于浙江省平均水平(29.2%)。有经营收入的村的比重为79.9%,远高于浙江省平均水平(60.3%)。有分红的村的比重为 15.1%,也高于浙江省平均水平(12.4%)。

近年来,在发展沿海岛屿乡村集体经济实践中,各区县坚持市场导向,立足资源优势,盘活现有资源,开发主导产业,初步形成了多渠道、多类型、多元化的发展格局。

9.3.2　区域集聚和空心消逝矛盾交织的社会生活

30 年来,包括旅游村、传统渔村在内的舟山乡村均发生了深刻的社会变迁,主要表现在人口变化、社会生活变化和经济文化变化等领域。比如,乡村居民收入水平大大提高,生活条件不断改善,物质文化和精神文化生活比以前更加丰富,人口流动频繁等。

1) 人口情况

2016 年末舟山市常住人口为 115.8 万人,比 2015 年末净增加 0.6 万人,城镇化率 67.5％。舟山人口总量不仅小，而且人口增速在浙江省也达不到平均线，2015—2016 年间的人口年均增速 0.52％，而同期全省的人口增速为 0.92％（图 9-36，图 9-37）。2016 年末全市家庭总户数 36.71 万户，户籍人口 97.33 万人。按性别分，男性 48.05 万人，女性 49.28 万人（表 9-17）。

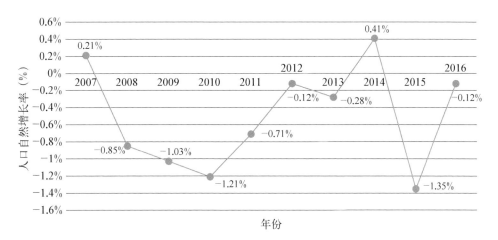

图 9-36　2007—2016 年舟山人口自然增长情况
资料来源：《舟山统计年鉴(2017)》，舟山统计信息网。

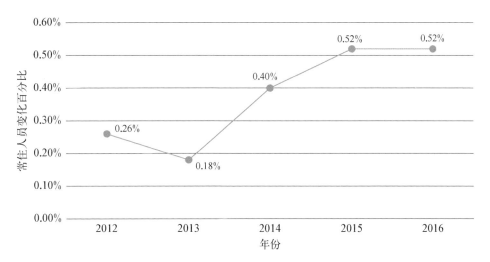

图 9-37　2012—2016 年舟山常住人口变化百分比
资料来源：《舟山统计年鉴(2017)》，舟山统计信息网。

2016 年，舟山人口的老龄化率(指 65 岁以上人口占常住人口比重)是 10.5％，比通用的老龄社会标准高 3 个百分点，比全省的平均水平高 1.2 个百分点。从四个县区来看，定海老龄化率 9.9％，普陀 10.4％，岱山 11.8％，嵊泗 11.7％。

表 9‑17   2016 年末舟山户籍人口数及其构成

指　　　标	年末人口数量(万人)	比　重
全市总人口	973 262	100.00％
其中：城镇	487 285	50.07％
乡村	485 977	49.93％
其中：男性	480 492	49.37％
女性	492 770	50.63％
其中：0～17 岁(含不满 18 周岁)	113 237	11.63％
18～59 岁(含不满 60 周岁)	615 057	63.20％
60 周岁及以上	244 968	25.17％

资料来源：《舟山统计年鉴(2017)》,舟山统计信息网。

　　舟山部分乡村依靠旅游经济的乡村人口流入现象突出,常住村民年龄结构比较均衡。而另外有部分依靠渔农业的乡村人口外流和流入现象均较突出,常住村民年龄结构极不均衡。大约从 20 世纪 90 年代开始,村民逐渐外流,年轻一辈的渔民后代离开本村求学或就业,而渔业资源的衰退加速了人口的外流。21世纪以来,村民纷纷搬离本村并在本岛或是镇里购买商品房,青壮年劳动力流失加速。以樟州村为例,当年热闹的渔村已成为留守老人的聚居地,该村捕鱼的本村村民年龄几乎都在 40～60 岁之间,已出现了捕鱼业后继无人的局面。与本村村民外流形成鲜明对比的是,也有大量的外来务工人员流入樟州村。个私渔业的发展和渔船数量自股份制改革以后大量增加,劳动力短缺的问题也随之暴露。从那个时候开始,外来务工人员逐渐进入樟州村。而 2006 年以后,受国家施行的柴油补贴政策的吸引,尽管村内越来越多的渔民后代离开乡村,但村里的渔船数量并未减少。随着满足渔业生产正常进行的劳动力缺口不断增大,大量外来务工人员进入樟州村,到渔船上帮船老大捕鱼务工,还有不少外来人员进入村内的船厂务工。

2) 城乡一体化下的"小岛迁,大岛建"进程

　　深化乡村改革,城乡发展一体化,总的政策框架基本确立,各项配套改革有序推进,城乡二元体制逐步消除,为建设美丽乡村、发展美丽经济提供了保障。舟山目前有 103 个住人岛,分布在 2.22 万平方千米的海域上,人口分布过于分

散。舟山市政府从 20 世纪 90 年代初开始实行"小岛迁,大岛建"的政策。

（1）区域集中集聚的城镇化生活

为了提高岛屿地区渔民的生活水平,尤其是生活条件较为恶劣的区域,如悬水岛屿及一些偏远村落,舟山对其上居民或进行跨区域集中建设和重新安置,或进行整体搬迁,或进行逐步集聚搬迁。具体来说,就是对于那些区位条件良好、具有潜力的岛屿,要制定详细周密的计划进行开发利用,这不仅能解决岛屿空心化的现象,而且能推动岛屿经济社会的可持续发展。例如定海区册子岛区位优势明显,靠近主岛,在跨海大桥建成之后,许多企业在此落户,册子岛经济发展迅速,人口迁入量大。而对于那些生态环境恶劣、没有发展潜力、不适宜人居住的悬水岛屿,则有必要贯彻"小岛迁,大岛建"的搬迁政策,将小岛居民向本岛或者周围经济大岛集中,既能改善小岛居民的生活质量,又减轻政府的财政支出,便于政府管理,还能推动大岛经济的发展,促进人口的集聚和合理分布。

近两年来,舟山市出台了一系列办法,包括在大岛集中安排建设保障性安置住房、建立小岛居民迁移专项补助资金、强化迁移居民的基本公共服务、开发利用小岛资源补偿原居民等,相继完成了鼠浪、凉潭等若干小岛整岛、整村的搬迁,并培育了一批中心村(图 9 - 38)。

图 9 - 38　舟山长峙岛绿城小镇建设(左)与新乡村安置房(右)

2017 年底,舟山市已有 2 万多户、7.6 万人迁往城镇和周边经济大岛。多数小岛迁移居民为了生活质量的提高,在大岛中心村、中心镇和县城市区购房、租房、就业、就学。"小岛迁,大岛建"提高了群众生活质量,破解了广大渔乡村岛屿分散、要素离散、基础设施共享性差等难题,有效推进了海岛城乡一体化。统计数据表明,舟山市 2016 年城乡居民收入差距为 1.96∶1,为浙江省最低,城镇化水平达到 67.5%,城市与乡村趋向协调发展,差别不断缩小。

（2）空心化与逐步发展的岛屿乡村生活

工业化进程必将伴随城市化进程。舟山群岛空心村的出现,是农业人口向城镇集中从事非农产业成为非农业人口这一共性现象的反映,是与我国的工业化和城镇化进程密切相关的。20 世纪 90 年代以来,伴随着舟山城市化进程的不断加快,非农人口快速增长,很多乡村的青壮劳动力到城市从事非农产业。至 2010 年,舟山市常住人口 112.13 万人,城镇人口 71.31 万人,占 63.59%;渔农人口 40.82 万人,占 36.41%。与 2000 年,舟山市城镇人口增加了 15.19 万人,乡村人口减少了 3.22 万人,城镇化率提高了 7.56 个百分点。随着乡村人口的流失,大量的宅基地和房屋被空置,出现了一批空心村。虽然,对空心村没有明确的界定,但地域功能退化,聚落空间形态发生异化等现象在广大的乡村地区并不鲜见。从表 9-18 可以看出,往往在地理位置比较偏远,远离区域中心,产业空心化严重的区块,较容易产生空心村现象。

表 9-18 舟山本岛两区部分乡镇空心化岛屿情况表

县区	乡镇	自然村名 （空心村）	在册农户数 （户）	在册人口 （人）	现常住人口 （人）	村域面积 （亩）	目前用途
定海区	岑港	马北	154	350	0	500	空置
		小坑	27	65	0	500	空置
		大坑	9	30	0	300	空置
		横坑	10	40	0	200	空置
		下湾	21	57	3	500	空置
		深水	29	73	0	500	空置
	金塘	青岙村	830	1 970	550	6 600	空置
	环南	海港	1 043	2 482	350	21 000	—
	小沙	刺山岛	43	114	11	810	规模养殖
		淡湖岙	11	34	1	10 800	无

（续表）

县区	乡镇	自然村名（空心村）	在册农户数（户）	在册人口（人）	现常住人口（人）	村域面积（亩）	目前用途
普陀区	桃花	磨盘村	323	950	30	4 666	—
		水坑村	119	284	0	3 278	—
		米鱼洋村	259	695	25	3 750	—
		龙洞村	252	727	12	2 027	—
		乌石子村	309	934	130	3 066	无
		鹁鸪门村	52	205	1	1 050	无
	东港	葫芦村	728	1 927	255	1 501	—
	虾峙	里礁岙	149	414	40	450	无
		外礁岙	198	561	75	537	旅游开发
	东极	黄兴	535	1 195	60	3 656	—
		东福山	269	639	150	4 430	—

资料来源：张焕,海岛人居营建体系对气候条件的适应性研究——以舟山群岛为例,建筑与文化,2012。

　　海岛乡村的开发与建设都要紧紧依据"规划先行"的思路。先细分所开发的村落类型确定其属于中心村、保留村还是空心村,然后再根据实际确定发展方向(表9-19)。条件良好,确实有发展潜力的空心村,经过周密的计划进行开发,帮助这些地方朝着旅游特色村、观光农业、产业基地等方向转型;尚有人口居住的村庄,政府将给予必要的基础设施投入,帮助改善当地群众的生活条件;而对于那些环境恶劣、不具备任何发展价值的空心村,则考虑整体搬迁与安置。

表9-19　嵊泗县部分空心村现状与规划定位表

乡镇	自然村	在册人口（人）	现常住人口（人）	目前用途	规划用途	空心村形成原因
黄龙乡	东咀头村	207	11	住宅	居住旅游	交通不便、外出就业
洋山镇	滩浒村	755	60	住宅	旅游开发	搬迁、外出就业
菜园镇	绿华村	2 078	668	住宅	旅游开发	交通不便、外出就业
嵊山镇	前卫村	564	78	住宅	休闲旅游	交通不便、外出就业
花鸟乡	灯塔村	562	202	住宅	旅游开发	交通不便、外出就业

资料来源：张焕,海岛人居营建体系对气候条件的适应性研究——以舟山群岛为例,建筑与文化,2012。

3) 人口老龄化与养老社会保障

2016 年末,舟山市有养老机构 93 家,共有床位数 10 245 张。城镇"三无"对象集中供养率 100%,而乡村"五保"老人集中供养率 98.09%。城乡居民得到政府最低生活保障 12 957 人;其中,城镇低保对象 1 982 人,渔乡村低保对象 10 975 人。城乡低保对象最低生活补助标准每人每月 664 元。

(1) 舟山海岛乡村人口老龄化的主要特征

20 世纪 90 年代后,舟山市、浙江省和全国人口老龄化进程加快,而舟山市的速度要快于省、全国的平均水平(表 9 - 20)。2010 年"六普"数据显示,舟山市 65 岁及以上老年人口 11.78 万人,占全市总人口的 10.50%,比"五普"(2000 年)时上升了 1.17 个百分点,在浙江省 11 个市中位于衢州、丽水和湖州之后,居全省第四位,分别高出全国、全省平均水平 1.63% 和 1.16%。

表 9 - 20　主要年份舟山市 60 岁及以上老年人口的年龄构成

年　　龄	1990 年		2000 年		2010 年	
	人数(人)	比重	人数(人)	比重	人数(人)	比重
60~69 岁	58 122	61.62%	71 551	55.55%	95 203	53.99%
70~79 岁	27 938	29.62%	44 053	34.20%	56 394	31.98%
80 岁及以上	8 258	8.76%	13 204	10.25%	24 734	14.03%
百岁老人	1	—	6	—	19	—

资料来源:《舟山统计年鉴(2016)》,舟山统计信息网。

城乡经济社会的二元结构,导致了目前城乡老龄化呈现倒置现象,乡村老龄化程度高于城市老龄化(表 9 - 21,表 9 - 22)。分城乡看,2000 年"五普"时,全市城镇 65 岁及以上老龄人口系数为 6.82%,乡村为 12.52%,乡村比城镇高 5.7 个百分点。到 2010 年,随着市内经济社会的快速发展,二、三产业吸引了越来越多的年轻人前往城镇学习或务工经商,乡村的人口老龄化继续加深,乡村 65 岁及以上人口的比重达到 14.78%,比 2000 年提高了 2.26 个百分点,比城镇高出 6.73 个百分点,城乡差距继续扩大。

(2) 舟山海岛乡村养老保障生活

随着,养老保障制度体系不断得到完善,保障标准得到提高。在定海区,养老保障范围实施全覆盖。自 2010 年起,对没有养老金的 60 周岁以上参保的城

表9-21　舟山市城乡老年人口比重变化情况

地区类型	2010年"六普"			2000年"五普"		
	总人口（万人）	65岁及以上人口（万人）	比重	总人口（万人）	65岁及以上人口（万人）	比重
舟山市	112.13	11.78	10.51%	100.15	9.34	9.33%
城镇	71.31	5.74	8.05%	56.12	3.83	6.82%
农村	40.82	6.03	14.78%	44.03	5.51	12.52%

资料来源：《舟山统计年鉴(2016)》，舟山统计信息网。

表9-22　2015年分地区年龄段人口及比重

地区	合计（人）	0～14岁（人）	60岁及以上（人）	65岁及以上（人）	0～14岁少儿比重	60岁以上人口比重	65岁以上人口比重
舟山市	1 121 261	114 265	176 331	117 770	10.19%	15.73%	10.50%
定海区	464 184	51 570	69 274	45 739	11.11%	14.92%	9.85%
普陀区	378 805	36 994	57 760	39 289	9.77%	15.25%	10.37%
岱山县	202 164	18 004	36 028	23 865	8.91%	17.82%	11.80%
嵊泗县	76 108	7 697	13 269	8 877	10.11%	17.43%	11.66%

资料来源：《舟山统计年鉴(2016)》，舟山统计信息网。

乡居民发放70元/月的基础养老金。从2011年4月1日起参加城乡居民养老保险制度的80周岁以上老年人可享受30元/月的高龄补贴。

　　舟山的社会福利机构数量逐渐增加（图9-39）。例如定海区在2010年年末已建成福利院2所，敬老院12所，其中，福利院共收养194人，敬老院收养448人，实现了城镇"三无"老人的完全供养，完成了对海岛乡村98.9%的"五保"对象的供养，且供养标准比较高，乡村"五保"对象每人每月达到600元，大大超过了乡村最低生活保障标准（252元/月/人）。

图9-39　舟山秀北社区居家养老照料中心

4) 生活方式的变化与生活水平的提高

由于村民主要以渔业生产为主,村民的生活方式也围绕着渔业生产规律性地运行。从 20 世纪 90 年代初至今,村民的生活方式变化很大,这主要和舟山渔村 20 多年来经济条件的大变化是密切相关的。收入水平增加伴随着生活质量的跃升,浙东海岛乡村居民对于家庭耐用消费品向现代化与享受型发展(图 9－40),现代化家用电器快速普及。与此同时,在汽车的保有量很高的基础上,沿海乡村居民对于汽车的需求量也在不断增加,伴随着对于质量与档次提升的追求。乡村居民家庭中拥有的高档家电品种越来越多,耐用品拥有量的不断增加及其质量和档次的提高,也是居民生活水平得到显著提高的重要标志。

图 9－40 奉化沿海乡村村民家庭(左)与乡村停放的家庭汽车(右)

随着物质生活水平的提升,浙东沿海乡村居民的精神文化生活也日益丰富。随着信息技术的普及与集体文化水平的提升,村民日常生活信息化水平不断提高,对文教娱乐用品与服务方面的人均支出比重逐步增加。据资料显示,2011年舟山渔村居民在文教娱乐及服务上的人均支出较 2000 年增长了 2 倍。居民服务性消费支出的增加,是乡村居民生活质量提高的重要标志之一。浙东沿海岛屿的乡村里现在大都住着老年人,他们的生活作息比起以前也有了明显的变化,闲暇时可以在老年协会打麻将或是打牌,以消磨时间。中年人一般出门工作或者在城里—村里两地奔走,而年轻人一般都已经进城,很少回村。目前,海岛乡村均配备固定的文体娱乐场所与基本健身设施,基本满足村民日常文化娱乐与健身康体需求,部分地区村民逐渐加入广场舞、体育锻炼等项目活动(图 9－41)。平时,多数妇女基本上都忙于打麻将,而年轻的妇女也会上网冲浪、淘宝购物。在国内旅游发展的大背景下,村民们对旅游的观念也出现了很大的变化,旅游活动也成为了村民一项重要的休闲生活方式。经济收入水平的提高为村民出游提供了经济条件,繁忙的渔业生产季过后,村民会利用休渔期的闲暇出去走走看看,很多村民加入了旅游队伍。

图9-41　普陀区桃花镇茅山庙村民休闲活动广场

5) 建特色美丽乡村,营造和谐乡风的新海岛文化生活

舟山市按照“海上花园城市”的总体要求和目标,以美丽乡村建设为载体,以民风建设为重点,在“三方面”下功夫,不断丰富乡村精神文明建设内涵。目前,全市有全国文明乡镇3个,全国文明村4个;省级文明乡镇9个,省级文明村32个;市级文明乡镇16个。

一村一特色、一堂一品牌。舟山从现实出发,在设计与建设文化礼堂时,努力创造“舟山样本”,即打造社区文化中心、美丽海岛、网络化管理、组团式服务、工作的文化礼堂样本。利用原来的乡村自然资源,发掘和继承优秀文化资源,创建涵盖各乡村地域文化、革命红色文化、海岛海洋文化的特色展示馆以及特色鲜明多样的文化礼堂。2013年,舟山开建渔村文化礼堂,已建成151家,覆盖全部乡镇、25个住人岛屿、65％的乡村社区,文化礼堂覆盖率和省级先进县(区)创建率两大指标位居全省第一。

以渔农民群众认同和喜闻乐见的方式,建设文化礼堂,成为浙东沿海乡村的“精神文化高地”,培育乡村社会精神秩序,维护乡村社会和谐。根据每个村的不同特点,文化礼堂也各有特色。普陀展茅的干施岙村是著名的“全国孝敬村”,该村发挥尊礼重教的传统,将礼堂改造成为弘扬正气的村级文化礼堂,使其成为村民学习知识的场所、展示才华的舞台和联欢聚会的乐园(图9-42);六横里岙的民俗风物馆具有浓郁的海洋文化特色,馆内共有 6 个展区,分别为序厅、民间工艺、红色记忆、民风习俗、文物史迹和海洋生物区,藏有近 2 000 件展品。六横五星社区作为"全国体育健身先进单位",将"推进全民健身计划,促进体育事业健康发展"的理念融入文化礼堂建设中;定海区小沙镇滨海社区,因为村里有"沙雕兄弟",就以"沙雕"为主题打造文化礼堂。

图 9 - 42   干施岙村文化礼堂与村文化长廊

9.3.3   海洋文化下的独特海岛乡土民俗文化环境

舟山群岛孤悬外海,岛屿林立,直接面向太平洋,其海岛乡村人居也隔离大陆,充满神秘。它是古代方士高僧梦想中的仙岛。这里既有土生土长的海岛民风民俗,也有跟大陆接轨的观音、妈祖、道家等信仰。在自在自为的文化氛围中,形成了海洋宗教文化、海岛历史文化、海洋商帮文化、海洋渔船文化、海洋民俗文化等。

近些年舟山群岛致力打造"中国海洋文化"的品牌,达到"看中国海洋文化,舟山是必看之地,首看之地"的效应。在这样一个海洋作为根本性依靠所在的人居环境,以海洋文化为背景的乡村民俗文化随处可见,是国内独具特色的海岛乡村海洋文化体验场所。舟山群岛有着丰富的古遗迹、古建筑、海岛民居等物质文化遗产,也有节日习俗、宗教信仰、手工技能等非物质文化遗产。首先,在非物质文化遗产方面,截至 2013 年 3 月,舟山市非物质文化遗产名录有 62 项(表 9 - 23)。其中,被列为国家级的有 5 项,分别是舟山锣鼓、观音传说、舟山渔民号子、传统木船制造技艺、渔民谢洋节。这些富有特色的海岛非物质文化遗产涵盖了民间文学、民间音乐舞蹈、戏曲曲艺、民间杂技、民间美术手工技艺、生产商贸习俗、消费习俗、人生礼仪、岁时节令、民间信仰、民间知识、游艺、传统体育与竞技、传统医药及其他方面,具体又分为鱼类传说故事、人物史事传说、渔民画制作、传统木船制造工艺、渔绳渔具制作工艺、海盐海产品制作工艺、观音佛教信仰、妈祖信仰等(表9-24)。

表9-23　2010年舟山市市级及以上非物质文化遗产统计表

级别	民间文学	传统舞蹈	传统音乐	曲艺戏剧	传统美术	传统技艺	传统体育杂技游艺	传统医药	民风民俗	合计
国家级(项)	1	—	2	—	—	1	—	—	1	5
省级(项)	—	2	4	4	3	7	3	—	6	29
市级(项)	—	5	4	4	7	13	4	1	14	62

资料来源:贾全聚,舟山海洋非物质文化遗产保护与开发研究,浙江海洋学院,2013。

表9-24　舟山海岛乡村特有文化与民风习俗

类型	名称	基本内容
传统语言艺术类	舟山方言	舟山话,是一种吴语方言,属于吴语太湖片甬江小片。舟山话有29个声母,46个韵母,7个声调。举例子来展现舟山海岛及沿海渔民的特有乡音。例如,"发大兴",指不着边际地瞎扯
	渔民号子	舟山群岛渔船工号子的总称,舟山各岛渔民、船工世代相传的海洋民间口头音乐,其曲调风格粗犷豪放,纯朴直率,发音运用舟山方言,是舟山渔场一种独特的民间音乐艺术形式,具有浓郁的海洋文化特征。它与渔船、运输船作业和渔民(船工)在海上和岸上劳动时息息相伴,是勤劳智慧的舟山人民在与大海为伍的数千年漫长岁月里创造出来的,海岛人对此具有极强的认同感和亲切感
传统语言艺术类	舟山(瀛洲)走书	舟山(瀛洲)走书,又名瀛洲走书,是源于舟山市定海区马岙镇的著名说唱艺术,大约诞生于距今1 800年前,后经传播,逐渐从六横延续至镇海,转变为"蛟川走书"。早期是以短词汇为主的自击自唱式说唱艺术,后来戏剧影响,容纳行走、唱歌、阅读、表现等表演技巧,逐渐将单档坐唱调整为两人以上演唱,"四工合"帮腔是其特性音调,质朴而清晰
	唱蓬蓬	唱蓬蓬即唱新闻,指乐师借助伴奏,将时事新闻和评论说唱给众人听,并获取一定的报酬
	舟山渔谚	内容涉及海岛传统生活各个方面,主要涉及航海行船、气象海况、潮汐潮流、节气物候、渔汛渔场、渔法渔具、渔风渔德等海岛民风民俗,是一部在浙江东部沿海世代流动着的海洋民俗文化教科书
民俗音乐戏舞类	舟山锣鼓	舟山锣鼓以锣、鼓、钹及唢呐为基调,间以丝竹,音响雄壮,旋律激荡奔放,气氛极为热烈,具有鲜明海岛特色。新中国成立后这一民间艺术经过加工改进慢慢地搬上了舞台。主要作品有《渔舟凯歌》《东海渔歌》《渔民欢乐》等
	庙会戏	按本地习俗,凡道、佛两教神诞之期,例有庙会,并于祭神、行会后演剧祈年

（续表）

类型	名　称	基　本　内　容
民俗音乐戏舞类	跳灶会	跳蚤会又名跳灶会,因其是舟山白泉一种最受欢迎的民俗舞蹈而得以流传。其名得益于舞姿与传说,舞蹈姿态形如跳蚤,传说女性跳至灶台之上撒尿熄灭灶中之火。其主要形式是一对男人和女人互相共舞,男人代表济公,女人代表火神,意指"济公斗火神"。在会上,男女两人围绕着长方形的草绳圈,一边跳舞一边歌唱,唱法好似"小热昏",除了第一次准备的旋律外,还能随着场景,即兴发挥,故而能够引起观众的兴趣
	马灯舞	马灯舞分布广,因文化背景不同又有不同的数量和阵法。马灯形式有"竹马""跑五马""高跷竹马""车马灯""马灯戏""手马灯""小马灯"等。马灯舞队有八匹、十二匹、二十四匹;也有五匹,扮关羽、刘备、穆桂英等戏曲人物;马灯和车子灯一起表演的叫车马灯;更有用竹扎成轿形的车子灯,演员站在车子内,下肢装上假脚,外有车夫推车。大都敷演"关公送皇嫂""赵匡胤千里送京娘"等故事。表演中夹唱民歌小调
特色祭海祈福类	渔民开洋谢洋节	渔民世代相传的祈求平安,庆贺丰收,保护海洋生态,倡导人与自然和谐相处的一项民间习俗。每逢春汛渔船开洋之前,即渔民将进入春汛捕捞,或农历六月廿三日渔汛结束(俗称"大谢洋")进入休渔期之后,遂即举行祭祀、娱乐及商贸等一系列谢洋活动。主办方一般以自然村落、渔船或庙宇为单位,系列活动贯穿于整个开洋或休渔期,因此成为渔民们最为看重的文化盛会
	祭海仪式	出海前,渔民都在当地的龙王宫、码头或渔船上祭神,以求出海平安归来。流程通常为:摆上桌椅、烧化疏牒(又称"行文书"),老人把盛在盘子里的酒和肉扔到海里,称之为"酬游魂"。祭祀时放一副棺材板(又称"太平坊"),出海时,放在船上,以求太平无事。葬身大海是渔民大忌,这背离了"入土为安"的习俗,所以,如若真的死去,也能够死在家中,如此才能"入土为安",这种风俗已经流传上千年了
独特手工美术类	贝雕工艺品	利用当地的贝壳作原料,根据贝壳的天然色彩、光泽、纹理,精雕成神形兼备的风景、人物、山水、花鸟等画屏的工艺美术品
	海岛渔民画	海岛地区特有的一种民间绘画艺术,既承接传统艺术又密切关联现实生活。多彩的海边生活,真挚的大海情怀,孕育出渔民画独特的意境,将生活、想象自然结合。以现实主义的观念和浪漫主义的手法再现海岛地区的生活场景、民俗风情和渔民满载而归的欢乐。其中以衢山鼠浪湖渔民画和东极渔民画最为有名
	弹涂船	弹涂船已有130多年的历史,清光绪年间其原是秀山凉帽山村民在海涂里捕捉"弹涂鱼"中所首创的捕捉工具,后一直代代相传至今,并发展到本、外地其他村落。之后,也有年轻人作为在劳动之余在海涂上追逐嬉戏的活动内容之一。如今古为今用,在开发海洋文化旅游项目中,以其独特功能,开创了滑泥旅游项目,受到广大游客的青睐
海岛渔手工技艺类	渔网编织技艺与渔网结	渔用绳结的材质随着社会经济的发展而变化。起先以草绳、棉纱等不耐用材料,后改为黄麻、苎麻、红棕等。但为结实见,需经栲液蒸煎、牲血浸染,操作繁复且易误潮时。最后结材质改用聚乙烯、聚丙烯等合成纤维。渔用结系为渔业和渔民生活劳动服务之结。如下海救助的花箍结、能使篷帆升降的朝篷结、渔船靠埠带缆防telescope脱的制索结等。渔用绳结制作呈简繁不同的技艺,富有实用性和艺术性,具有浓烈的海岛特色

(续表)

类型	名　称	基　本　内　容
海岛渔手工技艺类	海盐晒制技艺	群岛渔民原盐生产工艺屡经变革,可分三个历史时期,唐、宋、元至清代中期用煎煮之法,称煮海或熬波。嘉庆年间,岱山盐民王金邦首创盐板成功,开创利用光热、风力自然能的板晒法。新中国成立后至 1964 年,经过反复探索实验,终将沿袭千年的刮泥淋卤,改为由海水直接蒸发制卤、制盐的滩晒法
	鱼蟹类传统加工技艺	渔业历史悠久,捕捞品种众多,鱼类约 140 多种,蟹虾类约 40 余种,在长期实践中创造了盐渍、冰鲜、风干、晒干、糟、料等多种传统加工工艺,成品可分为干品、腌品、糟品、醉品四类
生活习俗及礼仪类	解床	解床又称祭床,祭床频率较高,在日常生活中安床、结婚、育儿、生病、丧葬都要祭床。但当地流行的解床是婴儿出生三天后的解床习俗。产妇在月子里常规不能外出活动,一月内经常伴眠床中,所以对眠床的床公床婆要祭祀;其次因愿婴儿健康成长,长大有出息,祝愿母子平安等等,要谢床公床婆的恩典。解床约在黄昏时分,在床面前,摆放一只圆形的浪谷寨(即筛),在浪谷寨上点燃三支清香,两支小红烛,放上两杯酒,两碗饭,碗用酒盏代替,俗称"相俩盏",再摆上文房四宝,然后由其父母或爷爷、奶奶抱着参拜床公床婆,祈祷祝愿
	走十桥	每年农历正月十四,村中妇女或三五成群或十余人一起,结伴去走十桥。她们出门的时候把香袋背在肩上,其中装好香烛,每每经过一座桥,就把一对蜡烛三炷香插在桥旁,然后进行祈祷,每走三步拜一次,如此走过一座桥,去下一座。一天之中要走过十座桥,只可步行通过,不能重复走过桥,而且不能走老路。通过第一座桥要说:"第一座是金桥,金打金锁金链条,风吹吹,浪漂漂,童男童女扶过桥。"之后每过一座桥分别冠名"银、铜、锡、铁、竹、石、木、板、草",歌词主体与结构不变
	侍奉尽孝	生辰寿诞中的敬老习俗:主要有做寿礼仪和 66 岁习俗。每当长者寿期一到,亲戚、小辈们都挑"幛篮"给长辈送寿礼。礼有"四色礼""八色礼""十二色礼"之分。俗传为"六十六,阎罗大王请吃肉,六十九,阎罗大王请喝酒"。老人到 66 岁生日,儿女们向他们敬献 66 块猪肉烧成的菜肴,以祝健康长寿。 丧葬礼仪中的敬老习俗:过去舟山乡村丧葬习俗繁琐,随着丧事简办风尚的掀起,传统的繁琐程序得以简化。然而披麻戴孝、守夜、做"七七""百日""周年"等一些传统祭祀形式仍在延续
渔俗婚丧祭祀类	渔家婚礼	渔家传统婚礼一般要经历"说媒""相亲""订婚""发聘""饷仙""迎娶""贺郎""吵、闹新房""掇花""回门"等 10 道程序。这都展现了群岛奇特的渔俗文化,充分显示时代的烙印和区域的特色
	潮魂	潮魂是以前沿海村庄的特别葬礼。当渔夫在海里翻覆而亡,找不到尸体之时,便在家里摆设灵堂,在海边搭建"醮台"。于傍晚时分,举行灵魂的召唤仪式,在"醮台"上点燃香炉,放置供品,将稻草人放至中间呈坐态,将故人生辰八字贴在其上。等到了晚上涨潮时,道士坐在"醮台"上,鸣钟、铜钹并念诵咒语。有人手扶一根竹竿,上面挂一个箩筐面向海面,将一只雄鸡放在箩筐内,随道士念咒而不停摇摆。此外,死者家属身着孝服,抬着灯笼,喊着死者的名字召唤其魂魄。第二天,稻草人被置入棺木中安葬

(续表)

类型	名　称	基　本　内　容
渔俗婚丧祭祀类	供祭羹饭	羹饭是一种以美食供祭的习俗形式,沿海民间向来有好羹好饭用来祭神祭祖的习俗,主要以清明羹饭、七月半羹饭和冬至羹饭为主。以羹饭供祭,由来已久,实有海岛居民习俗特色。生老病死、喜怒哀乐伴随着人们的一生,人们采用"做羹饭"的形式来祭祖,祈祷祝愿人平安健康、消灾祛邪及追悼祖辈等
海洋宗教信仰类	观音(观世音)	由于舟山群岛独特的地理环境,岛上居民有着显著的现世观念,他们强烈需要一种力量(往往是超自然的)来对抗并战胜自然、繁衍并保护生命。岛民普遍认为观音菩萨是他们期望的救世主,能够解救岛民于苦难。因此,舟山群岛渔业中渗透着一种观音信仰,这种信仰塑造了岛民趋福避凶的海洋文化心理
	妈祖(天后)	妈祖是沿海地区包括舟山地区渔民长期以来海祭的主要保护神之一。妈祖信仰在舟山海岛的盛行,首先是因为在众多的海神信仰中,妈祖是作为人的神,是海岛人自己的女儿,渔家的神,与海岛人的生死存亡息息相关
	龙王(海龙王)	舟山渔民的"龙王信仰"出于双重心理:一方面,渔民信仰和敬畏龙王,相信龙王的慈善正直,同时祈愿出海捕鱼丰收与平安顺利;而另一方面,渔民对龙王又有抗争的一面,像故事《龙王输棋》,表现出来的是舟山人民不畏强权、敢于抗争的精神
古建及村镇遗产	古城古村镇	定海古城是一座历史悠久、古迹众多的千年古城,也是中国唯一的海岛文化名城。古城内曾保存有明清时期的历史街区和许多抗倭、抗清历史遗存; 东沙古镇悠久的历史、繁荣的商贸,积淀成独特的文化底蕴和人文内涵,尤以建筑文化、宗教文化、民俗文化与饮食文化独具特色

物质文化遗产方面,舟山现有 300 多处文物古迹。在这些文物遗址中,共有各级文物保护单位 101 处。同时,舟山还有 2 个省级历史文化街区(村镇),即定海区马岙镇和岱山县东沙镇。定海城有保存完好的历史街区,如东大街、西大街、中大街、留方路等;故居建筑,如董浩云故居、刘鸿生故居等。这些故居建筑样式上的门窗、斗拱、厅堂都极具特色。此外舟山建设有 24 家不同类型的博物馆,如中国渔俗风情馆、中国灯塔博物馆、中国盐业博物馆、马岙博物馆、海防博物馆等。

近些年,海岛乡村传统的生活习俗正在逐步消失。海岛乡村人口不再增长甚至衰退,人口的外溢,新时代经济和多元文化的冲击使得乡村民俗日渐式微,部分非物质文化遗产面临消亡。不过值得庆幸的是,在当地政府新的政策下,旅游经济的带动下,传统民俗文化正在重新焕发生机。这有助于营造人与自然和谐相处的氛围,推进建设乡村美好人居环境。

9.3.4　城乡均等一体化的政策与管理体系

　　"十三五"时期,也是舟山新区"一中心四基地一城"建设的攻坚时期,是新区建设美丽乡村、发展美丽经济的关键时期。新区建设美丽乡村、发展美丽经济,机遇与挑战并存。

　　2005 年,时任浙江省委书记的习近平同志在安吉县余村考察时提出"绿水青山就是金山银山"的"两山"思想。10 多年来"两山"重要思想深度改变浙江。2015 年 5 月 25 日,习近平总书记在浙江省舟山市定海区新建社区考察时指出,美丽中国要靠美丽乡村打基础,要建设美丽乡村,发展美丽经济。建设美丽乡村、发展美丽经济与"两山"思想高度契合。在"四个全面"战略指引下,融入"一中心四基地一城"建设,以环境生态化、生态经济化为要求,以人居美、田园美、产业美、人文美、组织美"五美"为目标,以美丽海岛、现代农业、新兴业态、精神文明、基层组织为抓手,努力实现美丽海岛区域化、美丽经济多元化,使舟山成为美丽中国的先行区、美丽乡村的示范点。

　　与此同时,舟山近几年也积极制定实施了一系列涉农涉村的相关政策,有效推动了海岛乡村又快又好地发展。在乡村渔农业发展方面,2017 年舟山市人民政府提出了关于加快新区美丽农业发展的实施意见,在创新、协调、绿色、开放、共享的新发展理念引领下,坚持以建设新区美丽农业为目标,以稳定民生农业、发展特色农业、打造景观农业为方向,积极推进农业供给侧结构性改革,强化区域布局,优化产业结构,注重科技创新,完善要素保障,加快建设高效生态、特色精品、绿色安全的海岛现代农业,全面提升现代农业发展水平,促进农业可持续发展和农民增收。2018 年舟山市人民政府办公室发布了加快推进休闲渔业转型升级的若干意见,在认真贯彻落实乡村振兴战略的前提下,坚持海岛乡村"一、二、三产"融合和"生产、生活、生态"融合发展,结合国家绿色渔业实验基地建设,把休闲渔业作为渔业产业结构调整的重要方向,加强规划引领和政策扶持,创新发展机制,规范经营管理,完善配套设施,加强安全监督,注重生态资源保护,推进休闲渔业从数量型向质量型发展,使休闲渔业成为舟山海岛乡村渔业经济和旅游经济的重要增长极。在乡村扶贫及社会保障方面,2018 年舟山市政府制定出台的

《舟山市低收入渔农户高水平全面小康计划实施意见(2018—2022年)》提出继续扎实做好解决相对贫困工作。首先强调在扶贫目标上从解决扶贫对象的基本生活保障向实现全面小康转变,在扶贫举措上从开发性扶贫为主向社会保障性扶贫与开发性扶贫并重转变,在扶贫机制上从临时性、阶段性的政策性扶贫向常态化、法制化的制度性扶贫转变。其次明确了低收入渔农户收入较快增长,扶贫行动取得实效,社区、村集体经济发展得到根本性改变,低收入渔农户生活条件达到全面小康标准的四项任务。最后提出了具体到2022年的目标要求,低收入渔农户人均收入与当地渔农民人均收入差距缩小至1∶2以内,低收入渔农户最低收入水平达到年人均1万元以上,有劳动力的低收入渔农户年人均收入达到2万元。

改革开放以来,舟山市在统筹城乡发展、推进城乡一体化、新渔乡村建设工作中进行了一系列的探索和实践,取得了明显的成效。数十年持之以恒、统筹发展,舟山的城乡规划体系不断完善,城乡一体化进程不断加快。在各类相关政策意见指导下,编制完成了县区域美丽海岛建设总体规划,修编完善了县区域村庄布点规划,基本编制完成了以中心村和特色村为重点的村庄建设规划、农房改造建设规划、土地综合整治规划、文化特色村保护规划等专项规划,舟山新渔乡村面貌发生了翻天覆地的变化。41个精品特色村、10个中心村、4条特色示范带、3个整乡整镇整治提升项目成效已初步显现,城镇化水平从2015年的61.1%提高到2018年的68.1%,城乡统筹发展综合水平全省排名第一。一个以政府主导、部门支撑、渔农民主体、社会力量共同参与的建设管理体系初步形成。

9.4 面临的挑战

9.4.1 地形资源的限制性及生态环境的干扰性

海岛乡村具有独一无二的自然地形与海洋资源,但同时也是制约。岛屿处于大陆远端或隔离大陆的海洋中,岛屿之间也相互分离,区域范围的狭小使得海岛地域结构简单。岛屿周边多为滩涂与沙滩,内部多高低起伏的丘陵,有限的规模造成海岛生态系统的资源短缺性。农田耕地少,土壤贫瘠,乡村可利用土地面积远低于大陆;生态脆弱,经常遭海洋气候与自然灾害的侵袭,使得城乡基础设

施建设困难重重,连岛交通、内部道路、水利设施、电力通信、卫生教育事业开展
不便,深受地形与海洋的限制。海岛山低源短,无过境客水,水资源短缺也一直
是制约舟山发展的瓶颈之一。同时,海洋资源限制乡村发展,渔业资源过度捕
捞,海洋污染加剧导致沿海及近海鱼虾产量受损,渔汛不好,渔民不得不去远洋
捕捞,甚至部分渔乡村失去了产业支撑,渔民转业进入城镇谋生,慢慢渔村聚落
呈现萧条衰落的空心化现象,以渔业为特色的乡村人居环境慢慢成了历史。海
洋旅游资源促进乡村经济发展的同时也带来了一系列的问题,随着游客流量的
快速增长,乡村人居环境急剧改变,为了迎合游客需求新建了大量新式民居,迁
建情况较多,破坏了传统海岛乡村的整体风貌;垃圾污染物增多使得环境问题也
比较严重;庞大的客流量使得交通出行便捷性大打折扣,在岛际轮渡客运能力有
限和内部道路承载量有限的情况下,本地乡村村民出行受到了影响。

　　其次,海岛位于海洋—陆地—大气—生物等圈层强烈交互作用的过渡带,特殊
的地理位置使得海岛乡村人居环境在自然与人类活动下干扰性很大(表 9-25)。

表 9-25　海岛乡村人居环境受干扰及影响分类

干扰分类	干扰名称	具体内容	主要影响
自然活动灾害干扰	气象灾害	台风、干旱、暴雨、寒潮等	改造地形地貌,侵蚀土壤;破坏各类设施;制约海岛对外交通
	海洋灾害	风暴潮、海啸、赤潮等	破坏农田、植被和各类设施;引发海岸侵蚀、海水入侵等其他自然灾害;危害乡村环境;制约海岛对外交通;恶化海洋环境质量,破坏渔业资源(赤潮)
	地质灾害	滑坡泥石流、地震、海岸侵蚀、地面沉降等	短期、剧烈的影响,破坏地形地貌和各类设施;长期、缓慢的影响,导致海岛岸线后退、淡水水质恶化等
人类活动干扰	城乡建设	交通、市政、工业、仓储等设施建设	改变地表形态,割裂自然景观,排放污染物
	海洋海岸工程	港口码头、填海造陆、跨海桥梁等	改变岸线和海底地形,影响环岛近海泥沙冲淤环境;排放或泄露污染物
	旅游观光	游客行为、旅游设施建设等	改变地表形态;破坏生境;对海岛传统乡村文化带来冲击
	养殖捕捞	围海养殖、养殖;捕捞	改变岸线,排放污染物,渔业资源受损
	其他人类干扰	航运、矿产能源开发、大陆地区社会经济活动等	占用空间资源,排放污染物;引发溢油等突发事故;可能影响乡村社会、渔业经济活动

资料来源:池源等,海岛生态脆弱性的内涵、特征及成因探析,海洋学报,2015。

9.4.2　海岛乡村与生态旅游间的协调性、效益性的提升

海岛乡村与海洋生态旅游之间的协调性、效益性和可持续发展性是未来发展的关注方向。但是,目前两者之间还存在以下两个矛盾:

首先,由于开发建设局限于单一地区,缺乏全域范围考虑,海岛乡村与旅游项目的整合衔接不够到位,生态旅游产品呈现出类型上的雷同,缺乏设计上的创新与自有品牌的打造。舟山群岛有较为丰富的海岛渔村资源,其中不乏金塘大鹏岛古渔村、东沙百年古渔村等具有一定历史文化要素的古渔村资源。不同的海岛渔村分散布置在不同海域,各自具有不同的风土风光与资源禀赋,对他们的价值判断与开发模式选取应基于全域旅游打造,分别考虑。虽说不少乡镇正在规划开发乡村旅游,但缺乏对乡村旅游资源文化主题的深入思考,只是片面追求形式化,舟山的乡村旅游已经出现形象大众化、旅游产品雷同化等缺陷,偏离了人们渴望乡土、亲近自然的情结。其中旅游产品简单,产品系列化深度不够,缺乏创新,各种资源没有得到系统的整合,甚至有许多资源没有被开采,服务功能比较初级、简单,大多数只停留在提供简单的餐饮及住宿的初级发展阶段,经营范围主要是垂钓烧烤、沙滩活动、观光等较简单的活动,主要吸引周边的游客。另外,部分乡村旅游特色不够突出,满足不了不同游客的个性需求。所以说海岛乡村的发展与海洋生态旅游的打造需要在全域发展布局下协调统筹,形成差异化的旅游发展战略,从而促进不同旅游产品的特色打造与相互之间集约互补的关系,满足不同人群需求,增强舟山旅游市场的特色性与对外来游客的吸引力。舟山海岛乡村旅游还需对旅游资源进行深度开发,创新开发多层次、多样化的旅游产品。舟山群岛的各个区域在开发乡村旅游时,应结合当地的自然资源和人文资源,开发具有浓郁乡土特色的旅游工艺品、纪念品等,给游客留下深刻的印象。

其次,乡村旅游配套设施薄弱,服务水平不高,卫生环境也不完善。舟山作为独特的群岛旅游地,很多基础设施还无法满足游客的日常需求。例如很多岛屿需要靠轮船来过渡,其运输效率低,也就限制了游客的进入。多数乡村旅游规模较小,分布零散,基础设施配套也相对较简单,与周围景区也没有产生很好的

互动,造成游客游览的时间很有限。乡村旅游经营理念滞后,餐饮、娱乐等形式过于简单,没有鲜明的特色,服务水平不高。一些旅游景点内的娱乐设施、停车场、排污、垃圾处理等基础设施存在严重问题,安全问题令人担忧。这就需要将海岛乡村生态旅游加入"美丽海岛"建设的计划中,重点发展旅游特色村和示范点,建立公共服务平台,加大对乡村生态旅游发展的资金支持力度。进一步完善乡村基础配套设施,完善乡村旅游服务休闲功能。积极改善休闲设施,不断修建步行绿道,拓展旅游观光巴士,完善旅游交通标识标牌体系,推进公共停车场建设。同时提高经营管理模式和从业人员服务水平,加强乡村旅游的体验特色和服务品质,积极改善乡村生态环境,消除脏乱差现象,为生态旅游发展提供良好的环境。

第 10 章 江浙乡村人居环境的生成

10.1 内部影响因素

10.1.1 经济因素的决定作用

1）经济建设对物质环境建设的巨大推动

（1）公共设施的高度覆盖

根据马洛斯的需求塔分析，人最基本的需求是生理需求和安全需求，只有当这两项需求得到满足时，人才可能产生更高层次的需求，追求更高水平的生活。而与这两项需求密切相关的除了住房就是公共服务设施的建设，涉及人最基本的衣食住行，高度影响人们对当前生活质量水平的满意度评判。换句话说，乡村公共设施的建设直接影响了乡村人居环境建设水平的高低。当前我国乡村基础设施建设资金主要源于国家拨款和各级政府补贴以及农民自筹。江浙地区经济高度发达，是我国最富裕的地区之一，地方政府资金实力雄厚，地方企业产值较高，村民和村集体也较富裕，这样的经济环境下乡村人居环境建设水平也自然位居全国前列。可以说，江浙地区雄厚的经济实力对其乡村人居环境建设起着决定性的作用。

此处探讨的公共设施可以根据乡村基础设施提供服务的性质不同大致分为三类，一是乡村桥梁，农田水利等农业生产生活设施；二是乡村安全饮水、电力、交通、垃圾处理等农民生产生活设施；三是文化、教育、卫生、社会保障等乡村社会事业设施。由调研可知，伴随着城市化进程的加速，江浙乡村地区的农业基础设施建设有明显成效，道路、水利、水电及其他农业设施规模在质量和数量上都有了显著提高，设施辐射范围更广，惠及了更多的乡村居民。尤其是在乡村推广农业新技术和动植物新品种，提高农业机械化程度，极大的改善了农业生产条件，为乡村地区的经济发展和农民生活水平的提高奠定了必要的物质基础。

（2）生活水平的显著提高

此处探讨的生活水平主要指住房水平和生产生活市场化指数。随着社会的进步，现代化进程的推进，村民收入大幅提高，江浙地区的乡村住宅条件不断改善，居住建筑也开始具有现代色彩，并随着时间更替。本土建筑所常用的非工业材料普遍地被工业材料代替，以工业材料建造的房屋以其安全、经济、舒适、美观、使用寿命更长久成为农民义无反顾的选择。乡村居民家庭主要耐用品拥有量明显上升，并且在层次上有极大提升，黑白电视被彩电代替，自行车被电动车代替，摩托车更多的是被小汽车取代，各种现代农用机械的数量也大幅提高，在信息社会快速发展的推动下，固定电话、移动通信等各种通信业务和电视、网络传媒等在乡村地区也越来越普及。

（3）生态环境的品质下滑

随着我国城市化进入加速发展阶段，与之相伴的工业化水平也越来越高。乡村工业的发展和社会发展的速度越来越快，乡村出现一系列的新变化，影响了乡村原有的面貌。由于在此过程中缺乏科学合理的环境治理保护措施，20 世纪 90 年代以来，我国乡村生态环境的恶化日益严重。一方面是传统农业对生态造成的影响，乡村地区生产生活污水的排放、化学肥料的泛滥使用和农作物秸秆燃料的废气排放，都对乡村地区的生态环境造成了严重污染。除了我国自古传承下来的家庭禽畜养殖传统，辽阔的土地面积为分解家禽排泄物提供了便利，随着经济水平提高及百姓日益增长的对美好生活的追求，国家肉产品消费量逐年增加，传统家庭式的养殖经营模式满足不了广大的市场需求，江浙地区乡村的畜牧业逐渐转向规模化、集约化，开始在城郊地区发展，随之也造成了一系列环境问题。

另一方面则是乡镇企业所造成的污染。20 世纪 80 年代，江浙地区尤其苏南地区崛起的一大批乡镇企业创造了经济增长的奇迹，为我国乡村经济的发展做出了巨大的贡献。但是苏南模式在飞速推动经济发展的同时，也在生态环境破坏方面留下了脚印，曾经震惊中外的太湖污染事件是一个典型的例子。随着城市化的推进，乡村产业结构逐步更新变化，原来的种植业、养殖业、林业等直接利用自然的产业逐渐被以第一产业原材料为加工对象的加工化发展趋势代替，从而形成与农业自然产出相关的食品加工、生产、运输、销售一体化发展。加工业、制造业的快速发展对乡村生态环境的影响大大超过了传统农业生产方式，城市产业结构的调整更加剧了乡村的环境问题,使乡村污染物由城市向乡村扩散。乡镇企业通常是技术含量低、面向原材料或劳动力的家庭作坊或小企业。他们生产技术落后,设备落后,无法处理生产中的"三废",从农民成长起来的企业家,也通常只考虑经济利益而对环境缺乏了解,不能积极解决生产过程中的污染问题;政府缺乏环境保护的意识和职能管理、忽视环境变化,一些地区盲目的经济政策引导,加之城镇大多数小企业经济能力薄弱,造成意识和能力的不足,更缺乏治理污染的动机。

2) 经济水平对非物质环境的影响

(1) 生活理念贴近城市化

江浙地区是我国城市化水平最高的地区之一,城乡一体化进展如火如荼,城乡差距不断缩小,经济高度发展带来的最直观的影响就是乡村居民物质水平的不断提高。同时,经济基础决定上层建筑,乡村居民的精神水平也不断提高。表现一是人口素质的不断提高,村民平均受教育程度显著提高,接受新事物的能力也不断增强。表现二则是生活理念的城市化,尤其是苏南浙北等经济发达地区,地势平坦,交通发达,城乡交流频繁,城市的生活方式和思想观念在乡村地区扩散开来。较之传统的乡村文化,现代城市文化具有更多的理性精神、更充分的人性和更高的效率,更能适应并拓展外部环境。受城市文化影响,江浙地区的乡村居民的思想意识也更加前卫和理性,会主动规范自身社会活动,创造良好氛围,改变落后的生活理念。另外经济的发展也对村民的从业结构、养老模式和对子女的抚养方式产生了不同程度的影响。

(2) 农业科技高度现代化

江浙地区的农业发展得益于迅速的经济发展,反过来又促进了该地区的经济发展。大规模对从事农业技术研究与开发、农业基础设施现代化和农业人员培训的投资带来了巨大的经济效益,对促进江浙乡村地区现代农业发展起到了很大作用。第一,提供先进的农业技术装备,持续提高劳动生产率。随着农业科技的进步,在农业技术、农业机械、运输工具、生产性建筑设施等方面加以提升,可以改善和提高现有的农业生产技术和设备水平,提高劳动生产率、生产规模效率、输入输出率和削减成本。第二,提高土地生产率和农产品质量。技术进步为生产提供了高质量的生产资料,如化肥和塑料薄膜,为农业种植提高生产效率和提供新品种的动物和植物,还提高了投入产出比。此外,还可以为农业提供先进适用的耕作技术等,改善和提高各种农业技术的水平,这样可以大幅提高土地生产率和投入产出比,提高农产品质量。第三,充分合理利用资源,提高农业经济效益。技术进步可以扩大农业资源的利用范围,提高农业资源质量和单位资源的利用效率,让有限的农业资源可以带来更大的经济效益,还可以促进生物因素和环境因素的统一和协调,促进农业资源的优化分配,以充分发挥农业生产的区域优势和提高农业的经济效益。第四,可以改善和提高宏观经济管理水平。通过有效的宏观控制,可以正确引导农业生产经营活动,减少或避免盲目的农业生产和操作,可以采用现代科学管理手段来改善农业生产单位的管理水平,以确保农业生产经营活动的健康高效发展。

10.1.2　社会因素的推动作用

社会环境的转变及地域文化的形成与传播对乡村人居环境也存在一定影响。传统习俗、制度文化、价值观念、行为方式、精神状态和饮食习惯等方面的因素都会对乡村人居环境的发展产生不同程度的影响。

1) 宗族纽带的联系

江浙地区普遍存在血缘维系的宗族聚居现象,这些宗族构成了江浙地区传统的聚落形式。祠堂已成为宗族的象征,整个聚落空间结构则以祠、堂等标志性建筑为中心,其他功能建筑围绕中心进行建设,从而形成一个完整的社区单元,成为内部居民物质、经济、空间、心理层面的依靠。聚落形成之后,宗族组织得以成立,进而反向影响聚落生活及整个村落的居住环境。比如苏州太湖上金庭镇的诸多古村落,现今仍有部分祠堂遗存,村内主要为同姓氏的几大家族聚居生活,同姓氏的家族成员仍保持着较为亲近的联系。

2) 城市文化的渗透

我国自古是农业大国,乡土文化植根于农耕社会基础之上的乡土气息,是中国传统农耕文化的显著特色,这最基础的乡土文化和城市文化在本质上对物质文化、行文文化乃至制度文化有着不同的影响。江浙地区是我国重要的农产品产地,是城市化水平最高的地区之一,也是最早提出城乡一体化发展的地区,其乡村文化与城市文化的矛盾与交融对乡村人居环境具有一定的影响。

江浙乡村环境秀美,气候温和湿润,地势低平,村民多选址安全、适宜耕种的地方,围绕祠堂形成聚落繁衍生息。早期的农耕生活较为简单平实,乡村风貌独具江南特色。工作范围也在聚居点不远的地方,职业也多与农业相关,乡村生活气息简朴纯粹,地缘血亲关系在社交网络中起了决定性的作用。随着城市化进程的加快,经济生活水平提高的同时,城市的审美观念、价值观念、思维方式、生活方式及行为习惯等都渗透到了乡村,对乡村的人居环境产生了巨大的影响。

随着城镇化的发展和乡村产业结构的调整,农业社会发展的基础不断解体。农业、渔业、林业等传统农业活动的重要性降低,土地的依赖性也随之减少,使得乡村地缘与亲缘关系越来越模糊。在文化体系中失去了部分传统的风俗习惯,并出现了城市文化思潮,在以城市为代表的物质世界里,乡村的文化价值普遍降低,逐渐成为落后愚昧的代名词。如此,越是急于进入现代化,中华民族越是背离乡土精神。现代化发展破坏了乡村原有的文化秩序,新的主流文化没有融入乡村,这使得农民在不同文化的纠葛中迷失了方向。在城市化进程中,中华民族的传统美德和优越的观念正被削弱。同时,城市化带来的负面影响在乡村地区被放大。例如,与自然和谐相处的观念被利害攸关的界限所取代,情义社会被商业经济所取代、邻里之间不再交往、传统节日没有应有的氛围等。这些负面因素表现出来的则是风貌各异、"洋土混杂"的村落住宅,老幼留守,青壮年外出的空心村,城乡两栖发展的"新城市人",传统文化和习俗被忽视以及乡亲邻里的日渐疏远。

3) 乡村精英的带动

江浙地区由于地缘优势及发展基础雄厚而走在我国乡村发展的前列,因为丰富的自然及人文资源、良好的地形地势、较好的乡村基层治理体制、拼搏进取的民间社会意识和敢于开拓的政府政策及雄厚的企业资金支持,当地在全国范围内率先发起了一波又一波乡村建设浪潮,既改善了江浙地区乡村的村容村貌,使具有江南特色的村落亮丽地呈现在人们面前,又为其他地区的乡村发展起到了一定的示范带头作用,比如众所周知的"农家乐""美丽乡村""特色小镇""一村一品"村庄品牌打造、"特色田园乡村建设"等项目,甚至在20世纪80年代提出了扎根于乡村的"苏南模式"和"温州模式"等经济发展模式,随之如雨后春笋般崛起的众多乡镇企业为我国乡村及城市的发展做出了巨大的贡献。

10.1.3　自然因素的基础作用

1) 自然环境奠定乡村人居环境形成的基础

在早期的传统农业社会中,乡村在人类不断适应自然的过程中自发生长,其内部要素是社会发展与空间形成的主导力量。地形、气候、水文、土壤等自然环境是建设选址、房屋布局、建设方式等空间营造的主要考虑因素;人们选择安全、舒适、适宜生产的地点形成聚落,因而在平原、山地等不同地区形成不同的聚落规模和居住模式。在此基础上,人们根据需要划分种植、蓄养、居住、墓葬等多个场所,形成功能分区和最初的布局结构,因而形成了各地不同的农业结构、耕作半径乃至生活习惯,进而与自然相适应的空间营建方式、地域特有的文化习俗也在逐渐摸索和实践中形成。传统民居往往就地取材、因地制宜,地域文化也是社会生活与行为方式的抽象与反映,二者互为载体,在漫长的演化过程中沉淀出差异化的乡村风貌。另外,内部要素除了形成乡村发展的原始风貌、推动了早期的乡村形成和发展,也为后续的发展变化奠定基础,并持续、渐进地影响空间塑造。江浙地区地势平坦、气候温和、水网密集,乡村大多依山临水而建,或沿江河一字排开,或临水抱团形成聚落,建筑因取材方便,多以木结构为主,因天气常年潮湿炎热,为通风防潮,多建立二层住房,一年四季花红柳绿,"粉墙黛瓦"的建筑风貌在多彩的景色中显得格外清爽素雅。温润的自然环境也造就了江浙乡村居民温润的性格,应运而生的还有独具江南特色的饮食习惯和乡风习俗,"吴侬软语"则是对这一地区语言最贴切的形容。

2) 自然资源决定了乡村的发展路径

乡村自身的自然资源禀赋决定了乡村是否具有投资和开发的潜力,某种程度上也决定了乡村的发展路径。比如,丰富的矿产资源可以成为地区发展的主导动力,这类的乡村很可能就发展成为工业发展为主的乡村,用地布局中工业用地和居住用地的关系可能被优先考虑。拥有某种物种资源的乡村可大力发展品牌与特色化的农业产业,这一类乡村的发展优势可能就在于农业,需要在农产品的研发和农业科技的推广上重点投资。而广布人文遗迹与优美自然景观的乡村则可开发成远近闻名的旅游目的地,这一类的乡村则需重点做旅游服务相关的规划以带动乡村的发展。从这个角度出发,这些资源要素一定程度上决定了乡村未来发展的优势路径和可能方向,加之一旦结合外部机遇予以发掘利用,将显著影响乡村的空间形态和用地布局,甚至整体乡村人居环境的建设。江浙地区的乡村地势低平,物种资源丰富,珍贵人文景观和自然景观广泛地遍布各个地区的村落,这也是江浙乡村发展类型丰富多样的最主要原因。

3) 自然条件影响了乡村的发展水平

优势的自然资源对乡村的发展有促进作用,劣势的自然条件对乡村发展具有抑制作用,换句话讲,乡村自身的资源禀赋决定了乡村的发展路径和可能走向,而自然条件的优劣则影响了乡村的发展水平。一方面,自然环境的优劣直接决定了道路和基础设施的铺设难度和资金投入,也对后期维护产生了很大的影响,间接影响了乡村人居环境的建设;另一方面,自然环境的优劣也影响了对乡村资源的开发,条件越优的地方,越有利于开发工作的实施,而乡村产业的发展,又影响了乡村集体的经济效益、富裕程度、村民的就业和生活水平。反过来,乡村产业的发展水平又决定了乡村是否有能力对恶劣的自然环境进行整治,进而影响到乡村人居环境的建设。

10.2   外部影响因素

10.2.1   政策体制的干预作用

1) 政治体制对经济发展的大力支持

自20世纪80年代开始,凭借着特殊的体制背景,江浙地区农民和乡镇企业走上了一条快速发展的道路,乡村工业化使整个江浙的工业化和现代化都进入了一个全新的阶段,"苏南模式""温州模式"等经济发展模式都创造了经济奇迹,使农民阶层向非农转变,城乡差距不断缩小,乡村人居环境得到了翻天覆地的变化。

其中,体制机制的强力干预既推动了江浙地区经济快速发展,又缩小了城乡差距。苏南地区具有典型特征,主要由乡镇政府主导,对土地、资本、劳动力等生产资料进行组织管理,出资创办企业并指派人员负责。这种组织方式可以将乡村地区人力物力集合起来,组合社会闲散资本,进行快速的资本原始积累,实现了地方乡镇企业的快速发展,跻身全国前列。政府直接干预的模式在计划经济及计划经济向市场经济转型时期具有较大优势,其对于生产活动的组织速度较快且成本较低,具体带来以下积极作用:从乡镇企业角度来说,其既可以在少量的社区积累中快速获取原始成本,又可以依靠"政府信用"向银行贷款、低成本占用一定区域内的土地资源、获得廉价劳动力,多方面节约创业成本;从政府角度来说,其自身的政治地位与信誉名声有利于替企业争取更多低成本高价值的原材料供应、拓宽企业产品销售渠道、处理商务纠纷等,从而吸引众多私营企业向集体企业转化;从企业角度来看,政府组织资源的企业规模相对较大,有利于资本密集型产品的组织生产;从社会角度来看,乡镇企业发展初期,人们普遍受计划经济与平均主义思想的影响较大,对于产权、竞争等的观念较为薄弱,有利于地方政府发展集体所有制企业。以上积极作用结合市场经济体制下的多种契机,苏南乡镇企业迅速发展起来,立足乡村,支援农业。

苏南乡镇企业的原始积累来自农业,其所有者和职工大多是乡村村民,并且大多是兼业农民,企业也是建在乡村,从而形成苏南乡镇企业在乡村经济中产生,反过来又繁荣乡村经济的良性互动局面。当然这种发展模式也存在一定的弊病,政企不分是企业发展受阻的最大影响因素。苏南地区在意识到这一问题后对企业进行了改制,政企分开,减小企业对政府的依赖,使其成长为独立的市场主体,建立自我约束机制、减少管理费用,使企业的发展突破瓶颈,迈上新台阶。浙江也同样如此,只不过是先市场化再推动工业化,乡镇企业同样依靠特殊的地方体制生存并壮大起来。

2) 政治制度对乡村发展的强势推动

乡村和农业的建设发展过程中,政府的制度政策起着十分重要的作用。江浙地区深化乡村综合体制改革,增大其内生动力,转变乡镇政府职能,提高公共服务和社会管理水平,增加财政奖补资金投入,强化财政奖补资金项目管理,进一步增强乡村发展的内生动力。在乡村,开始实行"三分三改"等制度改革,三分即政府和经济的分离,资本和土地的分离,居住和产业的分离,三改即股份、土地、户籍等制度改革。"三分三改"的实行,能够极大推进市场流转并配置要素,是城乡综合改革的关键所在,是农村生产关系和社会关系的巨大变革,对于今后彻底突破城乡二元结构,调整城乡发展,促进新型城市化等方面有着极其重要的意义。户籍制度改革之后,农民和城镇居民同等享有城镇居民的待遇,享受城镇居民才能享受的公共服务,同时保护农民在原来乡村享有的正当权益,从而提高人民生活水平,真正做到缩小城乡差距。

3) 政治政策对乡村建设的重点提升

自然生态条件的治理、经济产业的发展、基建设施的完善,靠乡村内部和村民自身是无法完成的,政府作用的有效发挥极为关键,这离不开政府的科学引导、合理规划和资金投入,相关政策的颁布与强力实施无疑是乡村人居环境提升的强大推动力。如"美丽乡村""特色田园乡村"等项目,由政府颁布实施政策,进行公共财政投入并委派专业技术人员调研乡村需重点治理的问题,对乡村产业、用地结构和基础设施建设进行合理规划并落实,使乡村面貌焕然一新,在保护传统文化和生态环境的同时推动乡村持续健康发展,真正从细微处提升乡村人居环境建设水平。

10.2.2 政策因素的引导作用

1) 城乡统筹政策的引导

城乡二元结构是城乡一体化发展的主要障碍。必须形成工业反哺农业、工业农业互惠、城镇带动乡村、城乡一体化的新兴城乡关系,从而让广大农民切实参与现代化进程并享受其中带来的成果,从而健全体制机制;必须将更多财产权利赋予农民,从而构建新型农业经营体系;必须推进城乡要素公共资源平等流通均衡配置,从而完善城镇化健康发展体制。最近几年,江苏浙江两省城乡一体化工作进展顺利,收效显著,各地政府实行一系列政策将城乡统筹发展落到实处,切实缩小城乡差距。近些年政策激励使区域内工农差距和城乡差距呈缩小的趋势。工农关系、城乡关系呈良好发展态势,城市反哺乡村,工业反哺农业在目前成了共识。

城乡发展关系、工农发展关系相关政策不仅仅取决于国家的社会经济环境、农业资源禀赋,而且取决于一系列政策激励的正确性,包括政策路径、决策层偏好、城乡利益集团的力量格局等因素。江浙地区在经济快速发展的过程中,城乡发展差距总体呈缩小趋势。在政策导向上,江浙地区的工业化与城市化的发展都是按照城乡的融合与互动思路发展的。凭借着区位优势和特殊的体制背景,从 20 世纪 80 年代开始,江浙地区的乡村工业化和现代化迈上了新台阶,以乡村工业化为主体的经济发展模式打破了城乡二元经济格局和单一的乡村社会经济结构,大量的农村剩余劳动力向非农产业转移,根深蒂固的传统价值观和生活方式得以转变,多阶层、多职业的现代社会结构在乡村逐渐形成。这种政策导向加速了江浙地区的城镇化进程,使地区内的城乡差距呈缩小趋势。

在世界各国工业化发展进程中,城乡之间的经济发展差距普遍存在。实践经验表明,市场机制自身的特性导致其难以解决乡村发展进程中产生的农业、农村、农民的矛盾,乡村的振兴发展必须依靠政府强有力的推动。江浙地区在政策的引导和激励下,推进工业反哺农业、以城市带动乡村,实现城乡统筹发展,通过产业扩散与辐射来发挥城镇对于乡村的带动作用。其基本机制有三个。

第一,拉力机制。城市发展过程中存在向心力与离心力两种类型的作用力,向心力推动城市及其要素发展向城市中心集聚,离心力推动部分城市要素由中心区域向外围扩散,二者的非平衡运动会产生极化效应与扩散效应,其中极化效应促进中心城市的发展,中心城市则通过扩散效应带动周边腹地发展。城市的经济发展与产业的扩张扩大了城市的就业容量,增加了城市的"拉力作用",促进了城市化及其附属的乡村劳动力的非农化转移与充分就业。江浙地区通过实施以县级和省级重点中心城镇为主要载体的乡村城镇化战略推动了生产要素的城镇集聚,通过产业扩张与增加就业容量形成了工业带动农业、城市带动乡村的拉力机制。

第二,推力机制。我国乡村社会发展的历史进程同时受拉力机制与推力机制影响，二者共同作用且相辅相成。乡村地区的经济发展吸引着城市生产要素向乡村流动，进而促进了自身经济的发展。而乡村经济发展下产生的大量剩余劳动力受利益驱使自发流向城市地区，产生一定推力以促进城乡互动，共融共享。我国江浙地区重点推进小城镇发展建设，区域城镇分布较广、密度较高，存在工业、农业活动共同参与的情况，工业反哺农业，增加了区域经济的联系，促进区域范围内城市对乡村的带动作用。

第三，市场机制。20世纪90年代以来，我国长三角地区市场化程度提升，市场机制的调节作用在区域经济发展中充分发挥，促进了生产要素在城乡之间、在工农产业之间的自由流动，有助于城乡一体化的推进与城乡发展壁垒的消除，并为此提供了城乡产品相互之间的市场销售与流通组织，形成了城乡统一的大市场，疏通了江浙地区产品流通渠道，尤其促进了农副产品的市场销售。随着乡村流通组织的完善，工业反哺农业、城市支持乡村的市场销售与流通组织也逐步建立。

2）惠农强农政策的帮扶

近年来，江浙地区各地政府以统筹城乡发展为指导思想，以解决"三农"问题作为全面建成小康社会的重中之重，先后制定一系列统筹城乡兴"三农"的政策，通过以工促农、以城带乡的发展机制来建立和完善城乡全面发展体系。充分发挥工业化、城市化、市场化对"三农"的促进作用，加强农业优惠倾斜，各地乡村建设取得了良好的效果，城乡一体化发展明显加快，尤其是苏南浙北地区城乡差距不断缩小，苏州更是在城乡一体化建设中发挥了品牌效应。江浙内部整体发展水平不均衡，浙江西南部的丘陵地区和江苏北部平原地区乡村相对较为落后，各地政府立足区域协调发展，在政策制定时考虑向这些经济薄弱、发展落后的乡村适当倾斜。总体来说，各地政府政策覆盖均较为全面，广泛涉及农业技术推广、乡村基础设施建设、现代农业、新乡村建设、农业基本保障、社会生活保障等方方面面，立足本地乡村发展的实际情况，各有侧重，致力于促进农业的发展，提升乡村人居环境，为乡村居民的生活提供强有力的保障。

10.2.3　基础设施的影响作用

乡村的公共基础设施,是为乡村经济、社会、文化发展及农民生活提供公共服务的各种要素的总和。某种意义上来说,乡村人居环境建设提升的重点在于公共基础设施的建设,这对于缩小城乡差距,改善乡村居民的生活水平具有重大意义。研究发现,乡村经济的发展、生态环境的改善和生活水平的提高,与乡村公共设施的建设使用具有较强的关联性。

1) 交通网络带动乡村发展

乡村公路对我国高速公路网和干线公路网的规模效益的发挥起着至关重要的作用。乡村公路是干线公路集疏运的基础网络,是便捷、通畅、高效、安全的交通运输体系的重要组成部分,更是提升乡村人居环境的重点。乡村公路是乡村重要的基础设施之一,对于乡村交通运输和经济产业的发展起着不可或缺的作用。当前江浙乡村地区建设有赖城市经济社会的高速发展,道路覆盖率及硬化率位于全国前列,且许多乡村已经完成了道路的改造升级工作。很多近郊村和远郊村在条件合适的情况下,开通了通村公交车,大大方便了居民的日常出行,加强了城乡之间的往来。

乡村道路的建设水平对乡村经济的发展有着十分重要的作用:一方面,道路交通的改善有利于发掘乡村经济发展潜力;另一方面使生产条件的改善成为了可能,更方便了城乡之间物质流、信息流和人才流的相互交换。更重要的是,可以让乡村居民看到更多在乡村内部看不到的东西,居民视野的开阔和人脉资源的积累以及自身意识的提高,使居民主观地去发展建设乡村。另外,交通条件的改善是解决农产品运输难、出售难、货损多、成本高、价格低的问题的根本途径,可以说是乡村经济发展的"加速器"和"孵化器"。

总而言之,江浙地区乡村交通网络的构建及道路交通条件的改善,不仅方便了村民的来往,给村民提供了多样化的交通选择方式,还大大促进了区域内及区域之间经济产业方面的互通与协作,带动区域协同发展。

2) 市政设施提供基础保障

市政基础设施是推进城市化进程必不可少的物质保证,是实现国家或区域经济效益、社会效益、环境效益的重要条件,对经济的发展具有重要作用。

同样,乡村地区的市政基础设施是乡村经济社会活动正常运转的基础,供电供水燃气邮电等某一个系统出现问题,都会对居民的日常生活造成极大影响。市政基础设施的完善与提升,给村民的日常生活和产业的发展提供了重要的保障,更是一大助力。某种角度说,基础设施的建设可以看成社会经济现代化的重要标志,也反映了现代化社会的物质丰富程度。当前江浙地区乡村基础设施普及程度更高,水平更先进,也证明了这一点。总之,市政基础设施的建设水平直接反映了乡村人居环境的建设水平,反之,其建设质量也抑制或促进乡村人居环境的建设与发展。

3) 环卫设施美化乡村风貌

环卫设施相对于其他能源供给设施,其对乡村的卫生环境和村容村貌影响较大,在对乡村人居环境的影响上则更为直接,也更容易被看到。环境是人们赖以生存的外部世界,环境污染问题更是与人们自身的生存、发展息息相关,应广泛引起重视。乡村环境卫生更有其自身的特殊性,更容易产生环境被破坏和生态污染等问题,甚至产生水污染和农作物被污染等重大问题,因此环卫设施建设是乡村基础设施建设中举足轻重的一部分。它可以对乡村环境进行治理,避免产生污染灾害,更可以大大提升村民的居住质量和幸福感,更可以改善当地的自然生态环境,美化村容村貌,有利于良好景观风貌的塑造。尤其江浙地区自然环境优越,环卫设施合理配建既保护了秀美的环境,又为发掘这些宝贵的自然景观创造了条件。

4) 公共服务设施提高幸福感

公共服务设施在人们的日常生活中起着不可或缺的作用。城乡社会经济发展不平衡的主要表现之一是乡村公共服务建设不足。乡村公共服务设施主要是为乡村人口服务的,其具体项目和建设规模必须根据村民的需要来确定。总的来说,乡村地区的经济发展和人口规模决定了人们对公共产品的需求。传统的农业生产方式和乡村生活的特殊性对村落的布局规划和规模造成了一定的限制,也导致乡村地区公共服务设施公平合理的配置变得更加复杂。尤其公共服务设施外部效益较大,虽然近几年农业产业和市场经济都在发展进步,乡村公共产品的供给模式也从政府供给逐步转向政府与市场混合供给,但就整体而言,市场供给模式尚未普及,而且供给数量有限,所以现阶段乡村地区的公共服务供给模式主要是由政府与村经济集体共同承担。也就是说乡村的富裕程度影响了其公共服务设施的建设,反过来公共服务设施的建设又影响了居民的日常生活和人居环境建设。得益于独特的地缘优势和经济的发展,江浙乡村地区随着乡村建设过程的推进,其公共服务设施建设也发生了巨大的改变。医疗机构的不断扩增及覆盖,医疗水平的不断提升使乡村居民的生活得到更好的保障。村内文体设施的建设更是丰富了村民的精神生活,养老设施的完善更是为乡村老龄化及空心化问题的解决提供了支撑及依靠,这些均对乡村人居环境建设起着至关重要的作用。公共服务设施缺位则会对乡村居民的生活造成巨大的干扰,更会对生态环境的保护造成巨大的阻碍。这不仅关系到乡村居民的生活,更影响到城市甚至整个区域的发展;既不利于推进乡村自身的可持续健康发展,更不利于各要素的合理流动,以致加大城乡差距。

10.3　生成机制解析

10.3.1　作用机制

乡村人居环境是乡村区域内农户生产生活所需物质和非物质的有机结合体,是一个动态的、复杂的巨系统,其功能转换和演变具有一定的内在规律性。自然生态环境构建了一个可持续的、可生存的物质基础平台,为乡村人居环境的发展提供了其所需的自然条件和自然资源;农户生产生活活动总是在一定的地表空间进行的,这种地表空间是实实在在的,与农户生产生活密切相关的,而不是虚构的;乡村人居环境的社会网络环境,是制度文化、传统习俗、行为方式和价值观念将特质相同的农户置身于一个共同的社会文化背景之下而形成的。这 3个子系统共同构成了乡村人居环境的内容。

通过研究发现,乡村人居环境的演变是通过内部因素和外部因素共同作用形成的,可以归纳为乡村人居环境是以外部环境介入和内部行为主导的人居环境系统,二者的耦合作用机制里主要是制度安排(或变迁)通过影响农户居住、消费、就业和交往等空间行为,最终影响乡村人居环境系统演变。

首先,自然因素和社会因素是人居环境形成的基础,经济因素则是乡村内部在自然因素和社会因素影响下通过自身空间行为产生的衍生物。在早期的传统农业社会中,乡村在人类不断适应自然的过程中自发生长,其内部要素是社会发展与空间形成的主导力量,地形、气候、水文等对聚落选址布局产生了重大的影响,随之也产生了与自然环境相适应的营建方式和地方习俗及生活习惯,逐渐在漫长的岁月中形成了差异化的地域化的乡村人居环境。自然禀赋奠定了乡村的发展基础,也决定了乡村最初和随后的发展走向。换句话说,这些要素影响到了乡村产业和经济的发展,市场经济体制下乡村人居环境建设水平和经济存在很大的关联性,经济的发展水平又对乡村人居环境的建设起到了至关重要的作用。

其次,内部行为主导乡村发展的不足这一点逐渐突出,内部系统的自发作用难以满足生产生活的全部需要。在一定的生产技术局限下和社会发展阶段,自然条件对设施配置、房屋建设等方面存在极大制约;而不断进步的生产生活方式又催生着乡村设施等各方面新的需求,如供电供气环卫等基础设施,在"自给自足"的乡村社会中内力必然无法满足;在效率优先的价值取向和市场导向的经济发展中,在无外力干预和引导情况下,村民自身的行为决策也往往急于个体短期利益的追逐而容易存在极大盲目性和不合理,有意无意中对人居环境造成了难以逆转的破坏与损失。内部系统中自身条件的局限对乡村发展的约束作用越发明显。

随着经济社会发展,来自乡村系统外部的作用力量逐渐侵入,干预了乡村人居环境的演化进程。早期的城镇化进程中,外部要素大量侵入乡村空间,深入影响演化进程。在空间布局上,外部力量在无意识的状态下引导乡村空间形态向公路、市场、中心城市等人工要素集聚,并减弱了自然因素对其原本主导性的影响;在设施建设中,乡村资源在一味追求城市发展的诉求下不断输出,区域资源在效率优先的战略中首先供给城市;在景观环境上,生态资源与历史传统面临破坏。总体而言,在这一阶段,空间无序发展、乡村人口大量流失、各项设施普遍滞后、传统观念逐渐转变,乡村自身发展的均衡不断被打破。在提倡新型城镇化的当下,城乡统筹的价值转变催生了针对乡村问题的一系列政策、制度和行动,乡村人居环境被有意识地再度重塑。在住房建设方面,各项空间规划一方面显著提升了落后地区住房建设的质量,另一方面也使得乡村空间逐步脱离其自然环境和社会传统,在各地趋同;在设施建设方面,政府资金与政策的投入无疑为各地生产生活的顺利开展提供了巨大保障,但缺少针对性设计的政策导向,使相似的配置模式无法适应充满差异性的地方发展与实际诉求;在景观环境方面,有意识地对传统村落进行保护才能避免村民个体在行为决策中对其产生的破坏,地方管理部门的重视程度与投入力度使各地的环境品质呈现差异。总体而言,在当下及未来,外力尤其是政治因素已逐渐取代内力成为乡村发展的主导力量,且这一影响将愈发深入和广泛,并在一定价值观念的引导下有意识地塑造着未来的乡村人居环境。总之,从无意识到有意识、从个体市场行为到政府宏观统筹、从盲目破坏到试图修复、从逐渐侵入到成为主导,外部因素的广泛和深入成为乡村人居环境演化进程中的关键。

　　总的来说,乡村内部因素通过自然演进的方式塑造出各具特色的乡村空间风貌;人居环境与自然环境的共生交融创造出丰富的空间形态与宜人的空间尺度,但具有一定的局限性,发展较为缓慢,对于外在环境的迅速变迁难以充分适应,易发生秩序的失稳和空间的混乱。而强有力且具有针对性的外部力量被引入,可以迅速形成乡村人居环境提升的巨大推动力,以弥补自组织演进中的不足。城乡统筹与乡村建设如火如荼的当下,住房、设施、环境等乡村人居环境各项政策投入、制度设计与空间规划对于优化土地使用、提升生活水平、改善空间面貌的作用显而易见。但外力的强势介入和过度干预同样会产生消极影响。基于“效率优先”的利益诉求,短期迅速的“人工嫁接”难免忽视系统本身的特点和机制,或与内部要素主导中的变化发展着的主体诉求产生矛盾,带来乡村空间形态的突变和扭曲。

　　但现实中,内部要素和外部要素的影响并不是泾渭分明的。内部要素自身的演化发展基于外部环境影响,外部力量的影响需要建立在内部要素影响的基础上,依赖内部要素产生作用。乡村一直置身于城市和区域的围绕中,除了早期的村庄形成阶段,二者始终相互影响、相互依托、共同作用。

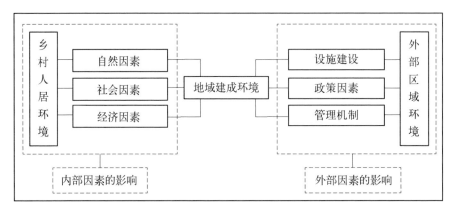

图 10-1 江浙乡村人居环境的生成机制

10.3.2 特征呈现

1）江浙地区乡村人居环境的特殊系统特征

（1）充分开放性

乡村聚落与外界存在着频繁的物质能量交换，如农户行为的空间移动、建设资金的纵向流动和文化、信息资源的交叉传播等。这里的开放性意味着每一次社会变革都与乡村人居环境的发展相关并带来系统发展的新动力。而江浙地区的乡村城市化程度较高，乡村和城市的物质能量交换值更大，对外部能量的输入持开放态势。这有助于进一步加强乡村与外部环境在信息、金融、文化等方面的联系，也提高了江浙乡村的社会关注度，相应的公共投资和行为响应也将加速乡村人居环境系统的演化。

（2）不稳定性

长期以来，由于城乡二元结构的制度性惯性影响，一定地域范围内，乡村地区发展严重同质化，而乡村人居环境系统相对稳定，江浙地区乡村也不例外。随着乡村社会经济体制的改革和城市化的快速推进，封闭的、内向型的乡村空间被打破，增强了乡村人居环境系统内部的非平衡性和非稳定性，很直观的一大表现就是供需不匹配问题，尤其是江浙地区的乡村由于特殊的区位和体制影响，走在现代化和工业化的前列，相对于我国其他地区具有更高的城市化水平。乡村人居环境本身所具有的开放性特征推动城乡之间的交流。一方面，城镇化和城乡融合发展政策极大地推动城市文明的传播,传统的乡村文化受到极大影响而不可避免地呈衰退之势。另一方面,乡村与城市之间存在的天然势差,使得城乡之间材料和能源交换成为可能,为城乡协调发展提供原动力。

(3) 涨落机制

作为一个典型的复杂的人地关系系统,乡村人居系统会不断遭受外部因素的干扰,在系统分叉点上,系统表现出强烈的不确定因素,一个随机扰动都可能改变系统的发展方向,从而使这个系统偏离常态或理想状态,形成涨落态势。当然通过外部势力介入和内部结构调整,系统发展方向是可以选择的。由于我国城乡二元结构的存在,乡村地区发展的主导因素仍源于外部,这些外部因素主要来源于政府和体制。江浙两省各级政府对乡村地区的政策引导和强力介入都已经引起乡村人居空间形态的变迁、传统文化的重塑和自然生态环境的演进,比如"三分三改""美丽乡村"等政策都对江浙地区乡村人居环境产生了巨大的影响。

2) 江浙地区乡村人居环境的特征呈现过程

江浙乡村地区因为独特自然环境和地域文化,形成了最基本的江南地域乡村特征,在政策体制的干预下和城镇经济的带动下形成了独具江浙特色的乡村人居环境。

(1) 自然环境丰富多样

人类聚居是在不断适应变化的环境并不断与自然环境竞争中而获得发展的,不管什么形态的村落,都是在一定的自然条件下形成的,受到自然因素的影响。江浙乡村地区因为地形多样,气候湿润多雨,水网密集,形成了独特且多样的自然生态环境,基本可以分为平原水网密集型、山地丘陵型和海岛型。每一类乡村均根据各自的地形、气候、水文、土壤等自然环境因素进行建设选址、房屋布局、建设方式等空间营造,进而影响乡村的原始风貌的形成,也为乡村人居环境后续发展奠定了基础,并持续、渐进地影响空间塑造。对于任何一个地区而言,自然条件都是其赖以发展的基础性因素。对于乡村,自然条件决定了当地的农业类型,影响了经济发展与基础设施建设,进而对乡村的人居环境形成造成影响。江浙地区丰富的自然资源也为其旅游和其他产业发展创造了得天独厚的条件。

（2）乡村经济产业发达

江浙地区是我国城市化水平最高的地区之一,城乡一体化进展如火如荼,城乡差距不断缩小,乡村集体及村民个人经济实力雄厚,各地政府均重视城乡统筹发展,颁布并实施一系列政策以缩小城乡差距,已经形成了"工业反哺农业""以工促农,以城带乡"的一体化发展格局。加之自古以来,江南人善于经营,凭借着特殊的体制背景和区位优势,以乡村工业化为主体的经济发展模式使江浙乡镇的工业化和现代化迈上了新的台阶,大量乡村剩余劳动力得以向非农产业转移,长期形成的城乡二元经济格局得以打破,单一的乡村社会经济结构得以向多职业、多阶层的现代社会结构转变,根深蒂固的传统生活方式和价值观念得以改变,形成了江浙乡村地区分工合理、规模庞大、经济效益良好的乡镇企业。归结下来,第一产业大部分地区已经进入农业现代化时代;第二产业发达,进行了产业结构的优化重组,凭借优良的自然资源,乡村旅游业也得到了良好的发展。乡村产业的发达得益于良好的区位优势和自然资源,加之有特色的政策体制,使江浙乡村地区的产业发展走在全国前列,反过来雄厚的经济实力又造福村集体,提高了乡村人居环境水平。

（3）公共设施相对健全

这里的健全是相对的概念,因为和发达的城市相比,乡村公共设施的建设仍存在一些差距。但横向对比我国其他地区的乡村公共设施,江浙乡村地区公共设施覆盖率和配建水平都处于高水平行列,与城市差别较小,有些近郊村享受的公共设施与城市无异。公共服务设施城乡分配不均,说到底还是城乡二元体制长期存在的原因。在我国长期的工业化、城镇化发展过程中,逐渐形成我国特有的城乡二元体制,主要表现是城市与乡村实行两种截然不同的户籍制度,政策与制度明显偏向城市,以农业支持工业,以乡村支持城市。这种城乡二元体制是塑造我国城乡经济社会二元结构的主因。在当前新型城镇化的要求下,江浙地区着力于实现城乡二元体制改革,包括城乡户籍制度改革、乡村土地制度改革、房地产制度改革、乡村新型合作制改革以及城乡管理体制改革,以使更多的乡村居民可以享受和城市一样的公共设施。另一方面,江浙乡村经济发达,村集体和地方政府经济实力雄厚,公共设施的建设离不开政府和村集体的支持,资金的大量投入,使得江浙乡村地区的公共设施配套更为健全合理。

（4）生活理念贴近城市

由于江浙地区是城市化水平最高的地区之一，其乡村地区经济较为发达，交通网络完善，加之政府为城乡统筹发展锐意改革，本区也是城乡一体化发展最早的地区，使城乡差距不断缩小，城乡互动活跃，其乡村文化与城市文化矛盾与交融对乡村人居环境的影响具有一定的典型性。这一点在带点乡村文化气息的近郊村和带点城市文化气息的远郊村最为明显。随着城市化进程的加快，经济生活水平提高的同时，城市的审美观念、价值观念、思维方式、生活方式及行为习惯等都渗透到了乡村，对乡村的人居环境产生了巨大的影响。其具体表现为江浙乡村地区居民和城市居民有着趋同的审美、理念和生活方式，对待事物的看法一致等特征。

第11章 江浙乡村人居环境建设的思考与展望

11.1 江浙乡村人居环境建设的新形势

11.1.1 城镇化总体导向

1) 由数量增长转变为质量提升和结构优化

当前我国经济增长已进入新常态,江浙地区作为我国最发达的区域之一,其城镇化方式也体现出诸多新特征。首先,江浙地区的经济增幅逐渐放缓,但总量依然可观,在全国仍占相当比重,是全国经济增长的重要引擎。同时,城镇化的质量不断提升,经济增长的同时更加注重生态文明,单位 GDP 的土地资源消耗、能源消费、污染排放明显下降,片区整体生态环境得到显著提升;居民收入稳步提升,生活水平改善,各项社会事业同步发展,居民生活幸福指数逐年提高。再者,江浙地区的整体发展结构更加优化,传统的能耗型污染工业逐步淘汰,各项高新技术产业蓬勃发展,并取得一大批先进的科技成果,创造了巨大的产值和财富;同时,金融服务、咨询设计、文化创意、信息技术等第三产业高速增长,成为江浙地区城镇化的重要驱动力量。江浙地区未来将以城镇化的品质提升为重点,继续走质量提升和结构优化路线,实现整体城镇化水平的升级。

2) 由人口的城镇化转变为人的城镇化

一般而言,衡量城镇化水平主要有三种方式,分别为城镇经济占区域经济比重,城镇人口占区域人口比重,城镇用地占区域土地比重,其中,人口比重是最常用的衡量方式。江浙地区的城镇化水平在全国处于领先地位,但是,外来务工人口、乡村转移人口等半城市化人口也占有相当的比例。以杭州、南京、苏州等城市为例,其超过半数的城市人口均由外来人口构成。当前,这些人口的城镇化问题正在不断被重视,各地均出台相应政策,以保证这些居民在医疗、子女入学、社会保障等方面和本地居民享有同等地位;同时,江浙地区因其兼容并蓄的文化也对外来人口持开放包容的态度,外来人口能迅速适应当地生活,多数人都对当地的生活表示满意,如果有条件,他们愿意长期留在江浙地区的城镇。未来,江浙地区的城镇化不再单纯追求城镇人口数量的增长,而将重点放在提升居民生活质量、公共服务覆盖水平,提升居民整体幸福感。

3) 由各地各自为政转变为区域协同一体

江浙地区作为一个区域概念,涉及范围广,共包含 26 个市。在传统的发展过程中,各地一方割据,只求自身发展,不顾周边利益的增长方式,常常导致各县市同质化竞争、恶性竞争,甚至还演化出若干公共资源悲剧,对周边地区及区域整体良性发展造成巨大影响。早年苏南地区试点了苏南城市联席会议制度,南京、镇江、常州、无锡、苏州五市主要领导每年定期会晤,共同协商区域热点问题,做出区域整体决策,协调各地区之间的矛盾,取得了良好的效果。长三角地区作为一个跨省的大型区域,行之有效的区域协同政策十分重要。2016 年,国务院通过的《长江三角洲城市群发展规划》明确了江浙地区各地区的发展定位与路线,确定了各地的城市性质与分工职能,通过区域规划的形式有效协调了各地未来的发展重点,明确了跨区域重大基础设施的布局,对区域协同一体化发展起到了重要作用。

2019 年,国务院印发的《长江三角洲区域一体化发展规划纲要》将长三角区域一体化发展上升为国家战略,江浙地区将深化跨区域合作,形成一体化发展市场体系,推动区域一体化发展从项目协同走向区域一体化制度创新,为全国其他区域一体化发展提供示范。

11.1.2　城乡一体化发展趋势

1) 城乡土地一体化不断推进

随着三规融合试点工作的不断推进,城乡规划与国土规划能够相互配合,对城乡用地管控与基本农田保护起到有效作用;同时,当前的城乡规划过程中,市域规划的重要性正逐步提升,城镇体系中对乡村的要求正逐步科学化与规范化;当前,各地也纷纷开展乡村规划的编制工作,使乡村的各项建设能够有章可循。在土地管理方面,目前城乡也在开展不动产管理,城市与乡村的居住用地有望纳入统一的管理体系当中;同时,国家也发布相关文件,保证了乡村土地的合法承包与流转,明确村民可以将自己的土地用于贷款抵押等用途,乡村用地的市场化进一步放开。从当前的发展趋势来看,城乡的土地管理方式正在逐步靠拢,城乡土地在规划、建设、经营方面的一体化正在不断推进。

2) 城乡公共服务一体化不断深化

目前,江浙地区所有乡村均配备有卫生院(室)、图书室、小广场等公共设施,村民在家门口就能享受基本的公共服务。与此同时,这些设施的服务水平也在逐步提升。卫生院配备的药品逐渐丰富,医疗器械逐步扩充,每个卫生院均有专业医生,医疗服务质量不断提高;文化娱乐设施也根据居民的需求逐步完善,以便村民在茶余饭后能够拥有合适的场所休闲娱乐。然而,乡村的公共服务设施和城市相比仍存在差距,这就要求城镇的公共服务设施的服务范围能够向乡村延伸。至于医疗,目前正在加强乡村新农合和城镇医保的整合,村民去城镇就医同样能够得到报销;同时,城镇大型医院也定期指派专家前往乡村问诊,为村民提供优质的医疗服务,并给村卫生院提供医疗指导和技术支持。文化方面,城镇的文化团体定期下乡演出,为村民带来视听上的享受。商业方面,村民在城镇购买家用电器,送货上门和售后服务也能覆盖到乡村,给村民带来了莫大的便利。未来,江浙地区城乡公共服务一体化仍将不断拓展与深化,广度与深度都将得到提升。

3) 城乡基础设施一体化不断完善

近些年,江浙地区乡村基础设施的建设不断强化,供电和通信已覆盖所有乡村,绝大多数乡村能用上城镇自来水,多数乡村完成了乡村道路的硬化工作。对于较为薄弱的污水处理和环卫设施,也在不断加大力度,积极新建排水管网,完善垃圾清运设施,乡村卫生环境与整体面貌得到了明显改善。得益于完善的基础设施,稍富裕的家庭,家中各项家电厨卫设施齐全,村民家庭生活质量已与城市别无二致;不太富裕的家庭,他们也表示目前的生活质量相较于从前也有明显提升。未来,江浙地区的乡村基础设施建设工作仍将进一步强化,供电方面,新一轮农网改造已经部署,目标是每个村落都通动力电,提升生产用电的供电能力和生活用电的供电质量;供水方面,将进一步加强乡村供水管网与城镇自来水网的整合,改造淘汰老旧管网,提升供水水质,保证供水安全;通讯方面,2018 年已实现 4G 网络全面覆盖乡村,目前正在加强重点行政村 5G 信号全覆盖;道路交通方面,进一步完善村内道路的硬化,对开裂、老化道路进行翻新整治,同时提升乡村公交的覆盖范围,增加发车频次。从整体趋势来看,城乡基础设施一体化仍将不断完善。

11.1.3　乡村地区发展趋势

1) 产业结构日趋多元

　　江浙乡村气候优越、土壤条件良好、自然资源丰富,自古以来就是重要的农作物生产地区。历史上,农业是构成江浙地区乡村地区生产总值的主体。随着长三角地区整体工业化水平的不断推进,乡村地区纷纷创办村镇企业,乡村工业得到长足发展。这些乡村工业,有的是农副产品加工,化肥、农药生产,农机零配件制造等农业相关工业,完善了农业相关配套,有效提高了农业生产效率;有的则是五金构件加工,简单机械制造,塑料、玻璃、金属、板材等材料生产加工,这些企业与农业并无直接关联,但丰富了周边相关产品市场,是城市工业和乡镇工业的重要补充,同时为村民就业提供了多种选择。当前,江浙地区乡村的第三产业也蓬勃发展,许多乡村通过电子商务的途径出售当地特产,为农副产品的销售拓宽了渠道;许多乡村也瞄准当今旅游休闲市场,大力开发乡村旅游,乡村自有的自然生态价值得到充分挖掘,采摘、体验、休闲等新型的农业形式不断涌现,同时,也培育了一批餐饮、农家乐、民宿等特色服务配套业;基于此,有的乡村正规划试点并推广集生产、加工、销售、体验、旅游、科技推广等于一体的农业综合体,构筑完整的产业链。总之,江浙乡村的产业日趋多样,村民的收入来源也逐步多元化。他们可以通过务农、外出务工获得经济来源,也可以通过土地租售承包获得收入,也可通过经营当地的特色产业取得收入。江浙乡村的产业结构、村民的收入结构、整体的经济结构正朝着多样化的方向迈进。

2) 人居环境水平进一步提升

在全国范围内,江浙乡村经济水平较为发达,从整体来看,政府、村集体、村民自身的收入水平处于稳步提升之中,这为乡村人居环境的提升提供了坚实的经济基础,乡村居民家庭的生活条件日益改善,乡村内的各项公共事业不断推进,各项基础设施不断完善。得益于江浙乡村日益丰富的乡村产业,乡村自身的造血能力不断增强,人居环境提升的内生动力显著增强;得益于国家及地方对乡村工作的持续重视,以及各项财政资金分配的统筹协调,人居环境提升的外部保证日益完善。从整体上来看,未来江浙乡村的人居环境水平将进一步提升,村民对自己家乡的满意度、幸福度将进一步提高。

3) 人口规模变化日益多样

早期,因经济飞速发展,城镇化水平不断提高,城市对乡村的吸引力日益增强,江浙乡村人口持续流出,老龄化现象不断加剧。但随着部分发达乡村电子商务、乡村旅游等各项产业的不断发展,乡村自身的吸引力也在不断提高,许多年轻人开始愿意留在乡村,不少外出人口也逐渐回到自己的家乡寻求发展;但对于多数薄弱乡村而言,当地村民仍然希望晚辈能立足城市,当地年轻人也更愿意在城市定居。与此同时,许多村民还表现出在城市工作,在乡村生活的城乡两栖式生活。因此,江浙乡村人口的变化规律呈现出多种新变化,已不再是初期的单向增长和先前的单向流出,表现出城乡互动和多地各异的变化方式。未来建设中应充分分析当地乡村的人口规模变化,做到因地制宜。对于增长型乡村,应统筹安排好各项建设,协调好居住用地、各类产业用地与农田等非建设用地的关系,做到规划先行,有序建设;对于城乡人口互流型的乡村,应完善好各项公共服务等配套设施,让他们能在城市安心工作,在乡村安心生活;对于萎缩型乡村,应研究适合当地的精明收缩策略,做到各项用地与设施随人口规模合理增减,避免不必要的浪费和空置。

11.2　江浙乡村人居环境建设的新动态

11.2.1　江苏特色田园乡村建设

1) 建设目标与任务内容

特色田园乡村是指江苏省坚持创新、协调、绿色、开放、共享的发展理念，立足江苏乡村实际，对现有乡村建设发展相关项目进行整合升级，并与国家实施的有关重点工作相衔接，进一步优化山水、田园、村落等空间要素，统筹推进乡村经济建设、政治建设、文化建设、社会建设和生态文明建设，打造特色产业、特色生态、特色文化，塑造田园风光、田园建筑、田园生活，建设美丽乡村、宜居乡村、活力乡村，展现"生态优、村庄美、产业特、农民富、集体强、乡风好"的江苏特色田园乡村现状。

"十三五"期间，省级规划建设和重点培育 100 个特色田园乡村试点，并以此带动全省各地的特色田园乡村建设。具体目标为：生态优，即乡村生态环境得到有效保护、修复和改善，田园景观得到有效挖掘和充分彰显，形成自我循环的乡村自然生态系统，拥有天蓝、地绿、水净的自然环境；村庄美，即村落与环境有机相融，保持传统肌理和格局，村庄尺度适宜，建筑风貌协调，地域特色鲜明，基础设施配套齐全；产业特，即农业供给侧结构性改革有效推进，农业结构得到优化调整，经营体系不断健全，生产水平和综合效益大幅提高。打造"一村一业""一村一品"升级版，形成特色产业和特色农产品地理标志品牌；农民富，即产业富民、创业富民效应进一步凸显，农民收入显著提高，职业农民队伍不断壮大，农民在挖掘传承传统技艺的同时实现增收；集体强，即重点改革深入推进，村集体经济活力充分激发，收入来源持续稳定，乡村治理能力得到提升，基层党组织的凝聚力和向心力明显增强；乡风好，即社会主义核心价值观深入人心，家庭和睦、邻里和谐，村民自治、干群融洽，传统文化得到继承和发扬，形成富有地方特色和时代精神的新乡贤文化。

（1）重点要科学规划设计

编制高水平的村庄规划，有机融合空间、生态、基础设施、公共服务和产业规划。做好公共空间、重要节点空间、建筑和景观的详细设计,用好乡村建设技能型人才作用,发挥好乡土建设材料的作用,彰显田园乡村特色风貌。梳理提炼传统民居元素,借鉴传统乡村营建智慧,确保新建农房和建筑与村庄环境相适应,体现地域特色和时代特征。

（2）培育发展产业

推进农业供给侧结构性改革,加强农业结构调整,发展壮大有优势、有潜力、能成长的特色产业,形成一批具有地域特色和品牌竞争力的农业地理标志品牌。完善涉农产业体系,利用"生态＋""互联网＋"等模式开发农业多功能性,构建"接二连三"的农业全产业链。培育职业农民,壮大新型农业经营主体,建设区域性农业生产服务中心,解决好"谁来种地"问题。

（3）保护生态环境

实施山水林田湖生态保护和修复工程,构建生态廊道,保护、修复、提升乡村自然环境,促进"山水田林人居"和谐共生。开展乡村环境综合整治,严格管控和治理农业面源污染,加快农业废弃物源头减量和资源化利用,实施乡村河道疏浚、驳岸整治,加强村庄垃圾、污水等生活污染治理,着力营造优美和谐的田园景观。

（4）彰显文化特色

保持乡村传统肌理、空间形态、传统建筑和农业敞开空间,延续富有传统意境的田园乡村景观格局和乡村自然有机融合的空间关系。传承乡土文脉,加强挖掘、保护、传承和利用乡风民俗、农耕文化、民间技艺,培养非物质文化遗产和传统技艺的传承人。大力推进现代公共文化体系建设,提高村民文化素质,丰富文化生活,繁荣乡村文化。

（5）改善公共服务

按照城乡一体化的要求,在城乡之间合理布局就业服务、健康养老、社会保障、义务教育等基本公共服务。促进城乡基本公共服务均等化,公共服务设施质量相近、方便可达性大致相同。坚持问题导向,加大乡村基础设施建设力度,着力完善供电、通信、污水垃圾处理、公共服务等配套设施,适当增加旅游、休闲、停车等服务设施,同时建立科学管理、持续运营的新机制,努力满足乡村发展需要。

（6）增强乡村活力

积极探索新型乡村集体经济发展新模式,量化财政项目资金到乡村集体经济组织和成员,激发集体经济发展活力和实力,让农民能够共享乡村改革和集体经济发展成果。建设新型职业农民创业载体,吸引农业科技人员、城镇企业主、高校毕业生等各类人才下乡返乡创业,鼓励合作组织带头人、村组干部、大学生村官等群体自主创业。完善村民自治机制,深化社会主义核心价值观宣传教育,积极化解各类社会矛盾纠纷,促进乡村社会全面进步。

2) 典型案例:苏州树山村

苏州树山村是江苏省省级特色田园乡村建设第三批试点候选村庄,位于大阳山北侧,鸡笼山南侧。2017 年村集体收入 866.28 万元,村民人均年收入 31 358 元。经过多年来的建设和发展,树山村生态优、村庄美、产业特、农民富、集体强、乡风好,先后荣获全国农业旅游示范点、国家级生态村、中国美丽田园、全国文明村等多项荣誉,依托特色产业、特色生态、特色文化,逐渐成为江苏省特色田园乡村的优秀典范。

(1) 特色产业:高质量发展树山三宝,全方位提升生态旅游

树山村拥有悠久种植历史,明朝时便有"摘得云英带霞光,分来佛火试煎尝,山僧春晚原无事,倨焙收藏正日忙"的种茶传统。新中国成立以来,依托得天独厚的生态环境和富含硒等微量元素的独特土质,树山村大力发展生态农业,种植茶叶 1 000 余亩、杨梅 2 000 余亩、梨 1 060 亩,成功打造"树山三宝"(云泉茶、古杨梅、翠冠梨)特色品牌。目前,树山三宝均为农业农村部认证的"无公害农产品"。其中,云泉茶在中国第三届国际茶文化节"中绿"杯绿茶评比中获得优质奖,树山茶叶基地被列为"全国茶叶科技示范基地",翠冠梨被评为苏州市地方优质果品金奖,古杨梅中更是有罕见的白杨梅品种。

除了发展"树山三宝"等生态农业,近年来树山村依托良好的山水资源和近郊区位优势,大力发展生态旅游业,先后荣获全国农业旅游示范点、江苏省五星级乡村旅游区、江苏省休闲观光农业示范村、江苏省乡村振兴旅游富民先进村等称号。目前有特色农家乐 37 家,精品民宿 10 家,温泉度假酒店 3 家,特色手工糕团作坊 1 家,常设非遗项目 2 个,区级重点旅游企业 1 个。2017 年游客接待量达 70 万人次。

鉴于树山村农业发展已具备良好的基础和鲜明的特色,未来将侧重"高质

量"发展,通过供给侧结构性改革,分别在产业、生产、和管理三个层面,打造"树山三宝"的现代化产业体系,建立多种形式的适度规模经营以及"互联网＋农业",培养新型职业农民和地方人才。同时提升"树山三宝"整体产品品质和品牌影响力。打造提升"树山三宝"品牌推介平台,加强产销衔接,推进质量安全追溯体系建设。利用线上线下多种方式开展树山三宝品牌宣传和推介活动,提高品牌知名度。

在高质量发展生态农业的同时,全方位提升生态旅游。通过提升生态旅游中村民的参与度和自觉自愿性,实施温泉进农家工程增加村民收益;通过生态旅游吃、住、行、游、购、娱、休、学、养产品与"树山三宝"的产业环节的衔接,形成一个较为完整的产业链,从而推动农业三产的融合;通过创新发展来挖掘生态旅游背后的乡土文明,凝练乡土特色、弘扬乡土文化、保护农村生态环境;通过加强调研、适度培训、营销管理来实施生态旅游标准化和品牌化建设;通过加快互联网＋生态旅游实现大数据共享、联合运营、监控预警和调度管理。

(2) 特色生态:协同"三生"保护山林水田,内外兼修彰显生态宜居

树山村是姑苏城外、太湖畔难得一见的山村,大石山、树山与鸡笼山犹如太师椅般环绕在村庄四周。山脚下还分布着五个山坞,山谷是千亩梨田。一条千米余长的花溪,沿树山路贯穿树山,沿岸四季花开,温泉氤氲。三山五坞和梦溪花谷共同构建了树山"山林水田村"融为一体的特色生态。村内负氧离子含量高达 2 900 个/立方厘米,是苏州市平均水平的 6 倍多,绿化覆盖率达 98％,是名副其实的国家级生态村。

树山村在建设过程中重点突出"三山、五坞、四条浜"的自然环境特色,展示田园风光、山村风貌和水乡韵味,协同生产、生活与生态空间,充分保护树山独特的山水林田生态系统。结合生态保护、生态修复与生态建设,连通水系,建设生态驳岸、净水设施、生态景观,打造方塘珠嵌、山水潺潺的生态水乡,重点打造花溪生态岸线;腾退大石山零散墓地,重修梨园围护,重塑树山生态景观,实现"一季一风光"。严格划定森林保育区范围,保护树山森林生态。

建设生态宜居的美丽乡村,内外兼修,既要面子也要里子,为此,树山村全面提升树山环境、产业、文化、管理、服务,实现净化、绿化、美化、亮化、文化。运用现代管理方式和手段,着力整治乡村环境,改善村民生产生活条件,大力开展村

庄环境综合整治和群众性爱国卫生运动,实施乡村清洁工程,促进"山水田林人居"和谐共生。将树山打造成为人与自然、人与人和谐共生的美丽家园,让城乡居民能"看得见山,望得见水,留得住乡愁"。

(3) 特色文化:文化自信,讲好树山故事;文创赋能,助推乡村振兴

树山村吴文化底蕴深厚,尤以大石文化最负盛名。峰拥叠翠的大石山名人古迹、历史遗迹众多,现存云泉寺、"大石十八景"、陆绩廉石等著名景点,历史上更是有两座极为罕见的村级书院。此外还有"天生福地""名人待山重""树山与鸡笼山的赌约""秦始皇射白虎"等名人轶事和神话传说。除了底蕴深厚的"大石文化",树山村还有数尊有 500 多年历史的石像——树山守,它是村庄的保护神和文化图腾,形成了守子守家、守规守矩、守一守真、守土守疆四位一体的独特"守文化"。此外树山民俗文化也极具特色,至今仍然有"抬猛将""中秋编兔灯""云泉寺腊八节"等传统民俗活动,以及苏帮木桶和九连环两大非遗项目。

树山村在规划建设过程中,依托深厚的古吴文化积淀、众多名人遗迹和神话传说,深入挖掘和修复当地历史文化遗存,深挖历史古韵,弘扬人文之美,重修"大石山十八景",再现"介石书院"与"达善书院"等古迹,复兴树山的农耕文化之魂,树立乡土文化自信,构建情感认同,讲好树山故事。

与此同时,充分发挥全国首个乡村双创中心——树山双创中心的平台作用,孵化乡创项目、培育乡村创客,创建创客联盟——"树盟"。通过文化 IP 的发挥和运营,弘扬"守文化",保护性恢复"抬猛将""中秋编兔灯""云泉腊八节"等传统民俗活动,传承树山箍桶匠艺和九连环等非遗记忆,用文创的力量让遗产"活起来",从而为乡村赋能,让乡村也"活起来",助推乡村振兴。

11.2.2　浙江美丽乡村建设

1) 建设亮点与先行提升

浙江的乡村正在经历从被城市化到乡村振兴的重大历史性转折。2003 年起,浙江以"美丽乡村"为统领,以建设全国乡村建设典范为目标,探索出一条乡村转型发展的新路子,形成了三方面的发展亮点。

(1) 尊重农民,将乡村发展的主动权还给农民,在户籍、乡村"三权"、基本公

共服务供给制度等方面探索创新,推进"三权到人(户)、权跟人(户)走"改革。浙江 11 个区市已完成全面取消城乡户口性质区分,建立起乡村居民与市民身份平等的制度保障。切实维护好、发展好农民的权益。

(2)尊重自然,复原清丽雅致的田园风貌,彰显江南水乡特色。在保护和提升乡村生态环境上下功夫,推动小城镇环境综合整治工作,改善乡村生态环境,做好"五水共治"。至 2016 年底,全省已培育形成美丽乡村示范县 6 个、示范乡镇 100 个、特色精品村 300 个、美丽庭院 1 万个。

(3)尊重历史,不填湖、慎砍树、少拆房,在保留乡村原始风貌、深度发掘农耕传统、民族风情和民间技艺上做文章,培育建设特色文化村。农业与旅游、文化、电商、工业等多元产业融合的新业态、新模式加快崛起。"看得见山水、记得起乡愁、留得住乡情"的乡村发展愿景正在逐步实现。

浙江在乡村振兴的道路上已经领先一步,未来应站在建设现代化经济体系和供给侧结构性改革的高度,推动乡村社会、生态环境、农业经济全面转型提升,为乡村资产注入新价值,为乡村振兴提供新动能,为乡村居民谋划新发展,是浙江落实乡村振兴战略的题中应有之义。

(1)振兴特色农业,推进农业两区打造"升级版"。以保持土地承包关系稳定长久不变为这一前提,坚守粮食播种面积、生产能力和总产量三条红线,以农业规模化经营为着力点,提高"两区"建设质量标准和亩产效益。推进农业"机器换人",提升农业机械化、智能化和核心竞争力,将现代化信息技术全方位渗透到农业当中去。大力推进"标准化+""电子商务+"农业,培育销路好、效益高的农产品品牌,加快建设生态循环农业和绿色农业。

(2)振兴乡村经济,推动"农业+"发展模式创新。应对全域旅游发展趋势,研究和挖掘乡村风土人情,基于山清水秀、远离尘嚣、空气清新的自身特色,增强乡村旅游"融入原生态、品味慢生活"的属性,积极融入全域旅游的发展趋势,推动无景点乡村度假休闲等新业态的发展,打造乡村经济新增长点。以"产业+"为切入点,在信息技术、体验经济、创意文化的指导下,引导农业与工业、创意、地产、会展等产业融合发展,加速农业向生产、流通、消费等产业链高端攀升,增加产业附加值。

(3)振兴乡土风貌,推动农田水利向大地景观转型。首先在空间布局上推动乡村居民点的空间集聚,基于紧凑集约的聚落深度开发,以农业的大面积连片发展推动山水林田湖草的生态系统统筹融合。同时,基于浙江一带丰富的农林水产资源,在科学美观的规划设计下,塑造特色鲜明的富于韵律与节奏的空间肌理与水陆农田景观,绘就浙江基于山水林田湖生态本底的一方乡土山水画卷。

　　(4) 振兴乡村社会,促进乡村人口优化分布和人口结构更迭。结合山区海岛边远地区乡村空心化趋势,鼓励优化乡村人居布局,按照平原乡村社区 2 000 人以上,山区、半山、海岛乡村社区 1 000 人以上,集中布局乡村社区、配置公共服务及硬件设施,引导乡村人口内聚外迁。同时,推动乡村产业更替下的人口集聚,积极发展乡村休闲度假、健康管理、养生养老、文化创意等新的商业形式,也吸引有创业创新、养生养老需求的城市居民来乡村;推动乡村代际更迭下的人口回流,解决乡村人口和农业劳动力老龄化问题,引导部分农民工返乡。

2) 典型案例: 德清莫干山庾村

　　庾村是浙江美丽乡村建设的重要代表,是一个具有千年历史传承的小山镇,地处天目山余脉的国家风景区莫干山山麓。庾村的美丽,既是自然天成,也离不开各方助力。曾经的庾村,和许多资源优秀的乡村一样,守着青山绿水不知该何去何从。虽然这里有莫干山风景名胜区,但景区属于省级管理,本地享受不到任何门票收益。该地又作为湖州的水源保护地,使得所有产生污染的畜牧业、加工业都无法发展。庾村,渐渐失去了生机,只留下很多凋敝的建筑,孤独地散落在这个小村庄里。

　　但过去的十年中,庾村发生了翻天覆地的变化。这十年,对庾村来说,是美丽乡村建设的十年,是改变庾村未来道路的十年。政府牵头,各类规划,各项资金补助,庾村的建设风风火火地开展着。但庾村的改造不仅仅局限于此,它的建设又异于其他的乡村。政府学习并吸收着外来中坚力量的乡创理念,两股力量相结合,共同寻找他们认为可以保护和创造的乡村景观,为乡村的建设注入了新的生机与元素。比如政府直接利用了庾村中原有的场地进行再规划,改造乡村的遗留建筑、景观,如鼓励开设民宿、咖啡馆、文化集市等,既能有序规划乡村建设,同时又可以带动乡村经济的发展。总的来说,庾村的乡村建设主要集中在以下方面。

（1）资源整合

2014年，民国风情街开始改造，历史和现代碰撞，中西方文化各自散发着魅力，而又相得益彰。通过资源整合，将交通馆、莫干山美丽乡村VR馆、黄郛莫干山农村改良展示馆等参观体验场、体验馆进行了完善。同时，对莫干山民国图书馆、陆放版画藏书票馆、庾村美术馆等文化艺术场馆进行功能性挖掘和打造，逐步形成了以十大馆群为代表，民国风情为主题的商业文化街区。

（2）精品民宿建设

在短短几年时间里，庾村就发展了近百家民宿。郡安里等一批著名"洋家乐"加入，大乐之野等精品民宿崛起，这种既保留了乡村风貌，又能体验当地风俗民情，实现人与自然融合的休闲度假方式，赢得了长三角地区乃至境外高端客户的青睐。

（3）依托资源优势壮大产业

庾村依托当地丰富的自然资源和"洋家乐""民宿"的先发优势，大力发展户外运动度假产业和观光型农业，引进了适合庾村山地资源特色的"Discovery"（极限）挑战基地。同时，完善了绿道线路布局和设施建设，并发挥了莫干山自行车主题生活馆功能，推动了小镇绿道骑行活动提升，登山步道、山地越野、野外露营等户外运动产品不断衍生。与此同时，依托丰富的农业资源，培养了阳光生态园、蚕乐谷等一批观光型农业企业逐渐兴起。赏花节、茶王赛、国际竹海马拉松、年俗文化节等的举办，使得一个以度假、休闲、运动、文化体验为主的旅游风景区正在逐步形成。

（4）创新文化创意产业

与此同时，庾村所散发出来的这种独特的中西并蓄的文化气息也吸引了很多的文创企业。在黄郛当年创办的天竺蚕种场内，书吧、创意餐厅、创意办公园地、民宿学院等一系列多元化的产业与文创工作室等项目落地。同时还融入云鹤山房、乡忘茶礼、晓英的茶等本地茶企及文创企业的文创产品的推广和体验，丰富了游客体验内容，并打造了江南民国文化旅游的知名品牌。2016年，投资额度达50亿元的莫干山影视城也成功签约、落户景区，引领庾村景区进入一个更新的高度。

庾村的文化创意集市是庾村文创产业的典型代表。园区内设有精致优雅的咖啡厅，后山有充满艺术气息和设计感的青年旅舍，还有造型独特的窑烤面包。

在这个文化创园建造之前,这里只是一个普通的蚕种场,但是在政府的引导下,经过改造和重新修建,它已经成为今日的文化型集镇。整个文化创园区总共包含了艺文展览中心、特色农贸市场、主题餐饮酒店等多种业态,体现出不同的文化风情,彰显了庾村当地特色物产,庾村文创园已经成为展示乡村产业、联动城乡发展与促进当地特色农产品文化提升的重要平台。

11.3　江浙乡村人居环境建设的新目标

11.3.1　"两山"理论指导下的乡村人居环境

2005 年 8 月,时任浙江省委书记的习近平同志在安吉县余村考察时,提出"绿水青山就是金山银山",这一重要思想简称为"两山"理论。2015 年 3 月 24 日,中央政治局审议通过的《关于加快推进生态文明建设的意见》,把"坚持绿水青山就是金山银山"这一重要理念正式写入了中央文件。2017 年,习近平总书记在党的十九大报告中指出,人与自然是生命共同体,要建设的现代化是人与自然和谐共生的现代化,人类必须尊重自然、顺应自然、保护自然。"两山"理论是中国特色发展理念下我国生态文明发展的战略内涵,基于自然、经济与社会规律三者相互关系,阐明了经济发展与生态保护之间的辩证关系。江浙地区应积极践行"两山"理论,对良好的自然生态环境进行科学适度利用,将生态环境优势转化为经济优势,促进"绿水青山"与"金山银山"的良性循环,实现百姓富、生态美的统一。

1) 贯彻"两山"发展理念,以绿色发展互推乡村建设

"两山"理论是以习近平同志为核心的党中央对经济规律、社会规律和自然规律认识的升华,这一理论的发展未来将会带动执政理念、发展思路和发展方式的深刻转变。江浙地区的乡村建设应积极践行依据"绿水青山就是金山银山"的生态文明发展理念,以绿色发展引领乡村建设,开辟中国生态富农新征程。第一,乡村的社会经济发展应与生态环境的保护改善相适应,保护与改善生态环境就是保护与发展生产力。对山水林田湖草类生态系统的统筹治理有助于推动乡村自然环境资本的快速增值,推动乡村资源利用方式的可持续性。第二,环境生态优势向经济社会发展优势的转变应在乡村建设中体现出来。坚持绿色发展、低碳发展、循环发展的基本途径,以最少的资源消耗支撑社会经济持续发展,形成资源高效利用和生态环境严格保护的空间格局、产业结构与生产方式。第三,正确处理乡村建设过程中的发展与保护问题。坚持可持续发展战略,综合分析乡村建设中社会、资源、环境要素之间的互动机理与相互效应,探求三者的理想组合状态,实现乡村人地关系的优化和综合发展效应最大化,促进社会经济发展与生态环境建设的协调发展与齐头并进。

2) 加强乡村环境综合整治,建设生态宜居家园

　　江浙乡村建设应着力开展乡村人居环境整治,营造生态宜居家园。首先应统筹生态系统要素,对山水林田湖草系统进行分类整合治理,加强农村资源环境保护,强化农业面源污染防治,扩大耕地轮作休耕试点;实施重要生态系统保护与修复工程,加大对不同自然环境区域的针对性建设,分类治理水源涵养型、水土保持型、防风固沙型、生物多样性维护型等国家重点生态功能区的乡村自然环境,保护好区域生态本底与特色乡村风光。其次,借由基础设施建设与人居环境改善,实施硬化、净化、美化、绿化、亮化等工程,综合提升乡村人居环境质量。完善乡村道路建设,重点解决乡村道路与干线的公路连接和村内便道硬化,形成对外交通高速便捷的,对内交通成体系、成网络的,对接公共交通便利的区域乡村交通体系。统筹改善村民生产生活条件,推动乡村生产生活能源改善,鼓励对于电能、沼气、太阳能灯清洁能源的使用,净化乡村环境。推动乡村生活垃圾回收与污水处理,推动改厕改圈改厨,实施饮水、网络、电话、宽带网络、广播电视等一体化整治工程。实施景观绿化美化工程,种植生态林、景观林、经济林,美化乡村环境。对乡村建构筑物给予地方风土民俗等文化要素的美化与亮化,体现建筑风貌特色,推动建造技艺的传承,引导促进区域性建筑风格与村庄整体风格协调,充分体现自然地理与历史人文特征;对于古街道、古村落、古建筑、古树名木、古井、古坊等各类保护要素,制定保护标准与修缮要求,分级分类整理入册并按照不同标准要求进行修缮,重点保护具有传统建筑风貌和历史文化价值的住宅;结合农村环境综合整治和土地整理工作,推进农村危房改造。

3) 构建"两山"理论良性互动的体制机制,实现乡村生活富裕

江浙乡村践行"两山"理论,不能只注重理念宣传,还需要加强相应的制度建设,以满足国家发展的战略需求。因此,乡村建设实施需要建立"两山"理论的体制机制,逐步实现绿色发展由外部约束向内在自觉转变。首先,顺应"绿水青山就是金山银山"的战略生态文明建设战略理念,强化"两山"理论的顶层设计。要加快主体功能规划的落实,完善国家主体功能区建设的相关配置政策,优化国土空间开发格局,大力推进绿色村镇和美丽乡村建设。推进供给侧结构性改革,建立绿色循环低碳发展的乡村产业体系。加强对地区生态环境的保护和治理,重点对区域内起重要作用的生态调节要素进行关注,加大环境监察和整治力度,从乡村生态环境中最突出的问题下手治理。强化乡村生态文明建设的政策属性,将其纳入乡村建设的制度框架,并逐步将其纳入制度化、法治化轨道。在村民主体的引导上,采用理念宣传与意识引导的途径,建立参与性奖惩机制与激励机制并将生态文明理念融入乡村基础教育。定期为中小学生开展环境保护和经济发展知识讲座,让学生成为乡村家庭"两山"理论的宣讲者、监督者和执行者。借用媒体力量,通过报刊、广播、网络、电视媒介增强乡村居民保护生态环境主人翁意识。同时建立以村委会为基础的环境保护公共治理结构,形成开放、公开、参与、协商、合作的乡村环境保护治理机制,提高乡村基层自治组织对环境保护公共事务的自我管理、自我教育、自我服务能力,并激发村民主体积极性,让他们自发参与涉及环境保护的公共事务决策。十八届三中全会通过的《中共中央关于全面深化改革若干重大问题的决定》要求"探索编制自然资源资产负债表,对领导干部实行自然资源资产离任审计",为绿色约束的绩效考核提供了政策依据。资源环境是公共产品,若对其造成损害和破坏,必须追究责任。通过自然资源资产负债表的编制,将地方官员政绩与自然资源保护挂钩,把资源消耗、环境损害、生态效益等指标纳入绩效评价体系,从而为乡村建设的环境保护提供制度保障。

11.3.2　乡村振兴视角下的乡村人居环境

2017 年 10 月 18 日,习近平同志在十九大报告中指出,实施乡村振兴战略,农业农村农民问题是关系国计民生的根本性问题,必须始终把解决好"三农"问

题作为全党工作重中之重。2018年2月4日,公布了2018年中央一号文件,即《中共中央国务院关于实施乡村振兴战略的意见》。实施乡村振兴战略,是党的十九大作出的重大决策部署,是决胜全面建成小康社会、全面建设社会主义现代化国家的重大历史任务,是新时代"三农"工作的总抓手。江浙乡村人居环境建设在新时期践行乡村振兴战略,需要重点做好以下方面。

1) 注重科学规划

江浙地区要在全局性上做到全域规划理念,统筹精品点、精品线和精品区块布局;建设规划也要突出差异性,因地制宜,彰显地域特色和个性之美,避免千村一面。规划师要深入调研,避免走过场、撑场面的形式主义,努力把握好各类规划的定位和深度;江浙乡村建设的阶段性成果的维护,必须具有与开发同样重要的地位。要对全区现有农村进行深入调查,在摸清家底的基础上,明确文化村、特色村,坚持保护、治理和建设"三位一体",对村庄规划布局进行系统深入研究,完善总体和专项规划,实行分类指导,不搞大拆大建,不能千村一面,体现农村特色,注重乡村基础资源的挖掘和开发。

2) 注重示范带动

如果仅靠政府的投入、靠几个大小项目来出成果,那就明显忽视了农民的主体性地位,也会影响建设的效果。因此,江浙地区应把乡村建设的主动权交到农民手中,确保农民真正享有知情权、参与权和监督权,引导农民利用村级重大事项民主决策机制等平台,达到投工投劳、出资出智共建美好家园的目的,并实现自我管理。江浙乡村建设还应广泛动员和引导企事业单位、社会团体和个人参与建设。江浙地区的乡村振兴和乡村建设,不能"撒胡椒面"、一哄而上,也不能陷入固定模式。要制订长期规划,每年选定1～2个条件较好的村,作为规划建设与管理的试验示范村,注重从细节入手,因村制宜,打造以生态文化为主题的特色突出、魅力彰显的多元化乡村,建设几个具山水人文特色的精品村,体现一村一点、一村一品、一村一韵,逐片推进,打造特色鲜明的江浙乡村片区。

3）注重生态治理

江浙地区要把乡村垃圾、污水、绿化作为江浙乡村建设的重点环节抓实抓好。围绕推行垃圾分类和建设垃圾终端处理设施开展农村垃圾处理工作。有条件的地方，将乡村污水接入城市污水处理管网处理；其他乡村要建设小型污水处理设施进行处理。乡村绿化在搞森林围村的同时，还要重视房前屋后、大街小巷、庭院内外的绿化美化。

4）注重产业支撑

为实现城乡一体化发展目标乡村建设在环境、外表提升的同时，要从符合农民意愿、带给农民实惠、得到农民拥护的实事入手。在建设过程中，要树立经营村庄的理念，坚持开发与经营并重，把江浙乡村建设与农村新兴产业培育结合起来，把各村所具备的生态环境、乡土文化优势转化为发展优势。以产业培育为江浙乡村发展的动力源。抓住开展江浙乡村建设的机遇，因地制宜发展生态农业、乡村旅游、休闲养老、文化创意、文明公益等新型业态，不断增加群众收入。以开展乡村建设，发展乡村经济为手段，有效协调村美和民富之间的矛盾，逐渐引导美丽乡村变"输血"为"造血"，促进江浙乡村的可持续发展。

5）注重文化元素

要把文化建设充实到江浙乡村建设之中，深层次挖掘乡村文化元素，提升乡村的文化内涵。充分利用旧建筑、古民居、老祠堂等，搞好历史文化的保护与开发；注意挖掘文化资源，利用好村里现有的文化阵地，传承文化，宣传文化，传播正能量，提升乡风文明程度。

11.3.3　生态文明导向下的乡村人居环境

乡村振兴不仅是乡村和乡村产业的振兴，也应是乡村生态文明的振兴。江浙乡村的生态文明建设，必须探寻符合乡村实际的路径，立足于各地的优势和特色，找准工作抓手和突破口，以点带面并把握好工作节奏、稳步推进。具体来说，江浙乡村振兴中生态文明的建设应注意以下七方面问题。

1) 依托城市,在城乡融合发展中推进乡村生态文明的建设

乡村经济基础相对薄弱,应积极寻求城镇的反哺和支持,带动其实现乡村振兴。因此,应建立健全城乡融合发展的体制机制,发挥乡村的生态和自然资源优势,在城镇化和工业化的大格局中发展工农互促、城乡互补、全面融合、共同繁荣的新型工农城乡关系。

2) 发展产业,为乡村生态文明建设提供坚强的经济支撑

江浙乡村发展应注重产业融合与发展水平的提升,实现乡村经济的多元化。对于第一产业的提升应立足于乡村自身资源,找准定位,发展特色产业与优势产业,避免乡村发展的同质化,使产业发展与村落发展相融合,做到"一村一品一景,一镇一业一强项,一县一态一特色"。对于第二产业的发展可以依托乡村资源发展特色工业,立足城镇工业园区,促进特色产业与优势产业的集聚,增加对人才的吸引力。人才的创新推动与技术支持有利于乡村特色的保持,推动优势产业转型升级。对于第三产业的发展可以借鉴江苏昆山与浙江湖州的乡村建设经验,依托大城市需求,加强快速化的交通网络建设,实施观光园区、康养基地、乡村民宿、特色小镇等休闲农业和乡村旅游精品工程,在严格保护中把"绿水青山"转化为老百姓能够得到实惠的"金山银山",实现百姓富、生态美的统一。

3) 量体规划,通过"多规合一"形成科学合理的乡村开发利用空间

乡村生态文明建设的规划应以建设美丽宜居的乡村为导向,以村容村貌的提升与垃圾污水的治理为主攻方向,突出重点,主次分明,分类施策。对于县域乡村的规划编制及其修改,应充分吸收民意,从实际需要出发,立足长远,顾全大局,统筹城乡发展与生产、生活、生态空间。留得住乡愁,并不是保留落后贫苦的无人乡村供人回忆,而是基于对生产生活需求的满足,基于对自然生态与风土人文的保护,对现状人居环境进行改善和提升。严守生态红线保护与文化遗产保护,把传统村落、历史建筑、文物古迹、农业遗迹等历史文化要素与地区优美生态融为一体,使风土人情、生态环境与村落形态和产业发展相互融合,相互促进。

4) 严格管控,通过乡村生态建设和污染防治倒逼乡村绿色发展

乡村生态文明建设,生态宜业是支撑,生态宜居是关键。因此,严守生态保护红线,统筹山水林田湖草,实现绿色兴村是江浙乡村生态文明建设的重中之重。在绿色兴村中,要发挥农业的生态保护功能,促进现代农村和农业的生态化。在这方面,坚决杜绝工业污染"上山下乡",要按照"三线一清单"的要求,在保护文化、旅游、生态等特色乡村产业,保护手工作坊、家庭工场、乡村车间等传统工艺的基础上,打击"散乱污"的作坊式企业,并支持和鼓励乡村兴办环境友好型企业。

5) 加强建设,把厕所革命、垃圾集中和污水处理作为乡村生态文明建设的抓手

对于生活垃圾,要按照《农村人居环境整治三年行动计划》的要求实现乡村生活垃圾处置体系全覆盖,重点整治垃圾围村现象,推进乡村基础设施建设。在有条件的地方,可借鉴浙江金华市金东区的成功经验,发挥好农家独院好考评、好奖惩的管理优势,推进建立农户分类、专业清扫、村里收集、乡镇转运、区县处置的乡村垃圾分类集中统一处置模式。对于厕所革命,要同步开展粪污治理和乡村户用卫生厕所建设改造,加快实现乡村无害化卫生厕所全覆盖。对于生活污水,要因地制宜地采用相应的建设模式和处理工艺、污染治理与资源利用相结合、工程措施与生态措施相结合、集中与分散相结合。同时要探索低成本的规模化、专业化、社会化的环境污染第三方治理机制,确保各类设施建成并长期稳定运行,防止治理设施"晒太阳",建设资金"打水漂"。

6) 共建共享,发挥村民和村集体在乡村生态文明建设中的主体作用

江浙地区,乡村的生态文明建设成果与自身经济发展水平和村民文化教育水平和直接相关。这启示我们在乡村振兴建设的各项任务中,既要发挥党与政府的主导作用,也要利用好乡情乡愁的文化纽带,结合乡村地区血缘社会的地区特色,对于受教育水平高、各方面品德良好、有一定经济头脑的乡贤人物,鼓励他们带头以各种形式参与美丽乡村的建设与投资,发挥他们在区域中的牵引带动作用,推动乡村经济发展与生态文明建设其次要建立多方主体前期共同谋划、中期共同建设、后期共同监督评价,建设成果共享的全周期多方协同机制,同时对

于村民主体,保障其监督权、参与权、决策权,调动广大村民积极性,动员村民积极投身美丽家园建设。建立完善的村规民约,并纳入垃圾分类、污水处理、庭院美化、生态维护等美丽乡村建设要求。发扬村民理事会对于生态文明建设的宣传教育与对于环境整治的监督评测作用,借鉴浙江湖州等地"笑脸墙""劝进板"工作经验,激励引导全民参与村庄生态文明建设。

7) 以点带面,全面、深入开展乡村生态文明体制改革

乡村的生态文明体制改革事关国家生态文明体制改革的成败,应当按照《建立以绿色生态为导向的农业补贴制度改革方案》,发展绿色农业,扩大"绿箱"政策(即政府通过服务计划,提供没有或仅有最微小贸易扭曲作用的农业支持补贴)的实施范围和规模;按照《自然资源统一确权登记办法(试行)》,推行三权分置和产权流转机制,激发乡村要素市场的活力;按照《探索实行耕地轮作休耕制度试点方案》,保护乡村土壤环境……此外,还要按照其他改革部署,推行生态建设和保护以工代赈做法,提供更多生态公益岗位,把脱贫攻坚和生态建设相结合;推进环境污染的第三方治理、生态环境损害赔偿制度改革,健全地区间、流域间横向生态保护补偿机制,探索建立生态产品购买、森林碳汇等市场化补偿制度。

11.4 江浙乡村人居环境建设的新构想

11.4.1 总体思路

1) 规划先行,分类指导乡村人居环境治理

(1) 加快编制村庄规划

根据镇、村人口变化情况,编制和完善县域村镇体系规划,科学论证重点镇和一般镇、中心村和一般村的布局,明确不同区位、不同类型乡村人居环境改善的重点和时序,提高基础设施和公共服务设施的项目建设标准。依据县域镇村体系规划,加快编制建设活动较多以及需要加强保护乡村的规划。

(2) 提高村庄规划可实施性

村庄规划要满足农民需求,符合乡村实际,体现乡村特色。要坚持问题导

向,深入实地调查,保障农民参与,做好与土地利用总体规划等规划的衔接,严禁强行拆并村庄。规划内容要充分结合发展现代农业的需要,统筹安排生产、生活区域;明确公共项目的实施方案,加强村民建房质量和风貌管控。规划成果要通俗易懂,主要项目要达到可实施的深度,相关要求可纳入村规民约。

（3）合理确定整治重点

根据不同乡村人居环境现状,规划编制要兼顾中长期发展需要,分类确定整治重点,分步实施。基本生活条件尚未完善的乡村要以水电路气房等基础设施建设为重点,基本生活条件比较完善的乡村要以环境整治为重点,全面提升人居环境质量。

2）突出重点,循序渐进改善乡村人居环境

（1）全力保障基本生活条件

加快推进乡村危房改造,到 2020 年基本完成现有危房改造任务,建立健全乡村基本住房安全保障长效机制。加强农房建设质量安全监管,做好乡村建筑工匠培训和管理,落实农房抗震安全基本要求,提升农房节能性能。继续推进乡村饮水安全工程,因地制宜推行城乡区域供水,完成全国乡村饮水安全工程"十三五"规划任务。实施村内道路硬化工程,基本解决村民行路难问题。大力推进乡村水电建设,实施新一轮乡村电网升级改造工程,促进可再生能源供电,保证乡村居民能源问题。加强地质灾害防治,完善消防、防洪等防灾减灾设施。

（2）大力开展村庄环境整治

加快乡村环境综合整治,重点治理乡村垃圾和污水。推行统一规划、统一建设、统一管理的乡村垃圾和污水治理模式,有条件的地方推进城镇垃圾污水处理设施和服务向乡村延伸。建立垃圾就地分类减量和资源回收利用的村庄保洁制度。深入开展城乡环境卫生整洁行动。在交通便利且转运距离较近的乡村,以"户分类、村收集、镇转运、县处理"的方式处理生活垃圾。其他乡村的生活垃圾可通过适当方式就近处理。建设村级污水集中处理设施,解决离城镇较远且人口较多的乡村污水处理问题。人口较少的乡村可建设户用污水处理设施。全面开展生态清洁型小流域建设,整乡整村推进乡村河道综合治理。

科学分离规模化畜禽养殖区和居民生活区,发展规模化养殖业,综合治理与利用规模化养殖场畜禽粪污。推进秸秆能源化利用设施建设,引导农民开展秸秆还田和秸秆养畜。加快乡村病死动物无害化收集和处理系统、处理场所的建设。农膜等废弃物,加快建设废弃物回收设施、合理处置农药包装物。推进乡村清洁工程,因地制宜发展规模化沼气和户用沼气。全面完成乡村家庭无害化卫生厕所改造任务。统筹建设晾晒场、农机棚等生产性公用设施,整治占用乡村道路晾晒、堆放等现象以满足种养大户等新型农业经营主体规模化生产需求。

积极稳妥推进乡村土地整治和土地的节约集约使用。加强村落公共空间整治,拆除私搭乱建,疏浚坑塘河道,推进乡村公共照明设施建设。统筹利用闲置土地、改造现有房屋及设施等,建设乡村公共活动场所。

(3) 稳步推进宜居乡村建设

加强对乡村整体风貌的管控,保持与自然环境相协调。结合水土保持等工程,保护和修复自然景观与田园景观。保护和修复水塘、沟渠等乡村设施,整治农房及院落风貌,美化村庄绿化。发展休闲农业、乡村旅游、文化创意等产业。完善历史文化名村、传统村落和民居名录,制定传统村落保护与发展规划,建立健全保护和监管机制。实施"宽带中国"战略,加快乡村互联网基础设施建设,推进宽带网络全面覆盖。加快小城镇基础设施以及商业服务设施的改造提升,整体带动提升乡村人居环境质量。

3) 完善机制,持续推进乡村人居环境改善

(1) 创新投入方式

建立政府主导、村民参与、社会支持的投入机制。以县级为主加强涉农资金整合,做到渠道不乱、用途不变、统筹安排、形成合力。完善村级公益事业建设一事一议财政奖补机制,调动农民参与乡村人居环境建设的积极性;建立引导激励机制,鼓励社会资本参与建设。推动政府通过委托、承包、采购等方式向社会购买乡村规划建设、垃圾收运处理、污水处理、河道管护等公共服务。

(2) 建立管护长效机制

建立乡村道路、供排水、垃圾和污水处理、沼气、河道等公用设施的长效管护

制度,逐步实现城乡管理一体化。培育市场化的专业管护队伍,提高管护人员素质。加强基层管理能力建设,逐步将村镇规划建设、环境保护、河道管护等管理责任落实到人。

(3) 强化农民主体地位

建立乡村人居环境治理自下而上的民主决策机制,以多数群众的共同需求为导向,推行村内事"村民议村民定、村民建村民管"的实施机制。发挥村务监督委员会、村民理事会等村民组织的作用,引导村民全过程参与项目规划、建设、管理和监督。完善村务公开制度,推行项目公开、合同公开、投资额公开,接受村民监督和评议。

(4) 加强组织领导

各地区、各部门要充分认识改善乡村人居环境的重要意义,切实加强对有关工作的组织领导。省级人民政府对本地区改善乡村人居环境工作负总责,要科学编制规划,建立部门联动、分工明确的协调推进机制,统筹安排年度建设任务,规划及年度工作情况要及时报住房和城乡建设部、生态环境部、农业农村部备案。各有关部门要认真履行职责,强化协调配合,加强对各地改善乡村人居环境工作的指导。

11.4.2　建设导向

1) 系统提升生态环境保护

(1) 严格生态环境保护

全面落实生态文明战略,统筹山、水、林、田、湖、草治理。落实城镇空间、农业空间、生态空间和生态保护红线、永久基本农田保护红线、城镇开发边界,强化耕地资源保护和绿色空间守护。加快森林公园和湿地公园、自然保护区的建设,保护生物多样性。严格落实水资源管理制度,推进水土保持生态建设和山区小流域治理。整治修复海岸线,严守海洋生态红线,创建海洋生态建设示范区。

(2) 加大生态环境治理

推进畜禽养殖场污染治理和病死动物无害化处理,全面开展农业面源污染防治,强化水产养殖污染和土壤环境综合治理。整治"低小散"企业,推动行业区域集聚化、结构合理化,实现企业生产和环保管理规范化。加强对工业和城镇污染流向的监管,严禁污染向农业农村转移,全面实行主要污染物排放财政收费制度、与出境水质和森林质量挂钩的财政奖惩制度。

（3）推动乡村绿化建设

开展"一村万树"行动和绿色生态乡村建设,大力发展珍贵树种、乡土树种,充分利用闲置土地组织开展植树造林、湿地恢复,重点改善进村道路、房前屋后等绿化薄弱环节,注重古树名木保护,保护村庄森林生态系统的多样性,严禁各类占绿、侵绿和毁绿行为。

（4）打造绿色生态田园环境

深入推进整洁田园、美丽农业建设,完善田间农业废弃物回收处置体系,加强农作物秸秆综合利用,推进农业投入品的合理有效利用。深入推进乡村"三改一拆"、平原绿化、"清三河"、地质灾害防治等工作,按照宜耕则耕、宜建则建、宜绿则绿、宜通则通的原则,积极开展乡村生态化有机更新和改造提升,深化"无违章县（市、区）"创建。

2）全域提升基础设施建设

（1）深入推进厕所革命

深化乡村户厕改造,普及卫生厕所。强化规划引导,推进乡村公厕合理布局。按照卫生实用、环保美观、管理规范要求,大力推进乡村公厕和旅游厕所改造建设管理,积极建设生态公厕。全面实施厕所粪污同步治理,达标排放或资源化利用,做好改厕和城乡生活污水治理的有效衔接,纳管排放。

（2）统筹治理生活污水

推进乡村污水处理设施提标改造,加强农家乐、民宿等经营主体的污水治理,规范隔油池建设。推动城乡生活污水治理统一规划、统一建设、统一运行、统一管理,创建全国乡村生活污水治理示范县。县级政府要强化监管主体责任,统筹推进生活污水系统治理,开展乡村污水处理设施运维标准化试点。完善河长制、湖长制管理,探索湾（滩）长制,深入实施河湖库塘清淤工程,建立健全轮疏机制,加强水系连通,巩固提升乡村剿灭劣 V 类水成果。

（3）普及垃圾分类处理

实施乡村生活垃圾源头减量、回收利用、设施提升、制度建设、文明风尚等专项行动。完善乡村生活垃圾户分类、村收集、转运处理及就地处理模式。健全分类投放、分类收集、分类运输、分类处理机制。继续推进生活垃圾减量化资源化无害化处理试点,加强乡村生活垃圾分类处理资源化站点建设。抓好非正规垃圾堆放点排查整治,扎实推进村落及庭院垃圾治理,重点整治垃圾山、垃圾围村、工业污染"上山下乡"。

(4) 提档升级基础设施

高水平推进"四好农村路"建设,完善乡村公共交通服务体系,提升乡村公路建、管、养、运一体化发展水平。加快实施"百项千亿"防洪排涝工程,加快推进"百河综治"工程,打造美丽河湖,巩固提升乡村饮水安全。实施数字乡村战略,推进信息进村入户工程。加强乡村通信和广电网络建设,扩大光纤和移动网络覆盖范围,提升农村宽带接入和视音频服务能力。完善邮政网点建设,促进邮政快递合作,推进邮政业服务乡村电子商务发展。推进新一轮乡村电网改造升级工程,完善乡村公共照明设施。

3) 深化提升美丽乡村创建

(1) 改进乡村规划设计

推进县(市)域乡村建设规划编制全覆盖,推动县(市)域乡村建设规划与美丽乡村建设规划、土地利用规划等多规合一。积极开展村庄设计,提高村庄设计覆盖率。推进图集修编,提高农房设计通用图集适用性。制定乡村地域风貌特色营造技术指南和乡村建设色彩控制导则,加强村容村貌整治。结合"坡地村镇"建设、田园综合体打造等,拓展落地试点类型,加大"浙派民居"建设。

(2) 开展全域土地整治

实施全域土地综合整治,全域优化乡村生态、农业、建设空间布局,全要素综合整治"田水路林村",高标准推进农田连片提质建设,集中盘活存量建设用地,集约精准保障美丽乡村和产业融合发展用地,统一治理修复乡村人居环境,构建空间形态高效节约的土地利用格局、农田集中连片、建设用地集中集聚。

(3) 规范农房改造建设

深化地质灾害隐患综合治理,开展"除险安居"三年行动,及时发现和排除各类乡村危旧房的安全隐患,健全风险防范机制和处置措施。全面推进乡村危房治理改造,严守质量安全底线,落实危房改造"五个基本"。进一步提升乡房建设水平,建设安全实用、经济美观、节能减排、健康舒适的新型绿色农房。抓好乡村住房建设管理。开展"赤膊墙"和"墙院"整治,依法规范农房建设秩序,着力解决私搭乱建现象。

(4) 强化景观风貌管控

按照先规划、后许可、再建设,有项目必设计、无设计不施工的要求,落实带方案审批制度,规范乡村建设规划许可管理。强化乡镇属地综合管理职责,联合基层规划、国土资源、综合行政执法等部门,加强跟踪监管。乡村规划设计的主要内容应纳入村规民约。鼓励乡镇统一组织实施乡村环境整治、风貌提升等涉农工程项目,支持村级组织和乡村"工匠"带头人承接小型涉农工程项目。

(5) 深入开展示范创建

示范创建的推进坚持多种方式结合,将以点带面、整乡整镇、点线面片结合的推进方式协同使用,在全域范围内提升美丽乡村建设水平。提升示范村的带动作用,通过对多个示范村的串联,打造连线成片的示范村建设,促进乡村资源合理配置、推动功能服务提升与完善、协调景观风格的地域特色、彰显地域文化韵味。深入开展卫生乡镇(街道)、卫生村创建活动,扎实推进美丽宜居示范村建设,积极创建美丽乡村示范县(市、区),培育美丽乡村示范乡镇和乡村振兴精品村,建设 A 级景区乡村和乡镇,打造美丽乡村建设升级版。

4) 整体提升村落保护利用

(1) 推进全面系统保护

完善历史文化(传统)村落的分级保护体系,建立保护信息管理平台,加强对各类保护对象的挂牌保护。探索传统建筑认领保护制度,推动改革传统民居产权制度,引导社会力量从多种途径参与传统建筑的保护。以完整性、真实性和延续性为保护原则,展现村落与地域环境相融的景观特色风貌。加大基础设施项目建设,改善村落生产生活环境,建立健全保护管理体制,提高村落保护发展综合能力。

(2) 加强保护利用监管

编制历史文化(传统)村落保护利用规划,统筹推进村落系统保护和整体利用。严格执行村落保护规划,加强技术指导,加快历史建筑和传统民居抢救性保护,协调村落、传统民居周边建筑景观环境,彰显村落整体风貌。健全预警和退出机制,防止损害文化遗产保护价值。加强科学利用,有序培育发展休闲旅游、民间工艺作坊、民俗文化村、乡土文化体验、传统农家农事参与,以及民宿、文化创意等特色产业。

(3) 传承弘扬优秀传统文化

实施乡村优秀传统文化保护振兴工程,加强非物质文化遗产传承发展,挖掘农耕文明,复兴民俗活动,提升民间技艺。加大对传统工艺、民俗、传统戏剧、曲艺等的发掘力度,发挥优秀传统文化凝聚人心、教化群众、淳化民风、培育产业的重要作用。加强文化礼堂等公共文化服务设施建设,把乡村文化礼堂作为传承传统文化的重要场所。深化"千村故事"编撰和"千村档案"建立工作,推动文明村创建活动。

5) 统筹提升城乡环境融合发展

(1) 深化小城镇环境综合整治行动

加大小城镇环境整治攻坚力度,协调推进六个专项行动。改善小城镇环境面貌,优化小城镇空间布局,完善小城镇基础服务功能。深化"腾笼换鸟",加强老旧工业区改造,推进产镇融合,打造一批有文化、有特色、有产业的样板乡镇。巩固整治成果,健全长效管理机制,推进数字城管、智慧城镇等建设,提升治理水平。

(2) 加快特色小城镇培育建设发展

坚持有重点、有特色的小城镇发展路径,推进特色鲜明、产城融合、市场主体、惠及群众的特色小城镇建设发展,提高特色小城镇规划设计编制标准和项目实施水平,构建和谐宜居的美丽环境和特色鲜明的产业形态,彰显特色的传统文化,提供便捷完善的设施服务,建立充满活力的体制机制。

(3) 促进城乡基础设施一体化建设

推动城镇基础设施向乡村延伸,提升乡村地区基础设施水平和建设效益。促进城乡道路互联互通,公交一体化经营、供水管网无缝对接、污水管网向乡村延伸以及垃圾统一收运处理,推动城乡基本公共服务均等化,促进医疗、教育、体育、文化、社会保障等公共服务向乡村地区覆盖延伸。

11.4.3 路径选择

1) 城乡关系从分离到融合

未来的乡村人居环境建设,应致力于实现城乡关系从分离到融合,实现城乡一体化。对此,要把工业与农业、城市与乡村、城镇居民与乡村居民作为一个整体,统筹谋划、综合研究,通过体制改革和政策调整,促进城乡在规划建设、产业发展、市场信息、政策措施、生态环境保护、社会事业发展上的一体化,改变长期形成的城乡二元经济结构,实现城乡在政策上的平等、产业发展上的互补、国民待遇上的一致,让农民享受到与城镇居民同样的文明和实惠,使整个城乡经济社会全面、协调、可持续发展。

(1)促进城乡居民公共服务的均等化

为实现均等化的目标,江浙地区应积极建立城乡一体化的基本公共服务体系、完善基础设施建设、适应城镇化进程中农民工的高流动性,尽快确保其相应权益的平稳过渡和连续性。江浙地区要进行区域规划,宏观调控区域内城市间交通运输网络和公共基础设施建设,实现货源共享、优势互补、共同发展。密切地区间合作,特别注意未开发以及欠发达地区公共服务的建设,加强苏北和浙西南等地区的基础建设的投资力度,改善当地村民的生活条件,提高生活水平。完善城市空间发展布局,合理分配资源,调整城乡基础设施和社会保障的一体化,推进城乡公共设施的便捷化和便民化,缩小城乡居民在消费、文教、卫生、社服等领域的差距,将现代文明向乡村延伸,切实提升村民生活质量,推进城乡一体化。

(2)优化产业布局,促进产业结构的转型升级

产业体系是城乡一体化健康发展的基础,江浙地区应积极调整产业结构,以技术革新和人才、资金的引进为手段,大力发展战略性新兴产业,促进高科技产业集聚,以良好的产业结构布局推动全域的城乡一体化进程。具体来说,江苏在夯实传统产业的基础上,要积极转型、大力发展新兴产业,合理优化产业结构。浙江应以现有产业为基础,加速发展生产性服务业,完善产业结构布局。总而言之,江浙地区应充分发挥现有区位优势、基础优势、体制优势,在产业结构升级、

空间布局优化等方面,进一步推动城乡产业一体化,形成现代农业、现代服务业、新型战略性产业、主导产业相协调的现代产业经济体系,实现中心城市及其腹地乡村经济的互动发展新格局。

(3) 积极完善制度,建立惠及城乡的养老和医疗保险体系

有效管理养老保险基金,实现保值增值,是保障制度得以良好开展的基础条件。首先要确保基金安全,投资的方式重点以银行存款及购买国债为主,在保证有一定固定收益的前提下,政府应尝试开拓投资渠道,例如通过债转股、交通债券和贷款等方式投资大型公共工程、公共设施等项目,在缓解项目资金紧张的同时,促使新型乡村养老保险的基金达到保值增值的目的。

医疗保险制度的融合是城乡一体化发展过程中的重要一环。首先是资金投入的保障。要积极加大对乡镇卫生医疗机构的资金投入,提高村镇医疗机构的分布密度,配备专业化的医疗设备,建立健全医疗信息体系以解决乡村地区医疗水平落后的现状。同时运用市场手段,努力拓展资金的来源,吸引民间资本的注入,设立租赁等多种方式,使产权结构多元化,从效率和效益的角度提高医疗机构的数量和质量。其次是提高医疗水平,以完善的医疗机构为基础,加强对村镇卫生室的帮扶和管理,建立专业素质过硬的人才队伍。同时,为提高村镇医疗机构的业务水平和应对突发事件的能力,可以给予其自主吸纳人才和培训管理等权力,强化医疗机构间在业务及药品采购方面的互利合作、信息的互联互通。最后,要完善医疗保险制度,优化缴费方式,简化报销手续。

2) 乡村规划从摆设到统筹

未来的乡村人居环境建设,应进一步强调乡村规划的法定地位,强化乡村规划的科学性和可实施性,实现乡村规划从摆设到统筹。

(1) 从学科角度建构科学的规划内容和认知理论体系,保持主体与客体的认知统一

首先要建立完善的乡村规划理论基础,通过基础理论框架的搭建、具体内容的完善与实践案例的分析借鉴,不断充实完善乡村规划的理论基础,为具体建设实践奠定科学的基础。在乡村规划中,人、物质空间、生态环境三者应相互影响,其中"人"居于主体地位,乡村的物质空间与生态环境是人的行为的条

件与结果，而人在自身价值判断影响下进行社会行为，其中价值判断基于人们在长期适应空间环境与历史变迁下形成的价值体系而进行。因此，乡村规划实践是建立在对乡村认知的理论基础上的，需要从乡村社会特征入手，基于社会行为特点，熟悉乡村地域环境与村民价值观念间的联系；从人的价值判断入手，梳理乡村内在秩序，发现影响空间生产的难点和重点，理解空间生产的特色和场所意义。

同时，完善乡村规划实践内容的弹性要求和技术运用手段。乡村地域广袤，社会经济发展状况不一，乡村规划的刚性规定很难适应所有地域，因此应在刚性的要求下补充弹性内容，以适应多样化的发展诉求。技术手段方面，GIS、RS 等信息技术支持下的可视化应用、空间句法下的路径分析等信息技术手段结合传统的多路径推演、情景外推、田野踏勘、问卷访谈等方法支持了乡村规划的弹性与韧性。多学科融合的技术手段与多样的方法确保了主体对客体内容的全面深刻理解，有效减少了价值判断失误导致的规划错误取舍。

（2）从机制上保持乡村的规划顺应乡村自然生长机制与空间生长逻辑

首先，划定乡村规划的合理周期，将静态蓝图变为动态实施规划，强调规划完成后的实施监督与评估。乡村规划涉及多样内容，包括产业发展、空间组织、文化传承与创新、基础设施配套等，以及其相关的资金支持、实施主体、土地权属等相关问题的处理，实质是多层次、多领域、多要素、多部门的综合，而不同层次目标主体在实施阶段和路径上不能同构。具体而言，在村民衣食住行中，住、行与规划的关联程度较高，因此规划是生产生活功能在空间上的组织安排。乡村规划成果是村民空间选址的依据，故应变静态图纸为动态需要，把空间规划变成一种协商机制，制定互换、补偿和限制等原则，按照村民家庭人口规模需要，自由选择住宅建设空间，既实现规划对土地空间的集约利用，又保证原有村民空间形态与社会关系的融合；既实现了乡村内部的有机组织，又不影响乡村空间生产的观念。把乡村规划的实施当作村民自身的任务，这样可以维持乡村原有的空间生产观念和价值体系，不改变场所精神内涵和空间组织模式。

其次，要构建公共空间建设模式，保持住宅建设使用主体的自主性，真正实现多样化需求。其中政府的职责是引导与管控，引导村民高质高效利用土地资源，集约节约布置功能用地，根据功能选择与辐射范围来定位公共服务设施的选址与服务等级,提升公共服务设施的服务水平与质量。乡村规划应注意不同用地类型的区分,尤其是村民住宅用地与公共设施用地的区别处理,采取从简单到复杂的方式,有针对性地解决不同地区的具体问题,尽量降低社会成本。对于公共空间与公共设施的建设,应尽量吸引社会资本的参与,发挥市场在资源配置过程中的决定性作用,把乡村公共资源转变为公共资本,提高其参与市场经济的公共社会属性,以满足村民生产生活的需要,同时实现社会资本、村民主体、政府主体等多方目标。规划中还需要进行指标量化,对新建的建构筑物的质量、风貌、层数、建造技术等进行一定程度的把控,结合土地使用与家庭人口增长趋势,让村民自主对空间的社会价值进行判断,发挥利用村民自主性,减少规划外部行为对乡村文化空间形态的影响。

(3) 在规划过程中通过搭建价值认同的方法解决集体选择对个体抹杀偏好的问题

首先,要提高倡导性规划的参与程度,使政府目标与村民目标完美结合。如果规划主体在认知乡村社会、空间和文化等方面时,对空间表征的价值、社会行为和社会互动、文化形式以及对空间环境地域有统一的认知,就有利于把这种认知融入到规划编制中,越丰富的认知内容,越能满足村民多样的需要。其中,保证主体、客体之间一致的手段是倡导性规划,为保证公共选择对个体偏好的抹杀程度降到最低,必须使村民、政府与市场价值认同有机统一,公众参与至少可以弥补集体公共选择的缺陷,尤其是村民参与乡村规划的程度直接影响集体选择的结果。规划的政策属性和社会关系属性,如果有了价值认同的基础,会通过物质空间环境表征体现地域文化的社会空间特色。

其次,以社会行动者和村民为对象进行有计划的教育是形成价值同一性的有效措施。乡村规划不仅要处理好空间关系,还要协调各空间使用者的关系。规划师要参与实践甘当伯乐,拓宽村民的认知界限,改变村民认知方式,提高村民对乡村规划影响自然空间的认识,并让规划师深刻理解"乡村之道",把村民、实践者、规划师拧成一股绳,加深对规划的了解。因此,要建立双向联动体制,在城市推广乡村知识,在乡村普及规划知识,以此最大限度地减少因为乡村规划主体认知缺乏导致的相关价值判断方面的缺陷,最大限度地保证价值同一性的基础,以做出正确的选择,让乡村规划走上健康可持续的发展之路。

3）建设主体从政府到村民

乡村是以宗族和血缘关系为纽带形成的整体,村民的自治能力应当被充分重视。乡村人居环境建设过程中,应充分理解村民最真实的想法,了解他们认为的乡村人居环境应该怎样,最需要改善哪些内容。应充分调动村民建设自己家园的积极性,在前期规划、中期建设、后期使用管理维护中鼓励村民以多种形式全程参与,充分发挥村民在乡村建设中的主体地位,培育村民的主人翁意识。

（1）乡村规划模式转变

在村民占主体的背景下,"自下而上"的规划模式具有更大的现实基础。在此背景下,乡村规划需要充分考虑和尊重村民的需求与利益,将政府主导的上层利益诉求与村民主导的下层利益诉求结合起来,在满足城乡统筹发展、政策考核等需求的同时,体现乡村经济社会的多元发展诉求和村民的规划意志。

（2）规划参与者角色转变

村民积极发挥建设主体作用,探索独立、有效的方式方法,组织村民个体表达自身利益诉求。通过村民直接选举推选乡村微观组织,建立起"大家的事情大家办,大家的事情大家议"的活动机制,深化村民自治的内涵。规划师应成为政府、村民、开发商之间的协调者,协助规划实施并提出参考意见。组织村民建立自治委员会,加强"自下而上"的信息渠道。

（3）以乡村发展为需求制定行动规划

规划的实效性一直是规划界关注的命题之一,而行动规划是从"理想的终极蓝图"到"可能的实施路径",是理想目标与现实需要的统一,是把握发展的主要脉络和关键环节,是滚动的和连续的规划,能发挥纲举目张的作用。在乡村规划中,具体的行动规划方案表述为:针对本村在近期进行建设和整治的内容,将其分解为能够较为快速得以实施的具体行动方案,并对这些行动方案予以分类、分项、排序。通过行动方案执行表的方式,明确在各行动方案中的项目类型。

4）建设方式从特色到普适

未来的乡村建设,不应只注重特色村、重点村的塑造,更应在强调公平性的基础上重视普通乡村的人居环境改善。对此,在乡村规划建设中,要以乡村人居建设的和谐为目标,重视社会文明程度提升以促进"人与人"的和谐,重视生态文明与城市建设的合理发展即"人与自然"的和谐；以经济发展为中心，重视借由乡村产业的发展推动乡村生活环境的提升，尤其是重视地方主导产业的推进，构造"特色产业——延伸产业——配套产业"的产业体系；重新整合乡村风貌以打造对外的窗口展示形象；通过生产环境的改善与生活物质内容的丰富来打造乡村新风貌。同时，乡村规划的主要内容，重点也需围绕这"五个一"来展开，包括：合理布局乡村发展用地，明确未来发展方向；理顺村内道路交通，处理好内外交通的联系；改造乡村生活环境，包括卫生、生活、生产、旅游接待环境；营造特色乡村景观，包括建筑风貌的统一，完善基础设施建设，包括给排水、电力电信、污水处理等；建立新的管理体制，为将来旅游餐饮接待区的建设打下组织基础。

参 考 文 献

［1］包桂亮.舟山群岛新区城乡一体化地域基础及内容研究［D］.舟山：浙江海洋大学,硕士学位论文,2016.

［2］改革促发展,兴水惠民生［N］.新华日报,2016-01-24.

［3］柴芬娜.海岛型美丽乡村建设路径研究——基于浙江省嵊泗县的实践［J］.浙江国际海运职业技术学院学报.2015(03)：1-8.

［4］国家测绘地理信息局.长三角核心城市群区位图［EB/OL］.2016.http://www.sbsm.gov.cn/.

［5］陈昌仁,梁关锋,贾蔚.苏北农村水利现状调查与思考——以灌南县三口镇为例［J］.水利经济,2013(2)：30-34.

［6］陈涵子,严志刚.江南乡村水体景观功能分析［J］.科技信息,2010(21)：889,912.

［7］陈麟.试析浙江手工业社会主义改造及其影响［J］.党史研究与教学,2015(2)：26-35.

［8］陈雯,闫东升,孙伟.长江三角洲新型城镇化发展问题与态势的判断［J］.地理研究,2015(3)：397-406.

［9］陈翔,高文亮,刘杰,等.洪泽湖区的气温特征及其对苏北气温分布的影响［J］.气象与环境科学,2011(S1)：120-124.

［10］陈晓华,张小林.苏南模式变迁下的乡村转型［J］.农业经济问题,2008(08)：21-25.

［11］陈甬军.中国的城市化与城市化研究——兼论新型城市化道路［J］.东南学术,2004(4)：23-29.

［12］陈政全,王舢舢,沈骏.水网乡村景观空间调查与生态格局构建研究［J］.现代园艺,2013(15)：78-80.

［13］池源,石洪华,郭振,等.海岛生态脆弱性的内涵、特征及成因探析［J］.海洋学报,2015(12)：93-105.

［14］仇方道,蒋涛,张纯敏,等.江苏省污染密集型产业空间转移及影响因素［J］.
地理科学,2013(7)：789－796.

［15］崔曙平,于春,何培根,等.江南文化何所寄——江南的历史流变与苏南乡村
空间特色保护的现实路径［J］.城市发展研究,2016(11)：60－66.

［16］大丰市南阳镇人民政府,江苏省城市规划设计研究院.大丰市南阳镇总体规
划(2014—2030)［Z］.盐城：南阳镇人民政府.2014.

［17］丁金华,陈雅珺.基于空间耦合的苏南水网乡村格局优化策略［J］.江苏农业
科学,2015(7)：364－367.

［18］丁金华.城乡一体化进程中的江南乡村水网生态格局优化初探［J］.生态经
济,2011(9)：181－184.

［19］董军,赵维娅,陈广绪.浙江山地聚落空间形态解析［J］.安徽建筑,2011(1)：
15－16.

［20］董思旗,韩晓娜,孙赞,等.苏北农村城镇化进程中传统习俗变迁及其引导对
策［J］.淮海工学院学报(人文社会科学版),2016(1)：109－111.

［21］段贝丽.海岛传统村落价值评价研究：舟山案例［D］.舟山：浙江海洋大
学,2016.

［22］方勇刚.舟山乡村旅游发展中相关利益者结构及协调策略［D］.舟山：浙江
海洋学院,2014.

［23］冯明明.海岛传统文化村落的价值及其评价——以舟山群岛新区为例［D］.
舟山：浙江海洋学院,2015.

［24］冯婷.农村基本公共服务设施配置优化研究［D］.北京：北京建筑大
学,2015.

［25］付翠莲,黎文宇.城乡发展一体化面临的机遇、瓶颈及对策——基于舟山城
乡一体化的调查［J］.通化师范学院学报,2017(7)：34－40.

［26］傅胤榕,王珠翠,陈程.江苏省农村饮用水安全现存问题及解决措施［J］.中
国高新技术企业,2015(16)：117－118.

［27］傅兆君,岑慧,赵燕敏.长三角城乡一体化发展对策研究［J］.南京邮电大学
学报(社会科学版),2015(1)：49－56.

［28］顾颖泓.浙江舟山群岛新区特色农业产业发展对策研究［D］.舟山：浙江海

洋大学,2017.

[29] 管敏媛,魏丽云,窦维杨,等.江苏省农村家庭文化消费结构及影响因素研究——苏南、苏中、苏北地区的比较[J].中国农学通报,2014(17):110-116.

[30] 国家发展和改革委员会.长江三角洲地区区域规划(2009—2020)[Z].北京:国家发展和改革委员会,2010.

[31] 中华人民共和国教育部.教育部关于进一步推进长江三角洲地区教育改革与合作发展的指导意见[EB/OL].

[32] 国家统计局.中国统计年鉴2017[M].北京:中国统计出版社,2017.

[33] 国务院办公厅.关于改善农村人居环境的指导意见[DB/OL].2014-05-16. http://www.gov.cn/zhengce/content/2014-05/29/content_8835.htm.

[34] 韩方岸,胡云,陈连生,等.江苏南北中地区农村饮用水水质及影响因素对比分析[J].中华疾病控制杂志,2008(5):441-446.

[35] 洪亮平,乔杰.规划视角下乡村认知的逻辑与框架[J].城市发展研究,2016(1):4-12.

[36] 胡鞍钢.城市化是今后中国经济发展的主要推动力[J].中国人口科学,2003(6):76-84.

[37] 胡卫伟.比较视阈下旅游发展对渔农村社会变迁的影响研究——基于旅游村和传统渔村的田野调查[J].旅游研究,2016(3):67-72.

[38] 华海坤.论海洋非物质文化遗产的文化空间——以舟山群岛海洋非物质文化遗产为例[J].管理观察,2015(4):27-30.

[39] 环保部自然生态保护司.浙江省自然保护区名录[DB/OL].北京:中华人民共和国环境保护部,2013-09-07.http://sts.mep.gov.cn/zrbhq/zrbhq/201309/t20130927_260958.htm.

[40] 黄建钢.论"第三级港口城市"——对"浙江舟山群岛新区"发展前景的一种思考[J].浙江社会科学,2012(3):141-147.

[41] 贾全聚.舟山海洋非物质文化遗产保护与开发研究[D].舟山:浙江海洋学院,2013.

[42] 江苏省地方志编纂委员会.江苏省志·城乡建设志[M].南京:江苏人民出版社,2008.

[43] 江苏省地方志编纂委员会.江苏省志·土壤志[M].南京：江苏古籍出版社,2001.

[44] 江苏省建设厅.2012年江苏省村镇统计年报[R].南京：江苏省住房和城乡建设厅,2012.

[45] 江苏省交通运输厅运管局.江苏省镇村公交发展实施办法[Z].南京：江苏省交通运输厅,2011.

[46] 江苏省人民政府.江苏省国民经济和社会发展第十三个五年规划纲要[Z].南京：江苏省人民政府,2016.

[47] 江苏省人民政府.江苏省政府信息公开[EB/OL]. 2017. http://www.js.gov. cn/jsgov/tj/bgt/.

[48] 江苏省人民政府.江苏省主体功能区规划(2011—2020)[Z].南京：江苏省人民政府,2011.

[49] 江苏省人民政府.省政府关于进一步推进信息基础设施建设的意见[Z].南京：江苏省人民政府,2015.

[50] 江苏省统计局,国家统计局江苏调查总队.江苏统计年鉴(2006—2016)[M].北京：中国统计出版社,2007—2017.

[51] 姜爱萍.苏南乡村社会生活空间特点及机制分析[J].人文地理,2013(06)：11－13.

[52] 姜侣.城镇化进程中西部地区乡村空间结构演化研究[D].兰州：西北师范大学,2015.

[53] 金华市统计局,国家统计局金华调查总队.金华统计年鉴(2015)[M].北京：中国统计出版社,2015.

[54] 金绍兵,黄祚继.美丽乡村建设中的水文化研究[J].安徽农业大学学报(社会科学版),2014(3)：132－136.

[55] 晋美俊,李俊明.数字城市与低碳城市的融合研究[J].安徽建筑,2011(1)：10－11.

[56] 中国百科网.京杭大运河[DB/OL]. 2016. http://www.chinabaike.com/.

[57] 乐观.美丽乡村建设视阈下浙江舟山群岛新区历史文化村落保护利用问题研究[D].雅安：四川农业大学,2016.

[58] 黎敏茜.新型城镇化下的乡村治理创新与地区可持续发展——基于广西南宁市"美丽南方"实践的思考[J].环境保护与循环经济,2016(1):4-8.

[59] 李伯华,曾菊新,胡娟.乡村人居环境研究进展与展望[J].地理与地理信息科学,2008(5):70-74.

[60] 李伯华,刘沛林,窦银娣.乡村人居环境建设中的制度约束与优化路径[J].西北农林科技大学学报,2013(2):23-28.

[61] 李伯华,刘沛林,窦银娣.乡村人居环境系统的自组织演化肌理研究[J].经济地理,2014(9):130-136.

[62] 李王鸣,刘吉平.与水共生:浙北水网地区村庄用地布局演变与展望[J].建筑与文化,2010(6):90-92.

[63] 李王鸣,倪彬.海岛型乡村人居环境低碳规划要素研究——以浙江省象山县石浦镇东门岛为例[J].西部人居环境学刊,2016(3):75-81.

[64] 李巍.环太湖地区水利规划及发展趋势[J].水利规划与设计,2013(12):7-12.

[65] 李玮玮.舟山海岛民居建筑的地域性建造初探[D].杭州:中国美术学院,2015.

[66] 李宗金."温州模式"与"苏南模式"[J].经济研究,1986(8):57-58.

[67] 丽水市统计局,国家统计局丽水调查总队.丽水统计年鉴(2015)[M].北京:中国统计出版社,2015.

[68] 丽水市统计局,国家统计局丽水调查总队.丽水统计年鉴(2016)[M].北京:中国统计出版社,2016.

[69] 丽水市统计局.2013年国民经济和社会发展统计公报[R].(2014-2-24).http://tjj.lishui.gov.cn/.

[70] 连晓鸣.浙江地域文化分类[N].中国社会科学报,2016-08-02(007).

[71] 梁晓红,彭模,赵爱博,等.江苏海域台风风暴潮灾害特征及影响分析[J].江苏科技信息,2016(17):37-39.

[72] 林莉.浙江传统村落空间分布及类型特征分析[D].杭州:浙江大学,2015.

[73] 刘钦普.江苏氮磷钾化肥使用地域分异及环境风险评价[J].应用生态学报,2015(05):1477-1483.

［74］龙花楼,李婷婷,邹健.我国乡村转型发展动力机制与优化对策的典型分析
［J］.经济地理,2011(12)：2080－2085.

［75］卢国璇.社会主义新农村背景下乡村旅游研究——以舟山市为例［D］.舟
山：浙江海洋大学,2016.

［76］吕妍.江苏实现县县通高速［N］.新华日报,2015－10－17.

［77］吕妍.省政府出台促进铁路发展一揽子意见,"十三五"末江苏高铁将超
2 000千米［N］.新华日报,2017－01－19.

［78］马丽,陈源,李琪.江南古镇滨水空间"原型"分析［J］.华东师范大学学报(自
然科学版),2015(6)：170－178.

［79］孟莹,戴慎志,文晓斐.当前我国乡村规划实践面临的问题与对策［J］.规划
师,2015(02)：143－147.

［80］孟召宜,苗长虹,沈正平,等.江苏省文化区的形成与划分研究［J］.南京社会
科学,2008(12)：88－96.

［81］苗振龙,李碧翔.海岛传统村落文化基因的景观表达——以舟山群岛为例
［J］.农村经济与科技,2016(21)：250－252.

［82］倪建伟,陈銎泽,桑建忠.发达地区推进现代农业"第六产业化"发展路径研
究——基于杭州市的案例分析［J］.农村经济,2016(11)：46－51.

［83］宁波舟山港舟山港务有限公司［DB/OL］. 2017. http://www. portnbzs.
com. cn/.

［84］潘聪林,赵文忠,潜莎娅.滨海山地渔村聚落特征初探——以舟山为例［J］.
华中建筑,2015(3)：191－194.

［85］平原(一种地貌形态)［DB/OL］.百度百科. 2016. http://baike. baidu. com/.

［86］齐兵.舟山市主要海岛分类开发研究［D］.大连：辽宁师范大学,2007.

［87］衢州市统计局,国家统计局衢州调查总队.衢州统计年鉴(2015)［M］.北京：
中国统计出版社,2015.

［88］任保平,钞小静.工业反哺农业、城市带动乡村：长江三角洲地区的经验及
其对西部的启示［J］.西北大学学报,2006(2)：11－18.

［89］上海市统计局,国家统计局上海调查总队.上海统计年鉴(2010－2016)
［M］.北京：中国统计出版社,(2011－2017).

［90］邵旻雯.舟山市渔农村边远小岛老年人养老状况调研与思考［C］.2008 -
    10 - 28.

［91］沈超.江苏移动致力农村 4G 深度覆盖［N］.人民邮电报,2015 - 01 - 26.

［92］沈梦怡,刘洋.舟山渔农村养老保障问题及对策研究［J］.农村经济与科技,
    2016(9)：224 - 225,257.

［93］施瑛,潘莹.江南水乡和岭南水乡传统聚落形态比较［J］.南方建筑,
    2011(3)：70 - 78.

［94］孙东波,王先鹏,王益澄,等.宁波—舟山海洋经济整合发展研究［J］.宁波
    大学学报(理工版),2014(1)：91 - 97.

［95］泰州市人民政府,泰州市规划局.泰州市域综合交通规划(2011—2020)
    ［Z］.泰州：泰州市人民政府,2011.

［96］江苏省测绘与地理信息局.天地图・江苏［DB/OL］.2017. http://www.
    mapjs. com. cn/server/mapjs/index.

［97］浙江省测绘与地理信息局.天地图・浙江［DB/OL］.2017. http://www.
    zjditu. cn/index.

［98］田继胜.全域旅游到乡下的大洼区美丽乡村环境规划提升研究［J］.建筑工
    程技术与设计,2017(19)：108.

［99］汪琴.当代城市化对乡村人居环境的影响分析［D］.武汉：华中师范大
    学,2009.

［100］王芳,丁迎燕.舟山渔农民住房状况研究——基于第二次农业普查数据挖
    掘［J］.浙江海洋学院学报(人文科学版),2010(3)：75 - 81.

［101］王鹤.浙北地区乡村人居环境现状分析及评价［D］.杭州：浙江农林大
    学,2014.

［102］王丽娟,刘彦随,翟荣新.苏中地区农村就业结构转换态势与机制分析［J］.
    中国人口・资源与环境,2007(6)：135 - 138.

［103］王文洪,杨娟.海岛文化遗产生态保护研究——以舟山群岛为例［J］.大舞
    台,2015(8)：234 - 235.

［104］王文洪,张焕.基于文化生态学的海岛人居环境建设研究——以舟山群岛
    为例［J］.建筑与文化,2016(12)：197 - 199.

[105] 邬才生.长三角地区城乡一体化发展要在体制机制创新上率先突破[C].
昆山：长三角发展论坛,2010.

[106] 吴福象,沈浩平.新型城镇化、创新要素空间集聚与城市群产业发展[J].中
南财经政法大学学报,2013(4)：36－42,159.

[107] 吴革.海岛型美丽乡村建设与渔农村复兴研究——基于舟山市五种典型村
落的调查[J].浙江国际海运职业技术学院学报.2013(2)：46－52.

[108] 吴撼.舟山群岛人口空间结构优化研究[D].舟山：浙江海洋大学,2016.

[109] 吴可人.长三角地区乡村空间变迁特点、存在的问题及对策建议[J].农业
现代化研究,2015(4)：666－673.

[110] 吴良镛.人居环境科学导论[M].北京：中国建筑工业出版社,2001.

[111] 谢丽芳,颜城敏,李该霞,等.江苏省产业结构的水环境污染响应[J].水土
保持通报,2016(2)：307－313.

[112] 新沂市人民政府.综合改革激发新农村建设内生动力[J].江苏农村经济,
2007(5)：12－13.

[113] 徐国弟.环太湖地区和环杭州湾地区的发展战略研究[J].宏观经济研究,
2004(12)：32－34.

[114] 许高峰,罗丽.大桥时代舟山民营经济发展的利好影响、应对举措与政策保
障分析[J].铜陵职业技术学院学报,2010(3)：12－14.

[115] 许高峰,宗君.论民营经济主导的内生性新渔农村发展模式——以浙江舟
山为例[J].发展研究,2010(3)：12－14.

[116] 薛华培.苏中地区传统民居的整体风格特征和差异探究[J].扬州职业大学
学报,2016(4)：1－5.

[117] 闫培玻,蒋重秀.我国沿海渔民转产转业研究综述及展望[J].科技和产业,
2013(1)：23－26.

[118] 扬州市人民政府,扬州市规划局.扬州市域综合交通规划(2011—2020)
[Z].扬州：扬州市人民政府,2011.

[119] 杨凯歌.公民社会视域下城市社区社会组织建设研究[D].杭州：浙江财经
大学,2013.

[120] 杨益波.舟山群岛新区：打造浙江新的增长极[N].中国经济时报,2016－

03 - 18(007).

[121] 应巧燕,史小珍. 对舟山群岛新区渔农村休闲旅游发展的探讨[J]. 农村经
      济与科技,2016(17)：89 - 90.

[122] 于慧芳,王竹. 浙江山地村落空间形态研究与规划设计实践[J]. 建筑与文
      化,2011(7)：120 - 121.

[123] 余斌. 城市化进程中的乡村住区系统演变与人居环境优化研究[D]. 武汉：
      华中师范大学,2007.

[124] 俞韶华. 舟山渔农家乐休闲旅游业可持续发展研究[D]. 舟山：浙江海洋大
      学,2016.

[125] 张桂玲. PPP 模式在农村基础设施建设中的应用研究[J]. 中国农业会计,
      2014(8)：8 - 9.

[126] 张焕,万吉祥,江升. 家族传承下的海岛农耕聚落演变——以舟山群岛南岙
      村张氏聚落为例[J]. 建筑与文化,2016(6)：230 - 232.

[127] 张焕,王竹,张裕良. 海岛特色资源影响下的人居环境变迁——以舟山群岛
      为例[J]. 华中建筑,2011(12)：98 - 102.

[128] 张焕. 海岛人居营建体系对气候条件的适应性研究——以舟山群岛为例
      [J]. 建筑与文化,2012(7)：57 - 59.

[129] 张焕. 舟山群岛人居单元营建理论与方法研究[D]. 杭州：浙江大学,2013.

[130] 张婧,段炼. 基于村民主体的村庄规划建设思路新探索——以重庆市古花
      乡天池美丽乡村规划建设为例[J]. 建筑与文化,2015(1)：128 - 130.

[131] 张敬华. 江苏扬泰地区新农村建设研究[D]. 南京：南京林业大学,2014.

[132] 张静,沙洋. 探寻塑造新时代乡村风貌特色的内在机制——以浙江舟山海
      岛乡村为例[J]. 小城镇建设,2015(1)：58 - 63.

[133] 张俊飚,颜廷武. 试论实现我国东西部地区生态经济协调发展[J]. 生态经
      济,2001(12)：17 - 19.

[134] 张妙弟. 中国国家地理百科全书：陕西、甘肃、青海、宁夏[M]. 北京：北京
      联合出版公司,2016.

[135] 张佩菁,刘煜. 舟山新渔(农)村建设发展状况及对策研究[J]. 农村经济与
      科技,2017(1)：222 - 224.

[136] 张启祥. 着力城乡一体化, 力争长三角地区均质化发展[J]. 中国城市经济, 2009(2): 48-51.

[137] 张松兆. 舟山市渔农村基础设施建设问题研究[D]. 成都: 四川农业大学, 2013.

[138] 张伟. 加速农业科技发展的必要性及对策[J]. 农业与技术, 2005(6): 5-6.

[139] 张小林. 乡村概念辨析[J]. 地理学报, 1998(7): 79-85.

[140] 张欣欣. 乡村人居环境研究相关文献综述[J]. 城市地理, 2015(14): 272-273.

[141] 张旭晖, 霍金兰, 王宝军. 未来气候情景下苏北地区降水可能变化趋势[J]. 江苏农业科学, 2012(5): 317-319.

[142] 张亚娥. 农村经济发展水平的区域差异分析[J]. 中国集体经济, 2016(5): 13-15.

[143] 赵柳惠. 浙江省农业面源污染时空特征及经济驱动因素分析[D]. 杭州: 浙江工商大学, 2015.

[144] 赵民, 游猎, 陈晨. 论农村人居空间的"精明收缩"导向和规划策略[J]. 城市规划, 2015(7): 9-18, 24.

[145] 赵秀敏, 柳骅, 王丽芸, 等. 浙江省山地乡村规划建设探讨[J]. 高等建筑教育, 2009(3): 19-25.

[146] 浙江省交通运输厅. 浙江交通总体概况[DB/OL]. 杭州: 浙江省交通运输厅, 2016. http://www.zjt.gov.cn/col/col221/.

[147] 浙江省人民政府第二次农业普查领导小组办公室. 浙江省第二次农业普查资料汇编[M]. 北京: 中国统计出版社, 2009.

[148] 浙江省人民政府第三次农业普查领导小组办公室. 浙江省第三次农业普查资料汇编[M]. 北京: 中国统计出版社, 2019.

[149] 浙江省人民政府. 浙江省政府信息公开[EB/OL]. 杭州: 浙江省人民政府, 2017. http://www.zj.gov.cn/col/col41234/index.html.

[150] 浙江省人民政府. 浙江省公路交通规划(2003—2020)[Z]. 杭州: 浙江省人民政府, 2003.

［151］浙江省人民政府. 浙江省铁路网规划(2011—2030)［Z］. 杭州：浙江省人民
       政府,2012.

［152］浙江省人民政府. 浙江省主体功能区规划(2010—2020)［Z］. 杭州：浙江省
       人民政府,2011.

［153］浙江省人民政府网站［DB/OL］. 2016. http://www.zj.gov.cn/.

［154］浙江省统计局,国家统计局浙江调查总队. 浙江统计年鉴(2006—2016)
       ［M］. 北京：中国统计出版社,2007－2017.

［155］浙江省统计局,浙江大学中国农村发展研究院课题组. 浙江农村基础设施
       建设问题研究［R］. 杭州：浙江省统计局,2014.

［156］浙江省统计局,浙江工商大学课题组. 基于第二次农业普查的浙江乡村居
       民住房状况专题分析［R］. 杭州：浙江省统计局,2014.

［157］浙江省土壤普查土地规划工作委员会. 浙江土壤志［M］. 杭州：浙江人民
       出版社,1964.

［158］浙江省住房和城乡建设厅,浙江省住房和城乡建设事业发展“十三五”规划
       ［Z］. 杭州：浙江省住房和城乡建设厅,2016－11－30.

［159］中国共产党中央委员会. 长江经济带发展规划纲要［Z］. 北京：中国共产党
       中央委员会,2016.

［160］中国农业信息网. 扬州节日风俗［EB/OL］. 2012－11－14. http://www.
       agri.cn/DFV20/js/ncwh/mfms/201211/t20121114_3061636.html.

［161］中国社会科学院语言研究所词典编辑室. 现代汉语词典［M］. 北京：商务
       印书馆,2016.

［162］中国通信网［EB/OL］. 2016. http://www.c114.net.

［163］中华人民共和国环境保护部. 全国生态脆弱区保护规划纲要［Z］. 2008－
       09－27.

［164］仲富兰. 试论近代江浙农村人口流动与习俗变革［J］. 上海大学学报(社会
       科学版),2007(5)：97－103.

［165］舟山市海岛资源综合调查领导小组办公室. 舟山市海岛资源综合调查研究
       报告［R］. 舟山：舟山市海岛办,1995.

［166］舟山市交通局［DB/OL］. 2016. http://www.zsjtw.gov.cn/.

［167］舟山市旅游网［DB/OL］．2016．http：//www．zstour．gov．cn/．

［168］舟山市人民政府．浙江舟山群岛新区发展规划(2012—2020)［Z］．舟山：舟山市人民政府,2013．

［169］舟山统计信息网．2016舟山统计年鉴［M/OL］．2016．http：//www．zstj．net/．

［170］舟山市人民政府．舟山政府公报［DB/OL］．2016．http：//www．zhoushan．gov．cn/．

［171］周艳,黄贤金,徐国良,等.长三角城市土地扩张与人口增长耦合态势及其驱动机制［J］.地理研究,2016(2)：313‑324．

［172］周洋岑,罗震东,耿磊.基于"精明收缩"的山地乡村居民点集聚规划［J］.规划师,2016(6)：86‑91．

［173］朱海滨.近世浙江丧葬习俗的区域特征及地域差异［J］.中国历史地理论丛,2011(26)：92‑103．

［174］朱通华.论"苏南模式"［M］.南京：江苏人民出版社,1987．

［175］住建部村镇司.全国村镇安居性调查报告［R］.北京：中华人民共和国住房和城乡建设部,2015．

［176］中华人民共和国住房和城乡建筑部.中国历史文化名城、名村、名镇目录［DB/OL］．2010．http：//www．mohurd．gov．cn/．

［177］走舟山特色的渔农村工作新路子［J］.中共浙江省委党校学报,2008(1)：130‑131．

［178］左玉辉.环境学［M］.北京：高等教育出版社,2002．

后 记

本书是在 2015 年住房和城乡建设部"我国农村人口流动与安居性研究"课题和 2016 年住房和城乡建设部"长三角地区乡村人居环境研究"课题的基础上形成的。

2015 年,住房和城乡建设部农村人居环境调查从 5 月份开始准备工作,7 月 1 日正式开始调研培训,7 月 5 日开始启程到乡村调查,11 月 5 日最后一支调研团队返回,历时 128 天。通过逐村逐户的深入调研,收集了各乡村的基本信息,分析了乡村的经济情况,调研了乡村的基本建设情况,深入了解了各村的市政设施建设和公共服务设施设置与环境风貌。同时,深入村民家庭了解各家各户的卫生厕所使用、燃料使用种类,制作了翔实的调查问卷,了解了村民对住房建设的要求。本次调查量大面广,所获数据为深化认识和研究我国乡村人居环境提供了大量有价值的素材,其中形成的江苏乡村人居环境的调查报告是本书的主要基础数据与资料。

2016 年 10 月,乡村人居环境研究丛书的编写工作启动,对 2015 年全国乡村人居环境调查资料进行进一步深化研究,形成系统性成果,以期为国家相关政策制定提供支撑。苏州科技大学承担了"长三角地区乡村人居环境研究"的研究课题,同时开始了本书的撰写工作。在撰写过程中,苏州科技大学在 2017 年 7 月对浙江省的乡村进行了补充调研和分析,从而使得乡村样本涵盖了长三角地区的上海、江苏、浙江两省一市。本书以江浙地区为研究地域。样本的选取涉及 13 个县区、34 个乡镇、63 个行政村,集合了山区、平原、丘陵等多种地形地貌,覆盖面广泛,能够完整反映出江浙地区的乡村人居环境基本面貌。

2016 年 10 月至 2018 年 10 月,课题组历时 1 年有余,几经专家审稿和讨论修改,此书正式成稿。我们通过对田野调查数据、报告和资料的深化分析,总结了江浙乡村人居环境的现状特征和主要问题,分析了这些特征和问题的影响因素及其形成机制,明确了现阶段我国江浙乡村人居环境建设面临的挑战,提出了改善和提升江浙乡村人居环境的对策。

　　本书由苏州科技大学王雨村、郑皓、潘斌三位老师共同完成。此外,陈增浩、董燕楠、郭雪婷、李月月、时一豪、吴恺华、徐可也、张悦等多名硕士研究生参与了调研、文字编辑工作,向珉睿、解晶、何江夏、唐诗卉、范立、屠黄桔、何莲、岳芙、瞿珺、史俊、郭一溢、王影影、马晓婷等多名苏州科技大学学生参与了 2015 年的调查工作,这都是此书能够顺利完成的基本条件,在此由衷感谢参与课题研究和调查工作的同学。

　　值此书出版之际,作者要感谢住房和城乡建设部村镇司对课题研究和丛书撰写工作的资助,感谢同济大学张立老师对丛书编写工作的统筹安排,感谢江苏省、浙江省各级政府对调研工作的支持,感谢同济大学赵民教授、彭震伟教授、陶小马教授等审稿专家为本书框架和修改提出的宝贵意见,感谢同济大学、华中科技大学、长安大学、成都理工大学、安徽建筑大学、山东建筑大学、沈阳建筑大学、深圳大学、内蒙古工业大学等兄弟院校的帮助,感谢同济大学出版社的鼎力支持。

　　由于时间、精力和能力所限,书中疏漏和谬误在所难免,尤其是某些资料已经不能及时反映当下江浙乡村的经济、社会发展水平,在后续研究中我们将作出更新。我们诚挚欢迎业界同仁的评论和意见,以继续为推动我国乡村的发展和建设事业做出努力!

潘斌

苏州科技大学